SCIENCE FICTION

Herausgegeben
von Wolfgang Jeschke

Von David Gerrold erschienen in der Reihe
HEYNE SCIENCE FICTION & FANTASY:

Ich bin Harlie · 06/3416, auch ↗ 06/1008
Zeitmaschinen gehen anders · 06/3478
Die Bestie · 06/3663

ZYKLUS »DER KRIEG GEGEN DIE CHTORR«:
Die biologische Invasion · 06/4304
Der Tag der Verdammnis · 06/4305
Der Zorn der Rache · 06/4306

BIBLIOTHEK DER SCIENCE FICTION LITERATUR:
(zusammen mit Larry Niven)
Die fliegenden Zauberer · 06/8

DAVID GERROLD

DIE BIOLOGISCHE INVASION

Der Krieg gegen die Chtorr:
Erster Roman

Science Fiction

Deutsche Erstveröffentlichung

WILHELM HEYNE VERLAG
MÜNCHEN

HEYNE SCIENCE FICTION & FANTASY
Band 06/4304

Titel der amerikanischen Originalausgabe
A MATTER FOR MEN
Deutsche Übersetzung von Heinz Nagel
Das Umschlagbild schuf Boris Vallejo

Redaktion: Rainer Michael Rahn

Printed in Germany 1986
Umschlaggestaltung: Atelier Ingrid Schütz, München
Satz: Schaber, Wels
Druck und Bindung: Elsnerdruck, Berlin

ISBN 3-453-31256-2

Die nachfolgend genannten Personen haben mich in wertvoller Weise unterstützt und wichtige Beiträge zu diesem Buch geleistet:

Dennis Ahrens
Jack Cohen
Diane Duane
Richard Fontana
Harvey und Johanna Glass
Robert und Ginny Heinlein
Don Hetsko
Rich Sternbach
Tom Swale
Linda Wright

Für Robert und Ginny Heinlein
in Liebe

Chtorr (Ktorr), das: 1. der Planet Chtorr, der vermutlich in einer Distanz von dreißig Lichtjahren existiert. 2. das Sternsystem, in dem sich dieser Planet befindet; ein Stern vom Typ Roter Riese, unbekannter Identität. 3. die herrschende Spezies des Planeten. 4. in formellem Gebrauch entweder ein oder mehrere Angehörige dieser Spezies, ein Chtorr, die Chtorr (s. a.: Chtorraner). 5. der glottale zirpende Ruf eines Chtorr.

Chtorraner (Ktorraner), der: 1. jede auf Chtorr beheimatete Lebensform. 2. im allgemeinen Gebrauch ein Angehöriger der Primärspezies, der (mutmaßlich) intelligenten Lebensform Chtorr.

chtorranisch (ktorranisch), ⟨Adj.⟩: 1. dem Planeten oder dem Sternsystem Chtorr zugehörig. 2. auf Chtorr geboren.

– Duden, Wörterbuch der deutschen Sprache
ungekürzte Ausgabe des 21. Jahrhunderts

EINS

»McCarthy, druntenbleiben!«

»Ja, Sir.«

»... und Maul halten.«

Ich hielt es. Wir waren insgesamt fünf und kletterten den Hang eines schwach bewaldeten Bergkamms hinauf. Wir arbeiteten uns schräg durch hohes gelbes Gras, das so trocken war, daß es knisterte. Der Juli war in Colorado nicht freundlich gewesen. Ein einziger Funke würde ausreichen, diese Berge in ein flammendes Inferno zu verwandeln.

Unmittelbar bevor jeder einzelne den Kamm erreichte, preßte er sich flach gegen den Hang und schob sich dann langsam Zentimeter für Zentimeter nach vorne. Duke hatte die vorderste Position und wand sich wie eine Schlange durch das hohe Gras. Wir hatten heute auf diese Weise bereits fünf Hügel hinter uns gebracht, und die Hitze fing an, ihre Wirkung zu zeigen. Ich dachte an Eiswasser und den Jeep, den wir auf der Straße zurückgelassen hatten.

Duke schob sich nach oben und spähte in das Tal hinunter, das dahinterlag. Jetzt schoben sich Larry, Louis und Shorty einer nach dem anderen neben ihm herauf. Ich war der letzte – wie gewöhnlich. Die anderen hatten sich das Land schon gründlich betrachtet, als ich sie schließlich eingeholt hatte. Ihre Gesichter wirkten grimmig.

Duke brummte: »Larry, reich mir den Feldstecher.«

Larry wälzte sich auf die linke Seite, um das Etui von seiner rechten Hüfte abzuschnallen. Wortlos reichte er das Glas hinüber.

Duke inspizierte das Land unter uns so sorgfältig wie ein Wolf, der eine Falle beschnuppert. Dann grunzte er wieder, diesmal leiser, und reichte den Feldstecher zurück.

Jetzt sah Larry sich die Szene an. Er warf einen Blick darauf und reichte das Glas dann an Louis weiter.

Was sie nur sahen? Auf mich machte dieses Tal genau denselben Eindruck wie all die anderen. Bäume und Felsen und

Gras. Ich konnte sonst nichts sehen. Was *sie* wohl entdeckt haben mochten?

»Nun?« fragte Duke.

»Würmer«, sagte Larry.

»Ohne Frage«, fügte Louis hinzu.

Würmer! *Endlich!* Ich nahm das Glas von Shorty entgegen und sah mir den gegenüberliegenden Abhang an.

Ein Bach schlängelte sich durch spärliches Gehölz, das so aussah, als hätte man es in letzter Zeit abgeholzt. Und zwar ziemlich schlecht. Baumstümpfe und abgebrochene Äste, zersplitterte Stämme, riesige Streifen von Borke und der unvermeidliche Teppich aus abgestorbenen Blättern und Zweigen waren unregelmäßig über die Hügelflanke verteilt. Der Wald sah aus, als hätte ein wandernder, ziemlich wählerischer prähistorischer Pflanzenfresser von gewaltigen Proportionen mit ebensolchem Appetit ihn zerkaut und wieder ausgespuckt.

»Nein, dort unten«, brummte Shorty. Er zeigte.

Ich drückte mir den Feldstecher wieder gegen die Augen. Ich konnte es immer noch nicht sehen; die Talsohle war ungewöhnlich karg und leer – nein, Augenblick, dort war es – fast wäre es mir entgangen – unmittelbar unter uns, in der Nähe einer größeren Baumgruppe, ein klebrig aussehender Iglu und eine größere kreisförmige Umfriedung. Die Wände waren nach innen geneigt. Es sah aus wie eine nicht ganz fertiggestellte Kuppel. War das alles?

Shorty tippte mir auf die Schulter und nahm mir den Feldstecher weg. Er reichte ihn Duke zurück, der den Recorder eingeschaltet hatte. Duke räusperte sich, während er sich das Glas an die Augen hielt, und begann dann mit einer detaillierten Beschreibung der Szene. Er sprach leise und in kurzen Stößen, wie ein Maschinengewehr – ein monotoner, schneller Bericht. Er las Landmarken ab, als würde er Punkte auf einer Liste abhaken. »Nur eine Behausung – und die sieht ziemlich neu aus. Keine Anzeichen von irgendwelchen anderen Aktivitäten – ich schätze, bis jetzt nur eine Familie – aber die müssen mit Ausweitung rechnen. Sie haben eine ziemlich weite Fläche freigemacht. Standardkonstruktion, sowohl was die Kuppel als auch was den Pferch angeht. Pferchwände sind etwa ... zweieinhalb – nein, sagen wir drei – Meter hoch. Ich glaube nicht, daß jetzt schon etwas drinnen ist. Ich ...« Er hielt inne und atmete dann langsam aus. »Verdammt.«

»Was ist denn?« fragte Larry.

Duke reichte ihm den Feldstecher.

Larry sah durch. Er brauchte einen Augenblick, um das zu finden, was Duke beunruhigte, dann erstarrte er. »Oh, Herrgott nein ...«

Er reichte Louis das Glas. Ich schwitzte ungeduldig. *Was hatte er gesehen?* Louis studierte den sich ihm bietenden Anblick, ohne etwas zu sagen, aber seine Gesichtsmuskeln spannten sich.

Shorty reichte mir das Glas. »Willst du nicht sehen ...« Ich griff danach, wollte etwas sagen, aber er hatte die Augen geschlossen, als wollte er mich und den Rest der Welt von sich ausschließen.

Neugierig suchte ich wieder die Landschaft ab. Was war mir beim erstenmal entgangen?

Ich richtete das Glas zuerst auf den Unterstand – dort war nichts. Es war eine schlecht gebaute Kuppel aus Holzsplittern und einem Klebstoff aus gemahlenem Holz. Ich hatte Bilder davon gesehen. Aus der Nähe betrachtet, würde die Oberfläche rauh sein und so aussehen, als hätte man sie mit einer Schaufel geglättet. Die Kuppel hier war von einer Art dunkler Vegetation umgeben, Flecken aus schwarzem Zeug, die in Büscheln bis an die Kuppel heranwuchsen. Ich ließ meinen Blick zu der Umfriedung wandern ..

»Hm?«

Sie konnte höchstens fünf oder sechs Jahre alt sein. Sie trug ein zerrissenes, ausgebleichtes braunes Kleid und hatte Schmutzflecken an der linken Wange und Aufschürfungen an beiden Knien und hüpfte an der Mauer entlang, strich mit einer Hand an der unebenen Oberfläche entlang. Ihr Mund bewegte sich – sie sang beim Hüpfen. Als ob sie überhaupt nichts zu befürchten hätte. Sie umkreiste die Mauer, verschwand einen Augenblick lang aus meiner Sicht und tauchte dann an der gegenüberliegenden Krümmung wieder auf. Ich sog die Luft ein. Ich hatte eine Nichte im gleichen Alter.

»Jim – das Glas.« Das war Larry; ich reichte es ihm zurück. Duke legte seinen Tornister ab, behielt nur ein Seil und den Haken.

»Will er sie holen?« flüsterte ich Shorty zu.

Shorty gab keine Antwort. Er hatte immer noch die Augen geschlossen.

Larrys Blick suchte wieder das Tal ab. »Scheint sauber zu sein«, sagte er, aber sein Tonfall ließ erkennen, daß er Zweifel daran hatte.

Duke band sich den Haken an den Gürtel. Er blickte auf. »Wenn ihr etwas seht, dann schießt.«

Larry senkte das Glas und sah ihn an – dann nickte er.

»Okay«, sagte Duke. »Dann wollen wir's packen.« Er schickte sich an, über den Hügelkamm zu klettern.

»Halt mal!« Das war Louis; Duke hielt inne. »Ich dachte, ich hätte dort eine Bewegung gesehen – bei den Bäumen.«

Larry richtete das Glas darauf. »Mhm«, sagte er und reichte das Glas Duke, der sich etwas zur Seite drehte, um besser sehen zu können. Er studierte die verschwommenen Schatten einen Augenblick lang. Ich tat es ihm gleich, konnte aber nicht sagen, was die eigentlich sahen. Duke glitt wieder den Hügel herunter und preßte sich gegen Larry und gegen den Boden.

»Wollen wir Strohhalme ziehen?« fragte Larry.

Duke ignorierte ihn völlig; er war irgendwo anders. An irgendeinem unangenehmen Ort.

»Boß?«

Duke kam zurück. Er hatte einen eigenartigen Gesichtsausdruck – hart –, und sein Mund war zusammengepreßt. »Gib mir die Knarre«, war alles, was er sagte.

Shorty nahm die 7-mm-Weatherby, die er den ganzen Morgen und Nachmittag getragen hatte, von der Schulter, legte sie aber, statt sie Duke zu reichen, sorgfältig ins Gras und schob sich dann rückwärts den Abhang herab. Louis folgte ihm. Ich starrte ihnen nach. »Wo gehen die hin?«

»Shorty mußte mal«, fuhr Larry mich an. Er schob die Waffe Duke hinüber.

»Aber Louis ist auch gegangen ...«

»Louis ist mitgegangen, um ihm die Hand zu halten.«

Larry griff wieder nach dem Feldstecher und ignorierte mich. Dann sagte er: »Zwei sind's, Boß, vielleicht auch drei.«

Duke grunzte: »Kannst du sehen, was die machen?«

»Nein – aber sie sehen verdammt aktiv aus.«

Duke gab keine Antwort.

Larry legte das Glas hin. »Jetzt muß ich auch pinkeln.« Und entfernte sich in Richtung auf Shorty und Louis, wobei er Dukes Tornister hinter sich herzerrte.

Ich starrte zuerst Larry, dann Duke an. »Hey, was soll ...«

»Sei still«, sagte Duke. Er blickte durch die lange schwarze Röhre der Sony *Magna-Sight.* Er stellte Windgeschwindigkeit und Entfernungskorrekturen ein; im Kolben war ein Ballistikprozessor eingebaut, der mit der Magna-Sight verbunden war, und die Waffe war auf einem Präzisionsstativ verankert.

Ich streckte mich etwas und griff mir den Feldstecher. Unten hatte das kleine Mädchen jetzt aufgehört, im Kreis zu hüpfen; sie hockte jetzt im Sand und zog mit dem Finger Linien. Ich ließ meinen Blick zu den Bäumen in der Ferne wandern. Etwas von purpurner und roter Farbe bewegte sich zwischen ihnen. Der Feldstecher war elektronisch, mit automatischem Zoom, synchronisierter Fokussierung, Tiefenschärfenkorrektur und Antivibration; aber ich wünschte mir, wir hätten statt dessen einen mit Allwetterbildverstärker. Damit hätte man vielleicht sehen können, was hinter diesen Bäumen vor sich ging.

Neben mir konnte ich hören, wie Duke ein neues Magazin in den Karabiner drückte.

»Jim?« sagte er.

Ich sah zu ihm hinüber.

Er hatte den Blick immer noch nicht vom Visier gewandt. Seine Finger arbeiteten an den Steuerungsschaltern, während er die Zahlen eingab. Die einzelnen Schalter klickten befriedigend massiv. »Hast du nicht auch Druck auf der Blase?«

»Hm? Nein, ich war, ehe wir weggegangen ...«

»Wie du willst.« Er sagte nichts mehr und spähte in sein Okular. Ich sah wieder durch den Feldstecher auf die purpurfarbenen Geschöpfe im Schatten. Waren das Würmer? Ich war enttäuscht, daß die Bäume sie verbargen. Ich hatte noch nie lebende Chtorraner gesehen.

Mein Blick wanderte über die ganze Fläche, in der Hoffnung, einen auf freiem Feld zu entdecken – aber das Glück blieb mir versagt. Aber ich sah, wo sie angefangen hatten, den Bach zu stauen. Ob sie wohl amphibisch waren? Ich sog die Luft ein und versuchte, den Feldstecher wieder auf den Wald einzustellen. Ein einziger freier Blick, das war alles, was ich wollte ...

Das *CRA-A-ACK!* des Karabiners ließ mich zusammenzukken. Ich versuchte, den Feldstecher neu einzustellen – die Kreaturen bewegten sich immer noch ungestört. Worauf hatte Duke dann geschossen? Mein Blick wanderte zu der Umfriedung hinüber – wo eine kleine Gestalt blutend im Staub lag. Ihre Arme zuckten.

Ein zweites *CRA-A-ACK!*, und ihr Kopf blühte wie eine Blume aus flammendem Rot auf ...

Ich riß erschreckt meine Augen von dem Bild los und starrte Duke an. »Was, zum Teufel, machst du da?«

Duke starrte gebannt durch das Teleskopvisier und wartete, ob sie sich noch einmal bewegte. Als sie das nicht tat, hob er den Kopf vom Visier und starrte über das Tal. Starrte die versteckten Chtorraner an. Lange Zeit tat er das. Sein Ausdruck war ... weit entfernt. Einen Augenblick lang dachte ich, er befände sich in Trance. Dann schien er wieder zum Leben zu erwachen und glitt den Hügel hinunter, dort wo Shorty und Louis und Larry warteten. Auch ihr Gesichtsausdruck war eigenartig, und sie konnten oder wollten einander offenbar nicht in die Augen sehen.

»Kommt«, sagte Duke und schob Shorty den Karabiner hin. »Verschwinden wir hier.«

Ich folgte ihnen. Ich muß wohl gemurmelt haben. »Der hat sie erschossen«, sagte ich die ganze Zeit. »Der hat sie erschossen ...«

Schließlich blieb Larry ein paar Schritte zurück und nahm den Feldstecher aus meinen zitternden Händen. »Sei froh, daß du nicht der Mann bist«, sagte er. »Sonst hättest du es tun müssen.«

ZWEI

Am Ende fand ich mich in Dr. Obamas Büro.

»Setzen Sie sich, McCarthy.«

»Ja, Ma'am.«

Ihre Augen waren sanft, und ich kam nicht von ihnen los. Sie erinnerte mich an meinen Großvater; er hatte denselben Trick beherrscht, einen so traurig anzusehen, daß er einem mehr leid tat als man sich selbst. Wenn sie sprach, war ihre Stimme distanziert, fast bewußt ausdruckslos. Mein Großvater hatte auch so gesprochen, wenn er etwas auf dem Herzen gehabt hatte, und er sich darauf hatte hinarbeiten müssen. »Ich höre, Sie hatten gestern nachmittag ein wenig Ärger.«

»Äh – ja, Ma'am.« Ich schluckte. »Das heißt, wir hatten den Ärger. Duke hat ein kleines Mädchen erschossen.«

Dr. Obama sagte sanft: »Ja, ich habe den Bericht gelesen.« Sie machte eine kleine Pause. »Sie haben ihn nicht unterschrieben, so wie die anderen. Wollen Sie etwas hinzufügen?«

»Ma'am ...« sagte ich. »Haben Sie nicht gehört, was ich gesagt habe? *Wir haben ein kleines Mädchen erschossen.*«

Ihre Augen verengten sich nachdenklich. »Ich verstehe. Das beunruhigt Sie.«

»Ob es mich beunruhigt? Ja, Ma'am. *Mich beunruhigt das.*«

Dr. Obama sah auf ihre Hände. Sie lagen höflich gefaltet vor ihr auf dem Schreibtisch, sorgfältig manikürt, dunkel und von den Jahren runzelig. »Es hat nie jemand gesagt, daß es einfach sein würde.«

»Sie haben auch nie etwas gesagt, daß man *Kinder erschießen* würde.«

»Ich hatte gehofft, daß das nicht nötig sein würde.«

»Dr. Obama, ich weiß nicht, was es für eine Erklärung dafür gibt, aber ich kann nicht billigen ...«

»Ihre Billigung ist auch nicht erforderlich!« Ihr Gesicht war plötzlich ganz hart. »Duke hat Ihnen den Feldstecher gereicht, oder?«

»Ja, Ma'am. Einige Male.«

»Und was haben Sie gesehen?«

»Zuerst sah ich nur die Kuppel und die Umfriedung. Beim zweitenmal sah ich dann das kleine Mädchen.«

»Und was hat Duke dann getan?«

»Nun, es sah so aus, als ob er sie befreien würde, aber dann hat er es sich anders überlegt und statt dessen den Karabiner verlangt.«

»Wissen Sie, warum er das getan hat?«

»Louis sagte, er hätte etwas gesehen.«

»Hm. Haben Sie noch einmal durch den Feldstecher gesehen, um das zu überprüfen?«

»Ja, Ma'am – aber das habe ich getan, weil ich neugierig war. Ich hatte noch nie Würmer gesehen ...«

Sie schnitt mir das Wort ab. »Aber als Sie durchsahen, haben Sie sie gesehen, nicht wahr?«

»Ich habe etwas gesehen ...« Ich zögerte. »Ich war mir nicht sicher, was es war.«

»Wie hat es denn ausgesehen?«

»Es war groß, purpurfarben oder rot, das war schwer festzustellen.«

»Die Chtorr haben purpurfarbene Haut und vielfarbigen Pelz. Je nach den Lichtverhältnissen kann der rot, rosa, violett oder orange aussehen. Ist es das, was Sie gesehen haben?«

»Ich sah etwas Purpurfarbenes. Es war im Schatten, und es bewegte sich die ganze Zeit hin und her.«

»Hat es sich schnell bewegt?«

Ich versuchte, mich zu erinnern. Was war schnell für einen Wurm? »Irgendwie schon«, zögerte ich.

»Dann war das, was Sie gesehen haben, ein ausgewachsener Chtorr in der aktiven – *und gefährlichsten* – Phase. Duke hat ihn erkannt, ebenso Larry, Louis und Shorty. Sie haben den Bericht unterzeichnet.«

»Ich kann das nicht wissen – ich habe noch nie einen Chtorr gesehen. Deshalb bin ich hier.«

»Wenn die gesagt haben, daß es ein Chtorr war, dann können Sie sicher sein, daß es einer war – aber deshalb haben sie ja den Feldstecher herumgereicht, um sicher zu sein;

wenn Duke sich geirrt hätte, dann hätte es ganz bestimmt einer der anderen bemerkt.«

»Um die Identifizierung geht es mir auch nicht ...«

»Nun, das sollte es aber«, sagte Dr. Obama. »Das ist der *einzige* Grund, den Sie dafür vorbringen können, diesen Bericht nicht zu unterzeichnen.« Sie tippte das Papier auf ihrem Schreibtisch an.

Ich warf einen vorsichtigen Blick darauf. Dad hatte mich davor gewarnt, Dinge zu unterschreiben, bei denen ich mir nicht ganz sicher wäre – er hatte auf diese Weise Mutter geheiratet. Wenigstens behauptete er das immer. Ich sagte: »Dieses kleine Mädchen, das wir erschossen haben – ich sehe sie die ganze Zeit in diesem Pferch herumrennen. Sie war nicht in Gefahr; es gab keinen Grund, sie zu erschießen ...«

»Falsch«, sagte Dr. Obama. »Falsch, und zwar zweimal. Das sollten Sie wissen.«

»Ich sollte *gar nichts* wissen«, sagte ich plötzlich zornig. »Man hat mir nie irgend etwas *gesagt*. Man hat mich aus einer Landaufbereitungseinheit hierher versetzt, weil jemand herausgefunden hatte, daß ich auf dem College zwei Jahre Biologie studiert hatte. Jemand anderer hat mir eine Uniform und ein Buch mit den Vorschriften gegeben – und das war meine ganze Ausbildung.«

Dr. Obama blickte verblüfft, resigniert und frustriert, und das alles gleichzeitig. Fast im Selbstgespräch – aber laut genug, daß ich es auch hören konnte – sagte sie: »Was, zum Teufel, tun die eigentlich? Die schicken mir Kinder ...«

Ich war immer noch empört. »Duke hätte auf den Chtorr schießen sollen!« beharrte ich.

»*Womit* denn?« fauchte Dr. Obama mich an. »Hatten Sie Artillerie bei sich?«

»Wir hatten einen Hochleistungskarabiner ...«

»Und der Chtorr war mehr als siebenhundert Meter entfernt, und das an einem windigen Tag!«

Ich murmelte irgend etwas von wegen hydrostatischem Schock.

»Was war das?«

»Hydrostatischer Schock. Das passiert, wenn eine Kugel auf Fleisch auftrifft. Sie erzeugt eine Schockwelle. Die Zellen sind wie kleine Wasserballons, sie platzen. Das ist es, was einen tötet, nicht das Loch.«

Dr. Obama atmete tief durch. Ich konnte deutlich sehen, daß sie sich zwang, geduldig zu bleiben. »Ich wußte bereits, was hydrostatischer Schock ist. Das trifft hier nicht zu. Sie gehen von der Annahme aus, daß chtorranisches Fleisch wie menschliches Fleisch ist. Das ist es nicht. Selbst wenn Duke aus zwei Meter Distanz geschossen hätte, so hätte das nichts genützt, wenn er nicht das Glück gehabt hätte, eines ihrer Augen zu treffen – oder wenn er ein Explosivgeschoß gehabt hätte, was nicht der Fall war. Er hatte also keine Wahl; er mußte mit der Munition schießen, die er hatte.« Dr. Obama hielt inne. Sie senkte die Stimme. »Hören Sie, junger Mann, es tut mir leid, daß Sie die harten Realitäten dieses Krieges so schnell erleben mußten, aber ...« Sie hob die Hände in einer um Entschuldigung bittenden Geste, die halb ein Achselzucken, halb ein Seufzen war, und ließ sie dann wieder sinken. »Nun, es tut mir einfach leid, das ist alles, was ich sagen kann.«

Und dann fuhr sie mit weicher Stimme fort. »Wir wissen nicht, wie die Chtorr innen aussehen – deshalb wollen wir Sie ja hierhaben. Sie sind so etwas wie ein Wissenschaftler. Wir hoffen, daß Sie es uns sagen werden. Die Chtorr scheinen ziemlich gut gepanzert oder segmentiert oder *sonst etwas* zu sein. Kugeln haben auf sie keine große Wirkung – und um das festzustellen, mußten eine ganze Menge guter Männer sterben. Entweder dringen sie nicht auf dieselbe Weise ein, oder die Chtorraner haben keine lebenswichtigen Organe, die von einer Kugel zerrissen werden können. Und verlangen Sie bloß nicht von mir, daß ich Ihnen erkläre, wie das möglich ist, weil ich es nämlich auch nicht weiß. Ich zitiere nur aus den Berichten.

Aber eines wissen wir – aus höchst unglücklicher Erfahrung –, daß man, wenn man auf einen Chtorraner schießt, Selbstmord begeht. Ob sie nun intelligent sind oder nicht – wie manche Leute denken – macht keinen Unterschied. Sie sind tödlich. Selbst ohne Waffen. Sie bewegen sich schnell und töten voll Wut. Das Schlaueste ist, überhaupt nicht auf sie zu schießen.

Duke *wollte* dieses Kind retten – wahrscheinlich mehr als Ihnen klar ist – weil er *wußte*, was die Alternative zur Rettung war. Aber als Louis im Wald Chtorr sah, hatte Duke keine Wahl – er wagte nicht mehr, zu dem Mädchen zu laufen. Die hätten ihn auf halbem Wege den Hügel hinunter erspäht. Und er wäre tot gewesen, ehe er sich noch zehn Meter bewegt hätte. Wahrscheinlich die anderen in Ihrer Gruppe auch. Mir gefällt das auch nicht, aber *was er getan hat, war ein Akt der Barmherzigkeit.*

Deshalb reichte er den Feldstecher herum; er wollte *sicher* sein, daß er keinen Fehler machte – er wollte, daß Sie und Shorty und Larry ihn überprüften. Wenn auch nur einer von Ihnen den leisesten Zweifel gehabt hätte, hätte er das nicht getan, was er getan hat; er hätte es nicht zu tun brauchen – und wenn ich glaubte, daß Duke dieses Kind unnötig getötet hätte, dann würde ich dafür sorgen, daß man ihn so schnell vor ein Erschießungskommando stellt, daß er nicht einmal mehr Zeit hätte, seine Unterwäsche zu wechseln.«

Ich dachte darüber nach. Ziemlich lang sogar.

Dr. Obama wartete. Ihre Augen waren geduldig.

Ich sagte, plötzlich: »Aber Shorty hat gar nicht hingesehen.«

Sie war überrascht. »Hat er das nicht?«

»Nur das erstemal«, antwortete ich. »Als wir das Kind sahen, hat er nicht hingesehen, und ich auch nicht, um zu bestätigen, daß das Chtorr waren.«

Dr. Obama brummelte etwas. Sie schrieb ein paar Worte auf einen Notizblock. Es erleichterte mich, daß ihre Augen mich auch nur einen Augenblick lang losließen. »Nun, das ist Shortys Vorrecht. Er hat so viele von diesen ... gesehen.« Sie war mit ihrer Notiz fertig und sah mich wieder an. »Für ihn reichte es, die Umfriedung zu sehen. Aber im Augenblick bereiten Sie uns Kopfzerbrechen. Sie haben doch keine Zweifel daran, daß das, was Sie gesehen haben, Chtorr waren?«

»Ich habe nie einen Chtorraner gesehen, Ma'am. Aber ich glaube nicht, daß das etwas anderes hätte sein können.«

»Gut. Dann wollen wir doch mit diesem Unfug aufhören.« Sie schob den Bericht über den Schreibtisch. »Ich hätte Ihre Unterschrift gerne auf der untersten Zeile.«

»Dr. Obama. *Bitte* – ich hätte gerne gewußt, warum es notwendig war, dieses kleine Mädchen zu töten.«

Wieder blickte Dr. Obama verblüfft, das zweite Mal, seit das Gespräch begonnen hatte. »Ich dachte, Sie wüßten das.«

Ich schüttelte den Kopf. »Darum geht es hier ja. Ich weiß es *nicht*.«

Sie hielt inne. »Tut mir leid ... es tut mir wirklich leid. Mir war nicht bewußt – kein Wunder, daß ich Sie nicht überzeugen konnte ...« Sie erhob sich hinter ihrem Schreibtisch und ging an einen Aktenschrank. Sie schloß ihn auf, zog einen dünnen Hefter heraus – er trug den roten Stempelaufdruck GEHEIM – und kehrte dann zu ihrem Stuhl zurück. Sie hielt den Hefter nachdenklich in der Hand. »Manchmal vergesse ich, daß das meiste, was wir über die Chtorr wissen, nur einem beschränkten Kreis zugänglich ist.« Sie musterte mich nachdenklich. »Aber Sie sind Wissenschaftler.«

Damit schmeichelte sie mir, und das wußten wir beide. Niemand war mehr irgend etwas. Um es ganz genau zu sagen, ich war Student auf Urlaub, im Augenblick unter Vertrag bei den Bewaffneten Streitkräften der Vereinigten Staaten, Spezialeinsatz, und das als Exobiologe.

»Also sollten Sie auch ein Recht darauf haben, diese Dinge zu sehen.« Aber trotzdem reichte sie mir den Hefter immer noch nicht. »Wo kommen Sie her?« fragte sie abrupt.

»Santa Cruz, Kalifornien.«

Dr. Obama nickte. »Nette Stadt. Ich hatte einmal Freunde nördlich davon – aber das liegt lange Zeit zurück. Lebt von Ihrer Familie noch jemand?«

»Ja, Mom. Dad war in San Francisco, als es – als es ...«

»Das tut mir leid. Eine Menge guter Leute mußten sterben, als San Francisco unterging. Ist Ihre Mutter noch in Santa Cruz?«

»Ich denke schon. Das letzte, was ich von ihr gehört habe, war, daß sie bei den Flüchtlingen mithilft.«

»Sonstige Verwandte?«

»Eine Schwester, sie wohnt in der Nähe von L.A.«

»Verheiratet?«

»Ja. Sie hat eine fünfjährige Tochter.« Ich grinste bei dem Gedanken an meine Nichte. Das letztemal, als ich sie gesehen hatte, hatte sie gerade das Windelstadium hinter sich. Bei dem Gedanken wurde ich wieder traurig. »Sie hatte drei. Die zwei anderen waren Jungs. Die wären jetzt sechs und sieben.«

Dr. Obama nickte. »Trotzdem, sie kann von Glück sagen. Und Sie auch. Es gibt nicht viele Leute, bei denen so viele Familienmitglieder die Seuchen überlebt haben.« Ich mußte ihr recht geben.

Ihr Gesicht wurde jetzt finster. »Haben Sie je von einer Stadt mit dem Namen Show Low gehört?«

»Ich glaube nicht.«

»Das ist in Arizona – das *war* in Arizona. Jetzt ist nicht mehr viel davon übrig. Es war eine nette Stadt; sie hatte ihren Namen von einem Pokerspiel ...« Dr. Obama sprach nicht weiter; sie legte den Aktendeckel vor sich auf den Schreibtisch und klappte ihn auf. »Diese Bilder – das hier sind nur ein paar davon. Es gibt eine ganze Menge mehr – eine halbe Videoplatte voll – aber das sind die besten. Diese Bilder sind letztes Jahr von einem Mr. Kato Nokuri in Show Low aufgenommen worden. Mr. Nokuri betrieb sein Videohobby offensichtlich sehr ernsthaft. Eines Nachmittags sah er zum Fenster hinaus, wahrscheinlich hörte er Lärm von der Straße – und dabei hat er *das* gesehen.« Dr. Obama reichte die Fotos über den Tisch.

Ich nahm sie etwas zögernd entgegen. Es waren Farbabzüge im Format zwanzig mal vierundzwanzig. Sie zeigten eine Kleinstadtstraße – ein Einkaufszentrum – aus einem Fenster im zweiten Stock. Ich blätterte die Bilder langsam durch; die ersten zeigten einen wurmähnlichen Chtorraner, der sich hochgereckt hatte und in ein Auto spähte; er war riesig groß und rot mit orangefarbenen Markierungen an den Seiten. Auf dem nächsten Foto war die dunkle Silhouette eines anderen Chtorraners zu sehen, der durch das Fenster eines Drugstore stieg; das Glas zersplitterte rings um die Kreatur. Im dritten machte der größte Chtorraner von allen irgend etwas mit einem – es sah wie eine Leiche aus.

»Ich möchte, daß Sie sich ganz besonders das letzte Bild in dem Paket ansehen«, sagte Dr. Obama. Ich holte es mir. »Der Junge dort ist erst dreizehn.«

Ich sah hin. Fast hätte ich das Bild vor Schrecken fallenlassen. Ich sah entsetzt Dr. Obama an und dann wieder das Foto. Ich konnte es nicht verhindern; mein Magen drehte sich um, so übel wurde mir.

»Die Qualität ist ziemlich gut«, bemerkte sie. »Besonders, wenn man den Aufnahmegegenstand bedenkt. Wie dieser Mann so geistesgegenwärtig sein konnte, diese Bilder aufzunehmen, werde ich nie begreifen, aber jedenfalls ist diese Teleaufnahme die beste, die wir von einem Chtorraner beim Fressen haben.«

Fressen! Er riß dem Kind buchstäblich Arme und Beine aus! Sein weit aufgerissenes Maul war von der Kamera eingefroren worden, während er an dem wild um sich schlagenden Kinderkörper riß und fetzte. Die Arme des Chtorraners waren lang und mit doppelten Gelenken versehen. Schwarz und insektenähnlich hielten sie den Jungen in stählernem Griff und schoben ihn auf den scheußlichen Schlund zu. Die Kamera hatte das aus seiner Brust spritzende Blut in der Luft wie einen karminroten Klecks festgehalten.

Ich konnte gerade noch nach Luft schnappen. »Die fressen ihre – ihre Beute *lebend?*«

Dr. Obama nickte. »Und jetzt möchte ich, daß Sie sich vorstellen, daß das Ihre Mutter ist oder Ihre Schwester. Oder Ihre Nichte.«

O du Ungeheuer – ich versuchte, es zu verdrängen; aber trotzdem zogen die Bilder an meinem geistigen Auge vorbei. Mom. Maggie. Annie – und Tim und Mark auch, obwohl sie schon seit sieben Monaten tot waren. Ich konnte immer noch den paralysierten Ausdruck des Jungen sehen, den Mund, der ein lautloses *Warum gerade ich?* hinausschrie. Und dann schob sich dieser Ausdruck über das Gesicht meiner Schwester, und ich schauderte.

Ich blickte zu Dr. Obama auf. Meine Kehle schmerzte beim Schlucken. »Ich – das habe ich nicht gewußt.«

»Das wissen nur wenige Leute«, sagte sie.

Ich zitterte und war aufgeregt – ich muß so weiß wie ein Schrei gewesen sein. Ich stieß die Bilder von mir. Dr. Obama schob sie in den Umschlag zurück, ohne sie anzusehen; ihre Augen studierten mich. Jetzt lehnte sie sich über ihren

Schreibtisch nach vorne und sagte: »Und jetzt, was dieses kleine Mädchen angeht: Fragen Sie immer noch, warum Duke das getan hat, was er getan hat?«

Ich schüttelte den Kopf.

»Beten Sie darum, daß Sie nie in diese Lage geraten; aber wenn es dazu kommt, werden Sie dann zögern, das gleiche zu tun? Und wenn Sie das glauben, dann sehen Sie sich die Bilder noch einmal an. Haben Sie keine Angst, mich darum zu bitten; jedesmal, wenn Sie sich daran erinnern müssen, dann kommen Sie einfach in mein Büro und sehen sich die Bilder an.«

»Ja, Ma'am.« Ich hoffte, daß ich dieses Bedürfnis nie haben würde. Ich rieb mir die Nase. »Äh, Ma'am – was ist Mr. Nokuri, dem Fotografen, passiert?«

»Dasselbe wie dem Jungen auf dem Bild – glauben wir. Alles, was wir gefunden haben, war die Kamera.«

»Sie waren dort?«

»Alles sah schrecklich aus.« Dr. Obamas Blick richtete sich einen Moment lang auf etwas, das in weiter Ferne zu liegen schien. »Eine Menge Blut war dort. Überall. Eine Menge Blut ...« Sie schüttelte traurig den Kopf. »Diese Bilder ...« Sie schob den Aktendeckel auf ihrem Schreibtisch zurecht. »Ein unglaubliches Vermächtnis. Dies war unser erster wirklicher Beweis. Der Mann war ein Held.« Dr. Obama sah mich wieder an und schien plötzlich in die Gegenwart zurückzuschnappen. »Jetzt sollten Sie besser gehen. Ich habe zu arbeiten – oh, der Bericht. Nehmen Sie ihn mit und lesen Sie ihn noch einmal. Bringen Sie ihn wieder, wenn Sie ihn unterschrieben haben.«

Ich ging. Voll Dankbarkeit.

DREI

Ich lag auf meiner Pritsche, als Ted, der andere Typ von der Universität, hereinkam. Er war ein schlaksiger, besserwisserischer Bursche mit dem gedehnten Tonfall des Neu-Engländers. »Hey, Jim, Junge, es gibt Essen.«

»Äh, danke, nein, Ted. Ich hab keinen Hunger.«

»So? Soll ich den Doktor rufen?«

»Nein, schon gut – mir ist bloß nicht nach Essen zumute.«

Teds Augen verengten sich. »Brütest wohl immer noch darüber nach, was gestern passiert ist?«

Ich zuckte im Liegen die Achseln. »Weiß nicht.«

»Hast du schon mit Obie darüber gesprochen?«

»Ja.«

»Ah, dann ist's klar – sie hat dir die Schockbehandlung verpaßt.«

»Nun, sie hat gewirkt.« Ich drehte mich zur Seite und sah zur Wand.

Ted setzte sich auf die Pritsche gegenüber. Ich konnte hören, wie die Federn ächzten. »Sie hat dir wohl die Arizonabilder gezeigt, hm?«

Ich gab keine Antwort.

»Du wirst schon drüber wegkommen. Wie jeder andere auch.«

Ich entschied, daß ich Ted nicht mochte. Er wußte immer *fast* genau das Richtige zu sagen – als ob er seine Weisheiten aus einem Film bezöge. Er war nur immer ein wenig zu fröhlich. Niemand konnte die ganze Zeit so fröhlich sein. Ich zog mir die Decke über den Kopf.

Offenbar wurde es ihm zu langweilig, auf eine Antwort zu warten, denn er stand wieder auf. »Jedenfalls will Duke dich sprechen.« Und dann fügte er hinzu: »*Jetzt gleich.*«

Ich drehte mich um, aber Ted war bereits durch die Türe verschwunden.

Also setzte ich mich auf und fuhr mir mit der Hand durchs

Haar. Nach einem Augenblick schlüpfte ich in meine Schuhe und ging Duke suchen.

Ich fand ihn im Aufenthaltsraum, wo er mit Shorty redete. Sie saßen auf einer der Couches und sahen sich gemeinsam Landkarten an. Auf dem Tisch vor ihnen stand eine Kanne Kaffee. Sie blickten auf, als ich auf sie zuging. »Bin gleich soweit«, sagte Duke.

Ich wartete höflich und sah zur gegenüberliegenden Wand hinüber. Dort hing ein altes Foto, eine ausgebleichte Zeitschriftenaufnahme von Präsident Randolph Hudson McGee; ich studierte das Bild völlig desinteressiert, das kantige Kinn, das glänzende graue Haar und die ganz auf Wahlkampf getrimmten blauen Augen. Schließlich murmelte Duke irgend etwas zu Shorty und entließ ihn. Dann sagte er zu mir: »Setz dich.«

Das tat ich nervös.

»Kaffee?«

»Nein danke.«

»Nimm trotzdem welchen – sei höflich.« Duke goß eine Tasse voll und stellte sie vor mich hin. »Du bist jetzt seit einer Woche hier, stimmts?«

Ich nickte.

»Du hast mit Obie gesprochen?«

»Ja.«

»Die Bilder gesehen?«

»Ja.«

»Nun, was denkst du?«

»Ich weiß nicht«, sagte ich. »Was soll ich denn denken?«

»Jedenfalls solltest du nie eine Frage mit einer Gegenfrage beantworten.«

»Mein Vater pflegte immer zu sagen, das sei die einzige Art, um eine rhetorische Frage zu beantworten.«

Duke schlürfte seinen Kaffee und grinste. »Puuh. Der wird auch jeden Tag schlechter. Aber sag Sergeant Kelly nicht, daß ich das gesagt habe.« Er sah mich prüfend an. »Kannst du einen Flammenwerfer bedienen?«

»Hm?«

»Ich nehme an, das soll nein heißen. Wie schnell kannst du es lernen? Bis Ende der Woche?«

»Ich weiß nicht. Ich denke schon. Warum?«

»Ich brauche einen Ersatzmann. Ich dachte, du würdest den Job vielleicht haben wollen.« Ich wollte protestieren – aber Duke ignorierte es. »Diesmal handelt es sich nicht nur um ein Kundschafterunternehmen; diesmal lautet der Auftrag: Suchen und Zerstören. Wir gehen zurück, um das zu tun, was wir gestern hätten tun sollen, nämlich ein paar Würmer verbrennen.« Er wartete auf meine Antwort.

»Ich weiß nicht«, sagte ich schließlich.

Seine Augen ließen mich nicht los. »Wo liegt denn das Problem?«

»Ich glaube nicht, daß ich ein ausgesprochener Militärtyp bin, sonst nichts.«

»Nein, das ist nicht alles.« Er fixierte mich mit seinen stahlgrauen Augen und wartete.

Ich kam mir vor ihm völlig durchsichtig vor. Ich versuchte wegzusehen, hatte aber das Gefühl, von seinem Gesicht angezogen zu werden. Duke war ergrimmt, aber nicht zornig – nur geduldig.

So sagte ich langsam: »Ich bin hierhergekommen, um die Würmer zu *studieren*. Das ... entspricht nicht genau meinen Erwartungen. Niemand hat mir gesagt, daß ich Soldat sein müßte.«

»Es wird dir aber doch auf deinen Militärdienst angerechnet, oder?«

»Auf meinen Ersatzdienst«, korrigierte ich ihn. Ich hatte Glück gehabt. Meine Ausbildung in Biologie war als ›wichtig‹ eingestuft worden – aber nur gerade eben.

Duke schnitt ein Gesicht. »So? Hier draußen sehen wir das nicht so engstirnig. Ich sehe da keinen Unterschied.«

»Entschuldige, Duke. Aber der Unterschied ist ziemlich groß.«

»Was? Wieso?«

»Es steht in meinem Vertrag. Ich bin als Wissenschaftler eingesetzt. Da steht nirgends, daß ich Soldat sein muß.«

Duke lehnte sich in seinem Sessel zurück. »Du solltest dir diesen Vertrag besser noch einmal ansehen, Junge – die Klausel mit den ›Sonderpflichten‹.«

Ich zitierte aus dem Gedächtnis – wir hatten den Vertrag

auf der Schule studiert; Duke hob die Augenbrauen, ließ mich aber weiterreden. »›Darüber hinaus kann an den Angestellten von seinem Auftraggeber, vertreten durch seine unmittelbaren oder sonstigen Vorgesetzten, die Anforderung gestellt werden, Sonder- oder einmalige Aufgaben zu erfüllen, für die er entsprechend ausgestattet und vorbereitet ist, sei es durch Ausbildung, die Natur oder sonstwie, und die sich auf die grundlegenden Verpflichtungen, wie im folgenden dargelegt, beziehen.‹« Duke lächelte. Ich fuhr fort: »›– *ausgenommen* wo solche Pflichten in direktem Widerspruch zu der Zielsetzung dieses Vertrages stehen.‹«

Duke lächelte immer noch. »Das stimmt, McCarthy – und die Pflichten, die ich von dir verlange, stehen nicht in direktem Widerspruch. Du hast doch nicht etwa eine ›friedliche Intention‹-Klausel, oder?«

»Äh, ich weiß nicht.«

»Hast du nicht. Wenn das der Fall wäre, hätte man dich nie hierhergeschickt. Jedermann hier hat zwei Jobs – seinen eigenen und den, Würmer zu töten. Brauche ich noch zu sagen, wo die Priorität liegt?«

Ich sagte langsam: »Was bedeutet das?«

»Das bedeutet«, sagte Dukle, »daß *jedermann* dann Soldat ist, wenn der Auftrag militärischer Natur ist. Wir können es uns nicht leisten, auf Mitläufer aufzupassen. Ich brauche einen Ersatzmann. Wenn du Würmer studieren willst, dann mußt du lernen, wie man einen Flammenwerfer bedient.«

»Das verstehst du wohl unter ›Sonderpflichten‹, wie?«

Er sagte ruhig: »Das stimmt. Du weißt, daß ich dir nicht befehlen kann, McCarthy. Jede Operation, die das Risiko von Lebensgefahr einschließt, muß völlig freiwillig sein. Und auch nicht die altmodische Art von Freiwilligmeldung à la ›Ich nehme dich, dich und dich‹.« Duke stellte seine Kaffeetasse hin. »Aber ich will es dir leicht machen. Du hast bis morgen Zeit, es dir zu überlegen. Wenn du mitmachst, gehst du zu Shorty. Andernfalls fliegst du mit dem Chopper am Donnerstag. Ist das klar?«

Ich gab keine Antwort.

»Hast du das kapiert?«

»Ich hab's kapiert!« knurrte ich.

»Gut.« Duke stand auf. »Du weißt schon, was du wählen willst, Jim – da gibt es gar keine Frage. Hör also auf, dich damit zu quälen und geh an die Arbeit. Wir haben hier keine Zeit zu vergeuden.«

Er hatte recht, und ich wußte es, aber es war nicht fair, daß er mich so unter Druck setzte.

Er begriff, was mein Schweigen ausdrücken sollte, und schüttelte den Kopf. »Hör schon auf, Jim. Du wirst nie bereiter sein als du es jetzt bist.«

»Aber ich bin *überhaupt* nicht bereit!«

»Das habe ich ja gemeint. Wenn du das wärest, hätten wir dieses Gespräch nicht führen müssen. Also ... wie stehts?«

Ich blickte zu ihm auf.

»Ja ...?«

»Äh – ich habe Angst«, gab ich zu. »Was ist, wenn ich ... Mist baue?«

Duke grinste. »Es gibt einen ganz einfachen Test, um festzustellen, ob du Mist gebaut hast. In dem Fall bist du nämlich bereits aufgefressen. Alles andere ist Erfolg. Merk dir das.«

Er nahm seine Kaffeetasse, um sie in die Küche zurückzutragen. »Ich sag Shorty Bescheid, daß er auf dich warten soll. Zieh dir frische Unterwäsche an.« Dann drehte er sich um und ging hinaus. Und ich starrte hinter ihm her.

VIER

Im juristischen Sinne gehörte ich der Army bereits an.

Seit drei Jahren schon. Quasi.

Man wurde automatisch eingezogen, wenn man seine erste Stunde Globale Ethik nahm, das einzige Pflichtfach an der High School. Ohne den Kurs abzuschließen, bekam man seinen Abschlußschein nicht. Und – das erfuhr man freilich erst nachher – man hatte den Kurs erst dann abgeschlossen, wenn man eine ehrenhafte Entlassung bekommen hatte. Das gehörte alles zur universellen Dienstverpflichtung. Pah.

Der Ausbilder nannte sich Whitlaw. Niemand wußte viel über ihn. Es war das erste Semester, das er hier gab. Aber Gerüchte hatten wir einige gehört – daß er einmal einen Jungen geschlagen hatte, weil der nachgemault hatte, und daß er ihm dabei die Kinnlade zerschmettert hatte. Daß man ihn nicht feuern konnte. Daß er in Pakistan aktiven Dienst getan hatte – und immer noch die Ohren der Männer und Frauen besaß, die er getötet hatte. Daß er immer noch mit irgendeiner supergeheimen Operation zu tun hatte, und daß sein Job als Lehrer nur Tarnung war. Und so weiter.

Als ich ihn das erstemal sah, glaubte ich das alles. Er stampfte ins Klassenzimmer und knallte seine Bücher auf das Pult und sah uns an. »Also! Ich habe genausowenig Lust, hier zu sein wie ihr! Aber das hier ist ein Pflichtfach – für uns *alle* – also sollten wir das Beste aus einer schlimmen Situation machen!«

Er war ein vierschrötiger Bär von einem Mann, finster blikkend und ungeduldig. Er hatte auffällig weißes Haar und Augen so grau wie das Metall, aus dem man Pistolen macht und die einen wie ein Laser durchbohren konnten. Seine Nase war dick; sie sah so aus, als ob sie ein paarmal gebrochen gewesen wäre. Er sah aus wie ein Tank, und wenn er sich bewegte, dann mit einem eigenartigen, rollenden Schritt. Er schwang bei jedem Schritt aus, aber trotzdem wirkte er erstaunlich elegant.

Da stand er jetzt vor der Klasse, wie eine nicht detonierte Bombe, und musterte uns mit offensichtlichem Widerwillen. Er funkelte uns an – ein Ausdruck, von dem wir bald wissen sollten, daß es sich dabei um eine Art Allzweckeinschüchterungsblick handelte, der keinem von uns speziell, sondern der ganzen Klasse galt.

»Mein Namen ist Whitlaw!« bellte er. »Und ich bin alles andere als ein netter Mann!«

Hm?

»Wenn ihr euch also einbildet, ihr könntet diese Klasse schaffen, indem ihr euch mit mir anfreundet, dann könnt ihr das *vergessen!*«

Er funkelte uns an, als wollte er uns herausfordern zurückzufunkeln. »Ich will nicht euer Freund sein. Spart euch die Zeit also. Es ist ganz einfach: Ich habe hier einen Job zu erledigen! Und ihr habt auch einen Job zu erledigen. Ihr könnt es euch leicht machen und euch der Verantwortung stellen – oder ihr könnt dagegen ankämpfen; dann – das verspreche ich euch – wird dieser Kurs schlimmer als die Hölle sein! Ist das klar?«

Er schritt in den hinteren Teil des Raums, riß Joe Bangs ein Comicheft aus der Hand, zerfetzte es und warf die Stücke in den Papierkorb. »Diejenigen von euch, die sich einbilden, ich würde hier Witze machen – nun, von dem Gedanken sollten Sie sich trennen. Wir können einander zwei Wochen des Herumtanzens sparen, in denen wir einander abtasten, wenn ihr einfach vom Schlimmsten ausgeht. Ich bin ein Drache. Ich bin ein Hai. Ich bin ein Ungeheuer. Ich werd euch zerkauen und eure Knochen ausspucken.«

Er war dauernd in Bewegung, glitt von einer Seite des Raums zur anderen, deutete, gestikulierte und stach beim Reden mit der Hand in die Luft. »Die nächsten zwei Semester gehört ihr mir. Dies hier ist *kein* Kurs, den man entweder besteht oder bei dem man durchfällt. *Jeder* besteht, wenn ich lehre. Weil ich euch dabei keine Wahl lasse. Die meisten von euch wollen nämlich gar nicht gewinnen, wenn sie die Wahl haben. Das garantiert den Mißerfolg. Hier drinnen habt ihr keine Wahl. Und je schneller euch das klar ist, desto schneller kommt ihr hier raus.« Er hielt inne und sah sich um, sah jeden einzelnen von uns an. Seine Augen waren hart und klein. Dann sagte er: »Ich bin ein sehr häßlicher Mann. Das weiß ich. Ich hab nichts darin investiert, das Gegenteil zu beweisen. Erwartet also gar nicht, daß ich etwa anders bin. Wenn hier in diesem Klassenzimmer etwas angepaßt wird, dann erwarte ich, daß *ihr* das seid! Irgendwelche Fragen?«

»Äh, yeah ...« Das war einer der Clowns da hinten. »Wie komm ich raus?«

»Gar nicht. Noch Fragen?«

Keiner fragte mehr. Die meisten von uns waren viel zu benommen.

»Gut.« Whitlaw kehrte in die vordere Hälfte des Raumes

zurück. »Ich erwarte hundertprozentige Teilnahme. Und zwar zu jeder Zeit. Entschuldigungen gibt es keine. In diesem Kurs geht es um Ergebnisse. Die meisten von euch benutzen die Umstände bloß als Gründe, um keine Ergebnisse zu haben.« Er blickte in unsere Augen, als könnte er dabei in unsere Seelen sehen. »Und das ist jetzt mit sofortiger Wirkung vorbei! Von nun an sind eure Lebensumstände einzig und allein das, womit ihr arbeiten müßt, um Ergebnisse zu bekommen.«

Eines der Mädchen hob die Hand. »Und wenn wir krank werden?«

»Haben Sie das vor?«

»Nein.«

»Dann brauchen Sie sich ja deswegen keine Sorgen zu machen.«

Ein anderes Mädchen: »Und wenn wir ...«

»Halt!« Whitlaw hob die Hand. »Seht ihr? Ihr versucht bereits, euch ein Mauseloch zu buddeln. ›Und was wenn ...?‹ ›Was, wenn ich krank werde?‹ Die Antwort darauf heißt ganz einfach: ›Sorgt dafür, daß es nicht dazu kommt.‹ ›Was ist, wenn mein Wagen versagt?‹ ›Sorgt dafür, daß er nicht versagt – oder sorgt dafür, daß euch ein anderes Transportmittel zur Verfügung steht.‹ Vergeßt die Mauselöcher. Es gibt keine! Das Universum gibt einem keine zweite Chance. Und ich auch nicht. Seid einfach hier. Ihr habt keine Wahl. So funktioniert dieser Kurs. Geht einfach davon aus, daß ich euch eine Pistole an den Kopf halte. Denn das tue ich – ihr wißt nicht, was für eine Art von Pistole es ist, aber tatsächlich halte ich *wirklich* eine Pistole an euren Kopf. Entweder seid ihr hier, oder ich drücke ab, und dann fliegt euer wertloses Gehirn an die hintere Wand.« Er deutete hin. Jemand schauderte. Ich drehte mich tatsächlich um und konnte mir einen häßlichen rotgrauen Klecks an der Vertäfelung vorstellen.

»Ist das klar?« Er wertete unser Schweigen als Zustimmung. »Gut. Vielleicht kommen wir doch miteinander aus.«

Whitlaw lehnte sich lässig gegen die Vorderkante seines Pults. Er faltete die Arme über der Brust und blickte in den Raum.

Er lächelte. Die Wirkung war erschreckend.

»So«, sagte er ruhig, »und jetzt werde ich euch sagen, was die einzige Wahl ist, die ihr habt. Die *einzige* Wahl. Der Rest sind alles Illusionen – oder bestenfalls Reflexionen dieser einen. Seid ihr soweit? Schön – hier sind die Optionen: Ihr könnt frei sein oder ein Stück Vieh. Das ist es.«

Er wartete auf unsere Reaktionen. Einige im Saal blickten verwirrt.

»Ihr wartet auf den Rest, nicht wahr? Ihr meint, da muß mehr sein. Nun, es gibt keinen Rest. Das ist alles, was es gibt. Was ihr euch als Rest vorstellt, sind nur Definitionen – oder Anwendungsbeispiele. Wir werden den Rest dieses Kurses damit verbringen, darüber zu reden. Klingt ganz einfach, wie? Aber das wird es nicht sein – weil ihr darauf bestehen werdet, es schwer zu machen; weil es bei diesem Kurs nicht um die Definitionen dieser Wahl geht, sondern um die Erfahrung. Den meisten von euch wird das nicht gefallen. Schade. Aber hier geht es nicht darum, was ihr mögt. Was ihr mögt oder nicht mögt, ist in dieser Welt keine ausreichende Basis dafür, eine Wahl zu treffen. Und das werdet ihr hier lernen.«

So fing er an.

Von da ab gings bergab – oder bergauf, je nachdem, wie man es sah.

Whitlaw betrat das Klassenzimmer nie, so lange nicht alle saßen und bereit waren. Er sagte, es sei unsere Verantwortung, den Kurs zu führen, er kannte den Stoff ja schließlich schon; dieser Kurs diente uns, nicht ihm.

Er fing immer auf dieselbe Art an. Wenn er der Ansicht war, daß wir bereit waren, kam er herein – und jedesmal, wenn er hereinkam, sagte er: »Also, wer will anfangen? Wer will Freiheit definieren?« Und schon ging es los ...

Eines der Mädchen bot an: »Das ist das Recht, das zu tun, was man will, nicht wahr?«

»Zu simpel«, konterte er. »Ich will Ihnen jetzt alle Kleider herunterreißen und dort auf dem Boden mit Ihnen leidenschaftlichen Verkehr haben.« Er sagte das völlig ausdruckslos und starrte sie dabei an. Das Mädchen riß den Mund auf; die Klasse lachte verlegen, und sie wurde rot. »Was hindert mich daran, es zu tun?« fragte Whitlaw. »Weiß es jemand?«

»Das Gesetz«, rief jemand. »Man würde Sie verhaften.« Wieder Gelächter.

»Dann bin ich nicht völlig frei, oder?«

»Äh, nun ... Freiheit ist das Recht, alles das zu tun, was man tun will, so lange man damit nicht die Rechte anderer beeinträchtigt.«

»Klingt ganz gut – aber wie stelle ich fest, was das für Rechte sind? Ich möchte gerne in meinem Garten zu Hause Atombomben bauen. Warum darf ich das nicht?«

»Sie würden andere gefährden.«

»Wer sagt das?«

»Nun, wenn ich Ihr Nachbar wäre, dann würde es mir nicht gefallen.«

»Warum sind Sie so kleinlich? Bis jetzt ist noch keine losgegangen.«

»Aber die Chance besteht immer. Wir müssen uns schützen.«

»Aha!« sagte Whitlaw und schob sich das weiße Haar aus der Stirn und ging auf den unglücklichen Studenten zu. »Aber jetzt beeinträchtigen *Sie* meine Rechte, wenn Sie sagen, daß ich mir nicht meine eigenen Atombomben bauen darf.«

»Sir, jetzt machen Sie sich aber lächerlich. Jeder weiß, daß sie nicht in Ihrem Hinterhof Atombomben bauen können.«

»Oh? Ich weiß nicht. Tatsächlich *könnte* ich eine bauen, wenn ich Zugang zu den richtigen Materialien und genügend Zeit und Geld hätte. Die Prinzipien sind wohlbekannt. Sie verlassen sich nur darauf, daß ich nicht entschlossen genug bin, es durchzuführen.«

»Äh – also gut. Aber selbst wenn Sie es täten, müßte man immer noch die Rechte des Individuums gegen die Sicherheit der allgemeinen Öffentlichkeit abwägen.«

»Wie war das noch einmal? Wollen Sie mir sagen, die Rechte einer Person seien wichtiger als die einer anderen?«

»Nein, ich ...«

»Hat aber so geklungen. Sie sagten, meine Rechte müßten gegen die aller anderen aufgewogen werden. Ich möchte gerne wissen, wie Sie das feststellen wollen. Denken Sie daran, wir alle sind angeblich vor dem Gesetz gleich. Und was werden Sie tun, wenn ich der Ansicht bin, Ihre Methode sei nicht fair? Wie werden Sie Ihre Entscheidung durchsetzen?« Whitlaw sah den jungen Mann scharf an. »Probieren Sie das mal – das ist wahrscheinlicher: Ich bin ein Seuchenopfer. Ich möchte in ein Krankenhaus, um mich dort behandeln zu lassen. Aber wenn ich mich Ihrer Stadt auch nur nähere, werden Sie anfangen, auf mich zu schießen. Ich behaupte, mein Recht auf medizinische Behandlung garantiere mir den Zugang zu diesem Krankenhaus, aber Sie behaupten, Ihr Recht, frei von Ansteckungsgefahr zu sein, würde Ihnen die Befugnis geben, mich zu töten. Wessen Rechte werden jetzt am meisten beeinträchtigt?«

»Das ist kein faires Beispiel!«

»So? Warum denn nicht? In Südafrika passiert das jetzt gerade – und mir ist völlig egal, was die südafrikanische Regierung dazu sagt. Wir sprechen hier von Rechten. Warum ist das kein faires Beispiel? Das ist Ihre Definition. Mir scheint eher, daß an Ihrer Definition der Freiheit etwas nicht stimmt.« Whitlaw sah den verlegenen jungen Mann an. »Hm?«

Der schüttelte den Kopf. Er gab auf.

»Ich will Ihnen einen Tip geben.« Whitlaw wandte sich wieder uns anderen zu. »Bei der Freiheit geht es *nicht* um das, was Sie *wollen*. Das bedeutet nicht, daß Sie nicht haben dürfen, was Sie wollen – wahrscheinlich dürfen Sie das. Aber ich möchte, daß Sie begreifen: Wenn Sie etwas wollen, dann geht es nur darum, sonst gar nichts. Mit Freiheit hat das sehr wenig zu tun.« Er setzte sich wieder auf sein Pult und sah sich um. »Hat jemand einen anderen Begriff?«

Schweigen. Peinliches Schweigen.

Dann eine Stimme: »Verantwortung.«

»Äh? Wer hat das gesagt?«

»Ich.« Ein chinesischer Junge ganz hinten.

»Wer ist das? Stehen Sie auf. Die anderen sollen sehen, wie ein Genie aussieht. Wie heißen Sie, Sohn?«

»Chen. Louis Chen.«

»Gut, Louis. Wiederholen Sie Ihre Definition der Freiheit für den Rest dieser Tölpel.«

»Freiheit heißt, für seine eigenen Handlungen verantwortlich sein.«

»Richtig. Sie haben für heute Ihre Eins. Sie können sich jetzt ausruhen – nein, können Sie nicht; sagen Sie mir, was es bedeutet.«

»Es bedeutet, daß Sie Ihre Atombomben bauen dürfen. Aber wenn Sie nicht die richtigen Vorsichtsmaßnahmen ergreifen, dann hat die Regierung im Auftrag des Volkes das Recht einzuschreiten, um zu garantieren, daß Sie das tun, oder Sie am weiteren Bau zu hindern, wenn Sie es nicht tun.«

»Ja – und nein. Jetzt haben wir etwas anderes zu definieren. *Rechte.* Setzen Sie sich, Louis. Lassen wir einen anderen ran. Ich will Hände sehen.«

Wieder ein Junge hinten. »›Rechte: das was einer Partei durch gerechten Anspruch, gesetzliche Garantien oder moralisches Prinzip zukommt.‹«

»Hm«, sagte Whitlaw. »Sie überraschen mich – das ist richtig. Und jetzt machen Sie das Buch zu und sagen mir, was es *bedeutet*. Mit Ihren Worten.«

»Äh …« Der junge Mann fing zu stottern an. »Das was einem rechtmäßig gehört. Das Recht … das Recht zu … ich meine, es ist das, worauf Sie ein Anrecht haben …« Weiter kam er nicht.

Whitlaw sah ihn an, als empfände er körperlichen Schmerz. »Zunächst einmal dürfen Sie einen Begriff nicht zu seiner eigenen Definition gebrauchen. Und zum Zweiten, nichts gehört *rechtmäßig* irgend jemandem. Das haben wir schon behandelt, erinnern Sie sich? So etwas wie Besitz gibt es nicht; nur *Kontrolle* über etwas. Besitz ist nur eine temporäre Illusion. Wie kann es also so etwas wie Rechte geben? Ebensogut könnten Sie darauf bestehen, daß das Universum Ihnen Ihren Lebensunterhalt schuldig ist.« Whitlaw grinste plötzlich. »Nebenbei gesagt, tut es das – aber Sie sind Ihr ganzes Leben lang beschäftigt, ihn sich zu holen.«

Er setzte seinen Maschinengewehrangriff fort. »Hören Sie, ich will es Ihnen leicht machen. All das Zeug, das wir Rechte nennen – das ist nur eine Menge Unfug, den die Politiker uns verkaufen wollen, weil es gut klingt, damit die Leute ihnen ihre Stimme geben. Tatsächlich beschummeln die euch aber, weil sie alles durcheinanderbringen, indem sie nämlich zwischen der Herkunft all dieser Rechte und euch eine Menge Zeug legen. Also möchte ich, daß ihr einen Augenblick lang all diesen Quatsch vergeßt, den ihr euch in bezug auf Rechte bisher eingebildet habt. In Wahrheit funktioniert das nämlich nicht. Tatsächlich sollten Sie sogar vergessen, daß das Wort Rechte im Plural steht. Es gibt nur ein einziges Recht – und selbst das ist in der traditionellen Bedeutung des Wortes kein Recht.«

Er stand jetzt mitten im Raum. Er drehte sich langsam um und suchte unser aller Augen, während er redete. »Der *definierende* Zustand des Erwachsenseins ist Verantwortung. Was braucht ihr also, um jene Verantwortlichkeit zu erleben? Es ist zu einfach, daß ihr es sicher nicht herausbekommen werdet – die *Gelegenheit.*« Er machte eine kurze Pause, um es einsinken zu lassen, und wiederholte dann: »Die *Gelegenheit*, für euch selbst verantwortlich zu sein, das ist es. Wenn man euch diese Gelegenheit verwehrt, dann seid ihr nicht frei, und alle anderen sogenannten Rechte sind redundant. Rechte sind Gelegenheiten – das ist die Definition. Und Gelegenheit fordert Verantwortlichkeit.«

Eine Hand hob sich. »Und was ist mit Leuten, die nicht für sich selbst sorgen können?«

»Sie sprechen jetzt von Leuten, die geistig gestört oder unreif sind. Deshalb haben wir Vormünder und Eltern – um auf sie aufzupassen, um hinter ihnen sauber zu machen und ihnen gelegentlich einen Klaps hinten drauf zu geben und ihnen beizubringen, nicht wieder Unordnung zu machen – und dafür zu sorgen, daß sie erst dann auf die Welt losgelassen werden, wenn sie es gelernt haben. Ein Teil der Verantwortung des Erwachsenseins besteht darin, daß man sieht, daß andere *ebenfalls* die Gelegenheit haben, erwachsen zu werden und ebenfalls für sich verantwortlich zu sein. Im geistigen ebenso wie im physischen Sinne.«

»Aber das ist doch Aufgabe der Regierung ...«

»*Was?* Jemand soll die Irrenanstalt anrufen! Einer der Verrückten ist ausgebrochen. Das ist doch sicher nicht Ihr Ernst, Sohn.«

Der junge Mann blickte finster. »Doch, das ist es.«

»Hm, okay«, sagte Whitlaw. »Dann erklären Sie es mir.«

»Es ist die Verantwortung der Regierung«, sagte er. »Nach Ihrer Definition.«

»Eh? Nein. Ich sagte, es sei die Verantwortung des Volkes.«

»Die Regierung *ist* das Volk.«

»So? Als ich das letztemal hinsah, war es das nicht – im Buch steht, die Regierung sei der *Vertreter* des Volkes.«

»Das ist nicht fair, Sir – Sie haben das Buch geschrieben.«

»Habe ich das?« Whitlaw warf einen Blick auf das Buch, das er in der Hand hielt. »Hm, ja, das habe ich wohl. Schön. Ein Punkt für Sie. Da haben Sie mich jetzt reingelegt.«

Der junge Mann blickte selbstzufrieden.

»Trotzdem haben Sie unrecht. Nein, nur halb unrecht. Der Zweck einer Regierung – der *einzige* zu rechtfertigende Grund für ihre Existenz – ist es, in einem delegierten Bereich spezifischer Verantwortlichkeit für die Mitgliedsbevölkerung tätig zu sein. So, und was ist ein ›delegierter Bereich spezifischer Verantwortlichkeit‹?« Whitlaw wartete nicht ab, bis jemand eine Mutmaßung äußerte, sondern walzte weiter. »Das kann alles sein, wofür sich genügend Leute verpflichten – *ob es nun recht oder unrecht ist.* Aufpassen jetzt! Eine Regierung, die für die Mitgliedsbevölkerung – *und in ihrem Namen* – handelt, wird *alles* tun, wozu man sie delegiert, gleichgültig, wie in dieser Angelegenheit die Moral definiert wird. Wenn ihr dafür Beweise wollt, dann lest ein gutes Geschichtsbuch.« Er griff sich eines von seinem Pult. »Ein gutes Geschichtsbuch ist eines, das euch sagt, was geschehen ist. Sonst nichts. Vergeßt diejenigen, die euch Geschichte erklären – die berauben euch der Chance, das *ganze* Bild zu sehen.«

Er setzte sich wieder auf seinen Pultrand. »Hört zu: Die Regierung tut das, was *ihr* wollt, daß sie tut. Wenn ihr sagt, ihr würdet da keinen Unterschied machen, dann garantiert ihr genau das. Tatsächlich ist es so, daß jedermann, der irgendeiner Sache genügend Bedeutung beimißt, um andere Leute zu seinen Anhängern zu gewinnen, einen Unterschied *macht*. Ich möchte, daß ihr begreift, daß dazu *keine* Mehrheit notwendig ist. Einige der Spielchen, zu denen spezifische Segmente der Bevölkerung dieser Nation den Rest von uns verpflichtet haben, schließen eine umfangreiche militärische Organisation ein, eine Agentur zur Weltraumforschung, ein System von Schnellstraßen zwischen den einzelnen Bundesstaaten, einen Postdienst, eine Agentur gegen Umweltverschmutzung, ein Büro für wirtschaftliches Management, einen nationalen Erziehungsstandard, einen Krankenversicherungsdienst, ein nationales Versorgungswerk für alte Leute und selbst ein umfangreiches, kompliziertes Steuersystem, damit jeder von uns für einen fairen Anteil jener Dienstleistungen bezahlen kann – ob wir sie nun ursprünglich wollten oder nicht.« Whitlaw stieß mit seinem langen, knochigen Finger nach uns und brachte jedes einzelne Argument vor, als wollte er jemanden damit aufspießen. »Der daraus zu ziehende Schluß ist unausweichlich. *Ihr* seid für die Handlungen eurer Regierung verantwortlich. Sie handelt in eurem Namen. Sie ist euer *Angestellter.* Wenn ihr die Handlungen eures Angestellten nicht angemessen überwacht, stellt ihr euch eurer Verantwortlichkeit nicht. Dann verdient ihr das, was ihr bekommt. Wißt ihr, weshalb die Regierung heute in einem so traurigen Zustand ist? Weil ihr eure Aufgabe nicht erfüllt. Wer sonst *könnte* denn verantwortlich sein? Ich meine, könnt ihr euch jemanden vorstellen, der bei klarem Verstand *bewußt* und *absichtlich* ein solches System entwickelt? Nein – niemand würde das tun, wenn er auch nur einen Funken Verstand besitzt! Das System fällt beständig jenen in die Hände, die bereit sind, es um kurzfristiger Vorteile willen zu manipulieren – weil *wir* es zulassen.«

Jemand hob die Hand. Whitlaw winkte sie weg. »Nein, jetzt nicht.« Er grinste. »Ich bin mit meiner ›Gehirnwäsche‹ noch nicht fertig. Ich weiß, daß manche von euch glauben, daß es das sei – schließlich habe ich die Leitartikel in den Zeitungen auch gelesen, diejenigen, die verlangen, daß endlich die ›politischen Indoktrinierungskurse‹ aufhören. Laßt mich dazu nur dies sagen. Ihr werdet feststellen, daß ich euch nicht sage, was ihr *tun* sollt, weil ich es nämlich nicht weiß. Es ist *eure* Verantwortung, das für euch selbst zu bestimmen – ihr könnt eure eigene Form der Teilhabe schaffen. Denn das ist die einzige echte Wahl, die ihr je in eurem ganzen Leben haben werdet – ob ihr teilhaben werdet oder nicht. Ihr wollt vielleicht feststellen, daß *nicht* teilzuhaben ebenfalls eine Entscheidung ist – das ist eine Entscheidung, ein Opfer der Konsequenzen zu sein. Weigert euch, euch eurer eigenen Verantwortung zu stellen, und ihr werdet die Konsequenzen zu spüren bekommen. *Jedesmal*. Darauf könnt ihr euch verlassen.

Und jetzt kommt der Satz, auf den es ankommt – paßt auf. ›Laßt George es tun‹ ist nicht einfach nur das Schlagwort des Faulen – es ist das Glaubensbekenntnis des Sklaven. Wenn ihr wollt, daß man sich um euch kümmert und ihr euch selbst keine Sorgen machen wollt, dann ist das schön; dann könnt ihr euch dem Rest des Viehs anschließen. Vieh *fühlt sich wohl* – daran erkennt man es. Ihr dürft euch dann bloß nicht beklagen, wenn man euch zum Schlachthof schickt. Die anderen haben dieses Privileg gekauft und bezahlt. Ihr habt es ihnen verkauft. Wenn ihr aber frei sein wollt, dann seid euch über dieses eine klar: Freiheit hat nichts mit Bequemlichkeit zu tun. Bei der Freiheit geht es darum, Gelegenheiten zu ergreifen und zu nutzen – und sie *verantwortlich* zu nutzen. Freiheit ist nicht Bequemlichkeit. Freiheit ist *Hingabe*. Und Hingabe ist die Bereitschaft, *unbequem* zu leben. Die beiden sind nicht absolut unvereinbar, aber es gibt verdammt wenig freie Männer, die von der Wohlfahrt leben.

Der freie Mann *überlebt* nicht nur – er *fordert heraus!*«

Whitlaw hatte natürlich recht. Das hatte er meistens. Wenn er je unrecht gehabt hätte, dann hatte keiner von uns bis jetzt ihn dabei ertappt. Und nach einer Weile waren wir ganz gut geworden.

Ich wußte, was er sagen würde. Die Wahl lag bei mir. Selbst wenn ich seinen Rat hätte erfragen können, hätte er nur gesagt: »Die Frage kann ich für Sie nicht beantworten, Sohn. Sie kennen die Antwort schon. Sie suchen nur jemanden, der Ihnen zustimmt.«

Und damit hatte er recht.

Ich durfte mich nicht länger auf den guten Willen des Universums verlassen.

Mein Kaffee war kalt geworden.

Also ging ich Shorty suchen.

FÜNF

Shorty ragte wie eine Mauer über mir auf.

»Da«, sagte er und schob mir einen Flammenwerfer hin. »Brauchst nicht zu zucken«, grinste er. »Da ist nichts, wovor man Angst haben muß. Er ist nicht geladen.«

»Oh«, sagte ich, keineswegs beruhigt. Ich versuchte herauszufinden, wie man das Ding in die Hand nimmt.

»Paß auf«, warnte er mich. »Auf diese Weise brennst du dir den – da, so mußt du ihn halten. Eine Hand am Reglerventil und die andere am Kolben. Siehst du den Griff? So ist's richtig. So, und jetzt halt dich ruhig, dann richte ich dir die Riemen. Wir arbeiten zuerst ohne Tanks, bis du ein Gefühl dafür hast. Weißt du, eigentlich kannst du von Glück reden ...«

»So?«

»Dieser Brenner ist ein Remington. Fast neu. Für den Krieg in Pakistan gebaut, aber nie eingesetzt. Das war nicht nötig – aber für uns ist er jetzt perfekt, weil man alles damit verschießen kann, was brennt und fließt. Schau mal, das ist der Trick dabei: Man kann einen Strahl aus purem Brennstoff alleine abschießen – am besten ist geliertes Benzin – oder man kann eine Salve von explodierenden Kugeln abschießen, die mit Brennstoff getränkt sind. Oder man kann beide gleichzeitig schießen. Die Kugeln sind in dieser Kammer hier unter Druck geladen. Weil es Kugeln sind, hast du eine größere Reichweite. Und weil sie beim Aufprall explodieren, gibt's einen größeren Knall. Die wirken einmalig – ziel bloß nicht auf den Boden, sonst startest du.«

»Äh, Shorty ...«

»Stimmt was nicht?«

»Napalm ist doch zehn Jahre vor dem Konflikt in Pakistan verboten worden. Was hatte die Regierung damals mit Flammenwerfern im Sinn?«

Er ließ die Gurte los. »Du wirst Schulterpolster brauchen.« Er wandte sich ab. Ich dachte, er würde meine Frage nicht beantworten, aber als er mit den Schulterpolstern vom Jeep zurückkam, sagte er: »Das gleiche, was sie mit A-Bomben, Nervenbomben, bakteriologischen Waffen, halluzinogenen Gasen, Nervengasen und Giftgeschossen gemacht haben. Sie haben sie gelagert.« Er hinderte mich an der nächsten Frage, ehe ich sie stellen konnte. »Ich weiß, die sind illegal. Deshalb mußten wir sie haben – weil die andere Seite sie auch hatte. Die Garantie lag darin, daß wir es sie wissen ließen. Deshalb hat der Vertrag funktioniert.«

»Aber – ich dachte, Sinn und Zweck des Vertrags sei es gewesen, inhumane Waffen für ungesetzlich zu erklären.«

»Nee. Er sollte bloß verhindern, daß sie eingesetzt wurden. Zwischen dem, was man sagt, und dem, was man wirklich haben will, gibt es immer einen Unterschied. Wenn du schlau genug bist, um zu wissen, was du wirklich haben willst, dann ist es einfach, sich auszudenken, was man sagen muß, um das zu bekommen. Und darum ging die ganze Konferenz.« Er machte eine säuerliche Pause. »Ich sollte das schließlich wissen. Ich war ja dort.«

»Hm?«

Shorty sah so aus, als ob er etwas sagen wollte, aber dann ließ er es bleiben. »Laß nur. Ein andermal. Aber laß mich eine Frage stellen: Was ist es eigentlich, das eine Waffe inhuman macht?«

»Äh ...« Ich überlegte.

»Ich will es dir leichter machen. Zeig mir eine *humane* Waffe.«

»Hm – jetzt verstehe ich, worauf du hinauswillst.«

»Genau. So etwas gibt es nämlich nicht. Das ist wie Weihnachten – nicht das Geschenk ist es, sondern der Gedanke dahinter, auf den es ankommt.« Er trat hinter mich und fing an, die Polster unter die Gurte zu schieben. »Eine Waffe, Jim, das darfst du nie vergessen – heb die Arme hoch –, ist ein Werkzeug, um den anderen aufzuhalten. Das ist der Zweck – ihn *aufzuhalten*. Die sogenannten humanen Waffen halten einen Menschen bloß auf, ohne ihn dauerhaft zu verletzen. Die besten Waffen – du kannst die Arme jetzt wieder runternehmen – sind diejenigen, die per Andeutung, per Drohung funktionieren, und überhaupt nie eingesetzt werden müssen. Der Feind hält sich selbst auf.

Nur wenn sie nicht aufgehalten werden«, – er drehte mich herum, um die Gurte vorne straffzuziehen – »werden die Waffen inhuman, weil man sie dann nämlich einsetzen muß. Und bis zur Stunde sind die wirksamsten diejenigen, die töten – weil sie den anderen dauerhaft aufhalten.« Er mußte niederknien, um mir den Hüftgurt straffzuziehen. »Allerdings ... spricht auch eine ganze Menge für Waffen, die einen verletzen ...«

»Hm?« Ich konnte seine Augen nicht sehen, also wußte ich nicht, ob das ein Witz sein sollte oder nicht.

»... aber das heißt zu viel von der Waffe und ihrem Benutzer zu verlangen.« Er richtete sich wieder auf und schlug auf die Gurtschnalle auf meiner Brust. »Okay, das ist die Hauptschnalle. Wenn du die nach oben ziehst, fällt das ganze Ding auseinander. Das ist für den Fall gedacht, daß du plötzlich wie der Teufel rennen mußt. Und wenn es soweit kommt, solltest du das auch. Fünf Sekunden nachdem du es fallen läßt, fliegt es nämlich in Stücke. So, und jetzt werde ich dir die Tanks anhängen.«

»Du wolltest vorher etwas über die Moskauer Verträge sagen, nicht wahr?« bohrte ich.

»Nee.« Er ging zum Jeep.

Ich bog die Arme. Das Geschirr war hart, aber nicht unbequem. Ich schätze, Shorty wußte genau, was er tat.

Er kam mit den Tanks zurück. Die Flüssigkeit in ihnen klatschte beim Gehen gegen die Behälterwand. »Die sind nur halb voll. Ich möchte nicht, daß du irgendwelche Waldbrände verursachst. Dreh dich um.«

Während er mir die Tanks auf die Schultern hängte, sagte er: »Du willst etwas über die Verträge wissen? Die waren unehrenhaft. Es mag sein, daß es zivilisiert erscheint, Regeln von der Art zu machen ›Ich benutze das nicht, wenn du jenes nicht benutzt‹, weil es die Brutalität verringert – aber in Wirklichkeit ist es das nicht. Es macht die Brutalität nur länger erträglich. Es ist überhaupt nicht zivilisiert. Wenn wir in einer Situation sind, wo wir den anderen aufhalten müssen, sollten wir ihn einfach *aufhalten*. Das ist viel wirksamer. So, wie fühlt sich das jetzt an?«

Ich erprobte das Gleichgewicht. »Äh, gut ...«

Er runzelte die Stirn. »Nein, das ist es nicht. Du bist nicht im Gleichgewicht. Die hängen zu tief. Halt dich still.« Er nahm mir die Tanks ab und begann wieder, an den Riemen herumzuhantieren. »Dieser Brenner ...«, sagte er, »dieser Brenner ist wahrhaftig eine schöne Waffe. Sie hat eine maximale Reichweite von sechzig Metern. Achtzig mit einem Kompressor. Sie macht dich zu einer völlig unabhängigen Kampfeinheit. Du trägst deinen eigenen Brennstoff und wählst deine eigenen Ziele, zielst und drückst ab. *Ww-um-mm!* Das hält jeden Mann auf – und jeden Wurm. Selbst einen Tank kann man damit aufhalten. Oder einen Bunker ausbrennen. Es gibt nichts, das einem solchen Brenner gewachsen ist – außer sehr dicke Panzer oder große Entfernung. Dieser Brenner ist nicht« – er zerrte kräftig am Riemen – »human. Wenn du diesen Abzug betätigst, hast du keinen Mann mehr vor dir, sondern ein ganz privates Stück Hölle. Du kannst zusehen, wie er schwarz wird und zusammenschrumpft, während ihm das Blut durch die Haut kocht. Du kannst spüren, wie sein Fleisch röstet. Manchmal kann man sogar den Schrei hören, wenn die Luft aus seinen Lungen explodiert.« Er zog wieder kräftig an den Riemen. »Und das ist gut, Jim, das ist sehr gut. Du *solltest* genau da sein, wo du etwas tust. Wenn du ein Killer sein mußt, solltest du es persönlich tun, damit du *wahrnimmst*, was du tust. Das ist die zivilisierte Methode.« Er stieß mich an. »Dieser Brenner ist *nicht* human, aber er ist zivilisiert.«

Mein Mund war völlig trocken. Ich brachte gerade noch heraus: »Zivilisiert ...?«

»Es hält sie auf, oder? Halt still, jetzt kommen die Tanks wieder. Eine Waffe sollte dich nachts gut schlafen lassen. Wenn sie das nicht tut, dann stimmt etwas nicht am Krieg.«

Als er mir die Tanks diesmal anhängte, war ich nicht darauf vorbereitet. Fast wäre ich getaumelt. Ich lehnte mich gegen das Gewicht. Aber er hatte recht. Die Balance war diesmal besser.

Er mußte meinen Gesichtsausdruck gesehen haben. »Jim – Krieg ist nicht höflich. Besonders dieser hier nicht. Wir haben nicht die Zeit, fair zu sein. Dieser Flammenwerfer verbrennt einen Chtorraner wie eine Feder, und das ist alles, worauf es ankommt – bei Würmern kriegst du keine zweite Chance. Die kommen mit guten fünfundsechzig Kilometer die Stunde auf dich zu – zweihundertfünfundzwanzig Kilogramm zorniger Wurm. Und am vorderen Ende sind die nichts als Zähne. Wenn es purpurfarben ist, dann verbrenn es. Der Befehl gilt immer. Du brauchst nicht auf Genehmigung zu warten.«

»Das werd ich nicht.«

Seine Augen bohrten sich in die meinen, und dann nickte er ruckartig mit finsterer Miene. »Da ist noch etwas. Halte dich nie zurück, weil du vielleicht einen Menschen treffen könntest. Zögere nicht, weil du vielleicht meinst, du könntest ihn retten – das kannst du nicht. Wenn ein Chtorraner mal zu fressen anfängt, gibt es keine Möglichkeit, ihn aufzuhalten. Er *kann nicht* aufhören. Nicht einmal, wenn er das wollte. Verbrenn sie beide, Jim. Und verbrenn sie schnell. Der Mensch wäre dir dafür dankbar, wenn er es könnte.« Er studierte mein Gesicht. »Kannst du dir das merken?«

»Ich will es versuchen.«

»Es ist wie bei dem kleinen Mädchen. Das ist das Freundlichste, was du tun kannst.«

Ich nickte und schulterte den Flammenwerfer. Mir gefiel er nicht – das würde er wahrscheinlich nie. Schlimm. »Okay«, sagte mein Mund. »Zeig mir, wie man damit umgeht.«

SECHS

Die Aufklärung bestätigte, daß in dem Tal nur drei Würmer waren, wie Duke das vermutet hatte, aber auch, daß sie mit irgend etwas sehr beschäftigt waren. Als Larry das meldete, runzelte Duke die Stirn. Er mochte es nicht, wenn Würmer so aktiv waren – das machte sie hungrig.

Dr. Obama bestellte Satellitenbilder, und die USAF ROCKY MOUNTAIN EYEBALL schickte uns eine Serie über das volle Spektrum, eine Zwölf-Stunden-Überwachung des Tales und der umliegenden Gegend. Die Bilder kamen binnen einer Stunde nach Dr. Obamas Anforderung.

Wir studierten sie alle, besonders die infraroten, aber wir konnten ihnen wenig entnehmen, was wir nicht bereits wußten.

»Da schau«, sagte Larry, »der Iglu.« Es war ein hellroter Fleck; die Aufnahme war in Pseudofarben gehalten, um die Wärmequellen hervorzuheben. »Dort drinnen ist etwas sehr Heißes. Die müssen groß sein.«

»Und sehr aktiv«, knurrte Duke. »Das ist fast zuviel Hitze.« Er stieß Shorty an. »Was meinst du? Wieviel Masse sehen wir da?«

Shorty zuckte die Achseln. »Schwer zu sagen. Mindestens drei Tonnen. Wahrscheinlich mehr. Die Auflösung ist bei Infrarot immer lausig. Die Wellenlänge ist zu lang.«

»Yeah«, sagte Duke, »das wird's sein. Wir nehmen drei Teams.«

Wir gingen im Morgengrauen weg. Chtorraner mögen direktes Sonnenlicht nicht, also hatten wir uns vorgenommen, den ganzen Morgen zu fahren und sie in der heißesten Tageszeit zu fangen, wenn sie wahrscheinlich müde sein würden. Das hofften wird.

Wir waren zwölf. Vier Männer mit Brennern, drei mit Granaten und zwei mit Raketenwerfern. Und die drei Jeepfahrer würden AM-280er mit Laservisier haben. Die 280er war eine rückstoßfreie Waffe und konnte zweitausenddreihundert Schuß pro Minute abfeuern. Man brauchte den Abzug nur anzutippen und konnte fünfzig Kugeln in einen Kreis von sieben Zentimeter Durchmesser jagen – und dazu brauchte der Zielstrahl ihn nur zu berühren. Man konnte von der Hüfte schießen und damit wie mit einer Taschenlampe zielen. Mit einer 280er konnte man Löcher in eine Ziegelwand beißen – wegen der hohen Feuergeschwindigkeit. Wenn es eine Projektilwaffe gab, mit der man einen Chtorraner aufhalten konnte, dann würde das die 280er sein.

Bis jetzt hatte ich über die Kanonen nur eine Klage gehört – natürlich von Shorty. Denver hatte für sie ein paar speziell geladene Magazine heraufgeschickt. Jeder hundertste Schuß war ein Nadelbolzen, der mit einer Vielfalt besonders bösartiger Bakterien vollgepackt war. Die Überlegung dahinter war, wenn wir die Chtorraner nicht gleich töten würden, dann könnten die Bakterien es vielleicht später erledigen. Shorty hatte nur verächtlich geschnaubt. »Das ist für den Fall, daß wir nicht zurückkommen. So viel Vertrauen haben die zu uns.« Er sah mich an. »Hör zu, Junge – wir machen das hier anders. Wir planen, wieder zurückzukommen. Ist das klar?«

»Äh ... jawohl, Sir.«

Es war nicht schwer gewesen, mit der Remington klarzukommen. Ich hatte die ersten zwei Tage tatsächlich damit verbracht, Waldbrände auszulösen – ich hatte Buschwerk weggebrannt, die Fläche rings um das Lager ausgeweitet und war dann zu Zielübungen übergegangen – hatte versucht, Zielscheiben aus Asbest und Draht zu verbrennen, die hinter einem Jeep geschleppt wurden.

»Und sei mir ja vorsichtig«, hatte Shorty gewarnt. »Wenn du zu früh schießt, biegt der Chtorraner ab – aber du kannst es erst sehen, wenn der Rauch sich gelegt hat. Und bis dahin ist es zu spät. Warte, so lang du kannst, ehe du mit Schießen anfängst.«

»Bis ich das Weiße in seinem Auge sehe, hm?«

Shorty grinste, als er in seinen Jeep stieg. »Söhnchen, wenn du nahe genug an einen Wurm herankommst, um das Weiße in seinen Augen zu sehen – dann bist du sein Mittagessen.« Er fuhr an.

Ich verfehlte das Ziel natürlich. Ich wartete zu lange, und die Zielscheibe hätte mich fast umgeworfen.

Shorty bremste, stand im Jeep auf und schlug eine große, dreieckige Essensglocke an. »Holt es euch, Chtorraner! Das Abendessen steht bereit! Netter, frischer Mensch – gar nicht gefährlich! Holt es euch!«

Ich wartete, bis er fertig war. »Das soll wahrscheinlich heißen, daß ich zu langsam war.«

»Zu langsam ...? Natürlich nicht. Du bewegst dich nur zu lange an derselben Stelle.«

Wir versuchten es noch einmal. Diesmal fuhr er geradewegs auf mich zu. Der Jeep polterte über das Feld, dahinter der Asbestwurm auf heißer Spur, ohne ihn je einzuholen. Ich stemmte meine Füße fest in den Boden und zählte langsam. Diesmal würde ich nicht zu früh schießen.

Ich verfehlte ihn wieder.

Diesmal stieg Shorty aus dem Jeep und ging zur Zielscheibe zurück. Er zog einen 20-Casey-Schein aus der Tasche und befestigte ihn an der Zielscheibe. »Da«, sagte er. »Ich wette zwanzig Cs, daß du auch diesmal nicht triffst.« Er ging zum Jeep zurück. »Weißt du, du solltest wirklich schneller rennen lernen. Schließlich sollen die Würmer sich ihr Essen verdienen. Wir wollen doch keine fetten Chtorraner auf diesem Planeten?«

»Wir wollen überhaupt keine«, sagte ich.

»Genau«, grinste er. »Und ich hatte gedacht, du hättest es vergessen. Willst du es noch mal probieren?«

»Yeah. Diesmal schaff ich's!«

Er deutete mit dem Daumen auf die Zielscheibe. »Ich hab da zwanzig Caseys dagegen gewettet – beweis mir, daß ich unrecht habe.« Er ließ den Motor aufheulen und raste davon.

Während er einen Bogen schlug, versuchte ich zu begreifen, was ich falsch machte. Allem Anschein nach wartete ich mit dem Schießen zu lange – aber Shorty hatte gesagt, ich sollte nicht zu früh schießen, sonst würde der Chtorraner Zeit haben abzubiegen.

Andererseits, wenn ich zu lange wartete, würde ich vielleicht überhaupt keine Gelegenheit zum Schießen bekommen.

Hmm. Die beste Zeit zum Schießen mußte dann wohl genau der Augenblick sein, wenn es für den Chtorraner zu spät war, den Kurs zu wechseln. Aber wann war das? Wie nahe kam ein Chtorraner, ehe die Blutgier ihn überkam? Fünfzig Meter? Fünfundzwanzig? Hmm, ich dachte an wildgewordene Elefanten. Sagen wir fünfzehn Meter ...

Hey, Augenblick! Dieser Brenner hatte eine Reichweite von fast siebzig. Was wollte Shorty mir denn da beweisen? Ich konnte Würmer verbrennen, lange bevor die nahe genug herankamen, um nach mir zu schnappen!

Ich winkte ihm zu und versuchte, seine Aufmerksamkeit auf mich zu ziehen, aber er grinste nur und winkte zurück.

Jetzt steuerte er auf mich zu. Schnell. Er setzte zum nächsten Durchgang an.

Nun, ich würde es ihm zeigen. Ich stellte die Reichweite des Flammenwerfers auf maximale Distanz. Diesmal würde ich sofort zu schießen beginnen, wenn das Ziel nahe genug herangekommen war. Ich würde keine Sekunde länger als notwendig warten.

Ich richtete meine Waffe auf den Wurm aus Drahtgeflecht, schätzte die Distanz ab, wartete, bis er über eine unsichtbare Linie hüpfte und drückte ab. Die Flamme zischte brüllend hinaus und verblüffte mich wegen ihrer Intensität. Der Asbestwurm verschwand in einem Ball aus orangerotem Feuer. Öliger schwarzer Rauch quoll in die Höhe.

Shorty sprang mit Geschrei aus dem Jeep. Ich schaltete den Brenner hastig ab. Aber er war wegen seiner zwanzig Caseys überhaupt nicht böse, nicht einmal wegen seiner versengten Augenbrauen. Er rannte einfach auf mich zu und zog den Stecker aus meinem Batteriegehäuse.

»Jetzt denkst du wie ein Wurmbrenner«, sagte er. »Du mußt feuern, sobald sie in Reichweite kommen.«

Ich sah ihn böse an. »Warum hast du mir das nicht gleich gesagt?«

»Was? Und dir die Freude nehmen, schlauer als ein Chtorraner zu sein? Darum gings doch in dieser Lektion.«

»Oh«, sagte ich. Und dann: »Können wir es noch einmal versuchen. Nee, ich denke nicht.« Er betastete seine Augenbrauen. »Zumindest nicht, so lange ich nicht eine längere Schleppleine für mein Ziel habe.«

Die bekamen wir nie, bei all den Vorbereitungen für den großen Einsatz, aber es funktionierte trotzdem. Noch ein paar Tage Zielübungen – Shorty trug Asbestpyjamas – und ich war soweit. Schließlich waren Shorty und Duke bereit, das Risiko einzugehen. Ich war da nicht so sicher. Ich hatte gehört, daß Würmer bis zu vier Meter lang werden und bis neunhundert Kilo wiegen konnten. Oder mehr. Vielleicht war das übertrieben – ich würde das ja früh genug herausfinden –, aber ich war nun mal als Pessimist erzogen.

Das ist eine Familientradition. Schadet auch nie.

Nun, diesmal hatte ich sicherlich genug getan – und für

den Fall, daß doch noch etwas fehlte, machte ich noch zusätzliche Anstrengungen im Jeep. Nur um sicher zu sein.

Duke bemerkte es natürlich. Wir waren beide im zweiten Wagen. »Beruhig dich, Jim. Noch ist es nicht so weit.«

»Tut mir leid«, sagte ich und versuchte zu grinsen.

»Wir brauchen noch Stunden, bis wir dort sind.« Er lehnte sich gegen den Sitz und streckte die Arme. »Du solltest den Morgen genießen. Schau dir die Landschaft an.«

»Äh, sollten wir nicht nach Würmern Ausschau halten?«

»Tun wir doch.«

»Hm?«

»Shorty ist im ersten Jeep. Louis und Larry im letzten. Du weißt nicht, wonach du Ausschau halten mußt – deshalb bist du im zweiten. Und ich habe wichtigere Dinge, an die ich denken muß.« Er verschränkte die Arme hinter dem Kopf und schien einzuschlafen.

»Oh«, sagte ich.

Langsam begann ich zu begreifen. In dieser Armee macht man sich keine Sorgen, so lange man nicht den Befehl dazu hat – und wenn ich möchte, daß du eine Meinung hast, dann liefere ich sie dir.

Mit anderen Worten, das war nicht die Army, die ich erwartet hatte – die Teamwork Army. Die war tot und vergessen. Ich weiß nicht, warum ich das nicht begriffen hatte. Dies war etwas völlig anderes.

SIEBEN

Whitlaw sprach einmal über die Army.

Eines der Mädchen – eines der älteren, Patricia hieß sie – hatte sich darüber beklagt, daß ihr Einberufungsausschuß ihre Wahl zum Thema ›Spezialkenntnisse‹ abgelehnt hatte. (Nun, ›Kreativer Anarchist‹ war auch ziemlich ungewöhnlich. Ich konnte denen das nicht verübeln.) »Ebenso gut könnte ich zur Army gehen und als Hure arbeiten«, sagte sie.

»Hmm«, sagte Whitlaw. »Mit einer solchen Einstellung wären Sie wahrscheinlich keine besonders gute.«

Die Klasse lachte, aber sie blickte verstimmt. Sogar beleidigt. »Was meinen Sie damit?«

»Ich meine, Sie wären vielleicht für sie nicht akzeptabel. Die Moral ist heutzutage in der Army sehr wichtig.«

»Moral?« Das Mädchen schien erstaunt. »Die schwitzen doch bloß! Was ist denn mit meiner Moral! Ich bin Politologin!«

»Nein, hier sind Sie das nicht.« Whitlaw setzte sich auf seine Pultkante, schlug die Arme übereinander und grinste. »Und offensichtlich ist Ihr Einberufungsausschuß auch nicht der Ansicht. Vielleicht sollten Sie wirklich ein wenig schweißtreibende Arbeit kennenlernen, um einmal zu begreifen, wie wichtig das ist.«

Sie schob ihr Kinn vor. »Aber die Arbeit, die ich mit dem Gehirn leiste, ist viel wertvoller, als die Arbeit von denen mit ihrem Körper.«

»Falsch«, sagte Whitlaw. »Ihre Arbeit ist nur dann wertvoll, wenn sie gebraucht wird. Und *Sie* sind nur wertvoll, wenn Ihre besondere Fähigkeit knapp ist. Es kostet viel Zeit, einen biologischen Ingenieur oder einen Quantenphysiker oder auch nur einen kompetenten AI-Hacker auszubilden – aber wenn wir hunderttausend davon hätten, wieviel glauben Sie dann wohl, daß ein einziger wert wäre?«

Sie gab keine Antwort.

»Der einzige Grund, weshalb wir nicht so viele ausgebildet haben, ist, daß wir sie nicht brauchen. Wenn wir sie brauchen, könnte unsere Gesellschaft sie in zwei bis vier Jahren produzieren. Das haben wir immer wieder unter Beweis gestellt. Ihre Großväter haben es bewiesen, als sie Computerprogrammierer und Ingenieure und tausend andere Spezialitäten brauchten, um den ersten Mann auf den Mond zu bringen – und die meisten dieser Spezialitäten mußten erst erfunden werden, als sich die Notwendigkeit dafür ergab. Am Ende des Jahrzehnts hatte es den Anschein, als wären sie ebenso reichlich vorhanden wie ganz gewöhnliche Handarbeiter, ja einige von ihnen *mußten* tatsächlich mit den Händen arbeiten, um zu überleben, als das Weltraumprogramm gekürzt wurde.«

»Aber das war ... doch nur ein wirtschaftliches Problem«, beharrte sie. »Die Erziehung ist es doch, die den Wert eines Menschen ausmacht, oder?«

»Wirklich?« Whitlaw sah sie ausdruckslos an. »Wie definieren Sie Wert? Können Sie einen Baum fällen? Oder eine Kuh melken? Wissen Sie, wie man einen Bulldozer bedient? Können Sie Ziegelsteine setzen?«

»Natürlich nicht ...«

»Dann sind Sie nach gewissen Wertmaßstäben überhaupt nicht wertvoll. Sie sind kein Überlebenstyp.«

»Aber – das ist doch Handarbeit! Jeder kann das.«

Whitlaw blinzelte. »Aber Sie können es nicht?«

Sie blickte überrascht. »Warum sollte ich?«

Whitlaw hielt inne und musterte sie interessiert. »Haben Sie denn die Aufträge nicht gelesen?«

»Natürlich, aber ich spreche jetzt von der *echten* Welt.«

Whitlaw war gerade im Begriff gewesen, sich zu seinem Podium herumzudrehen und hielt jetzt mitten in der Bewegung inne. Er sah sie an, und sein Gesichtsausdruck war verblüfft. »Wie bitte?«

Die Klasse stöhnte – *uh, oh* – wir wußten, was jetzt kommen würde.

Er wartete, bis ihr Gesichtsausdruck eingefroren war. »Lassen Sie mich Ihnen etwas erklären. In der ganzen Geschichte der Menschheit, in all der Zeit, seit wir das erstemal von den Bäumen herunterkletterten, aufhörten, Affen zu sein, und zu lernen anfingen, Leute zu sein, in all jenen Jahren haben wir es geschafft, das, was als moderne Zivilisation gilt, für eine sehr kurze Periode zu halten. Ich markiere den Beginn der modernen Zeit mit der ersten Industrialisierung der Elektrizität. Damit ist die – wenn ich so sagen darf – *Stromära* weniger als zwei Jahrhunderte lang. Das ist als Test nicht lange nicht genug. Also ist immer noch nicht bewiesen, daß die Zivilisation nicht nur eine Modeerscheinung ist. Ich setze mein Geld auf die Geschichte – die gibt es schon länger. Verstehen Sie, was ich versuche, Ihnen klarzumachen? Was

Sie als die *echte* Welt ansehen, ist tatsächlich eine sehr *unechte* Welt, eine künstliche Umgebung, die ihre Existenz nur der Entschlossenheit einer Menge Handarbeiter verdankt, die nach einem Weg suchten, ihr Leben leichter zu machen. Und dann kommt noch der gute Wille des Universums dazu – und letztgenannter kann sich ohne Angabe von Gründen ändern. Das alleine garantiert, daß dies« – er machte eine weitausholende Handbewegung, die den Raum, das Gebäude, die Stadt, die Welt einschloß – »nur ein temporärer Zustand ist. Auf der kosmischen Skala ist es das ganz bestimmt.« Er strich sich das weiße Haar mit einer Hand zurück. Und dann war Feuer in seiner Stimme, als er hinzufügte: »Hören Sie, Sie sind fähig – daran ist keine Frage. Sie weigern sich nur, Ihre eigene Fähigkeit zu akzeptieren und zu bestätigen, und das ist Ihr Problem. Wußten Sie, daß es heute in der Sowjetunion mehr weibliche als männliche Maurer gibt? Und so war es dort schon seit mindestens fünfzig Jahren. Die einzige Entschuldigung, die Sie haben, ist, daß Sie dafür nicht *ausgebildet* sind. Und das ist auch der Grund, weshalb Sie keine gute Hure wären – Sie wissen nicht, wie man eine ist. Aber Sie könnten eine sein, wenn Sie die Ausbildung hätten. Tatsache ist, daß Sie alles sein können, was Sie sich wünschen, wenn Sie die Ausbildung haben – und die würden Sie haben, wenn es den Unterschied zwischen Essen oder Verhungern bedeuten würde.«

»Sicher könnte ich das«, sagte sie. »Ich könnte lernen, Kühe zu melken, wenn ich müßte ...«

»Sicher könnten Sie das. Es würde nur ein paar Minuten dauern.« Er sah sie an. »Oder länger.«

»... aber dann was?«

»Dann würden Sie natürlich Kühe melken!«

»Aber ich will nicht Kühe melken!«

»Ich auch nicht – aber wenn die Kuh gemolken werden muß, dann muß es jemand tun! Das macht eine nützliche Fertigkeit daraus. Hören Sie ...« Er wandte sich uns anderen zu. »Zu viele von Ihnen, die in dieser Klasse sitzen, sind zu viele Generationen lang von jenen notwendigen Fertigkeiten getrennt gewesen. Das hat Ihnen ein paar sehr eigenartige Vorstellungen von Ihrer eigenen Wichtigkeit eingetragen. Lassen

Sie mich Sie jetzt gleich von dieser Narrheit befreien – die meisten von Ihnen müssen sich, um zu überleben, auf zu viele andere verlassen, und das macht Sie verletzbar. Es wäre gar keine so schlechte Idee, ein paar von jenen grundlegenden Fertigkeiten zu lernen, denn soweit es die Gesellschaft betrifft, in der Sie leben, ist es die Ausbildung, die den Wert hat, nicht das Individuum.

Im Augenblick sind die meisten unserer Arbeiter in der Army sehr stolz auf das, was sie tun – ob Sie es nun glauben oder nicht. Macht es daher wirklich einen Unterschied, daß einige von ihnen bereits in der sechsten Generation Wohlfahrtsempfänger sind? Jetzt sind sie es nicht mehr! Jetzt sind sie Steuerzahler wie wir anderen auch. Und die Fertigkeiten, die sie in der Army lernen, reichen vielleicht aus, um sicherzustellen, daß sie nie wieder Wohlfahrtshilfe empfangen, *sie* zumindest können physisch erkennen, was sie schaffen – die meisten von *uns* haben diese Genugtuung nie. Ich habe sie nicht. Ich bezweifle, daß Sie sich in einem Jahr auch nur an ein Zehntel von dem erinnern werden, was ich Ihnen sage – und Sie wissen gar nicht, wie frustrierend es für mich ist, das zu begreifen – aber *die* können auf einen neuen Park oder ein wiederaufgebautes Gebäude zeigen und sagen: ›*Das* habe ich getan.‹ Und das ist ein herrliches Gefühl. Das weiß ich! Dieses Land zieht Nutzen aus ihrer Arbeit, Sie und ich ziehen Nutzen daraus – und am meisten von allen ziehen sie Nutzen daraus, weil ihr Leben davon bereichert wird. Sie erwerben sich Fertigkeiten, sie erwerben Stolz und sie erwerben sich wieder Respekt für sich selbst, weil ihre Arbeit einen Sinn hat!«

Whitlaw hielt inne und holte Luft. Ich ertappte mich dabei, wie ich wieder über sein Hinken nachdachte und mich fragte, wo er sich diese Verletzung wohl zugezogen haben mochte. Er verbarg es gut. Mir war es erst aufgefallen, als jemand anderer mich darauf hingewiesen hatte. Er sah das Mädchen an, dessen Bemerkung die Diskussion ausgelöst hatte, als wollte er sagen ›Verstehen Sie das?‹

Sie machte einen Fehler. Einen kleinen zwar nur, aber es reichte. Sie rümpfte die Nase.

Whitlaws Ausdruck erstarrte. Ich hatte ihn noch nie zuvor

so zornig blicken sehen. Er sagte leise: »Wissen Sie was? Wenn Sie eine Hure wären, würden Sie wahrscheinlich verhungern.«

Niemand lachte. Niemand wagte es.

Whitlaw beugte sich ganz dicht zu ihr, daß sein Gesicht nur wenige Zoll von dem ihren entfernt war. Und dann sagte er im Bühnenflüsterton: »Man hat Sie betrogen. Man hat zugelassen, daß Sie aus sich einen egozentrischen, selbstsüchtigen verzogenen Bastard machen – eine egoistische, leerköpfige, angemalte kleine Schwanzleckerin. Glauben Sie denn, die Heiligkeit Ihrer Genitalien sei wichtig? Sie sind bereits eine Hure, und Sie wissen es nicht einmal!«

»So dürfen Sie nicht zu mir sprechen ...« Sie schickte sich an aufzustehen.

Aber Whitlaw wich keinen Zoll. Er lehnte sich noch näher. Sie hatte keinen Platz, um aufzustehen, und fiel auf ihren Sitz zurück. »Hören Sie, ich hab Sie gesehen. Sie wackeln mit Ihren Titten und schmollen und erwarten, daß das Football-Team um das Privileg kämpft, in der Kantine neben Ihnen sitzen zu dürfen. Sie zeigen Daddy einen Schmollmund, und dann reicht er Ihnen seine Kreditkarten. Eines Tages werden Sie einen Handel abschließen, um zweimal die Woche zu bumsen, und dann wird Ihnen irgendein armes Schwein ein Haus und einen Wagen und einen goldenen Ring geben, den Sie am Finger tragen dürfen. Wenn das nicht Hurerei ist, dann weiß ich nicht, was es sonst ist. Der einzige Unterschied zwischen Ihnen und einer lizensierten Kurtisane ist, daß die wenigstens ehrlichen Dienst leistet.«

»Augenblick mal!« Plötzlich stand einer der jungen Männer ganz hinten im Raum auf. Sein Gesicht war rot. Er sah aus, als wollte er Whitlaw jeden Moment niederschlagen. Ich wußte nicht, ob ich mich um ihn oder Whitlaw ängstigen sollte.

»Hinsetzen, Junge!«

»Nein! Sie dürfen sie nicht so einschüchtern!«

»Wie möchten Sie denn, daß ich sie einschüchtere? *Hinsetzen!*« Whitlaw wandte sich uns anderen zu, ohne sich darum zu kümmern, ob der Junge seiner Anweisung nachgekommen war. »Wieviele von Ihnen glauben, daß ich zu weit gegangen bin?«

Die meisten hoben die Hand. Einige taten es nicht. Ich auch nicht. Ich wußte nicht, was ich denken sollte.

»Dann will ich euch etwas sagen! Mir ist völlig egal, was ihr glaubt! Ich hab hier einen Job zu erledigen! Und wenn das bedeutet, daß ich ein paar von euch mit einer Schaufel breitschlagen muß, dann werde ich es tun – weil das anscheinend die einzige Möglichkeit ist, um eure Aufmerksamkeit zu bekommen! Hört mal zu, verdammt! Ich bin kein Babysitter! Vielleicht können die in den anderen Kursen das Zeug wie Sirup über euch gießen und hoffen, daß etwas davon hängenbleibt; aber in diesem Kurs machen wir es auf *meine* Art – weil meine Art *Resultate* bringt! Dieser Kurs unterliegt den Vorschriften der Universalen Dienstleistungsakte – und es geht in ihm um das Erwachsenwerden!« Er stieß das Mädchen unfreundlich an. »Wenn Sie wollen, können Sie nach Hause gehen und sich bei Ihrem Daddy beklagen – ich weiß, wer Sie sind – und dann kann er sich beim Einberufungsausschuß beschweren. Der gemeine Mr. Whitlaw hackt auf Daddys kleinem Mädchen herum! Die werden ihm ins Gesicht lachen. So etwas hören die drei- oder viermal die Woche. Das macht ihnen Spaß – weil es beweist, daß ich meine Arbeit tue.« Er beugte sich wieder zu ihr herunter. »Wenn es unangenehm wird, laufen Sie dann immer zu Daddy? Werden Sie den Rest Ihres Lebens damit verbringen, daß Sie nach Daddys Ausschau halten, die Sie gegen die bösen alten Mr. Whitlaws der Welt verteidigen? Hören Sie, ich hab schlechte Nachrichten für Sie – Sie werden bald erwachsen sein! Dann geht das nämlich nicht mehr!« Plötzlich schoß seine Hand vor und griff nach ihrem Kinn und zog ihr Gesicht zu sich herüber. »Schauen Sie mich an, Patricia – verstecken Sie sich nicht davor! Draußen sind Tiger – und Sie sind fett und zart. Meine Aufgabe ist es, Sie zäh zu machen, damit Sie eine Chance gegen diese Tiger haben. Wenn ich Ihnen diesen Bockmist durchgehen lasse, mit dem Sie sich bei den anderen einschmeicheln, dann würde ich Ihnen die Chance nehmen, einmal zu lernen, daß Sie das gar nicht brauchen. Daß Sie viel größer sind als ›Daddys süßes kleines Mädchen‹. Lassen Sie die Nummer also künftig gefälligst vor der Türe. Kapiert?«

Sie fing zu weinen an. Whitlaw holte ein Papiertaschentuch heraus und ließ es vor ihr auf den Tisch fallen. »Hier drinnen funktioniert die Schau auch nicht.« Sie funkelte ihn an, griff dann nach dem Taschentuch und wischte sich schnell die Augen. Den Rest der Stunde war sie sehr still und nachdenklich.

Whitlaw richtete sich auf und sagte zu uns anderen: »Das gilt auch für euch anderen. Hört zu, hier geht es um den *Dienst* an der Gemeinschaft. Die meisten von euch gehen davon aus, daß diese Verpflichtung eine Art Last ist, etwas, dem man aus dem Wege gehen muß. Wißt ihr, daß Ihr euch damit selbst betrügt? Die Chance, die euch hier geboten wird, liegt darin, daß ihr die Möglichkeiten der Regierung der Vereinigten Staaten dazu einsetzen könnt, um euch selbst und den Menschen, mit denen ihr diesen Planeten teilt, etwas Wichtiges zu schaffen. Und was das im einzelnen ist, werden wir später im Kurs besprechen. Nur eines müßt ihr begreifen – hier geht es nicht so sehr darum, daß ihr anderen dient, als darum, daß ihr euch selbst dient.« Er hinkte zum hinteren Ende des Saals und sah die ganze Klasse an. Wir mußten uns in unseren Sitzen herumdrehen, um ihn sehen zu können. Sein Gesicht war gerötet, seine Augen blickten durchdringend.

»Hört mir zu«, sagte er. »Ihr wißt alle über die tausendjährigen Verträge Bescheid – den letzten Akt der Apokalypse. Ich weiß, was man euch bisher beigebracht hat. Um den Weltfrieden zu garantieren, haben die Vereinigten Staaten ihr Recht aufgegeben, eine internationale Militärstreitkraft zu unterhalten. Wir haben einen Krieg verloren – und diesmal mußten wir die Verantwortung dafür auf uns nehmen. Nie wieder sollte ein amerikanischer Präsident die Mittel für rücksichtsloses Abenteurertum zur Hand haben – das Risiko ist zu groß. Das hat die Apokalypse bewiesen.

Und so haben wir statt dessen die Teamwork Army – und was das für euch bedeutet, ist, daß eure Dienstverpflichtung nicht länger dem Krieg, sondern dem Frieden dient. Das ist eine Gelegenheit, nicht nur hier, sondern überall in der Welt zu arbeiten, wenn ihr euch dafür entscheidet, dort die Ursachen des Krieges, nicht seine Symptome anzugreifen.«

Whitlaw brach abrupt ab. Er schob beide Hände in die Jakkettaschen und kehrte nach vorne zurück. Da stand er, uns den Rücken zugewandt, und blickte auf seine Notizen auf dem Podium. Er stand so lange da, daß in der Klasse Unruhe ausbrach. Einige von uns tauschten nervöse Blicke. Und dann sagte Whitlaw, ohne aufzublicken, leise: »Paul, Sie haben eine Frage?«

Das war Paul Jastrow, ganz hinten im Saal. Wie hatte Whitlaw das gewußt? »Yeah«, sagte Paul und stand auf. »Ich habe hier gelesen« – er hob eines seiner Bücher in die Höhe –, »daß unsere Situation so wie die von Deutschland am Ende des Ersten Weltkriegs sei. Stimmt das?«

Whitlaw drehte sich herum. »In welcher Weise?«

»Nun, man straft uns dafür, daß wir einen Krieg angefangen haben. Also erlaubt man uns nicht, die Art von Militär zu unterhalten, die man dazu einsetzen könnte, wieder einen Krieg zu beginnen, stimmt's?«

Whitlaw nickte. »Nur eines – in unserem Fall ist es keine Bestrafung. Es ist eine Verpflichtung.«

»Ja«, sagte Paul. »Aber das läuft doch auf dasselbe hinaus, gleichgültig, wie Sie es nennen. Wir haben keine richtige Armee – keine, die Waffen trägt.« Er blickte zornig.

»Nur die Inlandstreitkräfte selbstverständlich«, stellte Whitlaw fest. »Aber im Wesen haben Sie recht. Worin besteht also Ihre Frage?«

»Ich komme gleich darauf. Es geht um diese ›Teamwork Army‹ ...«, er sagte das mit einem Unterton von Abscheu. »Das klingt dem verdammt ähnlich, was die Deutschen nach dem Ersten Weltkrieg hatten. Sie hatten all diese Arbeitslager und Jugendgruppen und bildeten die Leute mit Schaufeln statt Karabinern aus und erledigten öffentliche Arbeiten und all das. Und das Ganze war nur Schwindel; denn als dann die Zeit kam, legten diese Burschen ihre Schaufeln weg und griffen sich Karabiner und verwandelten sich in eine richtige Armee. Und was daraus geworden ist, wissen wir ja.«

»Ja«, sagte Whitlaw. »Und?«

»Und – wie steht es mit unserer sogenannten Teamwork Army? Ich meine, könnte man die nicht in eine Militärstreitkraft zurückverwandeln?«

Whitlaw lächelte. Irgendwie ließ ihn das besonders gefährlich erscheinen. »Mhm«, sagte er und sah Paul dabei gerade an.

»Nun?« fragte Paul.

»Nun was?«

»War das beabsichtigt?«

»Ich weiß nicht.« Whitlaws Tonfall klang gleichgültig. Vielleicht wußte er es wirklich nicht.

»Nun, heißt das nicht, daß die Teamwork Army ein Schwindel ist?«

»Ist sie das?« fragte Whitlaw. »Das müssen Sie mir sagen.«

Paul blickte unsicher. »Ich weiß nicht«, sagte er.

Whitlaw stand einen Augenblick lang da und wartete. Er sah Paul an, sah sich dann im ganzen Klassenzimmer um und ließ dann seinen Blick wieder zu Paul zurückwandern. »Ist das eine Feststellung, Paul, oder gibt es da irgendwo eine Frage?«

»Äh, ja. Da gibt es schon eine Frage. Aber ich kann sie nicht richtig formulieren. Es ist nur – ich verstehe das Ganze nicht.«

»Das leuchtet mir ein. Und vielen Dank auch, daß Sie so ehrlich sind – das ist gut. Lassen Sie mich also eine Weile damit arbeiten. Fangen wir doch mit den Fakten bezüglich der Teamwork Army an. Dies sind Männer, die Dinge bauen. Leute, die Dinge bauen, neigen dazu, die Dinge, die sie bauen, zu verteidigen. Man nennt das Territorialität. Wie sich zeigt, geben sie sehr gute Soldaten ab. Ja, die Möglichkeit besteht. Die Teamwork Army könnte in eine reguläre Militärstreitkraft verwandelt werden in ... oh, lassen Sie mich sehen? Wie stand das in diesem Bericht?« Er blätterte demonstrativ in seinen Papieren und zeigte dann auf einen bestimmten Abschnitt. »Ah – zwölf bis sechzehn Wochen.« Er hielt inne. Er ließ es einsinken. Er sah sich im Klassenzimmer um und begegnete den Augen eines jeden, der es wagte, ihn anzusehen. Ich glaube, wir waren alle vom Schrecken erfüllt. Ich weiß, daß ich das war. Das war nicht die Antwort, die ich hören wollte. Nach einem langen, unbequemen Schweigen sagte Withlaw leise: »Na *und?*« Er trat wieder in die Mitte des Raums. »Die Frage ist nicht, *warum* diese Möglichkeit besteht

– weil es *immer* die Möglichkeit militärischen Abenteuertums gibt. Die Frage ist, *was* wir diesbezüglich unternehmen.«

Niemand antwortete.

Whitlaw grinste uns an. »Und darum geht es in diesem Kurs. Um *diese Verantwortlichkeit.* Am Ende wird das Ihre Verantwortung sein. Ihre Aufgabe besteht also darin, sich zu überlegen, wie Sie sich dieser Verantwortung stellen möchten. Was würden *Sie* mit der Army tun? Sie ist *Ihr* Werkzeug. Wie wollen Sie dieses Werkzeug einsetzen? Wir werden morgen darüber sprechen. Das ist für heute alles.« Er ging zum Podium zurück, nahm sich seine Bücher und Papiere und verließ den Raum.

Wir saßen da und sahen einander an. War es das?

Patricia blickte unglücklich. »Mir gefällt das nicht«, sagte sie. »Und ich weiß immer noch nicht, was ich wegen meines Einberufungsausschusses tun soll.«

Jemand stupste sie an. »Mach dir darüber keine Sorgen«, sagte er. »Dir wird schon etwas einfallen. Du hast ja Zeit.«

Aber damit hatte er unrecht.

Sie hatte keine Zeit – und wir anderen hatte diese Zeit auch nicht. Sie war binnen sechs Monaten tot. Und die meisten meiner Klassenkollegen waren das auch.

ACHT

Als die Seuchen das erstemal auftauchten, nahm die Medizin an, daß sie natürlichen Ursprungs seien, einfache Mutationen bereits bekannter Krankheiten. Daher die Namen: Schwarze Peritonitis, Afrikanische Masern, Botuloid-Virus, Comatosis und Enzym-Reaktion 42 – letztere war besonders bösartig. Sie waren so virulent und breiteten sich so schnell aus, daß man sie erst nachher alle identifizierte.

Ich erinnere mich daran, wie Dad die Stirn runzelte, als er

abends immer die Zeitung las. »Idioten«, murmelte er. »Es überrascht mich nur, daß es nicht schon früher passiert ist. Natürlich bekommt man eine Seuche, wenn man so viele Leute in eine Stadt wie Kalkutta stopft.«

Innerhalb von ein paar Wochen wich sein Stirnrunzeln der Verblüffung. »Rom?« sagte er. »Ich dachte, die Italiener wären vorsichtiger.«

Und als die Seuche dann New York erfaßte, sagte Dad: »Nita, ich glaube, wir sollten ein paar Wochen auf die Hütte gehen. Jim, du kommst natürlich mit.«

»Aber ich hab doch Schule ...«

»Du kannst es dir leisten, ein paar Wochen ausfallen zu lassen. Ich glaube, ich werde deine Schwester auch anrufen.«

Zuerst dachten die Ärzte, sie hätten es nur mit einer Krankheit zu tun – aber mit einem Dutzend widersprüchlicher Symptome. Sie glaubten, die Krankheit nähme unterschiedliche Formen an wie bubonische und pneumonische Seuchen. Dann dachten sie, sie wäre so instabil, daß sie dauernd mutierte. Jeder hatte seine Theorie: Die Ansteckung ginge von den Superjumbos aus; wir sollten einfach den Luftverkehr völlig einstellen und damit die Krankheit isolieren. Oder die Bakterienökologie habe schließlich eine weitläufige Toleranz gegenüber unseren Antibiotika entwickelt; wir hätten sie früher nicht so großzügig einsetzen sollen. Oder das Ganze ginge auf diese Experimente mit vierdimensionaler Physik zurück; das veränderte die Atmosphäre und führe zu seltsamen neuen Mutationen. Dingen, wie riesigen Millipeden und purpurfarbenen Raupen.

Die erste Welle fegte in einer Woche über das Land. Eine ganze Menge davon wurde von den Flüchtlingen weitergeschleppt, die von der Ostküste flohen, aber etwa ebensoviel bewegte sich in scheinbar unmöglichen Sprüngen weiter. Flugzeuge? Oder etwas anderes? Es gab überhaupt keine direkte Flugverbindung nach Klamath, Kalifornien, und doch starb jene Stadt vor Sacramento.

Ich erinnere mich an eine Fernsehsendung; dieser Wissenschaftler – seinen Namen habe ich vergessen – behauptete, es handele sich um biologische Kriegführung. Er sagte, es gäbe zwei Arten von Wirkstoffen: die Y-Wirkstoffe, für die es Seren und Antitoxine gab, und die X-Wirkstoffe, gegen die es überhaupt keine Verteidigung gab. Allem Anschein nach, sagte er, mußten einige dieser X-Wirkstoffe freigesetzt worden sein, entweder zufällig oder vielleicht auch durch Terroristen. Eine andere Erklärung für diesen plötzlichen Ausbruch weltweiten unkontrollierbaren Todes gab es nicht.

Die Idee setzte sich schnell durch. Sie gab einen Sinn. Binnen Tagen war das ganze Land in Aufruhr. Rufe nach Rache wurden laut. Wenn man die Bakterien schon nicht töten konnte, dann konnte man zumindest gegen den Feind zurückschlagen, der dafür verantwortlich war, daß sie freigesetzt worden war.

Nur – wer war der Feind? Es war unmöglich, das festzustellen. Außerdem – und das war ein schrecklicher Gedanke – was wenn die Bakterien *unsere* eigenen waren? Es gab ebensoviele Leute, die bereit waren, das zu glauben.

Und als es einmal soweit war, ging alles sehr schnell in Stücke. Wir hörten einiges über Kurzwelle. Hübsch war es nicht.

Dort, wo wir uns aufhielten, waren wir recht gut isoliert, besonders nachdem einer von uns eines Nachts an die Kreuzung hinuntergegengen war und die Brücke in Brand gesteckt hatte. Es war eine alte Holzbrücke, und sie brannte stundenlang, bis sie schließlich zusammenbrach. Die meisten von uns, die auf dem Hügel lebten, kannten die seichte Stelle etwa zwei Meilen stromaufwärts. Wenn nötig, konnte man dort mit einem Wagen durch den Fluß fahren, aber Dad hatte sich überlegt, daß die abgebrannte Brücke die meisten Flüchtlinge an dem Versuch hindern würde, den Berg heraufzukommen. Er hatte damit beinahe recht. Einer unserer Nachbarn unten am Hügel warnte uns einmal über Radio vor einer Karawane von drei Landrovern, die in unsere Richtung kamen, aber wir sollten uns keine Sorgen machen. Eine Weile später hörten wir Schüsse und dann nichts mehr.

Nach diesem Zwischenfall hielt Dad immer einen geladenen Karabiner in der Nähe der Türe und brachte uns allen bei, wie man damit schoß – selbst den Kindern. Er gab uns sehr detaillierte Instruktionen. Wenn wir jemanden erschossen, sollten wir die Leichen verbrennen, ihre *sämtlichen* Habseligkeiten, ihre Wagen, ihre Tiere und alles, das sie berührt hatten. *Ohne Ausnahme.*

Wir blieben den ganzen Sommer auf dem Berg. Dad gab seine Programme telefonisch durch, bis die Telefone aufhörten zu funktionieren. Dann arbeitete er weiter, ohne sie durchzugeben. Ich wollte ihn einmal fragen, warum er das tat, aber Mutter hinderte mich daran. Später sagte sie zu mir: »Jim, es ist unwichtig, ob es je wieder jemanden geben wird, der eines seiner Spiele spielen möchte. Er macht sie für sich. Er muß glauben – wir alle müssen das – daß es eine Zukunft geben wird.«

Das gab mir zu denken. Ich hatte überhaupt nicht an die Zukunft gedacht – weil ich einfach das schreckliche Ausmaß der Pestilenz nicht begriffen hatte. Ich hatte schon ziemlich früh aufgehört, Radio zu hören. Ich wollte nicht wissen, wie schlimm es war. Ich wollte nichts davon hören, daß die Toten schneller starben, als die Lebenden sie begraben konnten – ganze Haushalte, die gesund zu Bett gingen, und alle starben, ehe sie aufwachten. Ich wollte nichts von den Leichen auf den Straßen hören, der Panik, den Plünderungen, den Brandschatzungen – in Los Angeles war ein Feuersturm gewesen. Ob dort noch jemand am Leben geblieben war?

Wir blieben auch den ganzen Winter auf dem Berg. Es war hart, aber wir schafften es. Wir hatten eine Windmühle, also hatten wir auch Elektrizität – nicht viel, aber genug. Wir hatten ein Solardach und trugen Pullover, und so blieben wir warm. Wir hatten den Sommer dazu benutzt, ein Gewächshaus zu bauen, also hatten wir Gemüse. Und als Dad den Hirsch schoß, begriff ich, warum er so viel Zeit damit verbracht hatte, mit der Armbrust zu üben. Wir überlebten.

Ich fragte ihn: »Hast du gewußt, daß so etwas geschehen würde?«

Er blickte auf und sah mich über den toten Hirsch hinweg an. »Was heißt ›so etwas‹?«

»Die Seuchen. Der Zusammenbruch.«

»Nein«, sagte er und wischte sich die Stirn. Dieses Tier war innen *heiß*. Er beugte sich wieder vor und arbeitete weiter. »Warum fragst du?«

»Äh, die Armbrust, die Hütte – und alles. Und warum gerade dieser Berg? Ich dachte immer, du wärst ein wenig ... nun, plemplem, weil es dir so darauf ankam, unabhängig zu sein. Jetzt kommt es mir wie schrecklich gute Planung vor.«

Er hörte zu arbeiten auf und legte sein Messer weg. Er wischte sich das Blut von den Handschuhen. »Bei dem Wetter kann man einfach nicht arbeiten.« Sein Atem hing frostig in der Luft. »Und mit diesen Handschuhen hat man kein Gefühl. Nein, ich habe es nicht gewußt – und ja, die Planung war gut. Aber es war nicht meine Idee. Es war dein Großvater. Ich wünschte, du hättest ihn besser gekannt. Er hat mir immer gesagt, ein Mann sollte darauf vorbereitet sein, wenigstens dreimal im Leben plötzlich an einen anderen Ort zu ziehen. Dann nämlich, wenn man plant, lange zu leben. Du weißt natürlich, warum. Du kannst dir jede Periode in der Geschichte heraussuchen und jeden Ort. Es ist schwer, siebzig Jahre des ungebrochenen Friedens und der Stille zu finden. Irgendein Baum ist immer zu überfüllt.« Er seufzte. »Und wenn das Kreischen anfängt, dann ist die Zeit gekommen, sich an einen ruhigeren Ort zu begeben.« Er griff nach dem Messer und machte sich wieder an das Ausweiden des Bockes. »Unsere Familie ist ihrem Schicksal oft gerade noch entkommen – Augenblick mal. Halt das mal fest. Ah ja! Einer deiner Urgroßväter hat 1935 Nazideutschland verlassen. Er ist immer weiter nach Westen gezogen, bis er nach Dublin kam – deshalb ist dein Name heute McCarthy. Er hat vergessen, deine Urgroßmutter in einer Kirche zu heiraten.«

»Oh«, sagte ich.

»Dein Großvater hat dieses Land 1986 gekauft. Als Land noch billig war. Er hat ein Fertighaus daraufgestellt. Und seitdem war er jeden Sommer hier und hat ein wenig dazugebaut. Er hat nie richtig eingesehen, welchen Sinn es eigentlich hatte – mal sehen, das war noch vor deiner Geburt, das muß wohl der Sommer 1997 gewesen sein. Richtig, wir dachten, das würde das Jahr der Apokalypse sein.«

»Ich weiß«, sagte ich. »Das haben wir in der Schule durchgenommen.«

Er schüttelte den Kopf. »Das ist nicht dasselbe, Jim. Es war eine schreckliche Zeit. Die Welt war paralysiert und wartete, ob sie noch weitere Bomben abwerfen würden. Wir waren alle sicher, daß es soweit war – der große Knall. Die Panik, die überall herrschte, war ziemlich schlimm. Aber wir sind durchgekommen, hier oben. Wir haben das ganze Jahr auf diesem Berg verbracht – sind erst Weihnachten wieder runtergekommen. Damals hatte die Welt Glück. Jedenfalls war es das, was mich überzeugt hat.«

Wir begannen, den Bock herumzuzerren und auf den Schlitten zu laden. Ich sagte: »Wie lange, glaubst du, werden wir dieses Mal hierbleiben müssen?«

»Keine Ahnung. Eine ganze Weile vielleicht – vielleicht sogar ein paar Jahre. Im vierzehnten Jahrhundert hat der Schwarze Tod sich ziemlich Zeit gelassen, bis er schließlich verschwand. Ich rechne nicht damit, daß es bei diesen Seuchen anders sein wird.«

Ich dachte darüber nach. »Was meinst du, werden wir finden, wenn wir zurückkommen?«

»Das kommt darauf an.«

»Worauf?«

»Wieviele Leute ... überlebt haben. Und wer.« Er sah mich nachdenklich an. »Ich denke, es wäre besser, du würdest wieder anfangen, mit mir Radio zu hören.«

»Yes, Sir.«

Etwa einen Monat später fingen wir eine Sendung aus Denver, der provisorischen Hauptstadt der Vereinigten Staaten, auf. Das Kriegsrecht galt immer noch. Die überlebenden sechsunddreißig Mitglieder des Kongresses hatten getagt und die Präsidentenwahl um mindestens sechs Monate verschoben. Und die Impfstoffe der zweiten Generation erwiesen sich fast zu sechzig Prozent als wirksam. Aber sie waren noch knapp.

Dad und ich sahen einander an und dachten beide das gleiche. *Das Schlimmste haben wir hinter uns.*

Nach einem weiteren Monat sendete Denver vierundzwanzig Stunden täglich. Langsam schickte die Regierung sich an, wieder alle Stücke zusammenzufügen. Und dann gelangten eine ganze Menge Informationen ans Licht.

Die erste der Seuchen – man wußte jetzt, daß es mehrere gewesen waren – hatte sich als isolierte Störungen im Herzen Afrikas gezeigt. Binnen weniger Wochen hatte sie sich nach

Asien und Indien ausgebreitet und ihren Zug um die Welt begonnen. Die zweite Seuche kam so dicht hinterher, daß sie wie ein Teil derselben Welle erschien, aber sie hatte irgendwo in Brasilien angefangen – und war durch Mittelamerika nordwärts gezogen – so schnell, daß viele Städte ihr erlagen, ehe sie auch nur die Chance bekamen, sie zu identifizieren. Als dann die dritte Seuche kam, fielen Regierungen auseinander. Fast jede Großstadt hatte das Kriegsrecht ausgerufen. Fast der gesamte Reiseverkehr auf der Welt war zum Stillstand gekommen. Man konnte erschossen werden, wenn man nur versuchte, ein Krankenhaus zu betreten. Die vierte und die fünfte Seuche trafen uns wie Gezeitenwellen, dezimierten die Überlebenden der ersten drei. Es gab auch noch eine sechste Seuche – aber an dem Punkt war die Bevölkerungsdichte bereits so gering, daß sie sich nicht mehr ausbreiten konnte.

Manche Gegenden hatten Glück gehabt und waren überhaupt nicht in Mitleidenschaft gezogen worden, hauptsächlich isolierte, abgelegene Orte. Eine Menge Schiffe blieben einfach auf hoher See, insbesondere solche von der Navy, sobald die Admiralität einmal erkannt hatte, daß wenigstens eine Waffengattung relativ intakt erhalten werden mußte. Und dann gab es abgelegene Inseln und Siedlungen auf Berggipfeln, religiöse Gemeinschaften, Überlebenskommunen, unsere ganze nukleare Abschreckungsbrigade (wo auch immer die untergebracht war), die beiden lunaren Kolonien, das L 5 Bauprojekt (aber sie verloren den Bodenstützpunkt), die Unterseesiedlungen von Atlantis und Nemo und eine ganze Anzahl Orte, wo jemand so klug gewesen war, die Brücke in die Luft zu jagen.

Aber selbst nachdem die Massenproduktion der Impfstoffe eingeleitet war, und die Seuchen sich gelegt hatten (einigermaßen), gab es immer noch Probleme. Tatsächlich war dies sogar der Zeitpunkt, wo die *echten* Probleme anfingen. An vielen Orten der Welt gab es keine Lebensmittel, nachdem die Verteilersysteme völlig zusammengebrochen waren. Und Typhus und Cholera attackierten die geschwächten Überlebenden. Es gab überall auf der Welt nur noch wenig Krankenhausversorgung; die Krankenhäuser waren die ersten Institutionen gewesen, die untergegangen waren. (Jeder überlebende Arzt war automatisch verdächtig, seine Pflicht nicht erfüllt zu haben.) Viele große Städte waren wegen Feuersbrünsten und dem Zusammenbruch aller Dienstleistungen unbewohnbar geworden. Moskau beispielsweise war in einem nuklearen Feuersturm zugrundegegangen.

Es war das Ende der Welt – und es setzte sich einfach fort. So viele Leute starben an Hunger, Anomie, Selbstmord, Schock und tausend anderen Dingen, an denen Menschen normalerweise nicht sterben, die aber plötzlich tödlich geworden waren, so daß es den Anschein hatte, als erlägen wir einer größeren Seuche ohne Namen – die Verzweiflung hieß. Die Wellen dieser Seuche wälzten sich um die Welt und wälzten sich immer weiter und wälzten sich und wälzten sich ...

Ehe die Seuchen ausgebrochen waren, hatte es auf der Erde fast sechs Milliarden menschliche Lebewesen gegeben. Als sie zu Ende waren, wußte niemand, wie viele noch übrig waren. Die Regierung der Vereinigten Staaten versuchte nicht einmal, die nächste Volkszählung durchzuführen. Wenn jemand von den maßgebenden Leuten auch nur die leiseste Ahnung hatte, wieviele Leute überlebt hatten, sagten sie es nicht. Es war fast, als hätten sie Angst davor. Aber eines Nachts hörten wir über Kurzwelle, daß allein in diesem Land wenigstens hundert Millionen gestorben waren. Ganze Städte hatten einfach aufgehört zu existieren.

Wir konnten das nicht begreifen, aber da waren all die Berichte im Radio, die Bilder im Fernsehen. Große Bereiche des Landes wurden wieder zu Wildnis. Überall gab es Ruinen. Ausgebrannte Häuser waren an der Tagesordnung – verängstigte Nachbarn hatten versucht, der Ausbreitung der Seuche Einhalt zu gebieten, indem sie die Häuser der Sterbenden verbrannten, wobei sie manchmal nicht einmal abwarteten, bis die Sterbenden tot waren. Überall gab es verlassene Wagen, zerbrochene Fenster, verblaßte Anschlagtafeln, ungemähte Rasenflächen und mehr als nur ein paar mumifizierte Leichen. »Wenn Sie eine sehen«, sagte die Stimme aus Denver, »atmen Sie schnell aus, atmen Sie nicht ein, halten Sie den Atem an, berühren Sie nichts, und entfernen sich nach hinten. Üben Sie das, bis es zu einer Reflexhandlung wird. Und dann begeben Sie sich in Quarantäne – *vielleicht* haben Sie dann eine Chance – und rufen Sie einen Entseuchungstrupp. Wenn Sie an einem Ort sind, wo es keine Entseuchungseinheiten gibt, dann entfachen Sie ein Feuer. Und beten Sie darum, daß Sie schnell genug gehandelt haben.«

Wir blieben den ganzen Frühling in den Bergen. Und hörten Radio.

Denver berichtete, es sähe so aus, als würden die Seuchen anfangen auszusterben. Auf der ganzen Welt gab es nur noch weniger als tausend Erkrankungen pro Woche, aber es starben immer noch Menschen. Jetzt herrschten Hungersnöte – man hatte versäumt, Getreide zu pflanzen – und Massenselbstmord. Wenn die Seuche ohne Namen vorher Verzweiflung gewesen war, dann war sie jetzt Wahnsinn. Die Leute verfielen ihm so leicht und lösten sich auch wieder davon, daß man das als ein Faktum des Lebens anerkannte – eine Plage, die so verbreitet war, daß niemand davon nicht berührt war, und so universell, daß sie durchsichtig wurde, wie Luft, wir konnten sie nicht mehr sehen, und trotzdem waren wir jeden Augenblick unserer Existenz davon eingehüllt.

In den Nachrichten wurden nur die erschütterndsten Fälle gemeldet, diejenigen, die zu groß waren, als daß man sie ignorieren konnte. Wir hörten zu, staunten und weinten manchmal.

Aber es war einfach zu viel, um damit fertig zu werden. Das meiste davon verdrängten wir. Und einiges nicht – wir gingen ihm einfach, so gut wir konnten, aus dem Wege. Irgendwie schafften wir es, nicht zuviel darüber nachzudenken. Irgendwie schafften wir es zu überleben.

Ich hatte Angst, daß wir nie mehr vom Berg würden herunterkommen können – aber am Ende taten wir es doch. Im April nahmen Dad und ich den Kombi und fuhren langsam den Hügel hinunter und über den Fluß. Wenn jemand uns beobachtete, so sahen wir ihn jedenfalls nicht. Einmal hielten wir an, um eine weiße Flagge zu schwenken. Aber da kam kein ›Halloo‹ als Antwort.

Es war, als hätten wir eine Reise zu einem anderen Stern unternommen, die hundert Jahre gedauert hatte, und wären gerade erst zurückgekehrt. Wir kamen uns vor wie fremde Forscher – wir fühlten uns so, als gehörten wir nicht mehr hierher. Alles war gleichzeitig vertraut und doch anders. Die Welt sah verlassen und leer aus, und es war unheimlich still. Aber da waren überall ausgebrannte Häuser – verkohlte Denkmäler für die Toten. Jedes legte Zeugnis ab – eine Leiche war hier gefunden worden.

Wir mußten uns unseren Weg vorsichtig um verlassene Fahrzeuge und umgestürzte Bäume herum suchen. Ich begann unruhig zu werden. Wir sahen meilenweit nichts, bis wir schließlich auf ein Rudel Hunde stießen, die die Straße entlangtrotteten. Sie fingen zu bellen an, als sie uns sahen, und sie verfolgten den Wagen fast einen Kilometer weit. Meine Unruhe wich der Angst.

Später sahen wir frei umherstreifendes Vieh; es sah abgemagert und krank aus. Wir sahen eine benommene junge Frau, die die Straße heraufkam. Wir versuchten, sie aufzuhalten, sie vor den Hunden zu warnen, aber sie ging einfach an uns vorbei, als ob wir gar nicht dagewesen wären. Später sahen wir einen nackten Jungen, der sich in den Bäumen versteckte. Aber als wir ihn anriefen, drehte er sich um und rannte weg.

»Zu früh?« fragte ich.

Dad schüttelte den Kopf. »Nicht früh genug. Es gibt Arbeit, Jim.« Und sein Gesicht spannte sich in tiefem Leid.

Wir hielten an, um unseren Benzintank zu füllen – an der Tankstelle hing eine offiziell wirkende Tafel, die verkündete, daß sie für die Dauer des Notstandes verstaatlicht sei, und daß alle registrierten Überlebenden sich gratis bedienen dürften.

»Aber haben die denn nicht Angst, daß jemand stehlen könnte?«

»Warum sich die Mühe machen?« sagte Dad. »Jetzt ist für alle mehr als genug da.«

Ich dachte darüber nach. Die Seuchen waren sehr schnell gewesen. Tausend verängstigte Leute hatten sich in New York an Bord eines Superjumbos gedrängt, und als die Maschine über St. Louis war, war die Hälfte von ihnen tot und die anderen im Sterben. Nur die Besatzung in ihrer abgeschlossenen Kabine überlebte – aber sie war ebenfalls tot, weil es im ganzen Land keinen Flughafen gab, der sie landen ließ. Und selbst wenn sie hätte landen können, hätte sie das Flugzeug nur durch die Passagierkabine verlassen können. Das geschah dreimal. Das eine Flugzeug, das schließlich landete, wurde sofort verbrannt, als es zum Stillstand kam. Die zwei anderen Mannschaften wählten den schnelleren Ausweg. Danach wurden *alle* Flughäfen geschlossen.

Dad sagte: »Es ist alles noch da, Jim – fast alles. Für Panik war keine Zeit. So schnell ist das abgelaufen.« Er schüttelte traurig den Kopf. »Es ist, als wäre die menschliche Rasse weggegangen und käme nicht wieder zurück. Es gibt keinen Grund mehr zu stehlen, keine Notwendigkeit zu horten – nur zu *bewahren.*« Er lächelte ein säuerliches Lächeln. »Zum erstenmal in der Geschichte der Menschheit gibt es von allem mehr als genug für jedermann. Man hat uns alle plötzlich reich gemacht.« Aber es klang sehr traurig aus seinem Munde.

Schließlich kamen wir zu einer Stadt. Zwei Männer mit Gewehren traten uns an einer Straßensperre entgegen. Sie waren sehr höflich, aber wir durften nicht passieren, so lange wir uns nicht der Entseuchung unterzogen hatten. Ihre Gewehre wirkten sehr überzeugend. Es war eine recht unangenehme Viertelstunde. Wir standen neben dem Wagen, die Hände halb erhoben, bis das Entseuchungsteam eintraf. Sie kamen mit einem weißen Kombi mit einem großen roten Kreuz an jeder Seite. Wir zogen uns nackt aus, und zwei behelmte Gestalten in weißen Sicherheitsanzügen besprühten uns mit Schaum – unseren Wagen auch, innen und außen. Ich war froh, daß es ein warmer Tag war. Sie nahmen uns beiden Blutproben ab und verschwanden in ihrem Wagen; sie waren ziemlich lange weg. Ich begann zu zittern, trotz der Nachmittagssonne.

Schließlich öffnete sich die Tür, und sie kamen wieder heraus, immer noch mit Masken vor dem Gesicht. Dad und ich sahen einander besorgt an. Sie kamen auf uns zu, jeder trug einen Druckinjektor. Der Kleinere packte meinen Arm und hielt mir die Düse gegen die Haut. Etwas machte *Psst,* und mein Arm fühlte sich plötzlich kalt und feucht an. Ich bewegte prüfend die Finger. »Seien Sie ganz ruhig, es ist schon in Ordnung«, sagte sie und zog ihre Kapuze herunter – es waren Frauen! Sie grinsten.

»Sie sind sauber!« schrie die Grauhaarige und wandte sich Dad zu. »Gratuliere!« Dad bewältigte die Situation mit beachtlicher Eleganz. Er verbeugte sich.

Ich griff bereits nach meinen Jeans. Die Wachen legten ihre Gewehre weg und kamen gerannt, um uns die Hände zu schütteln. »Willkommen in Redfield. Ist einer von euch Lehrer? Oder ein Abwasseringenieur? Wissen Sie über Fusionsanlagen Bescheid? Wir versuchen, wieder Anschluß an das nordwestliche Energieversorgungssystem zu bekommen. Kann einer von Ihnen mit einer Stereokamera umgehen?«

Ich rieb mir den Arm; er fing an zu prickeln. »Hey – was ist das für eine Markierung?«

»Eine codierte Tätowierung«, sagte die Frau, die mich geimpft hatte. Sie war sehr hübsch. »Das beweist, daß Sie sauber sind – und immun. Halten Sie sich allen fern, die keine solche Tätowierung haben. Sie könnten Sporen abbekommen, ohne es zu wissen.«

»Aber wir haben Familie!«

»Wie viele? Ich gebe Ihnen ein paar Spritzen mit – und Overalls. Und Schaum! Oh, verdammt! Ich habe nicht genug! Sie werden an der Medizinstation Halt machen müssen. Hören Sie – Sie dürfen keinen Kontakt zu Ihren Leuten haben, so lange die nicht auch geimpft sind. Obwohl *Sie* immun sind, können Sie doch Sporenträger sein – Sie könnten für jeden, der nicht geimpft ist, sehr gefährlich sein. Verstehen Sie?«

Ich nickte. Dad blickte besorgt, nickte aber ebenfalls.

»Gut.«

Wir gingen zuerst zur Medizinstation, einem ehemaligen Drugstore auf der anderen Straßenseite vom zweistöckigen Rathaus. Das halbwüchsige Mädchen, das dort offenbar die Leitung hatte, gab uns komplette Entseuchungs- und Impfeinheiten und sehr gründliche Instruktionen, wie sie zu gebrauchen waren. Für unsere Nachbarn auf dem Berg gab sie uns ebenfalls Impfeinheiten mit.

Dann schickte sie uns zum Registrieren. »Erdgeschoß im

Rathaus«, erklärte sie. »Vorschrift ist es nicht gerade«, sagte sie, »aber es ist schon besser, wenn Sie hingehen.«

Ich fragte Dad, was er davon hielte, als wir über die Straße gingen. Er schüttelte den Kopf. »Später, Jim – zunächst spielen wir alles nach den Regeln.«

Das ›Büro‹ war ein Schreibtisch mit einem Terminal. Das Terminal stellte einem Fragen, auf die man antwortete. Wenn man fertig war, spuckte das Terminal eine Registrierkarte aus. Dad überlegte einen Augenblick und registrierte dann nur sich und mich. Mom oder Maggie oder die Jungs erwähnte er nicht. »Wenn es notwendig ist, ist später noch genug Zeit«, sagte er. »Jetzt wollen wir sehen, ob wir uns ein paar Vorräte besorgen können. Ich habe mich wirklich mit dem Toilettenpapier verschätzt.«

Es war die seltsamste Einkaufsfahrt, die ich je mitgemacht hatte. Geld war nirgends mehr etwas wert. Und mit Tauschhandel ging auch nichts. An der Kasse des Shopping Center saß ein eingeschrumpelter kleiner alter Mann, und in den Läden bewegten sich ein paar andere Leute. Er schüttelte in langsamem Rhythmus den Kopf und war offenbar nicht imstande, seine Augen längere Zeit an irgendeinem Punkt festzuhalten. Er sagte uns, das Shopping Center unterstünde dem lokalen Wiederaufbaubüro – Dad und ich wechselten Blicke – und wir könnten uns nehmen, was wir brauchten. »Wenn Sie gehen, zeigen Sie mir Ihre Karte. Dann loche ich die. Das ist alles.«

»Aber wie bezahlen wir dafür?«

»Wenn Sie Glück haben, müssen Sie das nicht.« Er kicherte.

Dad zog mich weg. »Komm, Jim. Nimm dir einen Wagen. Ich glaube, ich begreife.«

»Nun, aber ich nicht! Das sieht wie legalisiertes Plündern aus!«

»Schsch, nicht so laut. Überleg mal. Welchen Nutzen hat Geld, wenn man in ein leeres Haus oder in einen Laden gehen kann und es einfach wegschleppen kann? Vor einem Jahr gab es in diesem Land genügend Ware für dreihundertfünfzig Millionen Amerikaner – ganz zu schweigen von der Ware, die für den Export produziert wurde. Sieh dich doch um, Jim.

Wieviele Leute sind denn noch übrig? Willst du schätzen, wieviel Prozent überlebt haben? Ich nicht – ich will mir nicht selbst Angst machen. Aber es ist doch ziemlich offensichtlich, nicht wahr, daß unter solchen Umständen selbst Tauschhandel unnötig ist. Diese Leute hier haben sich eine Lösung für das unmittelbare Problem des Überlebens ausgedacht. Die Ware ist hier. Die Leute brauchen sie. Über die Buchhaltung können wir uns später den Kopf zerbrechen. Wenn es ein später gibt. Für viele von ihnen kommt es vielleicht gar nicht dazu – zumindest nicht ohne Hilfe. Es gibt alles Sinn – in gewisser Weise.«

»Aber wenn die alles gratis hergeben, warum dann die Registrierkarten?«

»Um den Anschein von Kontrolle zu erwecken, vielleicht. Um uns das Gefühl zu geben, daß es in der Welt noch so etwas wie Autorität gibt. Ist dir aufgefallen, wie geschäftig manche dieser Leute wirken? Vielleicht ist das nur, damit sie in Schwung bleiben – weil sie, wenn sie auch nur einen Augenblick innehalten und sich darüber klar werden ...« Er unterbrach sich, redete nicht weiter. »Komm, nimm dir einen Wagen.«

Wir holten uns Toilettenpapier, einen Satz Funktelefone, ein paar Kartons mit Konserven und Gefrierkost, einen neuen Erste Hilfe-Kasten, etwas Vitamine, ein bißchen Schokolade für die Kinder, *eine Zeitung,* Patronen für unsere Gewehre, und so weiter. Das einzige, was wir uns nicht leisten konnten, waren frisches Fleisch und Gemüse. Dafür mußte man bezahlen – in Kilo-Kalorien-Scheinen der Vereinten Nationen, kurz Caseys genannt.

»Aha – ja. Jetzt fällt der Groschen.«

»Was?«

»Was ist das einzige, was heute knapp ist, Jim?«

»Leute.«

»Ausgebildete Fertigkeiten. Damit treiben die hier Handel. Fähigkeit. Arbeit. Das ist der neue Geldstandard. Oder wird es eines Tages sein.« Er wirkte fast glücklich. »Jim!« Er packte mich an den Schultern. »Es ist vorbei. Diese Leute organisieren sich, um zu überleben, für die Zukunft. Es gibt Aufgaben, und die stellen sich ihnen. Sie haben Hoffnung.« Er hielt mich fest. »Wir können jetzt vom Berg herunterkommen. Man *braucht* uns. Uns alle. Deine Mutter ist Krankenschwester. Maggie kann Unterricht geben ...« Plötzlich waren seine Augen feucht. »Wir haben es geschafft, Jim.«

Aber da irrte er. Das Schlimmste stand uns noch bevor.

NEUN

Die Seuchen waren noch nicht zu Ende.

Aber diesmal waren wir besser vorbereitet. Wir hatten Impfstoffe, und die geringere Bevölkerungsdichte und all die Vorsichtsmaßregeln, die von den ersten Wellen noch ihre Gültigkeit behalten hatten, verlangsamten die Ausbreitung der neuen Seuchen auf ein unter Kontrolle zu haltendes Kriechen.

Diejenige, die uns traf, war angeblich die, von der man sich erholen konnte, obwohl man nachher vielleicht blind oder steril war – oder dauerhaft geistesgestört. Sie war schon von Anfang an da gewesen – man hatte sie nur nicht bemerkt, so lange man die anderen nicht eingedämmt hatte. Nicht unter Kontrolle gebracht, nur eingedämmt.

Wir verloren die Jungs an sie – Tim und Mark – und fast hätten wir Dad auch verloren. Nachher war er ein völlig anderer Mann. Er erholte sich nie ganz. Abgehärmt und grau wirkte er wie ein Schatten seiner selbst. Er lächelte nie wieder. Er hatte stark abgenommen und den größten Teil seines Haares verloren und sah plötzlich alt aus. Es war gerade, als hätte der bloße Akt des Überlebens seine ganze Kraft aufgezehrt; er hatte keine mehr für das Leben übrig. Viele Leute waren so geworden.

Und ich glaube nicht, daß Maggie ihm je den Tod ihrer Söhne vergab. Es war seine Entscheidung gewesen, uns im

Juli vom Berg herunterzuführen, aber er hat es nicht wissen können. Niemand wußte es. Wir alle dachten, es sei vorbei. Das letztemal sah ich ihn, als er nach San Francisco abreiste. Sie hatten ihn ›eingezogen‹ – nun, nicht gerade eingezogen, aber es lief auf dasselbe hinaus. Man brauchte jemanden, um die Reorganisation der Datenspeicher der westlichen Region zu leiten, und Dad war einer der wenigen freien Programmierer, die es noch gab. Die meisten von ihnen, die überlebt hatten, hatten sich bereits sichere Positionen aufgebaut; Programmierer waren *wertvoll* – ohne sie würden die Maschinen zum Stillstand kommen. Aber Dad war noch frei und unterlag daher der Kontrolle des Arbeitsanforderungsausschusses. Der Argwohn, mit dem er sich dem Registrierungsprozeß unterworfen hatte, war berechtigt gewesen. Als wir vom Berg herunterkamen, erwarteten ihn seine Anweisungen bereits. Er legte Einspruch ein, aber der wurde verworfen. Die Bedürfnisse der Nation hatten Vorrang.

Ich fuhr Dad an jenem letzten Tag zum Bahnhof. Mom konnte sich in der Klinik nicht freimachen – sie hatte sich am Abend vorher verabschiedet. Maggie wollte nicht kommen. Dad sah sehr dünn aus. Er hatte nur einen einzigen kleinen Koffer bei sich. Während wir auf den Zug warteten, hatte er nicht viel zu sagen. Wir waren die einzigen Leute auf dem Bahnsteig.

»Dad? Bist du in Ordnung, Dad? Weißt du, wenn du krank bist –«

Er sah mich nicht an. »Ich bin schon in Ordnung«, herrschte er mich an. Und dann, diesmal mit leiserer Stimme: »Ja, ich bin in Ordnung.« Er sah mich immer noch nicht an, starrte auf die Gleise, aber jetzt legte er mir die Hand auf die Schulter.

»Willst du dich hinsetzen?«

Er schüttelte den Kopf. »Ich fürchte, dann kann ich nicht mehr aufstehen.« Und nach einer kurzen Weile: »Ich bin so müde, Jim. So müde …«

»Dad, du brauchst nicht zu gehen. Du hast Rechte. Du kannst sagen, der Schock …«

»Doch, ich muß«, sagte er. Und die Art und Weise, wie er es sagte, ließ keine Einwände zu. Er ließ die Hand von meiner

Schulter sinken. »Weißt du, wie das mit der Schuld ist, Jim – der Schuld der Überlebenden? Ich kann nichts dafür. Es hat Leute gegeben, die es *verdient* hätten zu überleben. Warum bin ich nicht an ihrer Stelle gestorben?«

»Du hast getan, was du tun mußtest!«

»Trotzdem«, sagte er stockend. »Ich spüre jetzt ... eine Verantwortung ... etwas zu tun, wiedergutzumachen. Wenn nicht gegenüber dem Rest der Welt, dann gegenüber den ... den Babies. Tim und Mark.«

»Dad« – diesmal legte ich ihm die Hand auf die Schulter. »Hör mir zu.«

Er drehte sich zu mir herum. »Und ich kann ihren Blick nicht mehr ertragen.«

»Maggie?«

»Deine Mutter.«

»Sie gibt dir keine Schuld!«

»Nein, das glaube ich auch nicht. Und dabei hätte sie allen Grund dazu. Aber darum geht es nicht, Jim – es ist das Mitleid. Das kann ich nicht ertragen.« Er stockte und sagte dann: »Vielleicht ist es so besser.« Er beugte sich vor und stellte seinen Koffer auf den Bahnsteig. Dann legte er mir ganz langsam die Hände auf die Schultern und zog mich an sich. In meinen Armen fühlte er sich noch dünner an, als er aussah.

»Sorge für sie«, sagte er. »Und paß gut auf dich auf.«

Er trat zurück und sah mich an, suchte ein letztes Zeichen der Hoffnung in meinem Gesicht – und in dem Augenblick sah ich, wie alt er geworden war. Dünn und grau und alt. Ich konnte nicht anders. Jetzt tat er mir auch leid. Und das sah er. Er hatte meine Liebe gesucht und mein Mitleid gesehen. Ich wußte, daß er es bemerkt hatte, weil er mit einer falschen Herzlichkeit lächelte, die sich wie eine Mauer anfühlte, die plötzlich zwischen uns entstanden war. Er schlug mir auf die Schulter und drehte sich dann schnell um.

Der Zug trug ihn nach Süden, nach San Francisco. Wir haben ihn nie wieder gesehen.

Das Büro für Arbeitsverwaltung brauchte viel länger, um mich zu erwischen, fast ein Jahr.

Ich war auf die Schule zurückgegangen. Das staatliche

Universitätssystem war reorganisiert worden, und man konnte Studienpunkte bekommen, wenn man in einem Wiederaufbauteam mitarbeitete und damit seinen Beitrag dazu leistete, das menschliche Wissen zu retten und zu bewahren, so wie es vor den Seuchen existiert hatte. In jenen ersten hektischen Monaten schien es, als wäre jeder ein Beamter der einen oder anderen Art. Selbst *ich* hatte ein oder zwei Titel. Eine Weile war ich Regionaldirektor der Fantasyprogrammiererverbindung – ich tat das nur, weil die Präsidentin der Organisation darauf bestand. Sie sagte, ich sei das dem Vermächtnis meines Vaters als Schriftsteller schuldig. Ich sagte: »Das war jetzt ein Schlag unter die Gürtellinie«, aber ich übernahm den Job. Meine einzige Aufgabe bestand darin, mich mit einem Rechtsanwalt an einen Tisch zu setzen und einen Stapel Dokumente zu unterschreiben. Wir erhoben Anspruch auf die Copyrights jener Autoren, die nicht überlebt hatten, und für die man auch keine überlebenden Verwandten ausfindig machen konnte. Die Organisation wurde zum kollektiven Testamentsvollstrecker einer verlorenen Kunstform, weil niemand mehr die Zeit für Fantasyspiele hatte.

Mitten im Frühlingssemester wurde ich eingezogen – in meinem Fall eine richtige Einberufung, nicht nur eine Arbeitsanforderung.

Die Army war eine der wenigen Institutionen, deren Struktur so aufgebaut war, daß sie auch massive Personalverluste ohne Verlust an Struktur überleben konnte; ihre Fähigkeiten waren grundlegender Natur, weit verbreitet und unspezialisiert. Deshalb war es auch die Army, die den Prozeß des Überlebens lenkte. Die Army stellte die Verbindungen wieder her und erhielt sie aufrecht. Die Army übernahm die Verantwortung für Ressourcen und Dienstleistungen und schützte und verteilte sie, bis die Behörden wieder imstande waren, diese Verantwortung zu übernehmen. Die Army verteilte Lebensmittel, Kleidung und medizinische Hilfe. Die Army grenzte die Seuchendistrikte ein, bis Entseuchungsteams hineingeschickt werden konnten. Und so häßlich auch jene Aufgabe war, so muß man ihr doch bestätigen, daß sie sie so mitfühlend erledigte, wie das unter den gegebenen

Umständen überhaupt möglich war. Der Army war es zu verdanken, daß das Land das Schlimmste hinter sich gebracht hatte.

Aber ich wurde nicht zur Army einberufen.

Lassen Sie es mich so sagen. Ich hatte ebensowenig an Chtorraner geglaubt wie sonst jemand.

Niemand, den ich kannte, hatte je einen Chtorraner gesehen. Es gab keine verläßlichen Autoritäten, die je solidere Beweise als ein verschwommenes Foto hätten vorlegen können, und das Ganze klang wie das Ungeheuer von Loch Ness, Bigfoot oder Yeti. Wenn jemand in der Regierung etwas wußte, so sagte er nichts – nur daß die Berichte ›überprüft würden‹.

»Tatsächlich sollte die Wahrheit offenkundig sein«, hatte einer der Koordinatoren – sie nannten sich nicht Dozenten, wenn sie keinen akademischen Grad besaßen – an der Universität gesagt. »Das Ganze ist nur ein neuer Aufguß der Technik der ›Großen Lüge‹. Indem wir die Drohung eines Feindes aus dem Weltraum schaffen, werden wir territorial. Wir werden so damit beschäftigt sein, unser Land zu verteidigen, daß wir keine Zeit haben, Niedergeschlagenheit und Verzweiflung zu empfinden. So etwas ist die perfekte Ablenkung, womit man die Moral des Landes wiederaufbauen kann.«

Das war *seine* Theorie. Jeder hatte eine Meinung – so ist das immer.

Und dann kam mein Gestellungsbefehl. Mit fast zwei Jahren Verspätung, aber deshalb um nichts weniger verbindlich. Der Kongreß hatte die allgemeine Dienstpflicht für uns Überlebende neu definiert.

Natürlich legte ich Einspruch ein. Also verpaßte man mir eine Sonderklassifizierung. ›Zivilpersonal‹. Das taten die oft.

Trotzdem war ich bei der Army ...

... und dann erschoß Duke ein kleines Mädchen.

Und ich wußte, daß es wirklich Chtorraner gab.

Die menschliche Rasse, das, was von uns übrig geblieben war, befand sich im Krieg mit Invasoren aus dem Weltraum. Und ich war einer der wenigen, die es wußten. Die anderen glaubten es nicht – und sie würden es bis zu dem Tage nicht glauben, bis die Chtorraner in ihren Städten erschienen und zu fressen anfingen.

So wie Show Low, Arizona.

ZEHN

Wir ließen die Jeeps bei einer verlassenen Texaco-Station stehen und begannen unseren Fußmarsch quer über die Berge – und dieser Flammenwerfer war wirklich schwer. Nach der Beschreibung in der Bedienungsanleitung hätte er voll aufgeladen, komplett mit Tanks und allem Drumherum nicht mehr als 19,64 Kilo wiegen dürfen – aber irgendwo mußte unterwegs das Komma zwei Stellen nach rechts verrutscht sein, und Duke wollte einfach nicht zulassen, daß ich umkehrte, um es zu suchen.

Also hielt ich den Mund und kletterte.

Schließlich – ich hatte Tillie, den Zehn-Tonnen-Brenner, immer noch auf dem Rücken – erreichten wir das Tal, wo wir vor weniger als einer Woche die Würmer entdeckt hatten. Dukes Timing stimmte genau; wir kamen in der heißesten Stunde des Tages an, etwa zwei Uhr nachmittags. Der Schweiß hatte meine Kleider völlig durchtränkt, und das Tragegestell des Flammenwerfers drückte. Die Sonne war ein gelber Glutball an einem glasigen Himmel, aber das Tal wirkte dunkel und still. Das Gras war braun und vertrocknet, und über dem Wald hing ein leichter Dunst, der wie Smog aussah, aber seit den Seuchen hatte es keinen Smog mehr gegeben. Dieser graublaue Dunst war nur natürlicher Kohlewasserstoff, ein Nebenprodukt der Atmung der Bäume. Schon vom bloßen Hinsehen spürte ich den Druck in meinen Lungen.

Der Plan war ganz einfach. Shorty und sein Team würden an der rechten Flanke hinuntergehen, Larry und seine Leute würden die linke Flanke übernehmen, Duke die Mitte. Ich gehörte zu Dukes Truppe.

Wir warteten auf dem Hügelkamm, während Shorty und Larry mit ihren Männern ihre Positionen einnahmen. Unterdessen studierte Duke den Chtorranischen Iglu. Es war kein Anzeichen von Leben zu erkennen, aber wir hatten auch keine erwartet, *wollten* keine. Wenn wir richig vermutet hatten, würden alle drei Würmer träge und schlaff drinnen liegen.

Als man mir den Feldstecher reichte, studierte ich insbesondere den Pferch. Es waren keine Menschen in ihm, aber *irgend etwas* war dort – nein, eine ganze Menge von irgend etwas war dort. Sie waren schwarz und glänzend und bedeckten den Boden wie ein etwas knotiger Teppich. Sie bewegten sich unruhig, aber was sie waren, konnte ich auf diese Distanz nicht erkennen.

Dann gab Shorty das Signal, daß er fertig sei, und kurz darauf meldete sich auch Larry.

»Okay«, sagte Duke. »Gehen wir.«

Mein Magen reagierte sofort, indem er sich umdrehte. *Jetzt war es soweit.* Ich schaltete meine Helmkamera ein, griff nach meinem Brenner und setzte mich in Bewegung. Von diesem Augenblick an würde alles, was ich sah und hörte, für das Logbuch aufgezeichnet werden. »Vergiß nie«, hatte Duke gesagt, »schau nicht nach unten, wenn du pinkeln mußt.«

Wir brachten den Hügelkamm hinter uns, ohne den Versuch zu machen, in Deckung zu bleiben, und fingen an, den Abhang hinunterzugehen. Plötzlich kam ich mir sehr nackt und ganz alleine vor. Das Herz schlug mir wie wild in der Brust. »O Boy ...«, sagte ich, aber es war nur ein ächzendes Geräusch zu hören.

Und dann erinnerte ich mich an den Recorder! Ich riß mich zusammen, atmete dreimal tief durch und folgte Duke. Ob die anderen auch alle solche Angst hatten? Anmerken ließen sie sich nichts. Sie blickten grimmig.

Diese Seite des Tals war steinig und baumlos; die andere Seite war es, die gefährlich war. Duke gab ein Zeichen, und ich blieb stehen. Wir warteten, daß die anderen nach vorne rückten. Bis zehn zählen. Wieder ein Signal, und wir rückten vor. Wir bewegten uns immer abwechselnd; zwei Männer rückten vor, während die anderen zwei Ausschau hielten. Dann beobachteten die ersten zwei und die zweiten rückten vor. Alle drei Gruppen bewegten sich auf diese Weise. Ich hielt meinen Flammenwerfer schußbereit, ebenso Duke. Der Abstieg war langsam und verlief ohne Zwischenfälle.

Im Wald gegenüber bewegte sich nichts. Im Tal bewegte sich ebenfalls nichts. Und in der Nähe des Iglus auch nicht – den beobachteten wir am schärfsten. Alles war still. Wir näherten uns vorsichtig, drei Gruppen von je vier Männern, im Abstand von etwa hundert Metern.

Wo das Land flach wurde, blieben wir stehen. Duke schnüffelte und studierte dann den Wald hinter der Kuppe. Nichts. Trotzdem blickte er beunruhigt.

Er gab Larrys Team ein Zeichen vorzurücken. Sie hatten eine Mobe IV bei sich – sie nannten sie ›Shlep‹. Das trockene Gras knirschte unter ihren Raupenketten. Wir warteten, bis sie etwa hundert Meter zurückgelegt hatten, und folgten ihnen dann. Nach einer Weile bezogen Shorty und seine Männer ihre Position ganz hinten.

Ich fand, daß die drei Gruppen zu weit auseinander gezogen waren. Vielleicht dachte Duke, er wäre besonders vorsichtig, indem er uns über ein größeres Gebiet ausschwärmen ließ; auf die Weise würde es für die Würmer schwieriger sein, uns zu überwältigen oder zu überraschen. Andererseits war er vielleicht auch ein wenig unvorsichtig. Die Reichweiten unserer Flammenwerfer überlappten sich, aber um nicht sehr viel; wir würden einander nicht schnell gegenseitig zu Hilfe kommen können.

Ich wollte ihn gerade darauf hinweisen, als Larrys Team vor uns Halt machte. Wir rückten auf etwa dreißig Meter heran und warteten dann, bis Shortys Gruppe im gleichen Abstand hinter uns eingetroffen war. Dann setzten wir uns alle wieder in Bewegung. Duke blickte jetzt etwas weniger grimmig, und ich fing auch wieder an, leichter zu atmen – aber nicht sehr, das war immer noch Wurmland.

Wir waren jetzt nahe genug herangerückt, um die Konstruktion des Iglu im Detail erkennen zu können. Ich schätzte, daß er an seiner höchsten Stelle vier Meter hoch war und einen Durchmesser von fünfzehn hatte. Er bestand aus mehreren Schichten heller Holzpulpe und Spänen; das Ganze wirkte einigermaßen kräftig. An der Basis war ein dichtes Gestrüpp aus dunkler Vegetation, so purpurfarben, daß es fast schwarz war. Der Geruch, der davon ausging, war schwach und dennoch ziemlich durchdringend – wie Schafgarbe, aber ein wenig fruchtiger.

Ich hätte erwartet, daß die Kuppel sich mehr der Kegelform annähern würde, wie ein Bienenstock, wegen der Art und Weise, wie sie erbaut worden war, eine Schicht nach der anderen, aber es war wirklich eher ein Hügel – eine Halbkugel, die nur oben abgeplattet war. Der Eingang war eine große Bogenöffnung, breiter als hoch, und innen mit einer Wand – wie die ›Geisterwand‹, die die Chinesen früher hinter ihren Eingangstoren anbrachten, um Gespenster draußen zu halten. Wir konnten nicht in die Hütte sehen. Man konnte also auch nicht sagen, ob Würmer drinnen waren oder nicht.

Larry blieb in sicherem Abstand stehen und entsicherte die Mobe. Wir anderen blieben ebenfalls stehen und behielten unsere relative Position zueinander. Jetzt richtete Larry sich wieder auf und schickte zwei seiner Männer aus, um den Iglu zu umkreisen; er und der vierte Mann, Hank, begaben sich auf die andere Seite. Shlep wartete alleine, und ihr Radar pendelte in seinem geduldigen, nichts in Frage stellenden Rhythmus vor und zurück. Wir anderen beobachteten den Eingang.

Vor der Kuppel war etwas, das mir bisher nicht aufgefallen war – war es das letztemal schon dort gewesen? Es war eine Art ... Totemstange. Nur daß es aussah wie – ich weiß nicht, moderne Skulptur vielleicht. Wie etwas halb Geschmolzenes, eine flüssige Form, die kurz vor dem Zusammenfließen erstarrt war. Was, zum Teufel, war das? Eine Informationstafel? Ein Briefkasten? Es bestand aus demselben Zeug wie die Kuppel und der Pferch. Am Sockel hatte das Gebilde ein großes Loch, und dann drei weitere, in abnehmender Größe, darüber, außerhalb der Mitte, umgeben von vielleicht einem Dutzend ausgefranster winziger Löcher. Das Ding war mehr als zwei Meter hoch, halb so hoch wie die Kuppel und stand unmittelbar davor.

Nach einer Weile tauchten Larry und seine Männer wieder auf, nachdem sie alle die Kuppel ganz umkreist hatten. Larry gab ein Signal, daß alles klar wäre. Es gab keine Hintertüre; auf die Weise würden wir nicht überrascht werden können.

»Allright«, winkte Duke ihm zu. »Schick die Mobe rein.«

Larry winkte und drehte sich zu Hank herum. Er klappte das Steuerpult herunter, das der Mann auf dem Rücken trug, und machte Shlep damit feuerbereit. Die grellroten Warnlichter der Mobe begannen zu blinken; man durfte ihr jetzt nicht mehr nahe kommen. Wenn ihre Sensorik in der Nähe einen großen Hitze ausstrahlenden Körper wahrnahm, würde die EMP-Ladung zünden und blitzschnell alles, was in der Kuppel war, und vermutlich auch ein gutes Stück darüber hinaus rösten – wie ein Mikrowellenherd, nur schneller.

EMP bedeutet Electromagnetischer Puls; es handelt sich dabei um Breitspektrum-Hochenergie-Strahlungsausbruch*. *Sehr breit,* was das Spektrum angeht. Von Röntgen bis Gamma. *Sehr hohe* Energie. Linear verstärkt.

Wahrscheinlich wäre es einfacher gewesen, eine Granate in die Hütte zu werfen und sich zu ducken, aber Duke wollte diese Behausung intakt einnehmen. Wir mußten alles über die Chtorraner lernen, was wir nur gerade konnten. Der EMP-Blitz würde sie töten, ohne sie oder die Kuppel zu zerstören.

Wieder winkte Larry, und Duke schnarrte: »So, alle runter!« Das war vermutlich der gefährlichste Teil des ganzen Einsatzes – wir mußten uns ins Gras legen, um uns nicht einer Nebenstrahlung auszusetzen, aber in dieser Position waren wir natürlich verletzbar, weil wir die Flammenwerfer nicht einsetzen konnten, falls man uns überraschte.

Hank legte sich mit der Fernsteuerung nach vorne und schickte die Mobe vor. Seine Augen drückten sich gegen das Stereo-Okular, wobei er einzig und allein durch die Augen

---

* Eine EMP-Granate wird jedes Leben im Umkreis von (GEHEIM KLASSIFIZIERT) kochen oder zum Gerinnen bringen. Eine einzige Ladung gibt bis zu (GEHEIM KLASSIFIZIERT) nutzbare Pulse ab. Außerdem ist noch die Tendenz zu erwähnen, daß der Blitz alle nicht abgeschirmten elektronischen Geräte innerhalb eines größeren Radius von (GEHEIM KLASSIFIZIERT) vernichtet.

der Mobe blickte. Neben ihm hielt Larry unruhig Wache. Die zwei anderen Männer hatten vor allen vieren eine schützende Blitzfolie aufgespannt – die Fernsteuerantenne dahinter – aber die Mylarstreben hielten sich nicht in ihren Verankerungen, und die Männer mußten sie mit den Händen festhalten. Wir anderen waren weit genug hinten, um keine Folie zu brauchen, blieben aber trotzdem ganz unten.

Die Mobe war jetzt in der Kuppel. Wieder warteten wir. Die Minuten verrannen. Die einzige Bewegung waren Hanks Hände an der Steuerung der Mobe. Er murmelte beim Arbeiten, und Duke hörte sich seine Bemerkungen an einem Wegwerf- (das mußte es ja sein) Kopfhörer an. Ich konnte nicht hören, was er sagte.

Jetzt hielt Hank angewidert inne und sagte etwas zu Larry. Larry stand auf und fluchte leise. Hank wandte sich wieder seinem Schaltbrett zu, tat etwas und setzte sich dann auf. Die anderen ließen die Blitzfolien zusammenbrechen. Die Mobe kam jetzt aus der Hütte, diesmal selbstgelenkt. Hatte sie geblitzt? Nein, der rote Warnblinker arbeitete immer noch. Hank drückte einen Schalter an der Fernsteuerung und sicherte die Mobe; das Licht ging aus. Jetzt standen wir anderen auf, bürsteten uns ab und überprüften unsere Waffen.

Die Mobe sagte, daß es in der Hütte keine Würmer gäbe – aber Duke vertraute nie einer Maschine. Niemals. Es wäre nicht das erstemal gewesen, daß eine Mobe getäuscht worden war. Vielleicht waren die Würmer kaltblütig, oder vielleicht strahlten sie im Schlafzustand nicht viel Hitze aus. Larry würde selbst hineingehen, um nachzusehen.

Dabei ging er von der Vermutung aus, daß die Würmer um diese Tageszeit langsam sein würden, und Larry sie niederbrennen konnte, ehe sie ganz wach und aktiv wurden. Wir wollten diese Behausung und jedes beliebige Stück Wurm, das wir in die Finger bekommen konnten. Er würde also versuchen, sie leicht zu versengen – genug, um sie zu töten, nicht genug, um sie zu vernichten. Das war kompliziert und gefährlich und ganz bestimmt denjenigen nicht zu empfehlen, die im Bett sterben wollen. Aber wenn sie dort drinnen waren, dann würde Larry sie erwischen. Wenn nicht ...

Nun, deshalb warteten wir übrigen draußen mit Brennern.

Larry stülpe seine O-Maske über, bückte sich und trat ein, dicht gefolgt von dem Mann mit den Granaten. Die Granaten hatten Selbstmordsicherungen. Ich beneidete keinen von beiden. Im ›Vestibül‹ beugten sie sich tief hinunter und verschwanden dann rechts von der Geistermauer.

Schweigen. Und wieder warteten wir. Eine Biene – oder so etwas Ähnliches – summte um mein rechtes Ohr, und ich schlug verärgert danach. Ein Schweißtropfen rann mir aus der Achselhöhle an der Seite herunter. Das Insekt summte wieder.

Durch meinen Feldstecher studierte ich die Pflanzen, die den Sockel der Kuppel umgaben. Es handelte sich um ziemlich ausgezehrt wirkende Klumpen von etwas, das wie Efeu aussah, gemischt mit etwas, das wie süßes Basilikum wirkte – oder schwarzes Marihuana. Beide waren von tiefem, intensivem Purpur, fast schwarz. Die Färbung des Efeus mußte bis ins Ultraviolette reichen, weil er in der hellen Sonne seltsam unscharf wirkte – so als wären die Umrisse eines jeden sich kräuselnden Blattes mit Neonröhren nachgezogen. Der Efeu war von feinen weißen Adern durchzogen, während das basilikumähnliche Zeug rot gesprenkelt war. Wir waren jetzt nahe genug heran, um den Geruch als widerwärtig zu empfinden. Ich nahm an, daß er von dem basilikumähnlichen Zeug kam. Wenn man noch näherkam, würde der Geruch einen wahrscheinlich umwerfen.

Endlich tauchten Larry und der andere Mann wieder auf; sie rissen sich verärgert die Masken herunter. Larrys Gesicht war weiß. »Leer!« schrie er. »Hier ist nichts!«

»Verdammt«, sagte Duke und trat nach einem Steinbrokken. »Shorty, halt die Augen offen. McCarthy, komm mit.« Und dann gab er seine sorgfältig gewählte Position auf und stelzte auf die Kuppel zu. Ich folgte ihm, wobei ich Mühe hatte, mit ihm Schritt zu halten.

»Wie lange ist das Ding denn schon leer?« fragte Duke.

Larry zuckte die Achseln. »Keine Ahnung. Du weißt genauso viel wie ich über die Nestgewohnheiten dieser Biester. Aber es riecht *warm* ...«

Duke schob sich an ihm vorbei und duckte sich durch den Türbogen. Ich schickte mich an, ihm zu folgen, obwohl ich eigentlich gar keine Lust dazu verspürte, und blieb dann stehen – mein Mund war ganz trocken. Ich starrte jenes dunkle Eingangsloch, an als wäre es der personifizierte Tod. Ich konnte einfach keinen Schritt mehr tun. Und trotzdem – genau das wollte ich, mehr als irgend etwas anderes. Ich spähte hinein, konnte aber nichts sehen. Drinnen herrschte völlige Dunkelheit. Ich tat einen Schritt nach vorne und versuchte, mich zu überreden, einen zweiten zu tun ...

Plötzlich kam Duke wieder heraus, richtete sich auf und hätte mich dabei fast angestoßen. Er warf mir einen geistesabwesend verärgerten Blick zu und drehte sich dann zu Larry herum. »Sieh dir den Pferch an. Schau, was dort drinnen ist. Stell auf der anderen Seite Wachen auf – aber sie sollen in Sichtweite zueinander bleiben.« Er drehte sich wieder zu mir herum. »Du. Du sollst ja so etwas wie ein Wissenschaftler sein. Ich gebe dir zehn Minuten Zeit, um dir dieses Nest von innen anzusehen. Dann werde ich es niederbrennen.«

»Ha? Aber wir sollen doch ...«

»Kümmere dich nicht drum, was wir sollen. *Dieses Ding ist voll Eier!* Glaubst du, ich lasse die hier, damit sie ausschlüpfen können?«

Ich sparte mir eine Antwort. Die Frage war rein rhetorisch. Ich bückte mich und betrat die Wurmhütte.

Die Geisterwand war mehr als nur ein Sichtschutz hinter der Türe. Sie ging ziemlich weit unten in die Decke über, so daß ich mich ducken mußte, und bildete einen kreisförmigen Querschnitt, hinter dem zwei Tunnels abzweigten, nach jeder Seite einer – wie weit um die Kuppelwand herum, konnte ich nicht sehen; die Enden lagen hinter der Krümmung. Diese Tunnels führten nach oben; der Boden bestand aus demselben Material wie die Wände und die Decke, nur daß sie ein wenig schwammiger schienen.

Ich kroch geduckt in die Abzweigung auf der rechten Seite; das war der Weg, den Duke eingeschlagen hatte. Der Weg führte in einem Bogen von neunzig Grad herum und mündete schließlich in einen kreisförmigen Raum, der acht oder neun Meter durchmaß und gerade hoch genug war, daß man aufrecht stehen konnte. Der linke Tunnel mündete in der gegenüberliegenden Wand.

Ich hatte eine Taschenlampe mit, aber die brauchte ich hier nicht. In der Decke gab es eine etwa zwei Meter durchmessende Öffnung. Durch die strömten Licht und frische Luft herein, aber die Temperatur war nicht so kühl, wie ich es erwartet hatte. Tatsächlich war die Luft eher stickig. Das Nest hatte einen kräftigen, drückenden Geruch an sich, irgendwie vertraut wirkend; ein süßlich unangenehmer Duft, aber ich konnte ihn nicht unterbringen ...

Der Raum schien kleiner als ich erwartet hatte, und die Decke war niedriger, als es von draußen den Anschein gehabt hatte – natürlich, das lag an den nach oben führenden Rampen. Dies war der *obere* Teil der Kuppel. Gab es auch einen unteren Teil? Den mußte es geben. Oder war das alles Fundament? Im Boden gab es einige Öffnungen, alle gefährlich dunkel wirkend. Ich stand da und zögerte. Ich war Wissenschaftler – man *erwartete* von mir, daß ich mich wie ein Wissenschaftler verhielt, zumindest stand das so in meinen Papieren – aber das hinderte mich auch nicht daran, Angst zu haben. Ich stand unschlüssig da und schnüffelte. Dieser seltsame Geruch ...

Als meine Augen sich langsam an die schwache Beleuchtung anpaßten, fiel mir etwas an den Wänden auf; sie reflektierten das Licht auf eigenartige Weise. Ich vergaß für einen Augenblick die Löcher im Boden und schaltete meine Taschenlampe aus; die Wände schienen fast – nein, sie waren es wirklich – durchsichtig. Das grelle Licht von draußen drang durch das Material der Kuppel.

Ich sah genauer hin – und erkannte jetzt, daß es sich keineswegs um verhärtete Holzpulpe handelt, sondern eher um eine Art getrockneten Holzschaum – eine viel leichtere Substanz, aber nicht weniger kräftig. Holzspäne waren wie Rosinen im Teig eingebettet. Ich stocherte mit meinem Messer an der Wand herum; das Zeug fühlte sich an wie harte Pappe. Die Wände dieser Kuppel waren in Wirklichkeit winzige Blasen eines Klebestoffs auf Zellulosebasis. Das erklärte jene seltsamen Eigenschaften in bezug auf das Licht, und wahrscheinlich isolierten sie ausgezeichnet. Ich schnitt mir einen Brocken aus der Wand heraus und ließ ihn in meine Mustertasche fallen.

Im übrigen war der Raum ohne Besonderheit, wenn man einmal von den Löchern absah. Artefakte jeglicher Art fehlten völlig, abgesehen von ein paar Brocken von irgend etwas Verkautem, Klumpen aus einem grauen Material wie zerkauter Asbest. Einige der Brocken hatten einen Durchmesser von beinahe einem Meter. Sie klebten an den Wänden wie Kaugummistücke. Ich zuckte die Achseln, schnitt mir ein Stück davon ab und steckte es ein. Wenn diese Chtorraner wahrhaft intelligente Geschöpfe waren, konnte man das immerhin nicht an dieser Behausung beweisen.

Ich fragte mich, wo wohl die Eier sein mochten, die Duke gesehen hatte? Wahrscheinlich unten in einer der Öffnungen. Davon gab es drei, die in gleichem Abstand im Boden verteilt waren. Die größte befand sich an der Innenseite der Geistermauer, die anderen zwei Löcher waren in der Nähe der Außenmauer zu sehen.

Ich inspizierte das größte Loch als erstes. Ich leuchtete mit meiner Taschenlampe hinein, aber die Öffnung führte nur in einen weiteren Raum wie den, in dem ich mich befand, der allem Anschein nach ebenso leer war. Hier war der überreife Gestank besonders kräftig ausgeprägt. Ich beschloß, nicht hinunterzuklettern. Außerdem sah es auch nicht so aus, als gäbe es einen einfachen Weg, um wieder heraufzusteigen.

Das nächste Loch war eine Art Schacht. Es führte einfach gerade nach unten und verschwand dann in völliger Schwärze. Eine Toilette vielleicht? Möglich war das, es roch immerhin so. Ich wußte nicht – was schieden die Chtorraner eigentlich aus? Ich begann zu erkennen, was ich alles hätte wissen müssen, aber nicht wußte.

Das letzte Loch war das mit den Eiern.

Das Loch befand sich an der hinteren Wand und war voll davon. Es waren glänzende Dinger, jedes etwa so groß wie ein Tennisball, dunkelrot, aber in einem milchigweißen Schleim gebadet, so daß sie fast wie Perlmutt wirkten. Es mußte Hunderte davon geben – *wie tief war das Loch eigentlich?* Es war fast perfekt kreisförmig und durchmaß etwa zwei Meter; es schien ebenso tief wie die anderen zu sein, aber die Eier reichten fast bis an den Rand.

Ich tat etwas Dummes.

Ich legte den Brenner weg. Ich schnallte die Tanks los und nahm sie ab. Dann setzte ich mich auf den Boden, schob meine Füße langsam in das Loch und fing an hinunterzuklettern.

Ich verschätzte mich freilich und glitt aus. Ich fiel in die Eier; es war wie ein Sturz in nach Austern schmeckenden Pudding. Einen Augenblick lang dachte ich, ich würde das Gleichgewicht völlig verlieren, und mit dem Gesicht voraus hineinfallen, aber ich konnte mich an einer Wand stützen. Dann glaubte ich, mir würde übel werden. Meine Kehle verschloß sich, und ich mußte schnell – und schmerzhaft – schlucken, um mich nicht zu übergeben.

Ich stand bis zu den Knien in einer weiß-roten, schleimigen Masse.

Gott sei Dank waren die Eier relativ frisch. Ich glaube nicht, daß ich es hätte ertragen können, wenn ich plötzlich in embryonischen Chtorranern gestanden hätte. Vorsichtig – ich konnte mich auf dem glitschigen Untergrund nicht besonders schnell bewegen – sammelte ich so viele von den noch intakten Eiern ein, wie ich nur konnte, stopfte sie in die Musterbehälter und die in meinen Beutel. Ich versuchte, mich soweit wie möglich gegen die Wand zu lehnen. Diese Eier fühlten sich ... unangenehm an.

Ich zitterte am ganzen Körper, als ich mich schließlich wieder aus dem Loch zog. Diese Eier waren klebrig und rochen wie roher Fisch, den man zu lange in der Sonne gelassen hatte. Wenn ich nie wieder eines sehen würde, dann würde das immer noch zu bald sein.

Ich zitterte heftig, als ich mich wieder in das Geschirr meines Flammenwerfers zwängte und mir den Brenner griff. Selbst wenn das Ganze nur eine Minute gedauert hatte, so waren das immer noch sechzig Sekunden, die ich ohne Waffen in einem Wurmnest verbracht hatte.

Jetzt sah ich mich um, ob es noch irgend etwas gab, wovon ich Proben entnehmen konnte. Da war nichts. Nur die Wände und diese Klumpen von chtorranischem Kaugummi. Davon hatte ich bereits Proben genommen. Ich inspizierte die anderen zwei Löcher noch einmal. Der kräftige Geruch aus dem Loch in der Mitte kam mir jetzt stärker vor, was mich überraschte. Eigentlich hätte ich inzwischen daran gewöhnt sein sollen. Aber davon abgesehen, war da nichts, was ich nicht schon gesehen hatte.

Ich ging durch den linken Tunnel hinaus. Er war mit dem rechten völlig identisch.

Duke stand da und erwartete mich. Er warf einen Blick auf das klebrige Zeug, das meine Beine bedeckte, sagte aber nichts, sondern machte eine Handbewegung über seine Schulter nach hinten. »Schau dich im Pferch um. Larry hat etwas Interessantes gefunden.«

Ich war nicht sicher, ob ich das wollte, weil ich mich daran erinnerte, was vor einer Woche in der Umfriedung gewesen war. Aber ich nickte und blieb in Bewegung.

Der Pferch erinnerte an eine Pferdekoppel, wie man sie im Westen hat, mit einem Durchmesser von etwa zehn Metern, nur kreisförmig. Die Mauern waren fast drei Meter hoch und nach innen geneigt, als handle es sich bei dem Ganzen um eine unfertige Kuppel. Das Material war dasselbe wie das, aus dem das Nest bestand, aber dicker und dunkler. Da waren auch dieselben dunklen Pflanzen an der Grundfläche – der Efeu und das basilikumähnliche Zeug. Ich schnappte mir ein paar von den kleineren als Proben; der süßlich unangenehme Geruch ging von dem Basilikum aus. Die Efeublätter fühlten sich wie Wachs an und ein wenig klebrig.

In der Wand des Pferchs gab es keine Öffnung, vielmehr lehnte da eine Art Laufbrett an der Seite, das oben mit einem Scharnier befestigt war, so daß man es nach innen klappen konnte. Larry klammerte sich oben an dem Steg fest und winkte, als er mich sah. »Komm herauf.«

Der Steg war steil, war aber mit einer Art Sprossen versehen. Als Leiter konnte man diese Konstruktion nicht ganz bezeichnen, auch nicht als Treppe, irgendwie ein Zwischending zwischen beidem. Obwohl ich auch die Hände gebrauchen mußte, fiel mir das Klettern leichter, als ich erwartet hatte.

»Was hältst du davon?« sagte Larry und deutete nach innen.

Ich richtete mich vorsichtig auf und vergewisserte mich, daß ich im Gleichgewicht war, ehe ich hinuntersah. Trotzdem erschrak ich, und Larry mußte mich am Arm festhalten, damit ich nicht stürzte.

Das Innere der Umfriedung war eine einzige wimmelnde Masse von – *Insekten.* Oder, wenn es nicht Insekten waren, dann etwas, das ihnen sehr ähnelte. Sie waren groß, die meisten von ihnen fast einen halben Meter lang – wenn auch manche länger waren – und schwarz und glänzend. Ihre Körper waren schlank und wie von Metalldraht zusammengehalten. Und jedes einzelne von ihnen hatte Hunderte blitzender Beine. Sie bewegten sich über den im Schatten liegenden Boden, wanden sich und wirbelten herum wie eine Explosion von Metallstücken.

»Hundertfüßler«, sagte Larry. »Riesige Hundertfüßler.«

»Tausendfüßler«, korrigierte ich. »Millipeden.«

Er zuckte die Achseln; für ihn war das dasselbe. »Hast du schon jemals so etwas gesehen?«

Ich schüttelte den Kopf. Auf dem Boden des Pferchs wimmelte es. Die Biester schienen einander überhaupt nicht zu bemerken, und rannten hin und her oder krümmten sich zu Kugeln zusammen. Sie kletterten übereinander weg oder standen einfach da und zuckten nervös. Oder sie erforschten die Umgebung – einige von ihnen kauten methodisch an den Wänden.

»Schau, die entkommen«, sagte ich.

Larry schüttelte den Kopf. »Paß auf.«

Das tat ich. Einer der größten der Tausendfüßler, er war fast einen Meter lang, schien kurz vor dem Durchbruch zu stehen. Er befand sich fast unmittelbar unter mir und kaute wie wild; ein klebriges, bösartiges Knirschen war zu hören, wie brutzelndes Fett oder wie wenn man Glühbirnen zerdrückt. Und dann machte er plötzlich Halt und zog sich zurück. Er fuchtelte verwirrt mit seinen Fühlern herum und begann dann, ziellos hin- und herzuwandern – bis er einen anderen Abschnitt der Wand erreichte. Er erprobte ihn vorsichtig und begann gleich darauf wieder zu kauen, wenn auch nicht so eifrig wie vorher.

»Was ist passiert?« fragte ich.

Larry deutete in die Tiefe. »Er ist durchgebrochen.«

Ich sah genauer hin. Wo der Tausendfüßler gekaut hatte,

war ein winziges schwarzes Loch zu sehen, aus dem eine dunkle, pechartige Substanz quoll. »Das ist eine Doppelwand«, sagte Larry. »Und der Zwischenraum ist mit etwas angefüllt, das die nicht mögen.«

Ich nickte stumm. An anderen Stellen wiederholten andere Tausendfüßler das, was der erste getan hatte, und es gab zahlreiche andere Löcher mit verhärteten Pfropfen derselben getrockneten pechartigen Substanz, die die Hartnäckigkeit der Tausendfüßler bestätigten.

»Ich wußte nicht, daß Tausendfüßler so groß werden können«, sagte Larry.

»Das tun sie auch nicht«, antwortete ich und erinnerte mich plötzlich an meinen von der Seuche unterbrochenen Entomologiekurs. »Und sie haben auch keine vier Antennen. Ihr Mund hat nicht die Form eines Miniaturmüllschluckers. Die Augen sind nicht so groß, und es sind keine Pflanzenfresser. Die sollten diese Wände überhaupt nicht fressen. Das sind keine Millipeden.«

Larry zuckte die Achseln. »Nun, wenn sie das nicht sind, dann reichen sie mir jedenfalls, bis echte vorbeikommen.«

»Ich weiß nicht, *was* sie sind«, sagte ich. »Ich habe noch nie etwas gesehen, das ihnen auch nur annähernd gleicht. Echte Tausendfüßler haben nicht so viele Beine oder Körperabschnitte. Schau doch, wie sie segmentiert sind! Und was sind das für Höcker hinter den Augen? Und was machen sie *hier?*« Ich deutete auf die Umfriedung.

»Liegt das nicht auf der Hand? Das ist die Speisekammer der Chtorraner. Die haben gerne frische Nahrung. Sie halten sie sich in diesem Pferch, bis sie Hunger haben. Schau.« Er deutete wieder. »Siehst du das? Jemand hat vorher einen kleinen Imbiß eingenommen.«

Ich sah einen Haufen weggeworfener Schalen und Körpersegmente. Ich unterdrückte ein Schaudern – diese Tausendfüßler waren für die Chtorraner bloß Nahrung. Sozusagen ein lebendes Lunchpaket vom Planeten Chtorr!

»Hey! Diese Biester sind ebenfalls extraterrestrisch! Die Chtorraner haben sie mitgebracht! Ich muß eines fangen!«

Er starrte mich an. »Bist du verrückt? Vielleicht sind diese Biester Menschenfresser.«

»Das bezweifle ich«, sagte ich. »Wenn sie das wären, würden sie kein Holz kauen.« Für mich klang die Erklärung gut.

»Sie könnten giftig sein ...«

Ich schüttelte wieder den Kopf. »Das sind Pflanzenfresser nie; die brauchen das nicht.«

»Woher weißt du denn, daß sie *nur* Pflanzenfresser sind? Sie könnten sich ja zusätzlich auch einen Geschmack für Fleisch entwickelt haben.«

Das machte mich nachdenklich – aber nicht lange. »Es gibt nur einen Weg, das herauszufinden. Hilf mir hinunter.«

Er schob die Kinnlade vor, was seinen Gesichtsausdruck plötzlich sehr stur wirken ließ. »Nein.«

»Larry«, sagte ich, »das ist genauso wichtig wie die Jagd auf Würmer. Alles, was wir über sie in Erfahrung bringen können, hilft uns, sie zu vernichten.«

»Ich werde nicht mithelfen, dich umbringen zu lassen.«

»Dann werde ich es selbst tun.« Ich ging auf dem Steg einen Schritt nach oben, noch einen, und dann war ich bereits hinter der Mauer; einen dritten, und das Brett begann gefährlich zu schwanken. Larry ging einen Schritt zurück, um die Bewegung aufzuhalten.

»Schau«, sagte ich zu ihm. »Jemand muß es doch tun.«

Er gab keine Antwort, sondern ging einfach einen weiteren Schritt nach unten, um mein Gewicht auszubalancieren. Ich starrte ihn an, bis er den Blick abwandte. Dann ging ich einen weiteren Schritt nach oben. Noch einen, und der Steg begann sich langsam auf meiner Seite zu senken. Ich machte einen weiteren Schritt, und die Bewegung beschleunigte sich.

Larry setzte seinerseits zu einem Schritt an – zu langsam. Er sagte etwas, was ich nicht hören konnte und gab auf. Dann bewegte er sich vorsichtig, um den Steg daran zu hindern, sich zu schnell zu bewegen. »Okay«, knurrte er, »aber wenn sie dir die Beine abbeißen, dann komm bloß nicht zu mir gerannt.«

Ich grinste. »Danke« – und mußte den Steg dann plötzlich festhalten, um nicht abgeworfen zu werden. Er schaukelte weiter – Larry hob sich über mich –, bis mein Ende ungefähr in der Mitte des Pferchs mit einem dumpfen Knall aufsetzte.

Ich fand mich in einer ziemlich unsicheren Position im Gleichgewicht und mußte mich zur Seite beugen, um herunterklettern zu können – oder *hinauf,* wenn es sein mußte. Ich blickte vorsichtig in die Tiefe. Zwei der Tausendfüßler hatten bereits angefangen, den Fuß des Stegs zu inspizieren, und einer hatte sogar bereits begonnen, daran herumzukauen. Aber bislang hatte keiner von ihnen den Versuch gemacht hinaufzuklettern. Eher konnte man sagen, daß die meisten von mir *weg* strebten. Hatten sie bereits gelernt, das Herabsenken des Stegs mit freßgierigen Chtorranern zu assoziieren? Wahrscheinlich war das der Fall.

Ich schluckte und begann hinunterzuklettern. Etwa einen Fuß über dem Boden hielt ich inne. Ich streckte vorsichtig das Bein hinaus, um zu sehen, ob sie hochspringen oder danach schnappen würden. Eines der Geschöpfe stemmte sich halb in die Höhe, als wollte es schnüffeln, verlor aber fast im gleichen Augenblick wieder sein Interesse. Ich wedelte mit dem Fuß über einem anderen, und der richtete sich ebenfalls auf, griff sogar danach. Ich zuckte zusammen, hielt aber still, während er seine Antenne über meiner Stiefelspitze hin- und herwandern ließ. Nach einer Sekunde verlor er ebenfalls das Interesse und sank wieder zu Boden. Ich brachte ein schwaches Grinsen zuwege und ließ den Fuß auf den Boden hinunter. »Nun, das wäre wieder einmal ein riesiger Schritt für die Menschheit.« Mein Atem ging jetzt etwas leichter.

Die Tausendfüßler schien meine Anwesenheit in keiner Weise zu beunruhigen. Wenn einer von ihnen mit meinen Schuhen in Berührung kam, wandte er sich entweder ab oder stieg darüber hinweg, als wäre ich nichts als ein weiterer kleiner Erdhügel. Größtenteils ignorierten sie mich.

Ich fragte mich, ob es wohl gefährlich wäre, einen von ihnen mit bloßen Händen oder auch mit Handschuhen aufzuheben. Ich stupste eines der Geschöpfe mit der Spitze meines Brenners an, worauf es sich sofort in einen Ball zusammenringelte und nur mehr seine glänzende schwarze Schale zeigte. Okay, das bestätigte vielleicht, daß sie feige waren, aber trotzdem hatten sie Mäuler wie Miniaturschrottzerkleinerer – Sie wissen schon, die Art, die einen neuen Cadillac in einzelne Päckchen aus Stahl und Plastik verwandeln kann, von denen keines größer als zwei, drei Kubikzoll ist. Ich beschloß, sicher zu gehen.

Und an dem Punkt stellte ich fest, wie schlecht meine Mustertasche eigentlich ausgestattet war. Ich hatte nichts, in dem ich sie hätte tragen können. Eine Plastiktasche? Da würden die sich binnen Sekunden durchfressen, ein Geschöpf, das sich seinen Weg durch Holzschaum und Holzspäne beißen kann, wird sich von etwas Schwächerem nicht aufhalten lassen. Ich wünschte, ich hätte genügend weit voraus gedacht, um etwas Drahtgeflecht mitzubringen. Ob ich wohl meine Segeltuchtasche riskieren sollte? Die Idee kam mir nicht besonders gut vor. Ich hatte keinerlei Garantie, daß ein gefangener Tausendfüßler so höflich sein würde, bis zum Stützpunkt eingerollt zu bleiben, oder zumindest, bis ich einen geeigneten Käfig für ihn gefunden hatte.

Ich überlegte; ich trug zwischen mir und dem Tragegestell des Flammenwerfers eine Art Schutzfutter aus Polymer und Asbest und daneben noch eine Schockweste. Die Weste allein sollte ausreichen – zumindest hoffte ich das – also begann ich erneut, die Tanks abzulegen.

»Hey!« rief Larry. »Was, zum Teufel, machst du da?«

»Ich geh duschen«, rief ich zurück. Und dann: »Beruhig dich, ich weiß schon, was ich tue.«

Er runzelte zweifelnd die Stirn, sagte aber nichts, sondern begnügte sich damit, unzufrieden zu blicken. Ich nahm das Futter ab und ließ es auf den Boden fallen, dann schnallte ich mir die Tanks wieder um. Zwei der Tausendfüßler erforschten das wie Plastik aussehende Hemd ohne besonderes Interesse und trollten sich dann. Gut. Ich hoffte, das hieß, daß sie es als nicht eßbar eingestuft hatten.

Schnell stupste ich die drei mir am nächsten befindlichen Exemplare mit der Spitze meines Brenners an. Sie ringelten sich gehorsam ein, worauf ich sie auf das Asbesttuch rollte, einen Sack daraus machte und es oben zuband, indem ich die Ärmel außen herumschlang und hastig einen Knoten in sie hineinknüpfte. Meine Tasche fing an, sich wie der Bauch eines schwangeren Flußpferdes auszubeulen – und ich mußte mindestens genauso stolz ausgesehen haben. Als Probensammeltrip entwickelte sich dies zu einem Hauptgewinn.

Zuerst die Eier, jetzt die Tausendfüßler. Um ja nichts auszulassen, fügte ich noch ein Stück von der Wand der Umfriedung und etwas von der pechartigen Substanz hinzu, die den Zwischenraum ausfüllte, und schließlich noch ein paar von den abgeworfenen Schalen und Körpersegmenten der letzten chtorranischen Mahlzeit.

Larry war sichtlich erleichtert, als ich mich dazu anschickte, wieder hinauszuklettern. Ich glaube, die Vorstellung, daß ein Mann freiwillig eine chtorranische Speisekammer betrat – und wäre es auch nur, um sich in ihr umzusehen – war ihm einfach zu viel. Er wartete, bis ich fast oben war, und verlagerte dann sein Gewicht, um den Steg hochzuhieven.

Wir kletterten gemeinsam hinunter; dazu war sie breit genug. Unten angelangt, sah Larry mich mit einer Art widerstrebenden Respekts an. »Das muß man dir lassen«, sagte er, »dazu hat Mumm gehört. Ich hätte das nicht gemacht. Ich mag Käfer nicht, wie sie auch aussehen.«

Ich zuckte die Achseln. »Ich hab nur getan, was ich mußte.«

»Nun, ich möcht' nicht mit dir tauschen«, sagte er. Und das von dem Mann, der als erster in die Kuppel gegangen war, um zu sehen, ob Würmer drinnen waren. »Komm, sehen wir nach, ob Duke sich schon zusammengereimt hat, wo die Würmer sich verstecken ...«

Und in dem Augenblick brach die Hölle los.

Ein purpurn zirpendes Geräusch war zu hören und dann ein plötzlicher Schrei. Larry wurde ganz weiß und griff nach seinem Granatengurt. Wir hörten das Aufbrüllen eines Flammenwerfers und dann zischte von der anderen Seite des Nests eine Zunge schwarzen Rauchs empor. Ich ließ meine Mustertasche fallen und hetzte hinter Larry her.

Zuerst sah ich Shorty. Er stand mit gespreizten Beinen da und stach mit einem Flammenfinger auf etwas Großes, Schwarzes, Zuckendes ein. Es war völlig vom Feuer und dem Rauch eingehüllt – der brennende Kadaver eines Wurms!

Ich rannte weiter – jetzt konnte ich um die Krümmung des Nests herumsehen. Dort war ein weiterer Chtorraner. Ich kam rutschend zum Stillstand – ja, ich hatte die Bilder gesehen, aber sie hatten mich nicht auf die unglaubliche Größe des Monstrums vorbereitet! Es war riesig! Fast zweimal so lang wie ein Mann, hellrot und am Kopf mehr als einen Meter dick. Seine Augen waren schwarz und hatten keine Lider. Es bäumte sich in die Luft auf und fuchtelte mit den Armen und gab wieder dieses zirpende Geräusch von sich; sein Maul war ein flammender Schlund. *»Chtorr!«* schrie der Wurm. *»Chtorrrr! Chtorrrrrr!«*

Ich fummelte am Sicherheitshebel meines Brenners herum; das verdammte Ding schien eingefroren. Ich zerrte unbarmherzig daran.

Ich blickte auf, rechnete halb damit, daß dieser purpurfarbene Schrecken sich auf mich herunterstürzen würde, aber nein, er war immer noch hochaufgerichtet, hatte den halben Körper in der Luft. Sein Pelz stand steif von seinem Körper ab, so daß man die tief purpurfarbene Haut erkennen konnte. Und dann ließ der Wurm sich abrupt auf den Boden fallen und senkte den Kopf; seine Augen waren wie schwarze Scheinwerferbündel direkt auf mich gerichtet. Ich spreizte die Beine, so wie Shorty es mir gezeigt hatte, und richtete meinen Flammenwerfer auf ihn – verdammt! Larry versperrte mir die Schußbahn! Er zog gerade die Nadel aus einer Handgranate ...

Da bewegte sich der Wurm. Und ich auch. Ich glitt zur Seite, um ihn zu erwischen, ehe er sich auf Larry stürzen konnte; er war ihm am nächsten. Jetzt drehte der Wurm sich zu ihm herum und schoß wie heiße Lava auf ihn zu, ein dahinfließendes rotes, seidiges Gebilde. Mit steifen Armen schleuderte er die Handgranate. Sie beschrieb einen hohen Bogen – und gleichzeitig leckte Shortys Flamme über den purpurroten Schrecken. Er explodierte in einer orangeroten Zunge – und explodierte ein zweitesmal, als die Handgranate den zuckenden Wurmleib zerfetzte.

In der Ferne war eine weitere Explosion zu hören, und dann war alles vorbei. Shorty schaltete seinen Flammenwerfer ab; aus seinem Brüllen wurde ein Seufzen, das dann völlig verklang und nur das Brutzeln von brennendem Wurm hinterließ, das Knistern seines sich schwärzenden Fleisches, und ein Geruch wie brennender Gummi.

Duke kam durch all den Rauch getaumelt. »Hier jemand

verletzt?« Er wich dem immer noch brennenden Kadaver in weitem Bogen aus.

Shorty rief zurück: »Hier ist alles in Ordnung. Ich hab sie beide ganz einfach erwischt.« Er grinste. »Und Larry hat eine Handgranate vergeudet.«

Larry schnitt eine Grimasse, die gespielten Zorn ausdrükken sollte. »Nun, ich konnte ja nicht den ganzen Tag auf dich warten.« Und zu Duke gewandt: »Bei euch drüben alle in Ordnung?«

Duke nickte. »Kein Problem. Der Wurm hatte keine Chance, aber ich machte mir Sorgen, als ich sah, daß die zwei anderen hierher unterwegs waren.«

»Verdammt, Boß, das solltest du besser wissen«, dröhnte Shortys Stimme jovial. »Tatsächlich hat Jim hier gesehen, wie gut ich und Larry zurechtkamen, und so hat er sich dafür entschieden, ein kleines Schläfchen zu machen.«

Dukes Blick wanderte zu mir herüber. »Hoffentlich nicht«, murmelte er.

Shorty ging nicht darauf ein. »Wie groß war der, den ihr erwischt habt?«

Duke zuckte die Achseln. »Etwa genauso groß wie die hier. Vielleicht ein wenig größer.«

»Was sagst du jetzt dazu«, sagte Shorty zu mir gewandt. »Wir haben gerade zweieinhalb Tonnen Wurm verbrannt.«

»Fast hätten die uns überrascht«, sagte Duke säuerlich. Dann wandte er sich zu Larry. »Ich dachte, du hättest gesagt, die Kuppel sei leer?«

»Hm? War sie doch!« Sein Gesichtsausdruck wirkte verwirrt. »Das hast du doch selbst gesehen!«

»Ich hab die Kuppel nicht ganz inspiziert, Larry – ich hab dir geglaubt. Ich hab mich nur nach Eiern umgesehen. Es war deine Verantwortung, die anderen Löcher zu überprüfen.«

»Hab ich doch!« wiederholte Larry. »Sie waren leer. Die Bänder der Mobe werden das bestätigen!«

Duke kniff die Augen zusammen. »Larry, diese Würmer sind aus der Kuppel gekommen. Das habe ich selbst gesehen.«

»Und ich sage dir, daß diese Kuppel leer war – meinst du denn, ich würde jetzt hier stehen, wenn sie das nicht war?«

»Das kann ich bestätigen«, sagte ich. Beide blickten zu mir herüber. »Erinnert ihr euch? Ich bin auch in die Kuppel gegangen und habe meine Nase in alles gesteckt. Ich habe keine Würmer gesehen.«

Duke klappte den Mund zu. Einen Augenblick lang studierte er seine Stiefelspitzen. »Also gut«, sagte er. »Lassen wir das für den Augenblick.« Er drehte sich um und ging weg.

Larry sah mich an. »Danke, Kleiner.«

»Wofür?« sagte ich. »Diese Kuppel war leer. Duke muß sich irren. Die Würmer müssen aus dem Wald gekommen sein.«

»Nein«, sagte Larry. »Wenn Duke sagt, er hat sie aus der Kuppel kommen sehen, dann sind sie auch da hergekommen. Uns muß da etwas entgangen sein, Jim – uns beiden. Wir haben hier noch nicht das letzte Wort gehört.«

Ich zuckte die Achseln und folgte ihm. Wir gingen zwischen den zwei knisternden Wurmkadavern auf die Stelle zu, wo Duke und die anderen sich sammelten. Larry wirkte unglücklich, so sehr, daß ich noch etwas zu ihm sagen wollte, aber Shorty ergriff meinen Arm. »Laß ihn, Jim. Er muß das mit sich selbst ausmachen. Larry ist so.«

»Aber es ist nicht seine Schuld – und niemand ist verletzt.«

»Aber jemand *hätte* verletzt werden können«, sagte Shorty. »Es war seine Verantwortung, dieses Nest zu überprüfen, und er meint, er hätte das verpatzt. In Larrys Augen ist ein Tadel aus Dukes Mund etwas sehr Ernstes.« Er fügte hinzu: »Wenn ich er wäre, würde ich es genauso empfinden.«

»Oh«, sagte ich. Ich überlegte. »Okay.« Dann erinnerte ich mich. »Oh, ich habe meine Mustertasche vergessen. Ich hab sie fallenlassen, als die ganze Aufregung anging. Augenblick ...« Ich drehte mich um und bewegte mich auf den Pferch zu.

Shorty nickte. »Ich warte hier.«

Es dauerte nur einen Augenblick. Ich rannte um die rauchenden Würmer herum und die Rampe hinauf. Das Bündel war dort, wo ich es gelassen hatte. Ich schnappte es mir und hängte es mir über die Schulter und überprüfte den Inhalt, während ich zurückging.

Als ich zum Nest kam, sah ich, wie gerade der größte Wurm von allen Shorty angriff.

Shorty drehte sich gerade zu mir herum und grinste – und da war plötzlich dieses zirpende Geräusch zu hören *»Chtorrrr! Chtorr!«* und ein Teil der Nestmauer neben ihm fiel herunter. Ein dicker, purpurroter Körper strömte heraus, der ganz aus Maul und Armen zu bestehen schien. Ich konnte nicht an meinen *Brenner!* Das verdammte Bündel mit den Proben war mir im Wege! »SHORTY!« Shorty wandte sich bereits gegen den Wurm, und in seinem Gesicht zeichnete sich plötzliches Erkennen ab – und dann war der Wurm über ihm. Er hatte nicht einmal Zeit zu schreien.

Ich fand meine Hände und verbrannte sie beide. Ich hielt die Fackel in ihre Richtung und *brannte.* Grellgelbe Flammenzungen. Rot und Schwarz und Orange! Brüllendes, säuberndes Feuer! Ich hielt den Abzug fest und drückte, *drückte* und schrie. Der Flammenwerfer schrie ebenfalls. Ich ließ den Strahl über dem Wurm hin- und herwandern, noch lange, nachdem das Ding aufgehört hatte zu schreien. Dann richtete ich die Waffe auf das Nest und verbrannte das ebenfalls. Ich hielt nicht inne, bis es völlig in Flammen stand und das rote Dach zusammengebrochen war.

Aber unterdessen war der Brennstoff ausgegangen, und die anderen mußten mir den Brenner förmlich entreißen.

ELF

Wir fuhren schweigend zurück. Ich saß da, starrte die Tasche an, die auf meinem Schoß lag, und versuchte, nicht an den Preis zu denken, den Shorty für meine Dummheit bezahlt hatte. Es war meine Dummheit gewesen, oder nicht? Ich meine, die Tasche so zu tragen.

Duke saß auf dem Vordersitz und redete leise mit Hank.

Ich versuchte, nicht hinzuhören, aber der Wind trug immer wieder Wortfetzen nach hinten. Sie arbeiteten an den Fakten, spielten sie sich immer wieder vor. »Dieser vierte Chtorraner«, insistierte Duke, »der hätte nicht da sein dürfen.«

Hank antwortete darauf mit Geräuschen, mit entenschnäbligen Platitüden. »Ach, Duke, wir wissen doch noch nicht genug über die ...«

Duke ignorierte ihn. »Ich hab mir gleich gedacht, daß dieser Unterschlupf ein wenig zu groß aussah – diese verdammte Aufklärung! Aber die sollen von mir hören. Ich hätte diese verdammte Mobe blitzen lassen sollen, und zum Teufel mit den Kosten.«

»He, was ist mit dem Jungen?«

»Hm?«

»Der nimmt es ziemlich schwer.«

»Das tun wir alle.«

»Aber er ist derjenige, der abgedrückt hat.«

»Das ist ein Risiko, das wir alle auf uns nehmen müssen«, sagte Duke. »Das weißt du doch.«

Hank warf einen Blick nach hinten, zu mir. »Trotzdem«, sagte er leise, »es würde ja nicht schaden, ein Wort mit ihm zu reden ... oder so etwas.«

Duke gab einen Augenblick lang keine Antwort. Als er es dann doch tat, klang seine Stimme angespannt. »Verdammt, Hank. Dieses einzige Mal möchte ich mir zuerst selbst die Wunden lecken – Shorty war auch mein Freund.« Dann verstummte er und drehte sich im Sitz herum und starrte auf die vorüberziehenden Hügel; die Dämmerung hüllte sie bereits in Schatten. Die Wolken leuchteten rosafarben vor einem blaßgrauen Horizont.

Ich hüllte mich enger in mein Jackett. Der Wind peitschte mein Haar und meine Augen; er war kalt und staubig, und ich fühlte mich elend, innerlich und außen. Gelegentlich bewegten sich die Millipeden; dann wurde die Tasche unruhig, aber ein leichter Schlag mit der Hand reichte aus, um sie wieder zum Einringeln zu bringen. Drei harte kleine Knoten, jeweils von der Größe einer Melone.

Es war nach neun, als wir den Stützpunkt erreichten. Früher einmal war er ein Pfadfinderlager gewesen, aber jetzt diente er den Special Forces als provisorischer Stützpunkt. Als die Jeeps vor dem Casino anhielten, kamen Männer aus den Türen gerannt. »Wie war es? Wieviele Würmer habt ihr erwischt?« Ihre Stimmen waren laut und erregt.

Aber sie spürten fast im gleichen Augenblick die Stimmung, die uns erfaßt hatte, und als Duke sagte: »Shorty ist tot«, legte sich Schweigen über die Gruppe. Sie folgten uns in die Halle, wo Sergeant Kelly mit ihrer üblichen Stört-mich-gefälligst-nicht-Manier Kaffee ausschenkte und geschäftsmäßig Teller mit heißem Eierkuchen verteilte. Ich schnappte mir ein paar davon – auf Sergeant Kellys Kaffee konnte ich verzichten – und verdrückte mich in eine Ecke. Niemand schenkte mir besondere Beachtung, wofür ich mehr als dankbar war.

Duke stand ebenfalls alleine da. Er hielt seine Kaffeetasse mit der ganzen Hand, nicht etwa am Griff, und trank in regelmäßigen Zügen davon, schnitt immer wieder Grimassen über den scheußlichen Geschmack und ignorierte Fragen, die man ihm stellte. Die anderen Männer sprudelten ihre Geschichten heraus, so schnell sie konnten. Als sie zu der Stelle mit Shorty kamen, warfen einige der Männer Blicke zu mir herüber und senkten ihre Stimmen, aber aus dem Rest der Gruppe erhob sich ein erregtes Murmeln. »Ein *vierter* Wurm? Unmöglich!« Aber dieser Ungläubigkeit wurde Beharrlichkeit entgegengesetzt, und so glitten die Diskussionen in Spekulationen ab.

Jetzt kam Dr. Obama herein und zog Duke beiseite, worauf sie ein paar Augenblicke miteinander sprachen; einmal blickten sie zu mir herüber, aber als sie sahen, daß ich es bemerkte, wandten sie sich ab. Dann stellte Duke seine Kaffeetasse weg, und die beiden gingen hinaus.

Plötzlich stand Ted vor mir. Er hatte sich nach vorne gebeugt und die Hände tief in den Taschen seiner Jeans vergraben. Er hatte einen seltsamen Gesichtsausdruck, wie jemand, der sich einen Autounfall ansieht.

»Bist du in Ordnung?«

»Ja, mir fehlt nichts.«

Er setzte sich mir gegenüber, verschränkte die Arme und lehnte sich auf den Ellbogen nach vorne. »Hör auf, den Helden zu spielen. Du siehst scheußlich aus.«

»Du siehst selbst auch nicht gerade frisch aus«, murmelte ich. Sein sandfarbenes Haar war wirr, sein Gesicht aufgedunsen. Er sah aus, als wäre er gerade aus dem Bett gestiegen. War es so spät?

Er ging nicht darauf ein. »Ich höre, du hast ziemlich was mitgemacht.«

Ich gab keine Antwort.

Er warf einen Blick auf meine Mustertasche. »Hast du etwas Interessantes gefunden? Hey, das bewegt sich ja!«

Ich schlug schnell auf die Tasche, und die Bewegung hörte auf.

Ted riß den Mund auf. »Was hast du denn da drinnen?«

»Ein paar von den Dingern aus dem Pferch. Das könntest du tun – beschaff mir einen Käfig.«

»Einen Käfig? Wie groß? Meinst du, ein Hühnerschlag reicht?«

»So lange er nicht aus Holz ist.«

»Nein. Aluminium und Draht.« Er rannte zur Tür hinaus.

Einige von den Männern entfernten sich jetzt ebenfalls, wahrscheinlich gingen sie zum Aufenthaltsraum. Andere füllten ihre Tassen neu, schlürften laut und folgten ihnen; wahrscheinlich war ihr Schlürfen das lauteste Geräusch im Raum. Ich dachte, Sergeant Kelly sei in der Küche, aber da war sie nicht. »Hier«, sagte sie und stellte mir ein Hühnersandwich und ein Glas Milch hin. »Iß.« Ihr Ausdruck war schwer zu durchschauen, so als hätte man ihr Gesicht von ihren Gefühlen losgelöst.

Ich blickte wieder auf die Tasche, die ich im Schoß hielt. »Ich hab' keinen Hunger.«

»So?« herrschte sie mich an. »Wann war das je ein Hindernis, etwas zu essen?«

»Sergeant«, sagte ich, bemüht, leise zu sprechen. »Ich mußte Shorty tö ...«

»Ich weiß«, sagte sie und schnitt mir das Wort ab. »Ich hab's gehört.« Sie legte die Hand sanft auf meine Schulter. Als ich nicht aufblickte, beugte sie sich vor und legte die Hände um meinen Kopf – es waren *riesige* Hände – und zog mich an sich. Ich konnte einfach nicht anders. Ich fing zu weinen an, heulte in ihren Schoß wie ein Baby. Sergeant

Kelly ist der einzige Mensch auf der Welt, der selbst im Stehen einen Schoß hat. Ich vergrub mein Gesicht darin und schluchzte. Das war das erstemal an dem Tag, das ich weinte. »So ist's gut, mein Junge«, sagte sie. »Guter Junge. Laß es nur heraus. Laß es heraus. Mama ist ja hier. Mama ist hier.«

Nach einer Weile hörte ich auf. »Sergeant«, sagte ich und wischte mir die Nase an ihrer Schürze, »danke.« Ich sah sie aus verquollenen Augen an, die ihren leuchteten. »Ich liebe Sie!«

»Äh ...« Einen Augenblick war selbst sie verunsichert. Sie blickte verwirrt. Dann sagte sie: »Ich hab etwas auf dem Herd stehen lassen«, und wieselte hinaus. Ich bildete mir ein, sie hätte sich die Augen gewischt, als sie sich durch die Tür entfernte.

Als ich mich wieder dem Tisch zuwandte, stand Ted mit dem Hühnerpferch da. Wie lange er schon dagestanden hatte, wußte ich nicht, und wollte auch nicht fragen. Er sagte nichts über meine roten Augen. Er stellte den Verschlag einfach auf den Tisch und wartete.

Ich überspielte meine Verlegenheit, indem ich mich an der Tasche zu schaffen machte. Ted öffnete den Verschlag oben, und ich legte das Asbesthemd mit den Tausendfüßlern hinein. Ich löste den Knoten und ließ sie herausfallen, drei harte, schwarze Bälle. Dann verriegelte ich den Käfig.

»Ist das alles?« fragte Ted. Seine Stimme klang enttäuscht. »Das sind tatsächlich chtorranische Lebewesen?«

Ich nickte. Die Tausendfüßler waren immer noch zu Bällen zusammengerollt; ihre Panzer wirkten fast metallisch. Wenn sie noch am Leben waren, so hatten sie sich das bis jetzt nicht anmerken lassen.

»Geben eigentlich nicht viel her, oder?«

»Warte nur, bis sie aufmachen«, sagte ich. »Die sind so nett wie Spinnenbabies.«

Ted schnitt ein Gesicht.

Unterdessen war Sam, das Lagermaskottchen – ein riesiger grauweiß gescheckter Kater, der uns adoptiert hatte – auf den Tisch gesprungen, um den Käfig zu inspizieren. »Miau?« fragte er.

»Nein, Sam, das kann man nicht fressen.« Das war Ted.

Sam schnüffelte verstimmt. Dann wandte er seine Aufmerksamkeit meinem Hühnersandwich und meiner Milch zu – ein unerwarteter Glückstreffer. Weder Ted noch ich schoben ihn weg. Er speiste laut. Winzige Bissen, aber sehr laut. Dabei schnurrte er zufrieden.

Als nächster erschien Louis. Er hatte sich bis auf sein T-Shirt ausgezogen. Er begann, erste Fettansätze zu zeigen, aber wahrscheinlich konnte die Army sich schon seit einiger Zeit nicht mehr leisten, wählerisch zu sein. »Sind das die Käfer aus dem Wurmlager?« Er sah genauer hin. »Wie kommt's, daß sie alle eingerollt sind?«

Ich zuckte die Achseln.

»Habt ihr schon versucht, sie zu füttern? Vielleicht ist das das Problem. Vielleicht haben sie Hunger.«

»Oder Angst«, schlug ich vor.

Darauf ging er nicht ein. »Was fressen sie denn?«

Ich zuckte erneut die Achseln.

»Weißt du das nicht?«

»Woher denn? Könnte alles mögliche sein. Als ich sie einfing, kauten sie an den Wänden ihrer Einfriedung herum.«

»Nun, irgend etwas mußt du ihnen ja geben«, insistierte er. Weitere Männer waren inzwischen erschienen. Langsam bildete sich eine kleine Ansammlung. Ein oder zwei von ihnen murmelten zustimmend.

»Ich werde ein paar Tests durchführen müssen«, murmelte ich. »Um zu sehen, was die mögen.«

»Ah, du verstehst überhaupt nichts von Tieren. Ich bin auf einer Farm aufgewachsen.« Er legte den Finger an das Drahtgeflecht und gab glucksende Laute von sich. »Ich wette, die sind einfach wie Hühner. Chtorranische Hühner. Kommt schon, ihr kleinen Käferchen, kommt schon – seht mal, was Daddy für euch hat.« Er schob ein Stück Biskuit durch den Draht. »Kommt ...«

Ich hoffte, die Tausendfüßler würden ihn ignorieren; aber einer von ihnen wählte sich diesen Augenblick aus, um sich auszurollen. Da er offenbar keinen Anlaß mehr sah, sich zu verstecken, begann er, seine Umgebung zu erforschen; seine Antennen tasteten suchend herum, erst nach vorne, dann nach hinten, und dann nach allen Richtungen. Nach einer kurzen Weile glitt er über den Boden und ein Stück an den Käfigwänden hinauf, so daß ich mir seine weiche Unterseite ansehen konnte. Weich? Sie war von einem tiefen, beunruhigenden Purpurrot mit dunklen Streifen, die die – was eigentlich? – voneinander trennten. Sie sahen wie Segmente aus. Ich konnte jetzt sehen, wie die einzelnen Schalen aneinandergefügt waren; der Körper des Geschöpfs war wie ein Zug aus winzigen gepanzerten Waggons auf Beinen.

Der Tausendfüßler erprobte den Aluminiumrahmen mit seinen Fühlern, versuchte, den Kopf durch das Drahtgeflecht zu schieben. Einen Augenblick lang schien er mich anzustarren; seine Augen waren schwarze Scheiben von der Größe eines fünfundzwanzig Cent-Stücks. Sie erinnerten mich an Chtorranische Augen. Sie hatten keine Facetten wie normale Insektenaugen.

Dann zog er sich wieder zurück und fuhr fort, seine Umgebung zu erforschen, bis er schließlich das Stück Biskuit fand. Er tastete es vorsichtig mit den Antennen und fraß es dann. Er bewegte sich einfach nach vorne und kaute dabei, bis nichts mehr da war. »Hey!« sagte Louis und grinste. »Er mag es. Da, da hast du noch.« Er schob den Rest des Biskuit in den Käfig.

Auch mit dem Stück machte der Tausendfüßler kurzen Prozeß. Jetzt rollte sich einer der anderen auf und begann ebenfalls, den Käfig zu erforschen.

»Hey, Louis!« sagte einer der Männer. »Jetzt mußt du den anderen füttern.«

Louis sah sich um. Sein Auge fiel auf das Hühnersandwich, mit dem immer noch Sam beschäftigt war. »Tschuldige, Kätzchen, aber ich brauch das.«

»Miau«, protestierte Sam lauthals, aber ohne Erfolg. Louis riß das Brot in Stücke und schob es durch das Drahtgeflecht. Sam leckte sich die Backen in der Hoffnung, daß ihm wenigstens das Hühnerfleisch erhalten bliebe.

Aber da irrte er. »Wollen doch sehen, was die sonst noch mögen«, sagte Luis, worauf das Hühnerfleisch ebenfalls durch das Drahtgeflecht wanderte. Ebenso das Salatblatt und die Tomate.

»Scheint, daß wir uns bei Sam entschuldigen müssen«,

bemerkte Ted. »Sam, ertränke deine Sorgen in einem Glas Milch.«

»Miau«, sagte Sam. Aber er trank die Milch.

Unterdessen hatte sich der dritte Tausendfüßler entrollt und schloß sich seinen Artgenossen bei deren Festmahl an. »Schau, die mögen auch Huhn.«

»Und Salat. *Und* Tomate.« Ted sah mich an. »Ich würde gerne wissen, ob es etwas gibt, was sie *nicht* mögen.«

»Das Zeug in den Wänden ihrer Umfriedung«, sagte ich. »Das mögen sie nicht. Ich hab dir eine Probe für die Analyse mitgebracht.« Ich zog den Plastikbeutel aus der Tasche.

Ted öffnete ihn und schnüffelte an seinem Inhalt. »Ich sage dir nur ungern, wie das riecht.« Er rümpfte die Nase und schloß den Beutel wieder.

Louis stand immer noch vor dem Käfig. Er steckte den Finger durch das Drahtnetz und gluckste: »Komm, Kleines, komm schon zu Papa ...« Ich konnte seine Faszination begreifen. Irgendwie schienen sie *intelligenter* als bloße Insekten. Das waren ihre Augen. Sie waren groß und rund und dunkel, fast weich – wie die Augen von kleinen Hunden; sie bestanden ganz aus Pupille. Und wie sie einen mit diesen Augen ansahen – wie gebannt, sich jedem Geräusch zuwendend, jeden Gegenstand mit distanzierter Neugierde studierend. Sie wirkten *wissend.* Diese Geschöpfe verhielten sich zu gewöhnlichen Insekten so, wie eine Eule zu anderen Vögeln – ganz eindeutig dieselbe Art Geschöpf, aber ganz entschieden etwas mehr. Einer der Tausendfüßler richtete sich auf, um an Louis' Finger zu schnuppern ...

... und biß plötzlich hinein.

»Aauu – *Hey!*« Er riß den Finger zurück, aber der Tausendfüßler hatte einen festen Griff. Einen Augenblick lang hing Louis dort fest, während das Geschöpf in dem Käfig herumschlug – dann riß er sich los, und Blut strömte von dem fehlenden Fingerglied. »*Aaah!* Dieser Schweinehund!« stieß er hervor.

Jemand wickelte ihm eine Papierserviette um die Hand, die sich schnell rot färbte. »Bringt ihn zum Arzt!« sagte jemand anderer. Zwei Männer drängten Louis zur Türe hinaus. Er gab leise stöhnende Laute von sich.

Im Käfig wirkten die Tausendfüßler so, als wäre nichts geschehen. Ihre schwarzen Augen blickten plötzlich Unheil verheißend.

»Ich hätte ihn warnen sollen«, sagte ich.

Ted sah mich an. »Wußtest du, daß sie das tun würden?«

Ich schüttelte den Kopf.

»Dann halt den Mund. Es war sein eigener Fehler, den Finger in den Käfig zu stecken. Manchmal kann Louis ein richtiger Idiot sein, aber heute hat er sich selbst übertroffen. Die Biester müssen gedacht haben, es sei noch Fütterungszeit.« Sein Gesichtsausdruck wurde nachdenklich. »Diese Dinger haben einen ganz hübschen Appetit, nicht wahr?«

»Chtorraner auch«, sagte ich und erinnerte mich an etwas. »Hier. Die waren auch in der Umfriedung.« Ich reichte ihm die leeren Schalen und Körpersegmente hin.

Ted hob die Brauen.

»Mittagessen«, erklärte ich. Ich wies auf den Käfig. »Die Chtorraner essen sie.«

»Klingt riskant«, witzelte er. »Aber es gibt Sinn. Und besser die als wir.« Dann fiel ihm etwas ein. »Sag mal, wie hast du die denn gefangen, ohne daß die dich selbst angegriffen haben?«

»Ich weiß nicht – irgendwie schienen sie an mir nicht interessiert. Ich dachte, es sei ungefährlich, und das war es auch.«

»Hm.« Ted runzelte die Stirn. »Aber einen Grund muß es gegeben haben.«

»Vielleicht bin ich bloß nicht eßbar.«

»So? Dann steck doch den Finger in den Käfig und beweis es mir.«

»Andererseits«, sagte ich schnell, »gibt es vielleicht auch irgendeinen anderen Grund.«

Ted sah mich enttäuscht an. »Spielverderber! Das wäre ein sehr praxisnaher Test gewesen.«

»Wenn du so scharf darauf bist, dann steck doch *deinen* Finger hinein.«

»Ah, aber um meine Eßbarkeit geht es hier nicht. Nein, du hast schon recht; es muß noch einen anderen Grund geben. Eßbar bist du wahrscheinlich schon, bloß nicht sehr wohlschmeckend. Wie bist du denn in den Pferch gekommen?

Hast du dir einfach die Nase zugehalten und bist gesprungen?«

»Nein, ich habe zuerst den Fuß hineingesteckt. Ich wollte sehen, ob die angreifen würden.«

»Nun, dann bist du tatsächlich ja klüger als ich dachte. Ich hätte gemeint, du drückst dir einfach die Daumen und schreist: ›Hoppla, jetzt komm ich!‹ Vielleicht mögen die einfach bloß kein Schuhleder – das wollen wir gleich einmal überprüfen. »Er zog einen seiner Stiefel aus und drückte ihn gegen das Drahtgeflecht. Alle drei Tausendfüßler attackierten ihn. »Nun, das wäre ja wohl klar.«

Dann versuchte er, den Stiefel wieder wegzuziehen. Aber ihren vereinten Kräften war er nicht gewachsen. »Ah, jetzt kommt schon ...« Weil er ihnen nicht weh tun wollte, ließ er den Stiefel los. Jetzt hing er an dem Drahtgitter, während die Insektoiden daran kauten, und die Männer rings um uns grinsten. Die Tausendfüßler fraßen, bis sie nicht weiter kauen konnten, worauf der Stiefel zu Boden plumpste.

Ted hob ihn traurig auf und befingerte die Löcher, die sie hineingefressen hatten. »Mein bestes Paar Stiefel«, klagte er. Dann seufzte er und schlüpfte wieder hinein, wobei er die ganze Zeit den Kopf schüttelte. Er sah mich an. »Okay, gib mir einen von den deinen ...«

»Was? Bist du verrückt? Du hast doch gerade bewiesen, daß sie Schuhleder *mögen* – warum willst du jetzt, daß ich mir auch noch die Stiefel ruiniere?«

»Blödmann«, sagte er geduldig. »Hier handelt es sich um ein wissenschaftliches Experiment, um herauszufinden, warum du immer noch herumläufst. Und jetzt gib mir einen von deinen Stiefeln, ehe ich dir das Bein ausreiße und dir den Schädel damit einschlage.«

Er hatte recht. Ich hatte selbst mit angesehen, wie die Tausendfüßler sein Schuhwerk attackiert hatten. Es war genau identisch mit dem meinen, und mich hatten die Tausendfüßler ignoriert. Ich zog einen Stiefel herunter und reichte ihn ihm.

Er hielt ihn an das Drahtgitter. Die Tausendfüßler testeten ihn mit ihren Antennen, verloren dann aber das Interesse daran und wanderten davon. Ted versuchte es auf der anderen Seite noch einmal. Die Tausendfüßler reagierten wie beim letztenmal.

Ted runzelte die Stirn und hielt sich den Stiefel dicht vors Gesicht. Er schnüffelte daran. Einmal, zweimal, ein drittes Mal, neugierig. »Das riecht fischig. In was bist du getreten?«

»In nichts«, sagte ich. Dann erinnerte ich mich. »Äh – Eier.«

»Eier ...? Du meinst von Hühnern, gack-gack-gack?«

»Nein, ich meine von Chtorranern.«

Sein Gesichtsausdruck war plötzlich ungläubig. »Du bist auf chtorranische Eier getreten?«

»Ich war in dem Nest ...«

»In dem Nest? Mann! Jetzt nehm ich alles zurück, Jimmy, Junge. Du bist überhaupt nicht schlau. Es gibt eine bessere Methode, Chtorraner umzubringen, als in ihre Nester zu gehen und auf ihren Eiern herumzutrampeln. Wozu glaubst du wohl, daß es Flammenwerfer gibt?«

»Ich hatte ja nicht *vor,* auf die Eier zu treten. Das war ein Zufall.«

»Hoffentlich hast du das Mama Chtorr gesagt.«

»Außerdem wollte Duke sie ohnehin verbrennen, also stieg ich hinunter und hab ein paar gerettet.«

Einen Augenblick lang herrschte Schweigen.

Dann sagte Ted. »Hast du sie bei dir?«

Ich drehte den Beutel um und ließ sie auf den Tisch fallen. Es müssen mindestens ein Dutzend gewesen sein.

Ted riß die Augen auf, ebenso wie zwei andere Männer, die noch bei uns geblieben waren. Ihre Namen kannte ich nicht. Die Eier waren blutrot und glatt und sahen immer noch feucht aus und ein wenig durchsichtig. Innen war etwas Dunkles zu sehen. Ted hob vorsichtig eines auf und schnüffelte daran. »Riecht wie roher Fisch.« Er hielt es gegen den Tausendfüßlerkäfig. Die testeten es ohne besondere Neugierde und verloren dann sofort das Interesse. »Nun, das ist, was dir das Leben gerettet hat, Jimbo – die Tatsache, daß du ein solcher Tolpatsch bist. Du mußt ja über und über mit Ei bekleckert gewesen sein.«

Ich überlegte. »Du hast recht. Ich weiß, daß ich bis zu den Knien und an den Armen damit beschmiert war.« Ich schauderte bei dem Gedanken, was hätte passieren können, und das war vermutlich auch der Grund, weshalb meine drei Musterexemplare nicht versucht hatten, sich einen Ausweg aus der Mustertasche zu beißen – der Geruch von Eiern, der sie umgab.

»Äh ...« Ted hielt das Ei ans Licht.

»Siehst du etwas?« fragte ich.

»Da steht ›Vorheriges Ei nicht beachten‹.« Er legte es auf den Tisch zurück.

»Weißt du, woran mich die erinnern?« sagte ich. »Ameiseneier.«

»Ameiseneier?«

»Mhm. Die haben dieselbe Art von Durchsichtigkeit. Und ihre Schalen sind ebenfalls weich. Da schau! Siehst du, wie die hüpfen? Woran erinnert dich das?«

»Handball?«

Ich ignorierte die Bemerkung. »Das bedeutet, daß wir jetzt etwas über ihre Entwicklung lernen können. Vögel und Reptilien haben Eier mit harten Schalen – das verleiht denen zusätzliche Stärke und hilft, das Wasser festzuhalten. Das hier könnte auf einen niedrigeren Entwicklungsstand hindeuten. Insekten oder Amphibien.«

»Sind Würmer nicht von beiden ein bißchen?«

»Vielleicht.« Ich griff wieder nach dem Ei. »Andererseits ist die chtorranische Atmosphäre vielleicht feucht genug, daß das Festhalten von Flüssigkeit kein sehr wichtiger Überlebensfaktor ist. Und diese Schale kommt mir furchtbar dick vor, fast wie Knorpel. Das könnte möglicherweise den Schutz liefern, den das Embryo braucht, besonders wenn Chtorr wirklich eine höhere Schwerkraft als die Erde hat. Das meinen nämlich manche von den Leuten hier. Das würde die außergewöhnliche Stärke und Beweglichkeit der Chtorraner erklären.« Ich runzelte die Stirn und hielt das Ei ans Licht. »Ich weiß nicht. Die Form eines Eis und die Zusammensetzung seiner Schale sollten doch eigentlich darüber Aufschluß geben, unter welchen Umweltbedingungen das betreffende Geschöpf ausschlüpft – und das wiederum sollte Hinweise auf die Natur der Eltern und der Nachkommen liefern. Aber ich weiß nicht, wo ich anfangen soll, das Rätsel aufzulösen.

Mein Gehirn tut richtig weh – da sind zu viele Fragen. Zum Beispiel, wie es kommt, daß diese Tausendfüßler so unglaublich gefräßig sind und sich doch nicht für die Eier interessieren?« Ich drückte das Ei wieder gegen das Geflecht. »Das gibt einfach keinen Sinn.«

»Vielleicht können die erkennen, daß es ein Chtorraner ist, und haben schon Angst davor, bevor sie ausschlüpfen.«

»Tut mir leid, ich kann mir einfach nicht vorstellen, daß diese Geschöpfe eine Gratismahlzeit ausschlagen. An diesen Eiern muß irgend etwas sein, das widerlich auf sie wirkt.«

Ted riß die Augen auf. »Wau! Ein Ei mit eigenem Verteidigungsmechanismus.« Er blickte auf. »Was hast du vor mit den Dingern?«

»Ich hatte daran gedacht, einen Inkubator zu bauen.«

Ted pfiff leise durch die Zähne. »Jimmy, ich muß dich wirklich bewundern ... deinen Mut. Oder sonst etwas. Du bist entweder der raffinierteste verdammte Narr hier – oder der dümmste. Nicht nur, daß du chtorranische Eier vor dem Verbranntwerden bewahrt hast, jetzt willst du sie sogar noch ausbrüten. Wenn Duke davon hört, dann kriegt er einen Anfall.«

An Duke hatte ich überhaupt nicht gedacht. »Warum? Was gefällt dir denn an der Idee nicht?«

»Oh, nichts, es ist nur so, daß diese Einheit der Special Forces den Auftrag hat, Würmer zu töten, nicht welche zu züchten.«

»Nicht ganz«, insistierte ich. »Dich und mich hat man hier hergeschickt, um die Chtorraner zu studieren.«

»Das heißt noch lange nicht, daß wir Schoßtierchen aus ihnen machen müssen.«

»Und wie sonst sollen wir wohl dicht genug herankommen, um sie zu studieren? Weißt du eine bessere Methode, eines lange genug zu beobachten, um etwas herauszufinden? Bei der Jagd verbrennt man die Würmer sofort, wenn man sie sieht. Nein, die einzige Methode, wie wir als die Wissenschaftler agieren können, als die man uns hierhergeschickt hat, ist die, ein paar Würmer in einen Käfig zu stecken und zuzusehen, was sich dann tut. Wenn wir keinen lebend fangen können, müssen wir uns selbst welche züchten.«

»Jetzt beruhig dich, ich bin auf deiner Seite. Glaube ich. Ich kann mir bloß nicht vorstellen, daß die Idee hier sehr populär sein wird; das hier ist kein Kriegsgefangenenlager. Und da wäre noch etwas; selbst wenn du ein paar Würmer ausbrüten könntest, wo würdest du sie denn unterbringen?«

»Nun, da werden wir uns etwas einfallen lassen«, murmelte ich. Ich versuchte, mir etwas einfallen zu lassen.

»Wir?« Er hob eine Braue.

»Ja. *Wir.* Du solltest nicht vergessen, daß du auch Exobiologe bist.«

»O ja – das habe ich vergessen.« Ted blickte ein wenig unglücklich. »Aber ich glaube, im Augenblick wäre ich lieber ein Botulismustester«, sagte er. »Ich meine, das Aufziehen der Würmer wird ja noch leicht sein ...«

»Hm?«

Er schlug mir auf die Schulter. »Jimbo, leg die Biester schlafen. Ich will mit Duke reden.«

»Soll ich mitkommen?«

»Äh, besser wohl nicht. Duke hat einen ... schweren Tag gehabt. Ich glaube, ich kann da etwas taktvoller sein. Steck sie einfach ins Bettchen und überlaß den Rest mir.«

»Nun ... okay.«

Ich ließ die Millipeden für die Nacht in der Messe, mit einem Stück Segeltuch, das ich über den Käfig drapierte; darauf brachte ich ein Schild an mit der Aufschrift ›VORSICHT, GEFAHR!‹. Die Eier bereiteten da etwas größere Schwierigkeiten, aber ich borgte mir Teds heizbare Decke und legte sie in einen Pappkarton, drapierte die Decke als eine Art improvisierten Brutkäfig darüber. Um die Eier am Austrocknen zu hindern, legte ich die Schachtel zuerst mit Polyäthylen, dann mit ein paar Handtüchern aus und besprühte das Ganze mit warmem Wasser, genug, um die Handtücher feucht, aber nicht naß zu halten. Ich ließ mich da ganz vom Instinkt leiten. Morgen würde ich mir etwas Dauerhafteres einfallen lassen müssen.

Ich hatte Schwierigkeiten mit dem Einschlafen. Da war nichts zu machen. Jemand schrie die ganze Zeit in meinem Kopf: *Shorty ist tot!*

Ich versuchte, mir einzureden, daß ich ihn ja schließlich kaum gekannt hatte; es sollte mir also eigentlich nicht so viel ausmachen. Aber es tat trotzdem weh und – ach, zum Teufel, ich konnte einfach nicht anders; ich fing wieder zu heulen an.

Ich lag immer noch wach im Bett und quälte mich, als Ted hereinkam. Er schaltete das Licht nicht ein, sondern zog sich in der Dunkelheit aus und schlüpfte leise ins Bett.

»Was hat Duke denn gesagt?« fragte ich ihn.

»Hm? Oh, ich hab nicht gewußt, daß du noch wach bist.«

»Bin ich auch nicht. Nicht ganz. Was hat Duke gesagt?«

»Nichts. Ich hab nicht mit ihm gesprochen.«

»Du warst aber schrecklich lang weg.«

»Ja«, sagte er. »Ich sag's dir morgen. Vielleicht.« Er drehte sich um und blickte zur Wand.

»Ted«, sagte ich. »Shorty ist gestorben, weil ich nicht schnell genug war, oder?«

»Ich weiß nicht«, murmelte er. »Ich war nicht dabei.«

»Das Ganze ist *meine* Schuld, nicht wahr?«

»Jetzt halt die Klappe, ja?«

»Aber …«

»Das wird sich ja alles morgen herausstellen. Es gibt eine Anhörung.«

»Eine was?«

»Eine gerichtliche Untersuchung, Schlaumeier! Ganz offiziell. Und jetzt schlaf, verdammt noch mal!«

ZWÖLF

Die Untersuchung fand in der Messe statt. Duke, Hank, Larry und zwei von den anderen Männern, die dabei gewesen waren (ihre Namen kannte ich immer noch nicht) und ich. Dr. Obama, die jetzt zusätzlich noch als ärztlicher Offizier eingesetzt war, saß am Kopfende der Tafel. Sie hatte einen gelben Schreibblock vor sich, der mit präzisen kleinen Notizen bedeckt war. Ted saß mit einem Schreibterminal links von ihr. Seine Aufgabe bestand darin, Antworten zu geben, wenn die Maschine wegen gleichklingender oder undeutlich ausgesprochener Worte Fragen hatte. Ich saß am gegenüberliegenden Ende – mit feuchten Handflächen. Dr. Obama wirkte sehr still, und als sie schließlich sprach, mußte ich mich anstrengen, um sie verstehen zu können. »Also, Duke«, sagte sie. »Was ist passiert?«

Duke berichtete schnell und exakt. Er ließ nichts aus, vergeudete aber auch keine Zeit mit ausführlichen Beschreibungen. Dr. Obama ließ die ganze Zeit keinerlei Reaktion erkennen, höchstens ein gelegentliches Nicken, als würde sie Dukes Fakten der Reihe nach auf einer Art Checkliste abhaken.

»Wir sind die ganze Zeit nach Vorschrift vorgegangen«, schloß Duke. »Das ist ja das Widerwärtige daran. Wenn es da nur irgend etwas gäbe, das ich als Fehler identifizieren könnte – eine Fehleinschätzung, selbst wenn ich selbst dafür verantwortlich wäre – dann würden wir zumindest etwas lernen; aber ich habe die ganze Geschichte hundertmal überdacht und weiß es einfach nicht. Wir haben alles nach Vorschrift gemacht ...« Er zögerte. »Vielleicht stimmt an der Vorschrift etwas nicht ...« Er verstummte und spreizte seine zerschundenen Hände vor sich auf dem Tisch; er hatte sie für diese Anhörung unnatürlich sauber geschrubbt. »Ich habe einfach keine Erklärung dafür, weshalb wir diese Würmer nicht bemerkt haben.«

Dr. Obama blickte nachdenklich, sah aber Duke überhaupt nicht an. Schließlich räusperte sie sich leise und murmelte: »Anscheinend gibt es hier einige Bereiche, die wir näher untersuchen müssen.« Sie zog den Schreibblock näher zu sich heran und las davon ab: »Zum ersten: Wo haben sich die Chtorraner versteckt, daß sowohl die Sensoren der Mobe als auch Duke und Larry sie nicht entdecken konnten.«

Ted murmelte etwas, und plötzlich bewegten sich seine Finger auf der Tastatur des Terminals.

»Eh? Was ist denn?« Dr. Obama blickte verstimmt.

»Familiennamen«, flüsterte Ted. »Das ist wegen der Akten erforderlich.«

»Oh.« Dr. Obamas Augen wurden ausdruckslos, als versuchte sie, einen unterbrochenen Gedankengang wieder aufzugreifen. »Äh ...« Sie sah wieder auf ihren Block. »Wo haben sich die Chtorraner versteckt, daß sie Captain Archibald ›Duke‹ Anderson, Lieutenant Lawrence Milburn, Corporal Carlos Ruez und Beobachter James McCarthy nicht entdekken konnten? – Wer war denn sonst noch in der Hütte?«

»Niemand«, sagte Duke. »Nur die vier, die Sie aufgezählt haben.«

Dr. Obama schien ihn nicht zu hören; sie kam zu ihrem zweiten Punkt. »Zweitens. *Warum* – und das ist eine sehr wichtige Überlegung – warum hat *keiner* von ihnen die Chtorraner entdeckt? Daß die Mobe die Chtorraner ebenfalls nicht wahrgenommen hat, ist sehr wichtig ...« Sie sah zu Ted hinüber. »Das ist jetzt nicht für das Protokoll, Jackson.« Ted hielt inne, drückte einen Knopf und nahm die Hände von der Tastatur, worauf Dr. Obama, zu uns anderen gewandt, fortfuhr: »Ich kenne zwar jeden von Ihnen persönlich und bin bereit, mich für Ihre Integrität zu verbürgen; aber es gibt doch immer Leute, die, wenn so etwas passiert, lieber nach Sündenböcken Ausschau halten. In den meisten Fällen würden solche Leute lieber einer Maschine glauben und den Menschen Fahrlässigkeit unterstellen. Maschinen haben nur selten weitergehende Motive. Sie können es als Segen bezeichnen, daß die Maschine in diesem Fall wie Sie reagiert hat.« Sie nickte Ted zu und fuhr dann, eine Spur formeller, fort: »Daß die Mobe außerstande war, die Chtorraner zu entdecken, bestätigt Ihren Bericht, daß die Kuppel nach allem Anschein leer war. Angeblich soll die Mobe imstande sein, Dinge zu entdecken, die außerhalb der menschlichen Sinneswahrnehmungen liegen – und umgekehrt verfügt ein menschlicher Beobachter über Fähigkeiten, die der Maschine fehlen, worunter das *Urteilsvermögen* nicht die geringste ist. Wo auch immer die Chtorraner waren, sie sind mit beiden Beobachtungsmethoden nicht entdeckt worden, was darauf hindeutet – ebenso wie gewisse andere Tatsachen, die wir noch in Betracht ziehen werden – daß die üblichen Vorschriften nicht alle Eventualitäten einschließen.«

Sie warf wieder einen Blick auf ihre Notizen. »Zum dritten

galt die Annahme, daß die Chtorraner sich in ihrem Bau in einer Art Betäubungszustand befinden würden. So war das in der Vergangenheit immer wieder, aber jetzt müssen wir uns die Frage stellen, ob sie sich tatsächlich die ganze Zeit in ihrem Bau befunden haben. Und befanden sie sich tatsächlich in ihrem inaktivsten Zustand? Bisher war die allgemeine Erfahrung, nicht nur in diesem Bereich, sondern auch an anderen Orten, daß Würmer – entschuldigen Sie, Chtorraner – wenn sie inaktiv werden, dies als Gruppe tun, und sich dabei im allgemeinen an den kühlsten Ort ihres Baus begeben; das heißt, die zweite Etage, die unterirdische Hälfte. Wenn sie dort gwesen wären, hätte die Mobe sie entdecken müssen, ebenso wie die vorerwähnten Individuen. Was uns auf zwei weitere Fragen bringt. Auf welche Reichweite waren die Sensoren der Mobe eingestellt? Wie sind diese Parameter festgelegt worden? Auf welcher Grundlage? Vielleicht werden wir diesen Teil unserer vorgeschriebenen Vorgehensweise noch einmal überprüfen müssen. Ja, Hank?« Zu Ted gewandt: »Henry Lannikin.«

Hank räusperte sich verlegen. »Nun, Dr. Obama, es gibt in den Sensormatrizen ein Fenster; aber das ist nicht groß genug, daß ein Chtorraner durchschlüpfen kann, geschweige denn drei … ich meine vier. Ein heißer Chtorraner löst im Umkreis von zehn Metern den Blitz aus, aber bei einem kalten – das heißt, einem, der inaktiv ist, muß die Mobe sich in vier Meter Distanz befinden. Tut mir leid, aber die arbeiten so weit im Infrarot, daß sie ganz einfach kurzsichtig sein müssen. Worauf ich hinaus will, ist, daß die Mobe, wenn diese Würmer in der Hütte waren, ob nun heiß oder kalt, hätte blitzen müssen. Kalte hätten ihr nur dann entgehen dürfen, wenn sie zu weit entfernt waren – außerhalb der Hütte also. Und wir wissen, daß das nicht der Fall war, weil wir sie nicht gesehen haben.«

»Vielleicht werden diese Kuppeln innen größer«, schlug Larry vor.

Dr. Obama musterte ihn kühl. »Halten Sie das für möglich?«

»Verdammt, das weiß ich doch nicht«, sagte Larry. »Jede, in der ich bisher war, hatte nur zwei Etagen, oben und unten.

Wenn die Würmer angefangen haben, tiefer zu graben, dann habe ich sie jedenfalls nicht gesehen.«

Dr. Obama überlegte. »Es ist nicht unmöglich, daß die Wür ... die *Chtorraner* ihren Lebensstil geändert haben, aber es gilt da noch ein paar andere Diskrepanzen in Betracht zu ziehen.« Sie blickte verstimmt. »Das war in jeder Hinsicht eine sehr untypische Angelegenheit.« Jetzt wurde sie wieder ganz professionell. »Sechste Frage: *Warum* war im Nest ein *vierter* Chtorraner? Wo ist er hergekommen? Und warum hat er seinen Angriff verzögert? Was hat diesen dazu veranlaßt, sich ein paar Augenblicke zurückzuhalten? Ich bitte auch zu berücksichtigen, daß dies der größte der vier Chtorraner war – *wesentlich* größer als die anderen. Was ist daran wichtig? Schließlich ist damit zu rechnen, daß sich so etwas in Zukunft wiederholt? Wir werden ganz offensichtlich unsere bestehenden Vorschriften ändern müssen, um diese Möglichkeit einzuschließen.

Siebente und achte Frage: Worin liegt die Bedeutung des Pflanzenwuchses rings um den chtorranischen Bau? In der Vergangenheit haben wir solche Pflanzen nicht an den Kuppeln gefunden. Warum hier? Warum jetzt? Handelt es sich dabei etwa um Musterexemplare chtorranischer Vegetation?«

Ich hatte meine sämtlichen Muster umgepflanzt, jedes in einen eigenen Topf. Ich hatte keine Ahnung, wie ich mit ihnen umgehen sollte. Waren sie gefährlich – oder sonst irgend etwas? Ich war mir nicht einmal sicher, wie ich sie testen sollte. Dr. Obamas Fragen kratzten kaum an der Oberfläche.

Sie fuhr fort: »Und was ist mit den Geschöpfen, die man in dem chtorranischen Pferch beobachtet hat – sind die auch verbrannt worden? Ah, gut. Welchen Platz nehmen sie in der chtorranischen Ökologie ein?« Sie hielt inne und blickte in die Runde: »Gibt es noch andere Fragen, die wir in Betracht ziehen wollen? Ja, Duke?«

»Was ist mit Shorty?«

Plötzlich hatte ich das Gefühl, mir säße ein schwerer Kloß im Hals.

»Ja.« Dr. Obama sah auf ihre Notizen, aber sie hatte bereits umgeblättert, und vor ihr lag ein leeres Blatt. Dort stand keine Antwort auf diese Frage. »Das belastet uns alle sehr.«

»Das ist es nicht, was ich gemeint habe«, sagte Duke sehr leise.

Ich fragte mich, ob mir übel werden würde.

»Ich weiß, was Sie gemeint haben, Duke.« Dr. Obama sprach immer noch mit ganz leiser Stimme. »Also gut«, sagte sie dann. »Bringen wir es hinter uns. Hätten Sie ihn retten können?«

»Nein«, sagte Duke.

»Ist jemand hier, der Sergeant Harris hätte retten können?« fragte Dr. Obama. Sie sah sich im Raum um. Larry studierte seine Fäuste; er hatte sie in seinem Schoß vergraben. Er sah fast so aus, als würde er beten. Carlos und Hank sagten ebenfalls nichts; selbst Teds Hände lagen bewegungslos auf seiner Tastatur.

»Ich hätte schneller sein sollen«, sagte ich. Meine Worte schienen in der Messehalle unnatürlich laut. Alle, mit Ausnahme von Dr. Obama, sahen mich an. Aber jetzt, wo ich es ausgesprochen hatte, fühlte ich mich erleichtert. So, jetzt war es heraus. »Ich hätte schneller sein sollen, aber die Tasche mit den Proben hat mich behindert. Ich konnte nicht schnell genug an meinen Brenner. Wenn ich schneller gewesen wäre, hätte ich ihn vielleicht retten können. Vielleicht hätte ich den Wurm erwischt, ehe er ...«

»Das bezweifle ich«, sagte Dr. Obama. »Sergeant Harris hat Sie persönlich an dem Flammenwerfer ausgebildet.« Sie sah immer noch auf ihren Notizblock. »Und ich habe Ihre Freigabe gebilligt. Unter den gegebenen Umständen macht mich das ebenso verantwortlich. Ebenso wie Duke.«

»Danke, Ma'am. Ich erkenne an, was Sie hier tun wollen – aber ich weiß, daß ich das Gerät falsch umgeschnallt hatte.«

Dr. Obama schüttelte den Kopf. »Hier ist niemand, der das gesehen hat. Ich kann Ihre Aussage trotz Ihrer guten Absichten nicht als Beweismaterial akzeptieren, McCarthy.«

»Entschuldigen Sie«, sagte ich.

»Noch etwas?«

»Ja«, insistierte ich. »Da ist noch etwas.« Plötzlich war mir bewußt, daß alle Augen im Raum mich anstarrten. »Ich habe den Helm getragen. Ich habe eine Ton- und Video-Aufzeichnung gemacht. Ich – ich glaube, es gibt hier Fragen bezüglich dessen, was ich getan habe, und ob ich nun – äh, ob ich richtig gehandelt habe. Ich glaube, die Kassette würde mithelfen, das aufzuklären. Ich würde sie gerne vorführen lassen. Bitte.«

»Tut mir leid. Das ist nicht möglich.«

»Wa ...?«

»Duke und ich haben versucht, diese Kassette gestern abend anzusehen. Unglücklicherweise ... äh ... war die Kassette defekt.«

»*Was?*«

»Die Schutzkappe war herausgebrochen ...«

»Es war doch eine nagelneue Kassette! Ich habe sie selbst geladen.«

»... also sind die Kamera- und Mikrofonsignale nicht aufgezeichnet worden. Die Kassette war *leer.*« Sie sagte das mit fester Stimme und sah mich dabei an, als wollte sie mich herausfordern, ihr zu widersprechen.

»Aber ...« Ich hatte die Kassette selbst überprüft! Ich sah Teds Gesichtsausdruck und – hielt inne. »Ja, Ma'am.«

Sie gab Ted ein Zeichen und der schaltete den Recorder wieder ab. »Schauen Sie, es ist ja belanglos«, sagte sie. »Ganz gleich, was wir hier entscheiden, Shorty wird davon nicht wieder lebendig. Ich verspreche Ihnen, er wird tot bleiben. Wenn Sie also hier versuchen, Ihre Schuldgefühle zu rechtfertigen, dann hören Sie bitte auf, unsere Zeit zu vergeuden. Es bringt nichts.«

»Es tut mir leid, Ma'am«, protestierte ich. »Ich begreife, was Sie hier sagen. Aber ich hätte es besser machen müssen. Ich meine, wenn ...«

»Aufhören!« Sie funkelte mich über den Tisch hinweg an. »Jackson, ist dieses Ding abgeschaltet?« Er sah nach und nickte dann. »Sie haben recht«, sagte sie. »Sie kapieren das nicht. Lassen Sie es mich Ihnen also anders erklären. Hören Sie, McCarthy. Die Verantwortung dafür, daß man Ihnen diese Waffe gegeben hat, war die *meine* – verstehen Sie das?«

Ich nickte.

»Wenn also irgendwo ein Fehlverhalten vorgelegen hat, dann war es auch das *meine*. Verstehen Sie *das?*«

Ich nickte wieder.

»Und ich mache keine Fehler. Nicht Fehler dieser Art. Man hat Ihnen diese Waffe ausgehändigt, weil man der Ansicht war, daß Sie imstande sein würden, mit dieser Verantwortung fertig zu werden. Shorty war auch der Meinung. Duke auch. Und ich. Wollen Sie uns jetzt sagen, daß wir uns alle drei geirrt haben?«

»Äh – nein, aber ...«

»Kein Aber. Entweder haben wir uns geirrt oder wir haben uns nicht geirrt. Dieser Gedanke, den Sie da haben, daß Sie Mist gebaut haben, ist nicht mehr und nicht weniger als ein Versuch, der Verantwortung aus dem Wege zu gehen und den Fehler den Leuten zuzuschieben, die Sie für den Gebrauch der Waffe freigegeben haben. Es tut mir leid, aber wir verweigern die Annahme. Sie haben den Job übernommen. Sie wußten, um was es ging. Sie haben die Verantwortung akzeptiert. Also ist mir völlig gleichgültig, was Sie glauben, wie Sie Ihre Sache gemacht haben. Sie haben angemessen und richtig gehandelt.« Sie funkelte mich mit Augen wie Feuer an. *»Können Sie das begreifen?«*

»J-j-ja, Ma'am.« Ich ballte beide Hände unter dem Tisch zu Fäusten und starrte sie an. Sie wollte mich nicht hören.

Dr. Obama hielt inne und räusperte sich und hustete dann in ihre geballte Faust. Sie trank einen Schluck Wasser und blickte dann wieder auf, ohne jemand Bestimmten anzusehen. Sie nickte Ted zu. Der schaltete den Recorder wieder ein. »Hat noch jemand etwas hinzuzufügen?« Sie wartete ohne Ausdruck. »Dann darf ich also davon ausgehen, daß alle hier Anwesenden überzeugt sind, daß Shorty Harris' Tod unvermeidbar war. Gibt es jemanden, der sich dieser Ansicht nicht anschließt? Gibt es jemanden, der die Richtigkeit von McCarthys Reaktion in Zweifel zieht? Niemand?« Sie sah Duke an. Duke wich ihrem Blick aus. Er schien beunruhigt, und einen Augenblick lang dachte ich, daß er etwas sagen würde, aber dann schüttelte er bloß den Kopf.

Dr. Obama wartete noch einen Augenblick und atmete dann langsam aus. Sie schien erleichtert. »Also gut, dann soll im Protokoll stehen, daß James MacCarthy schnell und mutig gehandelt hat. Die Augenzeugen des Geschehens bestätigen, daß McCarthys Verhalten angemessen und untadelig war.

Ferner ist dieser Ausschuß der Ansicht, daß die von McCarthy behauptete Ungeschicklichkeit nur ein Ausdruck seines Gefühls der Unerfahrenheit im Kampf, nicht der Pflichtverletzung ist.«

Sie sah sich am Tisch um. Duke nickte widerstrebend. Alle anderen schienen ... irgendwie bewußt gleichgültig.

»Also gut, dann möchte ich, ehe wir diese Sitzung beschließen, noch die Frage stellen, ob hier jemand im Raum ist, der über irgendwelche Informationen verfügt, die die von uns aufgeworfenen Fragen näher beleuchten könnten?« Sie wartete nur einen Augenblick. »Wie ich angenommen habe – niemand. Hiermit wird entschieden, daß dieser Untersuchungsausschuß nicht imstande ist, einen Schluß bezüglich der gestrigen Operation zu ziehen und dies aus den üblichen Gründen: Wir verfügen einfach bezüglich der chtorranischen Spezies, nicht über das dazu erforderliche Wissen. Es ist der Sinn dieser Sitzung und der Beschluß dieser Gruppe, daß wir nur Fragen, aber keine Antworten besitzen. Wir geben daher keinerlei Empfehlung ab. Die Sitzung ist beendet. Nehmen Sie das zu Protokoll, Jackson, und geben Sie eine Kopie über Telex durch – nein, zeigen Sie mir das Protokoll, ehe Sie es abschicken.« Sie stand auf, nahm ihren Notizblock und nickte. »Guten Tag, Gentlemen.«

DREIZEHN

Duke und ich blieben alleine in dem Raum zurück.

Er sah abgehärmt und sehr alt aus. Er stützte sich auf die Ellbogen und starrte in den gestrigen Tag hinein. Seine knochigen Hände waren geballt, zwei knorrige Fäuste, die sich hart gegeneinander preßten und zugleich gegen seine Kinnlade drückten.

»Äh, Duke ...«

Er blickte erschreckt auf. Als er sah, daß ich es war, der ihn angesprochen hatte, spannte sich sein Gesicht. »Was ist?«

»Mm – ich habe ein paar Probeexemplare.«

Duke blinzelte ein paarmal. Einen Augenblick lang war er nicht da; dann erinnerte er sich. »Richtig. Im Lagerraum findest du ein paar Käfige. Weißt du, wo das ist? Das ist Bungalow Sechs. Wir schicken sie Donnerstag weg. Versuche, diese Eier und die Tausendfüßler am Leben zu erhalten.«

»Ich glaube, das größere Problem wäre, sie zu töten.« Ich sah, daß er wieder in sich versunken war. Er hatte mich in Gedanken bereits entlassen. »Äh – Duke?«

Er kehrte ungeduldig in die Gegenwart zurück. Seine Augen waren gerötet. »Yeah?«

»Äh, hat Ted schon mit dir gesprochen?«

»Nein. Worüber denn?«

»Er hat gesagt, er wollte das tun. Wir dachten, vielleicht – ich meine, ich bin doch schließlich Exobiologe.«

Duke hob eine Hand. »Erspar mir die Geschichte. Was willst du?«

»Ein Labor«, sagte ich schnell. »Damit ich meine eigenen Beobachtungen an den Tausendfüßlern und den Eiern anstellen kann und an diesem purpurnen Zeug, das rings um die Kuppel wuchs.«

Er blickte verstimmt. »Ich möchte nicht, daß du diese Probeexemplare beschädigst, ehe sie nach Denver kommen! Ich hab schon genug Probleme.«

»Ich werde gar nichts *›beschädigen‹!*«

Duke gab ein schnaubendes Geräusch von sich.

Darauf sagte ich: »Duke, wenn du auf mich sauer bist, dann sag es mir.«

»Ich bin nicht sauer auf dich.«

»Das glaube ich dir nicht.« Ich ging um den Tisch herum und setzte mich auf Dr. Obamas Stuhl und sah ihn an. »Was geht hier vor, Duke? Das war die dümmste Untersuchung, bei der ich je war ...« Er blickte auf, als er es hörte, und in seinen Augen stand eine Frage geschrieben. »Drei«, antwortete ich, ehe er sie stellen konnte, »die hier nicht mitgezählt. Hier ist überhaupt nichts festgestellt worden. Ganz und gar nichts. Ich räume ja ein, daß es noch nicht viele Antworten auf die meisten unserer Fragen gibt – aber hier sind ja nicht einmal all die Fragen gestellt worden, die man hätte stellen können. Man hat alles zugedeckt. Du mußt also schon entschuldigen, wenn ich ein wenig argwöhnisch bin, aber was sollte das Ganze?«

Duke schüttelte den Kopf. Er starrte seine Hände an. »Das willst du doch gar nicht wissen.«

»Doch, das will ich.«

Duke brauchte eine Weile, bis das eingesickert war. Dann sagte er leise: »Du hast ja nur getan, was Shorty dir aufgetragen hat. Du hast seine Anweisungen befolgt.«

Ich schnaubte durch die Nase und zitierte dann von irgend woher: »›Ich habe nur Anweisungen erfüllt – ist keine Entschuldigung – das ist eine Anklage.‹«

»Wer hat das gesagt?«

»Ich jetzt gerade.«

Dukes Ausdruck wirkte abweisend. »Ich will keine Slogans hören. Meine Toleranzschwelle für leere Phrasen ist ziemlich niedrig. Ganz besonders heute.«

»Das habe ich in Globalethik gehört. Das ist keine leere Phrase. Es trifft auf mich zu. Schau – da ist etwas, was du wissen solltest.«

»Ich will es wirklich nicht hören«, sagte er. »Genauer gesagt, will ich im Augenblick überhaupt nicht reden.«

»Ich auch nicht«, sagte ich. Ich spürte, wie meine Stimme zu zittern begann. »Aber ich muß! Bis mir jemand zuhört!« Meine Stimme begann, angespannt zu klingen, und ich erschrak. Gleich würde ich zu weinen anfangen. Es wallte in mir auf. Ich wußte nicht einmal, was es war. Zu Duke sagte ich: »Ich bin der Bursche, der abgedrückt hat, Duke. Ich bin der Verantwortliche. Du und Dr. Obama, ihr könnt bei eurer Untersuchung sagen, was ihr wollt, aber trotzdem bin ich derjenige, welcher.«

Er sah so aus, als würde er etwas anderes sagen, aber dann hielt er sich im Zaum. »All right, dann sag eben, was du zu sagen hast, und bring es hinter dich.« Seine Stimme war sehr leise.

»Ich habe letzte Nacht nicht geschlafen. Ich konnte nicht. Ich brauchte jemanden, mit dem ich reden konnte. Ich wollte mit dir reden. Einmal bin ich sogar aufgestanden und hab angefangen, nach dir zu suchen. Ich bin bis zu deiner Türe gekommen. Fast hätte ich geklopft, aber dann habe ich es nicht getan – ich weiß nicht, warum. Ja, ich weiß es – weil ich Angst hatte. Schau mal, ich wußte nicht, ob ich gestern falsch gehandelt habe oder nicht. Ich wollte ... Hilfe. Aber ich konnte nur Shortys Stimme hören, wie er sagte ›Du mußt es dir selbst zusammenreimen‹. So, wie er das bei den Gebrauchsanweisungen auch immer getan hat. Also habe ich nicht geklopft. Und außerdem sah ich unter deiner Tür, daß Licht brannte. Und Stimmen habe ich, glaube ich, auch gehört. Und ich wollte nicht stören.«

Duke setzte dazu an, etwas zu sagen, aber ich ließ ihn nicht zu Wort kommen. »Nein, ich will das hinter mich bringen, dann kannst du reden. Ich bin nicht gleich zu meinem Zimmer zurückgegangen. Kennst du den Hügel hinter dem Lager? Dort bin ich hinaufgegangen und bin eine Weile ganz alleine dort gesessen und – dann habe ich geweint. Zuerst dachte ich, ich würde um Shorty weinen, aber nach einer Weile habe ich dann herausgefunden, daß das gar nicht der Fall war. Ich habe um mich selbst geweint, weil mir plötzlich etwas klar wurde. Und es hat überhaupt nichts damit zu tun, daß Shorty tot ist.«

Ich bemerkte, daß ich zitterte. Meine Hände zitterten auf dem Tisch. Ich schob sie zwischen die Beine und hielt sie mit zusammengepreßten Knien fest. Ich kam mir sehr klein vor und sehr kalt. Ich sah Duke an und sagte: »Das, was mir klar wurde, war, daß ich – selbst wenn Shorty nicht zu mir gesagt hätte, daß ich das tun soll, was ich getan habe – daß ich es trotzdem getan hätte, daß ich dasselbe getan hätte.«

Duke war echt überrascht. »Das hättest du?«

Ich schluckte. Das Reden fiel mir nicht leicht. »Duke, es war das Einzige, was man tun konnte. Deshalb war ich so ... verrückt. Ich hatte mir wirklich große Mühe gegeben, mich selbst zu überzeugen, daß ich es getan habe, weil Shorty es gesagt hat – nur *wußte ich, daß das nicht so war.* Es war keine Zeit, um darüber nachzudenken – es passierte einfach. Ich erinnerte mich nicht an das, was man mir gesagt hatte. Ich tat es einfach – *ohne zu denken.*« Ich blickte jetzt in meinen Schoß.

»Duke, ich habe noch nie zuvor jemanden getötet, ich hatte nie gedacht, daß ich das je müßte. Ich wußte nur, daß es etwas war, was ich nie tun wollte. – Und dann habe ich gestern Nachmittag herausgefunden, daß ich es tun konnte – und zwar *leicht.* Und seitdem bin ich dabei, verrückt zu werden, während ich versuche, es mir zu erklären. Ich suche immer noch nach einer Möglichkeit, um es *richtig* zu machen. Ich sage mir immer wieder, daß es die Umstände waren, nur daß ich weiß, daß es *überhaupt nicht* die Umstände waren. Ich war es! Und jetzt – nach dieser Untersuchung – kann ich nicht einmal so tun, als wäre es ein Fehler gewesen. Ich war es, ich habe es getan. Niemand anderer. Und damit muß ich jetzt leben – mit dem Wissen, daß ich Leute töten kann.« Und dann fügte ich hinzu: »Das ist wirklich nichts, was ich wissen möchte.«

Duke schwieg einen Augenblick lang und studierte mich bloß. Ich erwiderte seinen Blick. Sein Gesicht war zerfurcht und verwirrt, seine Haut von der Sonne gebräunt und vom Gebrauch faltig geworden. Seine Augen waren wieder scharf und lebendig und bohrten sich geradewegs in die meinen. Ich bohrte zurück.

Und dann sagte er plötzlich: »Also gut, du sollst das Labor haben.«

»Äh – *vielen Dank!*«

»Ich werd in einer Woche nachsehen, wie du dich fühlst. Wo wolltest du denn diesen Zoo einrichten?«

»Im neuen Badehaus.«

Duke sah mich scharf an. »Warum?«

»Das liegt doch auf der Hand. Das ist das einzige Gebäude im Lager, das sich eignet. Es hat Betonwände und sehr hohe, kleine Fenster. Nichts könnte entkommen. Zumindest nicht leicht. Niemand hier benutzt es, weil die Installation nie fertiggestellt worden ist, wir könnten ein tragbares Heizgerät hineinschaffen und den Bau innen so herrichten, wie wir es brauchen.«

Duke nickte. »Das ist genau der Bau, den ich auch gewählt hätte. Aber ich hätte ihn deshalb für dich ausgewählt, weil er sich in guter, sicherer Distanz zum Rest des Lagers befindet. Du wirst das Zeug wegschaffen müssen, das bereits drinnen ist. Sag Larry, was du an besonderen Geräten brauchst, oder ob er etwas machen muß. Er findet bestimmt ein paar Männer, die dir helfen können.«

»Ja, Sir – und vielen Dank.«

Er hob die Hand ganz leicht vom Tisch, eine Geste, die andeutete, daß ich noch warten sollte. »Jim?«

»Sir?«

»Das ist keine Party. Sorge dafür, daß deine Ergebnisse zählen. Diese Probeexemplare waren schrecklich teuer.« Als er mich ansah, leuchteten seine Augen heller, als ich je gesehen hatte. Trotzdem wirkte er krank.

»Ich weiß«, sagte ich. Plötzlich fiel mir das Sprechen sehr schwer. »Ich – ich will es versuchen.«

Und dann ging ich schnell.

VIERZEHN

Eine Stunde, nachdem ich damit angefangen hatte, das Badehaus zu säubern, tauchte Ted mit säuerlicher Miene auf. Ich sagte ihm, was ich vorhatte, und er machte mit, aber ohne sein übliches Repertoire von Witzen und spaßigen Bemerkungen und päpstlichen Beobachtungen. Normalerweise strahlte Ted eine Aura der Wichtigkeit aus, so als käme er gerade von einer sehr wichtigen Besprechung. Er schien immer zu wissen, was jeder einzelne gerade zu tun hatte. Aber an diesem Morgen schien er irgendwie bedrückt, so als hätte man ihn mit dem Ohr am Schlüsselloch erwischt.

Nach einer Weile kamen Larry, Carl und Hank hinzu, und die Arbeit machte gute Fortschritte. Sie redeten auch nicht viel. Jeder von uns hatte ein Loch in seinem Leben, ein Loch, das wie Shorty aussah, und es tat einfach zu weh, darüber zu sprechen.

Es gab eine Menge zu tun. Wir brauchten den halben

Nachmittag dazu, alleine um das Holz und die anderen Vorräte hinauszuschaffen, die man in dem Bunker aus Betonziegeln untergebracht hatte. Und dann ging der Rest des Tages drauf, das Haus millipedensicher zu machen. Es galt, Lüftungsschlitze mit Drahtgitter zu verschließen, Fenster abzudichten, und dann mußten wir auch noch Türen einbauen, die wir ganz in Drahtgitter einhüllten. Und an der Unterseite brachten wir zusätzlich noch Blechplatten an, nur für alle Fälle.

Den krönenden Abschluß lieferte Ted, eine in grellen Farben bemalte Tafel, die in klarer Sprache verkündete:

BENEDICT-ARNOLD-HEIM
FÜR VERIRRTE WÜRMER
ZUWIDERHANDELNDE WERDEN AUFGEGESSEN!

Zutritt für Käfer, Läuse, Schlangen, Schnecken, Kröten, Spinnen, Ratten, Echsen, Trolle, Ghuule, Politiker, Lebenslängliche Anwälte, Neuchristen, Wiedertäufer oder andere unappetitliche Lebensformen verboten.

Ja, das gilt auch für Sie!
Besucher sind nur zu Fütterungszeiten willkommen.
Bitte zählen Sie Ihre Finger, wenn Sie gehen.

– Ted Jackson,
Jim McCarthy,
Eigentümer

Das Innere des Badehauses wurde in zwei Räume aufgeteilt. Der eine war ursprünglich als Duschraum vorgesehen gewesen; der andere hätte zum Umkleiden und Trocknen dienen sollen. Wir beschlossen, den Vorraum für die Millipeden und den Duschraum für die Eier zu benutzen. Wenn wir die Wahl zwischen beiden und einen gekachelten Raum hinter zwei massiven Türen zur Verfügung hatten, dann mußte der für die Eier sein, wegen der *potentiellen* Gefahr, die diese darstellten. Ein Tausendfüßler, der uns entkam, würde viel weniger gefährlich sein als ein entkommener Chtorraner.

Wir installierten in jedem Raum zwei große Arbeitstische, schlossen die elektrische Beleuchtung und die Heizung an, bauten einen speziellen Brutkasten für die Eier und einen großen Käfig aus Metall und Glas für die Tausendfüßler. Sergeant Kelly war glücklich – jetzt hatte sie wenigstens ihre Messe wieder – und wir waren das auch; wir hatten jetzt ein Labor.

Um die Zeit des Abendessens sahen wir unsere ersten Resultate. Wir zogen den Schluß, daß die Tausendfüßler in einem Maße Allesfresser waren, das einem alle anderen Allesfresser wie schlechte Esser vorkommen ließ. Sie bevorzugten Wurzeln, Schößlinge, Stiele, Blumen, Gräser, Blätter, Rinde, Äste, Blüten, Früchte, Korn, Nüsse, Beeren, Moose, Farne, Pilze und sortierte Algen; aber sie mochten auch Insekten, Frösche, Mäuse, Käfer, Läuse, Schlangen, Schnecken, Kröten, Spinnen, Ratten, Echsen, Eichhörnchen, Vögel, Hasen, Hühner und jede andere Art von Fleisch, die wir ihnen vorsetzten. Wenn von all dem nichts zur Hand war, waren sie auch bereit zu fressen, was gerade da war. Das schloß rohen Zucker, Erdnußbutter, alte Zeitungen, Lederschuhe, Gummisohlen, hölzerne Bleistifte, Sardinen in Dosen, Kartons, alte Socken, Film auf Zellulosebasis und alles andere ein, was nur entfernt organischen Ursprungs war. Sie aßen sogar die Abfallprodukte anderer Organismen. Ihre eigenen Ausscheidungen aßen sie nicht, eine klebrig ölig aussehende Masse; das war eine der wenigen Ausnahmen. Nach drei Tagen der Beschäftigung mit den Millipeden begann Ted ein wenig benommen zu werden. »Ich frage mich langsam, ob es überhaupt etwas gibt, das die *nicht* fressen.« Er hielt dabei das eine Ende eines Farbbandes aus seiner Schreibmaschine in der Hand und sah zu, wie das andere Ende im Schlund eines Tausendfüßlers verschwand.

Dazu meinte ich: »Ihre Mägen müssen im chemischen Sinne das Äquivalent eines Hochofens sein; es scheint nichts zu geben, was die nicht in seine Bestandteile zerlegen können.«

»All die Zähne am vorderen Ende müssen etwas damit zu tun haben«, meinte Ted

»Sicher«, pflichtete ich ihm bei. »Sie zerschneiden die Nahrung in kleine Stücke, Partikel, die klein genug sind, daß sie aufgelöst werden können – aber um aus der Nahrung Nutzen zu ziehen, muß der Magen Enzyme produzieren, die die komplexen Moleküle in kleinere, verdauliche aufschließen. Ich würde gerne wissen, was für Enzyme das sind, die mit Fingernägeln, Borsten von Zahnbürsten, Segeltuchtaschen und alten Videoscheiben umgehen können. Und ich möchte auch gerne wissen, was für eine Art von Magen regelmäßig solche Säuren produzieren kann, ohne sich selbst dabei zu zerstören.«

Ted sah mich an und hob eine Braue. »Wirst du eines der Biester sezieren, um es herauszufinden?«

Ich schüttelte den Kopf. »Das habe ich versucht. Aber es ist fast unmöglich, sie zu töten. Chloroform bremst sie kaum. Dabei wollte ich nur eines für eine Weile in Schlaf versetzen, um es gründlicher zu untersuchen und ein paar Hautproben zu entnehmen – aber nichts zu machen. Er hat den Wattebausch mit dem Chloroform darauf gefressen.«

Ted beugte sich vor; er stützte die Ellbogen auf den Tisch und das Gesicht in die Hände. Er sah mit gelangweiltem, fast müdem Ausdruck in den Käfig mit den Millipeden. Er war sogar zu müde, um noch Witze zu reißen. Nur zu Sarkasmus reichte es noch. »Ich kapier das nicht«, sagte er. »Vielleicht sind sie alle hypoglykämisch ...«

Ich drehte mich halb herum und sah ihn an. »Gar nicht schlecht ...«

»Was?«

»Was du gerade gesagt hast.«

»Hm?«

»Wegen dem Blutzucker. Vielleicht ist da etwas, was ihren Blutzucker dauernd niedrig hält, und sie sind deshalb ständig hungrig. Vielleicht machen wir doch noch einen Wissenschaftler aus dir.«

Er blickte nicht auf, sondern brummte nur. »Jetzt werd nicht beleidigend.«

Darauf gab ich keine Antwort. Ich dachte immer noch über seine hingeworfene Bemerkung nach. »Zwei Fragen. Wie? Und warum? Was ist der Zweck dahinter? Worin liegt der Vorteil für das Überleben?«

»Hm«, meinte er. »Treibstoff. Zum Wachstum?«

»Yeah ... und das führt zur nächsten Frage. Wie alt sind diese Biester? Und wie groß werden sie? Und hält ihr Appetit mit ihrem Wachstum Schritt? Und wie groß sind sie im ausgewachsenen Zustand? Oder ist der schon erreicht?« Ich setzte mich auf die Kante eines der Tische mit Blick auf die Glaswand des Millipedenkäfigs. Ich begann, auf meinem Bleistift herumzukauen. »*Zu viele* Fragen.« Der dauernde Umgang mit den Tausendfüßlern begann meine Eßgewohnheiten zu beeinträchtigen. Ich verschränkte die Arme über die Brust. »Und was ist, wenn wir überhaupt die falschen Fragen stellen? Ich meine, was ist, wenn es etwas so Einfaches und Offensichtliches ist, daß wir es einfach übersehen?«

»Hm«, machte da Ted. »Vielleicht bekommen sie nicht die richtige Art von Nahrung – und bleiben deshalb so hungrig!«

»Hey!«

Ted blickte auf. »Was ist denn?«

Seine Anregung hatte mich in Schwung gebracht. »Überleg einmal: Vielleicht sind sie *dextro* – und wir *levo!* Vielleicht sind die aus rechtsdrehender DNS! Und brauchen rechtsdrehende Proteine, um zu überleben! Und diese Welt hier ist linksdrehend!«

»Hm«, machte Ted. Er kratzte sich an der Nase und dachte nach. »Ja und nein. Vielleicht. Ich kann mich mit der rechts- und linksdrehenden Idee nicht so recht anfreunden. Ich glaube nicht, daß das unmöglich ist. Unwahrscheinlich ist es jedenfalls.«

»Die Würmer selbst sind unwahrscheinlich genug«, meinte ich.

Er kratzte sich wieder an der Nase. »Ich glaube, die Tatsache, daß sie jegliche organische Materie von der Erde fressen können, ohne sofort umzukippen und ohne daß ihnen der Schaum vor den Mund tritt, ist ein ziemlich gutes Zeichen dafür, daß unsere jeweiligen Biologien einander unbequem nahestehen. Wenn ich es nicht besser wüßte, würde ich sagen: fast verwandt.«

Eine andere Idee drängte nach oben. »Nun – dann probier es mal so. Die Erde ist nicht ihr Heimatplanet; also müssen sie vielleicht eine Menge verschiedener Dinge fressen, um alles das zu bekommen, was sie jeden Tag brauchen. Ich meine, ihr Stoffwechsel *muß* anders sein, weil sie sich unter anderen Lebensumständen entwickelt haben; also müssen sie

Schwierigkeiten haben, aus Erdnahrung das für sie Nötige herauszuholen – das kann man doch daraus folgern, oder? Also müssen sie ihre Nahrungsaufnahme steigern, bloß um zu überleben.«

»Hm, aber schau mal, wenn das für die Tausendfüßler stimmen würde, dann müßte es doch auch für die Würmer stimmen. Sie müßten ja noch freßgieriger sein, als sie bereits sind. Die würden alles fressen, was ihnen vor die Augen kommt.«

»Nun, das tun sie doch, oder nicht?«

Er zuckte die Achseln. »Wer weiß schon, was für einen Wurm normal ist?«

»Ein anderer Wurm?« schlug ich vor.

»Hm«, machte er. Und fügte dann hinzu: »Nur daß es auf diesem Planeten keine normalen Würmer gibt.«

»Häh?« Ich sah ihn plötzlich an.

»Das war ein Witz!« sagte er.

»Nein – sag das noch mal!«

»Es gibt auf diesem Planeten keine normalen Würmer.«

»Was hast du damit gemeint?«

Er zuckte die Achseln. »Ich weiß nicht. Mir schien das nur auf der Hand zu liegen. Weißt du? Ich meine, wir wissen nicht, wie die Würmer in ihrer eigenen Ökologie sind; wir kennen sie nur in der unseren – und wir wissen nicht einmal, wie sie hergekommen sind. Wenn da also etwas ist – irgend etwas ist –, das sie oder ihr Verhalten atypisch macht, dann würden wir das gar nicht wissen, oder? Und jeder andere Wurm auf diesem Planeten würde es auch nicht wissen, weil die alle dieselben Effekte wahrnehmen würden.«

»Das ist ja großartig!« sagte ich. »Wirklich – ich möchte nur wissen, ob das sonst schon jemand erkannt hat.«

»Oh, ganz sicher ...«

»Aber ich wette, daß das ein Teil der Lösung ist. Wir haben es mit verrückten Chtorranern zu tun! Und eine andere Idee gefällt mir auch – daß da etwas ist, das ihren Blutzuckerpegel dauernd niedrig hält. Ich wünschte, ich hätte eine gute biologische Rechtfertigung dafür.« Ich kritzelte etwas in mein Notizbuch. »Aber es paßt zu etwas anderem. Da, schau dir das an.« Er wühlte in dem Durcheinander, das hinter mir auf dem Tisch herrschte, und brachte einen Aktendeckel mit der Aufschrift UGH zum Vorschein. Ich holte ein paar Farbvergrößerungen im Format achtzehn mal vierundzwanzig heraus und hielt sie ihm hin. Er stand auf, um die Fotos entgegenzunehmen, lehnte sich gegen den Tisch und blätterte darin. »Wann hast du die denn gemacht?«

»Heute morgen, während du am Computer gearbeitet hast. Jetzt hab ich endlich meine Nahlinsen gefunden. Schau dir mal die Struktur ihrer Münder an.«

Er schnitt eine Grimasse. »Die sehen wir Wurmmünder aus.«

Ich zuckte die Achseln. »Ähnliche Entwicklungslinien, denke ich. Was siehst du sonst noch?«

»Die Zähne sind wie kleine Messer.«

»Bemerkst du sonst noch etwas? Ihre Zähne sind nach innen geneigt. Da, schau – vergleich mal diese zwei Bilder, wo er die Zigarre frißt. Wenn der Mund am weitesten geöffnet ist, weisen die Zähne gerade nach oben und unten und ein wenig nach außen, aber wenn der Mund sich dann schließt, zeigen sie nach innen. Hier, siehst du, wie sie ineinander passen? Wenn ein Tausendfüßler in etwas hineinbeißt, schneiden die Zähne es nicht nur ab, sondern schieben es zugleich in den Hals. Ein Tausendfüßler *kann gar nicht* zu fressen aufhören – nicht so lange das, was er im Mund hat, nicht weg ist – *weil er nicht loslassen kann*. Jedesmal, wenn er den Mund aufmacht, nimmt er ganz automatisch einen weiteren Bissen; jedesmal wenn er ihn schließt, schiebt er den Bissen in seine Kehle. Deshalb müssen seine Zähne mahlen, schneiden und reißen – sonst würde er ersticken.«

»Äh, an dem, was du gerade gesagt hast, habe ich noch Zweifel«, sagte Ted. »Ich glaube nicht, daß die imstande sind zu ersticken. Bei einer solchen Anordnung der Zähne können die unmöglich einen Schluckmechanismus haben, der sie so leicht töten könnte. Das wäre ein negativer Überlebensfaktor. Ich würde eher glauben, daß die Anordnung der Zähne so ist, daß sie sich an ihrer Beute festklammern können, und wenn schon nichts anderes, wenigstens einen guten Bissen herausreißen können – wie bei Louis.«

»Ganz wie der Herr Professor wünschen – aber ich hab ihm

zugesehen, wie er die Zigarre gefressen hat, und da hat er diese Zähne so eingesetzt.«

»Aber, Jimbo – das gibt doch keinen Sinn. Was passiert denn mit dem kleinen Bastard, wenn er sich an einem Baum festbeißt?«

»Er frißt oder stirbt«, meinte ich. »Erinnere dich an das, was du in der Schule gelernt hast: ›Mutter Natur ist das scheißegal.‹«

»Hm«, meinte Ted und schüttelte den Kopf. Er fuhr fort, in den Fotografien herumzublättern. »Wie hast du das denn erwischt?« Er starrte in den weit geöffneten Mund eines der Tausendfüßler.

»Welches denn? Oh, das da. Die Aufnahme habe ich durch eine Glasscheibe gemacht. Ich hatte Fett darauf geschmiert; er versucht, es abzubeißen. Die Aufnahme ist nicht ganz scharf, das liegt an dem Fett; aber anders hätte ich nie den offenen Mund bekommen. Daß sie durch das Glas nicht durchkommen, haben sie ziemlich schnell gelernt, und deshalb stürzen sie sich jetzt auch nicht mehr darauf, wenn ich den Finger hochhebe. Deshalb das Fett. Hier, die ist schärfer – das war, bevor er das Glas verkratzt hat.«

Ted sah scharf hin. »Gib mir mal das Vergrößerungsglas, ja? Hier, schau – was sagst du dazu?«

»Hey! Das ist mir noch gar nicht aufgefallen – eine zweite Reihe Zähne!«

»Mhm«, sagte Ted. »Ob der sich wohl je auf die Zunge beißt?«

»Das sind Mahlzähne!« sagte ich. »Siehst du? Sie sind nicht so scharf. Die erste Reihe ist zum Schneiden und die zum Mahlen. Und schau mal – siehst du dahinter etwas?«

»Äh, das kann ich nicht genau sagen. Dort unten ist es schrecklich dunkel.«

»Wir können die Aufnahme digitalisieren und die Auflösung steigern, aber sieht das nicht wirklich wie eine dritte Reihe aus?«

»Das kann ich nicht sagen. Könnte sein.«

Ich sah ihn an. »Ted. Vielleicht haben diese Biester die ganze Kehle hinunter Zähne. Deshalb können sie so viel fressen und so viele verschiedene Sachen. Bis die Nahrung den

Magen erreicht, ist sie zu Brei zermahlen. Scharfe Magensäuren brauchen sie trotzdem, aber immerhin ist die Oberfläche des Speisebreis viel größer, wenn er den Enzymen ausgesetzt ist.«

»Nun, das macht sie ein wenig ... glaubwürdiger.« Ted grinste. »Es fällt mir einfach schwer, einem Geschöpf zu vertrauen, das Tennisschuhe, Tapeten und Fußbälle frißt, ganz zu schweigen von Fahrradsätteln, Wäscheleinen und Sergeant Kellys Kaffee.«

»Ted, laß mich mal zur Ruhe kommen. Bitte.«

»Also schön – den Kaffee würden sie nicht trinken. Das ist es wahrscheinlich, was die Chtorraner in den Zwischenwänden ihres Pferchzauns haben, um sie an der Flucht zu hindern – Sergeant Kellys Kaffeesatz.«

»O nein«, sagte ich. »Hab ich es dir nicht gesagt?«

Er blickte auf. »Was?«

»Das hättest du raten sollen. Was ist das einzige, was die Tausendfüßler nicht fressen – das einzig *Organische?*«

Er machte den Mund auf und klappte ihn dann gleich wieder zu.

»Richtig«, sagte ich. »Verarbeitete Nahrung. Kein Geschöpf kann von seinen eigenen Exkrementen leben – das ist das einzige, was sein Stoffwechsel nicht gebrauchen kann. Und das ist es, was die Würmer zwischen die Doppelwände ihres Pferches tun. Sobald die Tausendfüßler das spüren, ziehen sie sich zurück.«

»Augenblick mal, Junge – willst du damit sagen, daß die Würmer Tausendfüßlerkot sammeln, um ihre Zäune zu isolieren?«

»Ganz und gar nicht. Ich hab nichts von Tausendfüßlerkot gesagt. Ich sagte nur, daß es Exkremente sind.« Er setzte dazu an, mich zu unterbrechen, aber ich ließ ihn nicht. »Und terrestrische Exkremente sind es nicht. Erinnerst du dich daran, daß wir uns gewundert haben, weshalb wir nie Exkremente von den Würmern finden? Das ist der Grund. Offensichtlich benützen die Würmer sie dazu, ihre ›Hühner‹ an der Flucht zu hindern. Die Würmer und die Tausendfüßler müssen sich genügend ähnlich sein, daß es keinen Unterschied macht. Was ein Wurm nicht gebrauchen kann, stört offenbar auch einen Tausendfüßler. Die Tests, die an den Kotproben aus dem Pferch und den hiesigen Proben gemacht worden sind, zeigen viel Ähnlichkeit. Die Unterschiede sind vorwiegend diätetischer Art, wenn auch eine ganze Menge von den speziellen Enzymen nicht passen. Wenn ich bessere Geräte hätte, könnte ich auch die feineren Unterschiede feststellen.«

Plötzlich wurde Teds Ausdruck nachdenklich. »Hast du das alles aufgeschrieben?«

»Ich habe ein paar Notizen gemacht. Warum?«

»Weil ich hörte, wie Duke mit Dr. Obama über dich sprach – über uns. Er möchte, daß Obie uns nach Denver schickt.«

»Wie?«

Ted wiederholte es. »Duke möchte, daß Obie uns nach Denver schickt. Mit den Proben. Am Donnerstag.«

Ich schüttelte den Kopf. »Das gibt doch keinen Sinn. Warum sollte Duke uns einen Gefallen tun?«

Ted hockte auf der Tischkante. Die drei Tausendfüßler sahen ihn mit geduldigen schwarzen Augen an. Ich fragte mich, ob das Drahtgeflecht ihrer Käfige wohl kräftig genug war. Ted sagte: »Duke erweist uns keine Gefälligkeiten. Er tut das für sich selbst. Wir passen nicht hierher, und er will kein Babysitter sein. Und nach dem, was Shorty passiert ist – nun, du weißt schon.«

Ich setzte mich wieder. Ich kam mir verraten und verkauft vor. »Ich dachte ... ich meine ...« Mehr sagte ich nicht, sondern versuchte, mich zu erinnern.

»Was?« fragte Ted.

Ich hob die Hand. »Augenblick. Ich versuch mich zu erinnern, was Duke gesagt hat.« Ich schüttelte den Kopf. »Nein – er hat überhaupt nichts gesagt. Nichts, was das betrifft. Wahrscheinlich bilde ich mir nur ein ...« Ich hielt inne.

»Was bildest du dir ein?«

»Ich weiß nicht.« Ich kam mir sehr enttäuscht und niedergeschlagen vor. »Ich dachte nur, wir sollten zu dem Special Forces Team gehören.«

Ted rutschte von der Tischkante herunter, zog sich den anderen Stuhl her und setzte sich mir gegenüber. »Jim, Junge, manchmal kannst du schrecklich naiv sein. Jetzt hör mal auf deinen Onkel Ted. Weißt du, wo diese Special Forces Teams hergekommen sind? Habe ich mir doch gedacht. Das sind – oder waren – streng geheime Sondereinheiten mit spezieller Ausbildung. So geheim, daß selbst unsere eigenen Abwehrstellen nichts von ihrer Existenz wußten. Man hat sie nach den Moskauer Verträgen ins Leben gerufen. Ja, illegal – ich weiß schon. Du hast letzte Woche einen Flammenwerfer benutzt, erinnerst du dich? Das hat dein Leben gerettet. Jetzt darfst du dreimal raten, wofür die Special Forces bestimmt waren – und eine ganze Menge anderer unschuldig aussehender Institutionen. Jammerschade, daß du die Geschichte verschlafen hast, Jim, sonst würdest du das begreifen. Jedenfalls, worauf ich hinauswill, ist, daß diese Männer jahrelang zusammengelebt und miteinander trainiert haben. Und sie sind alles Waffenexperten. Hast du je Sergeant Kelly auf dem Übungsplatz gesehen?«

»Hä? Nein.«

»Nun, das solltest du – oder vielleicht solltest du auch nicht. Das würde dich so erschrecken, daß du dich nicht mehr über ihren Kaffee beklagen würdest. Diese Leute denken und handeln wie eine Familie. Weißt du, was das aus uns macht? Einfach ein paar Dorftölpel. Wir sind Außenseiter – und nichts, was wir tun können, würde daran etwas ändern. Warum glaubst du wohl, daß Duke uns dieses Labor gegeben hat – es uns praktisch aufgedrängt hat? Weil er einen Vorwand will, um uns wegzuschicken. Und jetzt hat er ihn. Er wird sagen können, wir seien als Wissenschaftler zu wertvoll, als daß man uns hier draußen im Feld aufs Spiel setzen dürfte.«

»Oh«, sagte ich. »Und dabei habe ich gerade angefangen, mich hier draußen wohlzufühlen.«

»Mehr als in Denver?« fragte Ted.

»Ich bin nie in Denver gewesen.«

»Dann hab Vertrauen zu mir. Es wird dir gefallen. Das wird wie Zivilisation sein. Jim, willst du wirklich hierbleiben, wo die Chancen sieben zu eins sind, daß du in einem chtorranischen Kochtopf endest? Oder hast du das nicht gewußt?«

Ich antwortete nicht gleich. Jetzt wußte ich wenigstens, warum Ted die letzten paar Tage so hilfsbereit gewesen war. Trotzdem war mir zumute, als hätte mir jemand den Teppich unter den Füßen weggezogen. Ich sah zu Ted hinüber. Der sah mich immer noch an und wartete auf meine Reaktion.

»Verdammt«, sagte ich. »Ich wünschte, du wärest nicht immer so ... allgegenwärtig.«

Er zuckte die Achseln. »Na und? In Denver wirst du mir dafür noch dankbar sein.«

»Ich weiß. Das ist es ja, was mich so ärgert!«

FÜNFZEHN

Der für Donnerstag angesetzte Chopper wurde auf Samstag verschoben, so daß uns noch vier Tage blieben – falls wir die Reise machten. Sie hatten es uns immer noch nicht gesagt. Ted sagte, das sei bei der Army immer so. Wenn sie es uns sagten, würden wir uns nur den Kopf darüber zerbrechen. Auf die Weise gab es nichts, worüber wir uns den Kopf zerbrechen müßten.

Ich zerbrach ihn mir trotzdem – und nutzte die Zeit, so gut ich konnte.

Ich lieh mir die Helmkamera aus und baute sie vor dem Tausendfüßlerkäfig auf. Ich digitalisierte das Bild, speiste es in einen der Computer ein – und verfügte plötzlich über die Möglichkeit, ihre Aktivitäten zu überwachen. Das Programm zählte die Anzahl von Pixeländerungen pro Sekunde, hielt die Änderungsrate fest, die Zeit und die Temperatur. Und während es Informationen sammelte, korrelierte es Trends, gab es in Kurvenform wieder und hielt sie in Form kontinuierlicher revidierter Grafiken für die Ausgabe bereit.

Die Biester mochten Hitze nicht. Temperaturen über fünfundzwanzig Grad Celsius machten sie lethargisch, und bei über fünfunddreißig Grad weigerten sie sich überhaupt, sich zu bewegen. Im allgemeinen schienen sie eine Umgebungstemperatur von zehn Grad vorzuziehen, obwohl sie auch in der Nähe des Gefrierpunkts aktiv blieben. Bei niedrigeren Werten rollten sie sich ein.

Ich wiederholte die Tests bei veränderter Beleuchtung. Das Badehaus war mit zwei nackten zwölfhundert-Lumen-Platten ausgestattet worden; als ich an ihrer Stelle Lampen einsetzte, wie man sie im Freien gebrauchte, Lichter mit variabler Temperatur, die die Nacht zum Tage machten, von der Art, wie sie für Hydro- und Aeropunikkulturen eingesetzt wurden, ringelten sich die Tausendfüßler ein, als wollten sie sich ganz unabhängig von der Temperatur schützen. Ganz offensichtlich mochten sie helles Licht nicht.

Aber ich wollte ihre Aktivitäten im vollen Bereich verschiedener Beleuchtungen messen und eine Kurve von stockdunkel bis taghell erzeugen – und das Ganze durch das komplette Temperaturspektrum.

Wir borgten uns die Klimaanlage von Dr. Obamas Büro aus – an die in der Messehalle trauten wir uns nicht heran –, und Larry fand irgendwo für uns eine Reserveheizung. Damit konnte ich die meisten Testtemperaturen erzeugen, die ich wollte. Ich schrieb das Programm neu, schaltete die Lichter auf einen Regelwiderstand mit einer Fotodiode, um die Lumen zu messen, und koppelte alles mit dem Computer.

Das Ergebnis war eine zweidimensionale Datenbasis, die die Reaktionen der Millipeden auf eine Vielzahl von Umgebungstemperaturen demonstrierte.

Aber man konnte keine Schlüsse daraus ziehen. Die Biester mochten niedrige Temperaturen und schwache Beleuchtung. Sie konnten hohe Temperaturen ertragen. Helle Beleuchtung mochten sie bei keiner Temperatur. Das gab keinen Sinn. Es war zu einfach. Kamen sie etwa von einem dunklen Planeten? Die Daten reichten nicht aus.

Also wiederholte ich die ganze Testserie noch ein dutzendmal, wobei ich diesmal die Lichter jedesmal auf eine andere Farbe schaltete.

Jetzt verfügte ich über eine *drei*dimensionale Kurve – und war mir damit neunmal so sicher, daß ich den Resultaten nicht traute. Am unteren Ende des Spektrums gab es da eine so komische Anomalie. Ich wußte, daß sie etwas zu bedeuten hatte, aber ich war noch verwirrter als zuvor.

Ich saß immer noch vor dem Terminal, im Sessel zurückgelehnt, die Arme über die Brust verschränkt, und starrte den Schirm an und wartete darauf, daß mir irgendeine Erleuchtung kam, als Ted hereinkam. »Okay, Jimmy, Junge! Pack deine Kritzeleien zusammen! Zeit, hier zu verschwinden.«

Ich blickte nicht einmal auf. »Später. Nicht jetzt.«

Er packte meinen Stuhl von hinten und zog mich vom Terminal weg. »Komm schon. Obie will uns sehen.«

»Weshalb denn?«

»Hä? Hast du das ganz vergessen? Denver, erinnerst du dich? Das ist eine große Stadt in Colorado ... ganz in der Nähe eines Berges.«

»O ja«, sagte ich. »Ich kann jetzt nicht.«

»Wie?«

»Ich bin noch nicht fertig hier.« Ich lehnte mich vor und drückte einen Knopf auf der Tastatur. Der Bildschirm fing an, die Seiten meines Berichts und über hundert verschiedene dreidimensionale Kurven zu zeigen. Auch Querschnitte gab es. Ich deutete darauf. »Schau dir diese Aktivitätenkurve an, Ted! Die gibt keinen Sinn. Diese Biester sehen so aus, als ob sie Nachtgeschöpfe seien – aber ihr Verhaltensmuster bei Licht und Temperaturvariationen sagt, daß sie das nicht sind. Und sieh dir an, wie die Kurve bei den Spektraltests ausschlägt. Was hat das zu bedeuten?«

Ted zog mich in die Höhe. »Das bedeutet ›Herzliche Gratulation!‹« Er bewegte meine Hand auf und ab. »Du hast gerade einen Freiflug nach Denver gewonnen!«

»Aber ich bin doch nicht fertig!«

»Das reicht schon! Du brauchst das nicht zu interpretieren! Die haben in Denver *echte* Gehirne. Die werden sich das, was du gemacht hast, ansehen, und in Nullkommanichts für dich die Antwort haben. Wahrscheinlich kriegst du eine nette Fußnote in irgendeinem Bericht.« Er legte mir die Hand ins Kreuz und schob. »So, und jetzt los! Der Chopper ist bereits unterwegs – ja, einen Tag früher als geplant; Larry bringt Kartons zum Packen. – Hast du deine Daten schon auf Disketten? Da, nimm. Gehen wir!« Wir waren zur Tür draußen, ehe ich auch nur Gelegenheit hatte, ihm wenigstens einen Schubs zu verpassen.

Wir stolperten wie eine kleine Rinderherde in Dr. Obamas Büro. Wir waren beide außer Atem und erhitzt. Dr. Obama blickte kaum auf, als Ted einen zackigen Gruß hinlegte. Erst jetzt wurde mir klar, was er getan hatte, und ich schloß mich schnell seinem Beispiel an, nur nicht ganz so zackig.

Dr. Obama hätte fast gelächelt. »Sie haben es also gehört«, sagte sie. Sie reichte uns zwei Umschläge. »Nun, dann können wir es auch gleich amtlich machen. Hier sind Ihre Befehle.«

Wir lasen gleichzeitig. Ich war als erster fertig und blickte auf. »Danke, Ma'am.« Und dann fügte ich hinzu, »ich glaube ...«

Sie nickte. »Sie haben recht. Ich tue Ihnen keinen Gefallen. Denver wird keineswegs angenehmer sein, aber das werden Sie ja selbst herausfinden. Ich empfehle Ihnen beiden, sehr vorsichtig zu sein.«

»Ma'am?« fragte ich.

»Ich meine, bauen Sie keinen Mist – Sie spielen jetzt in einem viel größeren Spiel mit. Es gibt Schlimmeres als aufgefressen zu werden.« Sie wirkte unglücklich. Dann meinte sie: »Wahrscheinlich sollte ich Ihnen jetzt Glück wünschen und Ihnen sagen, daß ich stolz auf Sie bin. Aber das werde ich nicht. Ich bin nicht stolz auf Sie, und Sie werden eine ganze Menge mehr als nur Glück brauchen. Wir sollten uns nichts vormachen. Ich wollte Sie hier nicht haben, keinen von Ihnen, und ich werde froh sein, wenn Sie weg sind. Das hier ist nicht der Ort für nicht ausgebildete Ersatzleute. Aber eines will ich Ihnen sagen: Sie haben Ihre Arbeit getan – und das hat man hier zu schätzen gewußt. Sie sind beide intelligent. Wo auch immer Sie enden, Sie sollten es schaffen« – sie sah zuerst Ted und dann mich an – »jeder von Ihnen in seinem unnachahmlichen Stil.« Sie sah auf die Uhr. »Der Chopper ist bereits unterwegs. Sie haben weniger als eine Stunde. Pakken Sie Ihre Versuchstiere und halten Sie sich um zwölf Uhr dreißig vor der Messe bereit. Duke fährt Sie zum Landeplatz. Draußen sind Metallkäfige für die Tausendfüßler und eine Isolierbox für die Eier. Sehen Sie zu, daß die Sie nicht zurückschicken.«

»Ja, Ma'am. Danke.« Ich schickte mich an aufzustehen.

»Nicht so schnell – da ist noch etwas. Jackson, würden Sie uns bitte einen Augenblick entschuldigen? Warten Sie draußen. Und äh – würden Sie diesmal bitte *nicht* lauschen?«

»Hm? Ich?« Ted stand auf und sah sie verwirrt an. »Ich weiß nicht, wovon Sie reden, Ma'am.«

»Ja, das kann ich mir vorstellen«, sagte Dr. Obama leise, als die Tür sich hinter ihm schloß. Sie zog ihre Schreibtischschublade auf und entnahm ihr eine kleine schwarze, verschließbare Kassette, etwa von der Größe eines Taschenbuchs. »Ich möchte Sie ... um einen persönlichen Gefallen bitten.« Ihre Stimme wurde leiser. »Es gibt da einen Lieutenant Colonel Ira Wallachstein, der mit dem Projekt Jefferson in Verbindung steht. Würden Sie ihm das bitte übergeben?«

»Selbstverständlich, Ma'am.«

»Ich möchte, daß Sie es ihm *persönlich* in die Hand geben.«

»Ja, Ma'am.«

»Wenn das aus irgendeinem Grunde nicht möglich sein sollte, dann tragen Sie das ins freie Feld und tippen Sie das Datum ins Schloß ein; dann gehen Sie schnell weg. Dreißig Sekunden später zerstört es sich selbst. Noch Fragen?«

»Nein, Ma'am.«

»Wiederholen Sie, was ich gesagt habe.«

Das tat ich, und sie nickte befriedigt. »Gut«, sagte sie. »Danke. Das wäre dann alles.«

Der Hubschrauberlandeplatz lag einen Kilometer bergab. Wir brauchten fünf Minuten, um hinzufahren. Duke redete während der ganzen Fahrt kein Wort. Ob es bei den Special Forces wohl Vorschrift war, jemanden nur dann aufzunehmen, wenn er unausstehlich war?

Ted hatte es sich auf den beiden Rücksitzen bequem gemacht. Ich saß vorne, Duke halb zugewandt. »Äh – Duke?«

»Sag nichts.« Er sagte das ohne jeden Ausdruck.

Ich hielt den Mund. Und fragte mich, welche Laus ihm wohl jetzt wieder über die Leber gelaufen war.

Und dann sagte Duke plötzlich. »Hört mir mal beide zu. Ihr habt beide den Eid abgelegt und damit das Recht, das Abzeichen der Special Forces zu tragen. Ich würde es vorziehen, wenn ihr das nicht tun würdet.«

»Sir?«

War Dukes Gesichtsausdruck jetzt verärgert? Aber der Ausdruck verflog so schnell wieder, daß ich nicht sicher war. Er meinte: »Was ihr wissen müßt, ist folgendes: Wenn ihr eure Abzeichen tragt, würdet ihr die Aufmerksamkeit von Leuten auf euch ziehen, die euch Fragen stellen würden, auf deren Beantwortung ihr nicht vorbereitet seid. Das könnte für euch sehr peinlich sein. Oder schlimmer. Ist das klar?«

Ich wollte gerade sagen: »Das verstehe ich nicht«, aber Ted stieß mich in die Rippen. *Kräftig.* »Klar«, sagte er.

Ich sah ihn an. Und er mich. Und dann erinnerte ich mich an das, worüber wir am Tag vorher gesprochen hatten. »Oh«, sagte ich.

Und dann hielten wir am Hubschrauberlandeplatz an. In Wirklichkeit war das nur ein großer, freier Platz neben der Straße, mit dem Bulldozer eingeebnet und von automatischen Positionsleuchten umgeben. Der Chopper war noch nirgends zu sehen. Duke sah auf die Uhr. »Anscheinend sind wir ein wenig früh dran.«

»Oder die ein wenig spät.« Das war Ted. Er sprang aus dem Jeep und schlenderte davon, um die Aussicht zu bewundern.

»Duke«, sagte ich. »Ich möchte dir danken.«

Er sah mich skeptisch an. »Wofür denn?«

»Dafür, daß du mich angelogen hast.«

»Äh?«

»Ich hab mir meinen Vertrag noch einmal durchgelesen. Ich bin ›Wissenschaftliches Personal, dem Militär zugeteilt und ausdrücklich von militärischen Pflichten und Funktionen befreit.‹ Ich bin überhaupt nicht in der Army.«

»Das hab ich auch nie behauptet. Ich hab dich nicht angelogen, McCarthy. Du hast gesagt, dein Vertrag würde verlangen, daß du deinen unmittelbaren Vorgesetzten gehorchen mußt, und dem habe ich zugestimmt.« Er grinste. »Ich hab dir nur nicht gesagt, daß weder Dr. Obama noch ich selbst in dieser Befehlskette sind, außer freiwillig. Im juristischen Sinne bist du ein freier Mann.«

»Hm«, sagte ich. »Nun, dann eben vielen Dank dafür, daß du mich reingelegt hast.«

»Ich hab dich nicht reingelegt. Du hast dich selbst reingelegt. Ich habe folgendes gesagt: ›Wenn der Auftrag militärischer Natur ist, ist *jedermann* Soldat.‹ Das hat überhaupt nichts mit deinem Vertrag zu tun. Du hättest auf deinem Status als ›Wissenschaftler‹ beharren müssen, und dann hätte ich überhaupt nichts machen können – nur daß du nie einen Wurm gesehen hättest. Das ist alles. Aber wie auch immer, du fliegst trotzdem nach Denver – aber auf diese Weise kann ich dir die Hand schütteln, und das ist auch mein Ernst.« Er streckte mir die Hand hin.

Sein Händedruck war fest. Ich sah ihn an, und seine Augen leuchteten. Lächelte er? Nein, das mußte wohl die Sonne gewesen sein. Ich blickte etwas verlegen weg.

Jetzt tauchte in der Ferne der Chopper auf, und Duke richtete sich in seinem Sitz auf, um ihn besser sehen zu können. »Übrigens«, fragte ich, »wenn weder du noch Dr. Obama die Vollmacht hatte, mir Befehle zu geben, wer hat die dann?«

Immer noch in die Ferne spähend, sagte er: »Das steht auch in deinem Vertrag.«

»Nein, da steht es nicht«, sagte ich. »Da steht kein Wort darüber, wo ich in die Kommandokette eingeschaltet bin.«

Jetzt sah er mich an und grinste. »Das ist es ja, was ich gemeint habe. Du bist dein eigener Herr – das gilt für alle Zivilisten, die uns zugeteilt sind. Aber wir versuchen, euch daran zu hindern, das herauszufinden, weil ihr sonst so schwer zu ertragen seid. Ich kann Leuten wie dir keine Befehle erteilen, nur Empfehlungen aussprechen. Das gleiche gilt für Dr. Obama und jeden anderen Offizier. Lies dir einmal deine Papiere durch. Du hast rosafarbene Papiere, keine gelben; du bist frei und nur dem Team oder dem Auftrag verantwortlich, für den man dich einteilt. Aber, äh – werd bloß nicht frech. Du mußt dir immer noch das Recht erwerben, mit einem Mann von den Special Forces zu reden.«

Jetzt konnten wir den Chopper hören, ein fernes Brummen in der Luft. Duke stieg aus dem Jeep. »Ich helf dir mit deinen Sachen.«

Als wir ausgeladen hatten, schwebte der Chopper bereits über uns, und seine Rotoren wirbelten den Staub auf. Es war einer von den neuen Huey Valkyrie 111s mit Düsenhilfstriebwerk und eine Reichweite von mehr als zweitausend Meilen – das heißt, soviel gab die Army zu. Insgeheim hieß es, die Reichweite sei noch wesentlich größer. Das Fahrwerk bog sich durch, als der Helikopter schließlich aufsetzte. Aber die Rotoren drehten sich weiter. Das donnernde Brüllen der Düsen wurde einen Augenblick lang leiser und ging dann in ein ungeduldiges Wimmern über. Wir schnappten uns unsere Taschen und rannten los.

Ted war als erster auf der Leiter. Ich rempelte ihn an, als er unter der Türe plötzlich halt machte. Die Pilotin war rothaarig, trug einen Overall und die Rangabzeichen eines Majors vom Army Air Corps. Ich fragte mich, ob sie wohl freundlich war. Sie sah durch uns hindurch, als wir mit unseren Kisten an Bord kletterten. »Sichern Sie diese Schachteln hinten und dann steigen Sie aus, ich hab's eilig.« Nein, freundlich war sie nicht.

»Äh«, sagte ich, »wir kommen mit.«

»Das können Sie vergessen; ich befördere keine Passagiere.« Sie stieß meinen Sack mit einem Fußtritt durch die Tür.

»Hey!« ereiferte ich mich, aber sie wandte sich bereits Ted zu.

Der knöpfte seine Tasche auf und reichte ihr unsere Befehle. Sie warf nicht einmal einen Blick darauf, sondern herrschte ihn nur an: »Ich hab gesagt, Sie sollen das vergessen.«

Ted und ich wechselten Blicke.

Duke rief herauf: »Was ist denn los? Stimmt was nicht?«

Ich rief zurück: »Kein Problem, wir müssen bloß eine andere Transportmöglichkeit finden, sonst nichts. Komm, Ted – ich nehm die Eier, nimm du die Käfige.«

»Langsam, Charlie!« herrschte sie uns an.

»Selbst langsam!« bellte ich zurück. »Wir haben auch unseren Auftrag!« Das funktionierte. Einen Augenblick lang war sie still. »Sie sollten besser unsere Befehle lesen«, sagte ich sehr ruhig.

Sie nahm sie Ted weg und überflog sie schnell. »Rosa!« schnaubte sie und reichte mir die Papiere. »Hat überhaupt nichts zu bedeuten. Das sind nur Ratgeber.«

»Richtig«, sagte ich. Ich war darauf bedacht, mit ganz unschuldiger Stimme zu sprechen, während ich unsere Papiere sorgfältig wieder zusammenfaltete und sie in die Tasche steckte. »Man hat uns den Rat gegeben, diese Musterexemplare auszuliefern. Und Ihnen hat man den Rat gegeben, uns mitzunehmen.«

»Nein.« Sie schüttelte den Kopf. »Davon hat mir niemand etwas gesagt. Ich nehme nur die hier mit.« Sie wies auf die Käfige.

»Kommt nicht in Frage.« Ich räusperte mich und betete, daß meine Stimme es durchhalten würde. »Wenn wir nicht mitkommen, dann fliegen die auch nicht mit. Duke, gib mir den Sack.«

Jetzt sah sie mich an, ich meine, sah mich wirklich an. Ich funkelte zurück. Sie hatte ganz helle blaue Augen – und eine sehr finstere Miene. Dann wanderte ihr Blick schnell zu Ted hinüber und wieder zu mir zurück. Ich war bereits dabei, meine Tasche zu verstauen. Dann sagte sie ein Wort, das keineswegs damenhaft war, und dann: »Zum Teufel damit – ist mir doch egal! Ihr könnt euch ja mit Denver auseinandersetzen. Wieviel wiegt ihr beiden Truthähne denn?«

»Dreiundsiebzig Kilo«, knurrte Ted. Er blickte dabei nicht sehr glücklich.

»Vierundsechzig«, sagte ich.

»Okay.« Sie deutete mit dem Daumen auf mich. »Sie sitzen links.« Und zu Ted: »Machen Sie diese Box auf der anderen Seite fest. Beide. Und dann schnallen Sie sich an.« Sie wartete nicht einmal ab, ob wir ihrer Anweisung nachkamen; sie zog die Türe krachend hinter uns zu, sicherte sie und kletterte wieder nach vorne. Sie überzeugte sich, daß Duke außerhalb des Drehkreises der Rotoren war. Ich hatte noch Zeit, ihm zuzuwinken; er nickte nur – und dann starteten wir.

Der Berg blieb schnell hinter uns zurück, kippte dann zur Seite und glitt weg, als wir einen scharfen Bogen beschrieben. Die Beschleunigung preßte mich gegen die Kabinenwand. Wir waren kaum in Geradeausflug übergegangen – ich mußte mich dafür auf meine Augen verlassen, mein Magen redete nicht mehr mit mir – als die Düsen einsetzten und mich ein zweiter Beschleunigungsschub tief in meinen Sitz drückte. Die Kabine kippte nach hinten ab, und meine Trommelfelle knackten, als wir höherstiegen.

Durch die Fenster war nichts außer Wolken zu sehen; der Stummelflügel des Helikopters versperrte mir den Blick nach unten, und die Ausbuchtung des Düsenmotors interessierte mich nicht sonderlich. Die Szenerie in der Ferne, das Wenige, was ich davon sehen konnte, war zu weit entfernt, um eindrucksvoll zu sein.

Jetzt wurde mir klar, daß die Pilotin mit uns redete. »... ein paar Stunden in der Luft sein. Wenn Sie Hunger haben, an der Wand ist eine Rationsbox angeschnallt. Aber eßt nicht die ganze Schokoladeeiscreme auf.«

Ted wühlte bereits darin herum. Er brachte jetzt ein paar Sandwiches und einen Karton mit Milch zum Vorschein. Hungrig grinsend ging er nach vorne und ließ sich auf den Sitz des Copiloten fallen.

Die Rothaarige musterte ihn. »Haben Sie ein Zertifikat?«

»Nun, das nicht – aber eine Lizenz.« Sein Gesichtsausdruck sollte vermutlich ein freundliches Lächeln darstellen, aber er bekam nur ein Feixen heraus.

»Du *lieber* Gott! Was bildet ihr euch denn ein? Gehen Sie nach hinten zu den übrigen Passagieren.«

»Hey, ich versuch doch bloß, freundlich zu sein.«

»Dazu sind Stewardessen da. Nächstes Mal nehmen Sie eine Linienmaschine.«

»Und, äh – ich wollte doch sehen, wie dieses Ding fliegt«, fügte er lahm hinzu.

Sie machte irgend etwas an Ihrem Armaturenbrett, legte einen Schalter um und drückte dann einen Knopf. »Okay«, meinte sie mit einem Achselzucken, »Sie können ja schauen. Fassen Sie bloß nichts an.« Dann schnallte sie sich los und kam nach hinten. Auf der Namensplakette, die sie an ihrem Overall trug, stand L. TIRELLI.

»Was ist in den Kisten?« wollte sie wissen. Sie stieß mit der Fußspitze an die Isolierbox.

»Eier«, knurrte ich.

»Und in der?«

»Käfer«, sagte ich. »Große.«

Sie blickte verstimmt. »Schon gut. Käfer und Eier. Und dafür streichen mir die den Urlaub. O yeah, ich krieg immer die besten Aufträge.« Immer noch vor sich hinbrummelnd, wandte sie sich der Rationsbox zu. »Verdammt, dieser Schwachkopf hat das ganze Huhn genommen.« Sie wühlte mürrisch in den Resten herum.

»Äh – tut mir leid«, meinte ich.

»Das können Sie vergessen. Alles Arschlöcher. Da, nehmen Sie ein Sandwich.« Sie wählte eines aus und warf es mir hin, ehe ich ablehnen konnte. Sie nahm sich selbst eines und ließ sich mir gegenüber in den Sitz fallen. »Was ist denn an *Ihren* Käfern und Eiern so Besonderes?«

»Äh – ich weiß nicht, ob ich darüber sprechen ...« Ich sah Ted an. »Sind wir top secret?«

»Was haben Sie denn – noch mehr Chtorraner?« Und auf meinen verblüfften Blick hin sagte sie: »Machen Sie sich darüber keine Sorgen, das ist kein Geheimnis. Ich habe vor einem Monat einen lebend nach Denver gebracht.«

»Einen lebenden *Chtorraner?*«

»Mhm. Nur einen kleinen. Man hat ihn in Nevada gefunden, ausgetrocknet und schwach. Ich weiß nicht, wie sie ihn gefangen haben. Wahrscheinlich war er zu krank, um sich zu wehren. Das arme kleine Ding. Mir hat er leid getan. Die haben nicht damit gerechnet, daß er überleben würde, aber ich hab nichts davon gehört, daß er gestorben ist.«

Ted und ich sahen einander an. »Wir sind vielleicht Wissenschaftler«, sagte ich. »Die sagen uns gar nichts.«

»Na schön, dann ist eben nichts mit unserem großen Ruhm«, fügte er hinzu. »Und wir hatten gedacht, wir hätten die einzigen lebenden Exemplare, die es gibt.«

»Schade«, sagte sie mit vollem Mund. »Aber ich würde mir darüber keine Sorgen machen. Die hätten ohnehin nicht zugelassen, daß Sie den Ruhm für sich beanspruchen.«

»Danke für die Ermutigung.«

Sie wischte sich den Mund mit der Serviette ab. »Mir brauchen Sie nicht zu danken. Das war gratis. Genauso viel wert, wie Sie bezahlt haben. Ich hätte das für jeden anderen auch getan.«

Sie schickte sich an, wieder nach vorne zu gehen, aber ich hielt sie auf. »Wofür steht denn das *L*?«

»Hm?«

Ich wies auf ihr Namensschild.

»Oh – das steht für Liz. Abkürzung von Lizard.«

»Lizard?*« Ich hob eine Braue.

»Das habe ich mir ehrlich erworben. Sie werden schon sehen.«

»Ich glaube, ich weiß schon, warum.«

»Essen Sie Ihr Sandwich«, sagte sie, »sonst fallen Sie vom Fleisch.« Und dann kletterte sie nach vorne und nahm auf ihrem Pilotensessel Platz. Ted grinste hoffnungsvoll, aber sie wies nur mit dem Daumen nach hinten und achtete nicht weiter auf ihn.

Er seufzte und kam zurück und schnallte sich in dem Sessel an, auf dem sie gesessen hatte. »Mann!« flüsterte er. »Jetzt erinnere ich mich an sie. Die ist einmal mit der *Titanic* zusammengestoßen und hat sie versenkt.«

»Oh, ich weiß nicht. Ich finde, sie ist prima!« Ich dachte nicht, daß sie das gehört hätte, aber ihre Ohren färbten sich rosa. Zumindest glaubte ich das.

Ted brummte bloß, räkelte sich in seinem Sitz zurecht und schlief ein.

Ich aß mein Sandwich zu Ende und verbrachte den Rest des Fluges damit, über eine winzige Anomalie bei fünftausendneunhundert Ångström nachzudenken. Ich wünschte mir sehnlichst ein Terminal, um die Daten darauf studieren zu können, anstatt mich auf mein Gedächtnis verlassen zu müssen. Irgend etwas am Verhalten der Millipeden – etwas so Offensichtliches, daß ich es nicht sehen konnte – starrte mich an. Es war verdammt frustrierend, weil ich *nicht* darüber nachdenken konnte. Es war ein hellrotes Bild, ein blutfarbener Raum mit einem Tisch in der Mitte und auf dem Tisch ein ganzer Käfig voll Tausendfüßler. Warum? Ich lehnte den Kopf gegen das Fenster und studierte die Wolken und dachte über rosafarbene Gläser nach.

In dem Augenblick kippte der Chopper zur Seite; die Sonne leuchtete mir in die Augen und hinterließ ein grelles

* Lizard = Echse – *Anm. d. Übers.*

Geisterbild. Ich legte die Hand über die Augen, schloß sie, und sah mir den pulsierenden Flecken chemischer Aktivität auf meinen Netzhäuten an. Eine Weile war das weiß und gelb und dann karminrot und sah wie ein Stern aus – ich entschied, daß es Chtorr war und wollte ihn in die Luft jagen. Nach einer Weile wechselte der Flecken die Farbe ins Blaue, verblaßte schließlich und hinterließ mir nur die Erinnerung daran und ein weiteres Dutzend Fragen über den möglichen Ursprung der chtorranischen Invasion. Und dann plagte mich da ein nagender Verdacht über irgend etwas. Mehr denn je wünschte ich mir ein Terminal.

Der Chopper kippte wieder zur Seite, und ich bemerkte jetzt, daß wir uns Denver näherten. Und Major Tirelli war im Begriff, eine Meisterlandung zu demonstrieren.

Sie hatte uns geradewegs über die Rocky Mountains geflogen, ohne in den Landeanflug zu gehen – und jetzt, da wir über der Stadt waren, war dafür kein Platz mehr, zumindest nicht ohne einen weiten Bogen über dem östlichen Colorado zu fliegen, um zehn Kilometer Höhe loszuwerden. So schaltete sie statt dessen die Rotoren ein, würgte die Düsen ab, und ließ uns fallen. Die Technik war vor acht Jahren entwickelt, aber nie eingesetzt worden; die Army hatte sich eine Methode gewünscht, um Männer und Material schnell über feindliches Territorium zu bringen, ohne dabei in Reichweite ihrer Boden-Luft-Geschoße zu kommen. Das war auch etwas, wofür man dem Pakistankrieg zu danken hatte. Selbst wenn einem seine Nerven eine solche Landung verziehen, würde der Magen das wohl nie tun.

»Mann!« stöhnte Ted, als er begriff, was sie machte; wir waren bereits ein paar Jahrzehnte lang gefallen, obwohl meine Uhr behauptete, daß es nur zweieinhalb Minuten gewesen waren. »Entweder ist sie wirklich ein Spitzenpilot, oder jemand hat es verdammt eilig damit, uns zu Gesicht zu bekommen.«

»Beides«, rief sie von vorne. Sie arbeitete am Autopiloten.

Ted sah mich verlegen an; er hatte nicht geglaubt, daß sie uns hören konnte.

Jetzt schaltete sie den Funk ein, um sie zu warnen, daß wir kamen. »Stapleton, hier ist Tirelli. Mach den Kreis frei – ich hab diese Prioritätsladung, und die setz ich genau dort ab, wo ich gesagt habe.«

Eine Männerstimme antwortete sofort. »Negativ, Tirelli. Ihre Priorität ist abgeändert worden. Die brauchen den Chopper für irgendeinen Bonzen. Drehen Sie ab und setzen sie ihn bei Lowry ab. Auf Nord Null Sechs wartet ein Lkw auf Sie.«

»O verdammt«, sagte sie. Aber sie schaltete die Düsen wieder ein und gab kurze Richtstöße ab, um uns zu drehen und gleichzeitig unseren Anflug abzubremsen. Die Verzögerung setzte seitlich ein, ziemlich holprig.

»Übrigens«, fügte die Stimme aus dem Radio hinzu, »ihr Autopilot muß in die Inspektion. Wir haben vor Ihrer Meldung einige Meßdaten nicht durchbekommen.«

»Nee, das war ich. Ich hatte ihn abgeschaltet.«

»Verdammt, Liz! Du sollst das nicht in der Luft tun.«

»Beruhig dich, Jackie. Du hast mich auf dem Schirm gehabt. Das habe ich schließlich gesehen. Du hast die Telemetrie nicht gebraucht und die Trägheitssonde auch nicht. Und ich hab's eilig.«

»Liz, diese Systeme sind für deine Sicherheit ...«

»Stimmt. Und jeden Penny wert.« Sie grinste. »Ich kann jetzt nicht mehr reden, Jackie. Ich laß dieses Ding jetzt fallen.« Sie schaltete die Sprechverbindung ab. Der Automonitor blitzte weiter.

»Äh«, sagte ich, »vielleicht verstehe ich nicht ...«

»Richtig«, schnitt sie mir das Wort ab. »Sie habens erfaßt.« Ohne den Blick von den Armaturen zu wenden, erklärte sie: »Das war eine Ausrede. In Wirklichkeit habe ich den Monitor überfahren. Ich will nicht, daß er weiß, daß ich die Dämpfer nicht eingeschaltet habe – das nimmt den Motoren zuviel Kraft weg.«

»Oh«, sagte ich. »Aber was ist mit den Leuten dort unten?«

»An die versuche ich, nicht zu denken«, sagte sie. Und dann fügte sie hinzu: »Wären Sie lieber ein mitfühlender roter Klecks auf der Piste – oder unhöflich und in einem Stück?«

»Ich verstehe.« Dabei ließ ich es bewenden.

»Außerdem«, fuhr sie fort, »hat jeder, der so nahe bei einem Flughafen lebt, das verdient – besonders jetzt, wo die halbe Stadt leer ist.« Jetzt erfaßte ein von der Seite kommender Luftstoß den Helikopter, und wir sackten weg. Einen Augenblick lang dachte ich, sie hätte sich verrechnet, und wir würden die Piste verfehlen, aber sie tat nichts, um unseren Anflug zu korrigieren. Dann sah ich den Lkw und erkannte, daß sie sogar den Wind mit einkalkuliert hatte. Wir wurden auf unseren Landepunkt zu getrieben.

Im nächsten Augenblick setzten wir sanft auf. Das war das letzte, was in Denver sanft ging. Noch bevor die Düsen ausklangen, knallte eine Rampe herunter, und die Tür wurde aufgerissen.

Sie flog mit der entweichenden Luft nach draußen und glitt zur Seite. Im nächsten Augenblick bellte ein hakennasiger Major mit rotem Gesicht und wäßrigen Augen in die Kabine. »Okay, Liz wo sind die ...«

Und dann erblickte er mich und Ted. »Wer sind Sie denn?« wollte er wissen. Er wartete unsere Antwort nicht ab, sondern herrschte Major Tirelli an: »Verdammt noch mal, Liz, Sie sollten doch keine Anhalter mitnehmen!« Er trug Kopfhörer mit einem Drahtmikrofon. »Augenblick mal«, sagte er in das Mikro.

»Wir sind keine Anhalter«, protestierte Ted.

Er warf uns einen verärgerten Blick zu.

Ted stupste mich an. »Zeig ihm unsere Befehle.«

»Befehle? Was für Befehle?« Und zu seinem Mikro: »Warte mal. Ich glaube, da ist was schief gelaufen.«

Ich zog die Papiere aus meiner Jackettasche und reichte sie ihm. Er nahm sie ungeduldig entgegen und überflog sie, wobei sich sein Gesichtsausdruck verfinsterte. Hinter ihm sahen uns zwei Rekruten in mittleren Jahren, die man offensichtlich dazu ausersehen hatte, die Kisten zu tragen, mit der üblichen Mischung aus Neugierde und Langeweile an.

»Da soll mich doch der Teufel holen«, murmelte er. »Verdammt unangenehm. Welcher sind Sie denn?«

»Ich bin McCarthy, und das ist Jackson.«

»Richtig. McCarthy. Sie werde ich mir merken.« Er reichte uns die Papiere zurück. »Okay, schnappt euch eure Kisten und packt sie in den Wagen.« Er drehte sich um und sprang hinunter. »Ihr zwei könnt gehen. Die haben ihre eigenen Träger mitgeschickt.« Er strahlte den Charme einer Karosseriepresse aus.

Ted und ich wechselten einen Blick, zuckten die Achseln und griffen nach den Kisten. Major Tirelli beendete ihr Manöver, schloß die Konsole ab und zwängte sich an uns vorbei zur Türe hinaus.

Als wir hinter ihr die Rampe hinuntertorkelten, bemerkte ich, daß die zwei Rekruten sich auf den VIP-Sitzen des Lkws niedergelassen hatten, so daß für uns nur die Notsitze blieben. Der Major – ich hatte mir bereits eine Abneigung für ihn zugelegt – stand vorne an der Motorhaube und sprach mit jemandem, den wir nicht sehen konnten. »Yeah, das muß es sein ... Nun, dann finden Sie eben irgendeine Unterkunft für sie, bis wir wissen, was wir mit ihnen anfangen – mir ist egal, wo ... Was? ... Keine Ahnung. Die sehen so aus. Warten Sie mal, ich frage.« Er warf uns einen bösen Blick zu. »Seid Ihr Tunten?«

»O Süßer!« strahlte Ted ihn an. »Wann werden Sie das mal lernen? Das heißt *schwul!* Bringen die euch denn auf diesen hochgestochenen Schulen an der Ostküste überhaupt nichts mehr bei?« Ehe ich reagieren oder mich verdrücken konnte, hatte Ted seinen Arm unter den meinen geschoben. »Jimmy, denen müssen wir hier noch eine ganze Menge beibringen.«

»*Ted!*« Ich riß mich los und funkelte ihn böse an.

»Ja, das sind sie«, sagte der Major. »Bringen Sie sie irgendwo unter. Daß bloß unsere Freunde aus der Vierten Welt nicht noch mehr Munition bekommen. Richtig. Ende.« Er sah die zwei Rekruten an. »Los jetzt! Macht Platz für Major Tirelli!« zu uns gewandt knurrte er bloß: »Verstaut das Zeug hinten! Ihr müßt euch dort einen Platz suchen; vorne ist nicht genug frei.« Er ließ sich neben dem müde aussehenden Fahrer nieder.

Ich zwängte mich hinter Ted auf die Ladebrücke und versuchte, es mir bequem zu machen. Als ob die Kiste für Bequemlichkeit gebaut gewesen wäre. Wahrscheinlich gab es irgendeine Vorschrift der Army, die das verbot. Wir holperten über den Platz auf ein entferntes Gebäude zu.

»Was sollte *das* denn alles?« zischte ich Ted zu.

Der zuckte halb die Achseln und grinste halb. »Keine Ahnung. Mir kam es recht schlau vor.«

»Mir nicht!«

Ted beugte sich zu mir herüber und tätschelte mir liebevoll den Arm. Ich funkelte ihn an, aber er meinte: »Jimbo, sieh dich doch um. Ein *herrlicher* Tag ist das heute. Und wir sind wieder in der Zivilisation! Daran kann nicht einmal die Army etwas ändern!«

»Ich bin nicht schwul!«

»Ich weiß schon, Süßer – aber der Major hat nach einem Grund gesucht, um dich nicht zu mögen, und ich wollte ihn nicht enttäuschen. Mann! Schau dir den Himmel an! Willkommen in Denver!«

SECHZEHN

Die erste Instanz, die wir aufsuchten, war die Sektion ET-3. Ted und ich schoben den Karren durch den langen, nach Desinfektionsmitteln riechenden Gang der Sektion, während Major Hellauge und seine Ehrenwache uns folgten – mit finsteren Blicken.

Einmal kamen wir an einer schweren Stahltüre mit einer verlockenden Aufschrift vorbei:

BEOBACHTUNG LEBENDER CHTORRANER
UNBEFUGTEN
IST DER ZUTRITT VERBOTEN

Ich reckte im Vorübergehen den Hals und hoffte, einen Blick durch die Fenster in den Türen erhaschen zu können, aber da war nichts zu sehen. Und Major Scheißkopf warf mir einen schmutzigen Blick zu.

Wir gingen bis ans Ende des Korridors und passierten dabei eine Doppeltüre mit der Aufschrift LEITUNG. Die Leitung der Sektion lag bei einer überraschend unmilitärisch wirkenden kleinen alten Dame, die uns über das Gestell ihrer Halbbrille musterte. »Oh, hallo!« Sie widmete uns ein zwinkerndes kleines Lächeln. »Was haben Sie mir denn heute gebracht?« Sie nahm dem Major den Einsatzbefehl weg und warf einen Blick darauf, wobei sie lächelte und wieder blinzelte. »Mhm, ja ... ja, sehr gut ...« Sie hatte rosafarbene Bäckchen und strahlend weißes Haar, das auf ihrem Kopf hoch aufgetürmt und gelockt war. Sie trug einen weißen Laborkittel, aber dort, wo der am Hals offenstand, konnte ich den Kragen eines grün-blau geblumten Kleides erkennen. Ihr Namensschild verriet, daß sie M. PARTRIDGE, Ph. D. hieß. Ihre Augen glitten über die Zeilen.

»Millipeden, ja ... mhm, Eier ... mhm, Abschabungen von Wänden ...« Sie durchblätterte den Rest der Liste und sah jedesmal, wenn eine neue Seite auftauchte, sorgfältig hin. »Was ist das? *Purpurner Coleus?* Wessen Klassifizierung ist das?«

»Die meine.« Ich hob die Hand.

»O ja.« Sie sah mich ziemlich lange blinzelnd an. »Und Sie sind ...?«

»McCarthy, James. Special Forces.«

»Ah ja«, sagte sie. »Nun, James, dann klassifizieren Sie künftig keine Untersuchungsexemplare mehr. Überlassen Sie das Leuten, die dafür besser qualifiziert sind. Ich weiß, Sie wollten nur helfen ...«

»Entschuldigen Sie«, unterbrach ich. »Aber ich bin qualifiziert.«

»Äh?« Sie blickte zu mir auf und blinzelte wieder.

»Ich gehöre zu den Special Forces, Ma'am, Extraterrestrische Sektion. Ich habe diese Exemplare selbst eingesammelt. *Unter einigem Risiko.* Und ich hatte einige Zeit, sie zu beobachten. Ich hatte auch Zugang zu dem kompletten wissenschaftlichen Katalog der Kongreßbibliothek. ›Purpurner Coleus‹ ist eine genaue Beschreibung dieser Pflanze, gleichgültig, wie qualifiziert die Person ist, die darauf zeigt und sagt: ›Das ist ein purpurner Coleus.‹« Ich sah Ted an, aber der war damit beschäftigt, die Decke zu bewundern. Sie war sehr gut gestrichen.

Der Major funkelte mich an. Dr. Partridge kümmerte sich nicht um ihn, sondern wandte sich mir zu. »James, wir erhalten jede Woche viele, viele Proben. Ich kann unmöglich wissen, ob dies das erstemal ist, daß wir Muster dieser bestimmten Spezies gesehen haben oder nicht. Das ist möglicherweise gar keine chtorranische Spezies ...«

»Es wuchs aber in einem sorgfältig kultivierten Ring um den chtorranischen Iglu«, wollte ich erklären.

»Ja, ja, ich weiß.« Sie hob die Hand. »Aber bitte, überlassen Sie es *uns,* das zu bestätigen. Wenn wir die Klassifikationen einer jeden Person akzeptierten, die uns Musterexemplare bringt, dann hätten wir schnell von jeder Pflanze und jedem Tier fünfzig verschiedene Beschreibungen.« Sie tätschelte mir die Hand wie eine nachsichtige Großmutter. »Ich weiß, Sie werden sich das nächstemal, wenn Sie uns Muster bringen, daran erinnern.«

»Äh, Ma'am ...« Ich zog meine Befehle aus der Tasche. »Man hat uns hier eingeteilt. Wir sind von Rocky Mountains Distrikt abgeordnet, um hier als unabhängige Beobachter im National Science Center, Extraterrestrial Division, zu fungieren.«

Sie blinzelte. Und blinzelte noch einmal. »Du liebe Güte«, sagte sie. »Nun, mit mir hat man das nicht besprochen. Wie erwarten die eigentlich von mir, daß ich meine Sektion leite, wenn sie mich nicht informieren?« Sie nahm die rosa Kopie meiner Befehle, schob sich die Brille auf der Nase zurecht und las. Sie hielt das Papier dazu fast auf Armeslänge von sich. Als sie zu Ende gelesen hatte, sagte sie leise: »Hm.« Dann gab sie mir das Papier fast geistesabwesend zurück. »Ja. Nun, ich bin sicher, daß wir für Sie hier etwas Beschäftigung finden werden. Kommen Sie doch am ... Dienstag zu mir. Nein, Augenblick – wo hab ich denn meinen Kalender gelassen – oh, hier ist er. Mal sehen. Nein, Donnerstag würde besser sein ...«

»Äh, Ma'am?« Sie hielt inne, blinzelte und sah mich wieder

mit großen Augen an. »Wir würden uns gerne *sofort* an die Arbeit machen. Wenn Sie uns ein Terminal zuteilen könnten ...?«

»Du liebe Güte, habt ihr Boys von den Special Forces es immer so eilig?«

»Ja, Ma'am, das haben wir. Es ist Krieg.« Etwas, das Shorty gesagt hatte, fiel mir ein, und ich fügte hinzu: »Das ist schließlich die erste Invasion, die wir je auf amerikanischem Territorium erlebt haben.« Ich hielt ihr meine Diskette hin. »Ein Terminal? Und wo können wir unsere lebenden Musterexemplare unterbringen?«

Major Großmaul unterbrach uns. »Dr. Partridge – es ist schon Freitag Nachmittag, und Sie haben einen Empfang und eine Plenarsitzung ...«

»Ja, ich weiß.« Ihre Stimme klang jetzt ungeduldig. Aber dann hatte sie sich sofort wieder im Griff und schenkte ihm ein süßes Lächeln. »Ich will hier fertigmachen, und dann können Sie mich in – äh, fünfundvierzig Minuten für die Besprechung abholen.« Der Major räusperte sich mißbilligend und verschwand. Dr. Partridge trat an einen Schreibtisch und drückte den Knopf einer Sprechanlage. »Jerry!« rief sie.

Jerry war ein plump wirkendes menschliches Geschöpf, das an eine Kartoffel erinnerte, und sein gummiartiges Gesicht hinter dicken Brillengläsern und unter einer schmutzigblonden Haarmähne verbarg. Er tauchte in einem schmutzigen Labormantel auf und trug einen halb zerlegten Modulator in der Hand. Er schien überhaupt nicht zu bemerken, daß er ihn immer noch in der Hand hielt. Auf seinem Namensschild stand J. LARSON, und sein verwirrtes Lächeln erweckte den Anschein, als wäre er dauernd über irgendwelche Dinge verblüfft.

Dr. Partridge schenkte ihm ein süßliches Lächeln. »Oh, da sind Sie ja. Wollen Sie sich um James und – wie war doch Ihr Name? Ted? Würden Sie ihnen behilflich sein? Sie sind als Beobachter hier.«

»Oh«, sagte Jerry. Er starrte uns an, als wären wir Eindringlinge. Dem Aussehen nach war er Mitte dreißig, aber ebensogut hätte er fünfundzwanzig oder fünfzig sein können. »Haben Sie Befehle?« fragte er.

Ich reichte sie ihm. Während er sie ansah, zirpte Dr. Partridge: »Ich weiß, daß Jerry sich gut um Sie kümmern wird. Wenn Sie irgend etwas brauchen, sagen Sie ihm Bescheid. Er vertritt mich. Wenn Sie mich jetzt entschuldigen würden.« Mit diesen Worten verschwand sie in einem Büro.

Jerry hatte inzwischen unsere Papiere durchgelesen und gab sie zurück. »Special Forces, wie ich sehe.« Er hustete. »Mein Onkel ist in den Special Forces. Mein Onkel Ira.«

Ich nickte höflich. »Tut mir leid, ich kenne ihn nicht. Schauen Sie, können wir jetzt weitermachen? Ich brauche ein Terminal. Und ich möchte diese Millipeden unterbringen.«

Jerry rieb sich die Nase und sah mich dann mit ausdrucksloser Miene an. »Ich muß zuerst eine Freigabe für Sie haben, ehe ich Ihnen ein Terminal und einen Arbeitsplatz zuteilen kann. Das dauert zwei Wochen.«

»Oh, großartig«, sagte ich. »Schauen Sie – ich stecke hier mitten in der Arbeit. Ich kann keine zwei Wochen warten.« Ich deutete auf die Kisten, die immer noch auf dem Karren lagen. »Diese Eier und diese Tausendfüßler müssen in besonderer Umgebung untergebracht werden ...«

»Was für Umgebung?« Jerry war neben den Karren getreten und hatte angefangen, die Metallbehälter zu öffnen und hineinzusehen.

»Ein kühler, trockener Ort für die Eier. Die Tausendfüßler auch – ein kühler Ort mit schwacher Beleuchtung. Ich kann Ihnen eine genaue Empfehlung geben.«

»Das wird nicht notwendig sein.«

»Ahh – ich empfehle es dringend.«

Jerry öffnete einen weiteren Behälter. »Warum?«

»Weil das die Umgebung ist, die sie mögen.« Ich trat neben ihn an den Karren. »Denken Sie doch mal nach. Sehen Sie sich ihre Augen an. Die bestehen fast nur aus Pupille. Natürlich mögen sie kein helles Licht.«

Jerry räusperte sich.

Ich fuhr fort: »Sonnenlicht blendet sie. Innenbeleuchtung blendet sie. Selbst schwaches Licht blendet sie. Sie können sich im Zwielicht oder bei Dämmerung orientieren, aber wirklich gut sehen können sie nur in der Finsternis.«

Jerry blickte skeptisch. »Selbst in *absoluter* Finsternis?«

Ich nickte. »Ich glaube, ihre Augen sind hitzeempfindlich. Ich konnte das nicht testen, aber es sieht so aus, als könnten sie ziemlich weit im infraroten Bereich sehen.«

Jetzt meldete Ted sich zum erstenmal zu Wort. »Sag ihm, was das bedeutet, Jim.«

»Äh ...« Mir wäre lieber gewesen, wenn er das nicht getan hätte. Ich sagte. »Nachtgeschöpfe sind es nicht ...«

Jerry blickte mit gerunzelter Stirne auf. Er schob die Hände in die Taschen seines Labormantels. »Das hab ich nicht kapiert.«

»... auf ihrem Heimatplaneten. Auf der Erde müssen sie es sein.«

»Wie?«

»Nun«, sagte ich, »es liegt an der Größe ihrer Augen. Das deutet daraufhin, daß sie sich unter viel schwächeren Lichtbedingungen entwickelt haben, als wir sie hier haben. Das ist eine Kompensation. Entweder ist ihr Heimatplanet weiter von seinem Zentralgestirn entfernt, oder das Zentralgestirn sendet nicht so viel Licht im sichtbaren Spektrum, wie Sol das tut. Oder beides. Das deutet wiederum darauf hin, daß der Planet wesentlich kühler ist als die Erde. Wahrscheinlich mit einem Temperaturbereich zwischen fünf und zwanzig Grad Celsius. Vielleicht macht er gerade eine ausgedehnte Eiszeit durch. Die Millipeden scheinen sich zwischen zehn und dreizehn Grad am wohlsten zu fühlen, aber das hängt davon ab, wieviel Licht sie bekommen.«

Jerry begann interessiert zu blicken.

»Das Tageslicht der Erde ist zu hell«, fuhr ich fort. »Es macht sie langsam, veranlaßt sie sogar dazu, sich einzurollen. Bei einer Lichtintensität, die etwa der Dämmerung entspricht, sind sie über den größtmöglichen Temperaturbereich am aktivsten – dann *bewegen* sie sich wirklich. Als wir sie fanden, waren sie träge – aber nur vergleichsweise. Ich ziehe daraus Schlüsse auf die Helligkeit, die auf Chtorr herrscht. Daher die großen Augen.«

Jerry sagte: »Hm«, und blickte mit studierter Nachdenklichkeit wieder in den Käfig mit den Tausendfüßlern.

»Wenn ich Zugang zu einem Terminal hätte«, deutete ich

an, »könnte ich viel mehr sagen. Es ist hochinteressant, wie die Empfindlichkeit dieser Geschöpfe für Licht- und Temperaturdifferenzen ausgebildet ist. Für mich deutet das darauf hin, daß das Klima auf Chtorr unglaublich stabil ist. Die Nächte müssen im Vergleich zu den Tagen recht warm sein. Ich würde annehmen, daß der Planet eine ziemlich dunstige Atmosphäre mit einer großen Kohlendioxidbeimengung besitzt; das würde einen Gewächshauseffekt erzeugen und dafür sorgen, daß die Nächte nicht so sehr abkühlen. Ich glaube auch, daß der Planet keine Monde besitzt – oder vielleicht nur sehr kleine. Nichts, das eine starke Gezeitenwirkung erzeugen kann. Das würde den Planeten stürmisch und nicht dunstig machen.«

»Dunstig, hm?« Jerry schob die Lippen vor und dachte nach. Sein ganzes gummiartiges Gesicht verformte sich. »Ich weiß in theoretischer Ökologie etwas Bescheid«, sagte er. »Sie könnten recht haben.« Und dann fügte er hinzu: »Aber das bezweifle ich.«

»Oh, danke.« Ich verschränkte die Arme über der Brust. »Hören Sie, wenn Sie ein wenig Bescheid wissen, dann wissen Sie auch, daß ein wenig nicht genug ist.«

Er nickte zustimmend. »Ich weiß. Ich habe meinen Abschluß in T.Ö. gemacht.«

»Diplom?«

»Doktor.«

»Oh.« Plötzlich kam ich mir dumm vor.

»Hören Sie, ich begrüße Ihren Einsatz – und Ihre Phantasie –, aber Ihre Theorie hat so große Löcher, daß man einen Wurm durchtreiben könnte.«

»Nennen Sie mir sechs.«

»Eines genügt.« Er klappte den Deckel des Behälters wieder zu. »Wenn Chtorr eine dunstige Atmosphäre hat, dann bedeutet das, daß sie die Sterne nicht sehen können. Wenn die Atmosphäre genügend dunstig ist, werden sie nicht einmal Monde sehen, besonders nicht, wenn sie klein sind. Das bedeutet, daß es an ihrem Himmel keine Himmelskörper gibt, die ihr Interesse erwecken – und das bedeutet für eine intelligente Rasse, daß sie keinen Anreiz hat, um den Weltraumflug zu entwickeln. Wenn Ihre Theorie richtig ist, sollten diese Käfer nicht hier sein, ebensowenig die Würmer, die sie mitgebracht haben.«

»Ihre Augen sind viel empfindlicher als die unseren«, antwortete ich. »Sie sollten Himmelsobjekte unter sehr viel ungünstigeren Sichtverhältnissen sehen können. Schauen Sie –« Ich holte tief Luft. »Für einen Exobiologen sind die Spezies am unteren Ende der Leiter sehr wirksame Indikatoren für die Lebensumstände des Planeten – seine Rotation, seine Temperaturzyklen, seine Beleuchtung, seine Wetterschemata und tausendundsechs weitere Variablen. Man kann die ganze Ökologie daraus extrapolieren, wenn man weiß, wonach man suchen muß. Wenn man auf diesem Beweismaterial aufbaut, dann ist Chtorr ein Raum, der stets mit Rauch gefüllt ist oder Dunst oder Smog oder sonst etwas. Worauf es ankommt, ist, daß die Atmosphäre dick, und das Zentralgestirn schwach ist. Aber wieviel von beiden, weiß ich nicht – oh, aber ich kann Ihnen die Farbe sagen.«

»Hah?« Jerry fiel die Kinnlade herunter. »Wie?«

»Daran habe ich gearbeitet.« Ich tippte auf meine Diskette. »Das ist alles hier drauf.«

Er blinzelte. »Was denn?«

»Eine dreidimensionale Kurve – mit den Variablen Temperatur, Lichtintensität und Lichtfrequenz, demonstriert durch die Reaktionen der Tausendfüßler.«

»Oh«, sagte Jerry. Er wirkte so, als wäre er beeindruckt.

»Und?« warf Ted ein. »Welche Farbe hat er denn?«

»Rot«, grinste ich. »Der Stern ist dunkelrot. Was sonst?«

Jerry überlegte. Sein Gesicht wirkte nachdenklich. »Das liegt ziemlich weit vorne in der Entwicklungssequenz. Jetzt kann ich mir vorstellen, warum die Chtorraner eine neue Heimat suchen; der alte Stern geht seinem Ende entgegen.« Er sah mich an. »Woher wissen Sie das?«

»Glück«, gab ich zu. »Ich dachte, ich könnte die Dunkelheit mit einem zweihundert Lumen Output im roten Bereich darstellen – nun, das funktioniert in einem dunklen Raum; warum also nicht hier? Ich war es leid, immer nur durch Zufall auf Dinge zu stoßen. Aber dann paßten die neuen Messungen nicht zu der Kurve, die ich bereits hatte. Die Biester waren viel zu aktiv. Also fing ich an, über die Wellenlängen ihres visuellen Spektrums nachzudenken. Ich ließ die ganze letzte Nacht durch den Computer die Farbtemperatur der Platten in regelmäßigen Abständen variieren. Ich gab den Biestern achtzehn verschiedene Farben. Die meisten davon lösten überhaupt keine Reaktion aus. Das Gelb ein wenig, das Orange ein wenig mehr, aber das Rote brachte sie dazu, sich aufzusetzen. Und ein paar zusätzliche Tests heute morgen zeigten mir, daß sie es am liebsten mögen, wenn es nicht heller ist als terrestrisches Zwielicht – und dann korreliert es fast perfekt mit den anderen Tests.«

»Klingt wie gute Arbeit«, sagte Jerry. Plötzlich grinste er. In seinem Gesicht gab das einen grotesken Effekt. »Mich erinnert das an ein Projekt, das ich einmal durchgeführt habe. Man hat uns drei völlig unterschiedliche Lebensformen gegeben, und die Aufgabe, daraus ihre Ökologie zu extrapolieren. Ein Zweijahresprojekt. Ich habe über zwanzigtausend Stunden Parallelbearbeitung gebraucht.« Jetzt wurde er ernster. »Seien Sie also bitte nicht verstimmt, wenn ich Ihnen sage, daß die Schlüsse, die Sie gezogen haben, vielleicht voreilig sind. Ich habe diese Übung schon einmal durchgemacht und kenne einige der Probleme. Sie können einen Planeten nicht nach einer einzigen Lebensform beurteilen. Zwischen Klapperschlangen und Pinguinen ist ein riesengroßer Unterschied. Sie wissen nicht, ob diese Tausendfüßler repräsentativ oder nur ein Sonderfall sind. Wir wissen nicht, von welchem Teil des Planeten sie kommen oder welcher Art von Region – kommen sie von den Polen oder dem Äquator? Sind sie Vertreter der Bergfauna von Chtorr oder Sumpfgeschöpfe? Stammen sie aus den Wüsten oder den Grasgebieten, oder woher sonst? Und was kann man über die Lebensbedingungen auf dem Rest des Planeten daraus schließen? Auf welche Art von Jahreszeiten sind diese Millipeden eingestimmt – wie lang sind sie? Was für biologische Zyklen? Wie lang sind die Tage, die Monate, die Jahre? Wenn sie keine Monde haben, oder mehr als einen, haben sie dann überhaupt das zyklische Äquivalent von Monaten? Aber die eigentliche Frage ist natürlich, wo *passen* diese Tausendfüßler in die chtorranische Ökologie? Alles, was Sie hier haben, sind Indikatoren: die Würmer essen gerne Millipeden, und die

Millipeden fressen gerne alles – ist das ein allgemeiner oder ein willkürlicher Zustand? Welche Schlüsse über ihre Nahrungskette können wir daraus ziehen? Und wie steht es mit ihren Brutgewohnheiten – wie sieht ihr Fortpflanzungszyklus aus? Wie sind ihre Wachstumsmuster? Ihre Psychologie – *falls* sie überhaupt eine haben? Krankheiten? Und damit habe ich noch nicht einmal *angefangen,* Fragen zu stellen.«

»Dazu sind wir hier«, sagte ich. »Um beim Stellen von Fragen mitzuhelfen – und beim Finden von Antworten.«

Das akzeptierte Jerry. »Gut«, sagte er. »Ich werde dafür sorgen, daß Ihre Informationen an diejenigen weitergeleitet werden, die den besten Nutzen daraus ziehen können. Sie haben hier wahrscheinlich ein wichtiges Gebiet eröffnet.« Er streckte die Hand nach der Diskette aus.

»Tut mir leid.« Ich schüttelte den Kopf. »Wenn ich kein Terminal bekomme, gebe ich die Scheibe nicht her.«

»Äh ...« Jerry wirkte verstimmt. »Wenn Sie Informationen über irgendwelche extraterrestrischen oder mutmaßlich extraterrestrischen Lebensformen besitzen, dann wissen Sie, daß Sie dem Gesetz nach verpflichtet sind, das den Bundesbehörden zu melden. Und dies hier ist die zuständige Stelle.« Er streckte wieder die Hand aus.

»Kommt nicht in Frage«, sagte ich. »Ein Mann ist für diese Information gestorben. Ich bin es ihm schuldig, dafür zu sorgen, daß sie an die richtige Stelle kommt. Ich möchte nicht, daß das in irgendeinem Mauseloch verschwindet.«

»Es widerspricht den Vorschriften, Sie vor Ihrer Freigabe an ein Terminal zu lassen.« Sein Gesichtsausdruck wirkte unglücklich. »Welchem Zweig der Special Forces gehören Sie an, sagen Sie?«

»Alpha Bravo.«

»Und was machen Sie?«

»Wir verbrennen Würmer.«

»An Ihrer Stelle würde ich das nicht so formulieren. Zumindest nicht hier.« Er überlegte einen Augenblick und schnitt dann eine Grimasse. »Der Teufel soll die Vorschriften holen. Sie haben eine grüne Karte, oder? Also gut, ich weiß, wie man es anstellt. Kommen Sie.« Er führte uns an einen Komplex aus vier Terminals, schaltete zwei davon ein, identifizierte sich an dem einen und schaltete den zweiten parallel. »Also los«, sagte er. »Machen Sie sich ein Codewort. Sie auch – Jackson, nicht wahr? Sie werden auf ein Sonderkonto der Abteilung verbucht, das eigentlich für VIPs reserviert ist – oh, und sagen Sie niemandem, daß ich das gemacht habe. Und jetzt möchte ich, daß Sie als allerserstes diese Diskette duplizieren.«

SIEBZEHN

Die Busstation befand sich unmittelbar neben dem PX. Fünfzehn oder zwanzig Leute standen wartend herum, die meisten in Abendkleidung oder Uniform.

Als wir kamen, blickte kaum einer auf. »Was ist los?« flüsterte ich.

»Das haben wir gleich«, sagte Ted und verschwand in der Menge.

Wir hatten beabsichtigt, in die Stadt zu fahren und uns dort eine Show oder einen Stammestanz anzusehen. Jetzt stand ich vor der Bushaltestelle und starrte den großen Bildschirm an der Wand an. Auf ihm blitzte eine Leuchtschrift: NÄCHSTER BUS – 22 MINUTEN. Auf der Karte blinkte ein Punkt und zeigte, wo der Bus sich im Augenblick befand.

Ich steckte die Hände in die Taschen und drehte mich um. Mein Blick fiel auf das Gesicht eines mageren, blassen, kleinen Mädchens, das höchstens sechzehn Jahre alt sein mochte, wahrscheinlich jünger; sie hing am Arm eines breitschultrigen, aufgeblasen wirkenden Mannes. Er hatte ein gerötetes, aufgedunsenes Gesicht und war offensichtlich betrunken. Er war alt genug, um ihr Vater zu sein. Er trug einen Schottenrock und eine zerdrückte Uniformjacke. Ich erkannte die Nationalität nicht; er hätte ebensogut Australier wie Schotte sein können. Ich stufte ihn als Oberst ein. Oder als Operettenbuffo. Ich wollte dem Mädchen gerade zulächeln, als er bemerkte, daß ich sie musterte. Er warf mir einen bösen Blick zu, und ich wandte mich verlegen ab.

So sah ich mir statt dessen die zwei WACs* an – zumindest vermutete ich, daß es WACs waren. Aber ebensogut hätten es Huren sein können. Dad sagte immer, man könne den Unterschied dadurch feststellen, daß ›Huren sich wie Damen kleiden und Damen wie Huren‹. Aber ich begriff nie, was er damit meinte. Ich dachte immer, eine Hure *sei* eine Dame. Per Definition. Diese zwei unterhielten sich im Flüsterton, offensichtlich über ein Thema, das keine von beiden interessierte. Sie waren eingehüllt in Eleganz und Gleichgültigkeit. Sie hätten auf eine Limousine warten müssen, nicht auf einen Bus, aber – nun, die ganze Menschenansammlung war ein seltsames Gemisch. Vielleicht gehörten sie zu den drei japanischen Geschäftsleuten in Sony-Anzügen, die so hitzig argumentierten, während ein vierter – offensichtlich ein Sekretär – auf ein Taschenterminal sah.

Und dann waren da vier schwarze Delegierte, die eine unidentifizierbare afrikanische Sprache sprachen; ich hätte angenommen, Suaheli, aber wissen konnte ich das natürlich nicht. Drei Männer und eine hochgewachsene, auffällige Frau mit einer Frisur wie ein Kornfeld. Alle trugen hellrote, mit Gold abgesetzte Kostüme. Die Frau merkte, daß ich sie ansah, lächelte und wandte sich ab. Dann flüsterte sie einem der Männer etwas zu, und der drehte sich herum und sah mich an und wandte sich dann wieder seiner Begleiterin zu, worauf sie beide leise lachten. Ich merkte, daß ich anfing, unwillig zu werden.

Mir war das Ganze peinlich. Ich drehte mich um und starrte in das PX Schaufenster. So blieb ich und starrte verblaßte Packungen mit Make-up für Männer an, bis Ted grinsend auftauchte und mich anstupste. »Das wird dir gefallen!« sagte er.

Ich wandte mich von dem staubigen Fenster ab. »Was hast du denn herausgebracht?«

---

* WAC = Women's Army Corps – Weibliche Soldaten der amerikanischen Armee – *Anm. d. Übers.*

»O ... einiges.« Er sagte das sehr selbstgefällig.

»Zum Beispiel?«

»Ein Orientierungsempfang. Weißt du, was hier läuft?«

»Studien an Chtorranern, hoffe ich.«

»Etwas viel Besseres. Die Erste Weltkonferenz über extraterrestrisches Leben unter besonderer Betonung der chtorranischen Spezies mit der Zielsetzung Kontakt, Verhandlung und Koexistenz.«

»Und was ist mit Kontrolle?«

»Ich nehme an, das läuft da mit. Eine Unterabteilung befaßt sich mit Verteidigungsmaßnahmen und politischen Erwägungen, aber allem Anschein nach wird das heruntergespielt. Jedenfalls handelt es sich um eine größere Sache. Hier sind fünfhundert der besten Wissenschaftler ...«

»Der besten *übriggebliebenen*«, verbesserte ich ihn.

Ted ignorierte mich. »... auf der Welt. Nicht nur Biologen, Jim, Junge, Psychologen, Ökologen, Anthropologen, Weltraumwissenschaftler – selbst der Vorsitzende der Asenion Stiftung kommt.«

»Wer ist das?«

»Eine Gruppe spekulativer Denker. Schriftsteller, Künstler, Filmemacher, Programmierer – wie dein Dad – und so weiter. Leute mit ausgeprägtem Ideenfluß. Leute, die extrapolieren können – Futurologen und Science-Fiction-Schriftsteller zum Beispiel.«

»Oh«, sagte ich. »Spinner also. Ich bin überwältigt.«

»Wirst du kommen?«

»Hä? Wir sind doch nicht offiziell eingeladen, oder?«

»Na und? Es geht doch um Chtorraner, oder? Und wir sind Experten auf dem Gebiet, oder nicht? Wir haben das gleiche Recht wie jeder andere, dort dabei zu sein. Komm, der Bus ist da.« Es war ein großer Chrysler mit Hydroturbine, eines der fahrplanmäßigen Fahrzeuge, die den Pendelverkehr zwischen dem Stützpunkt und der Innenstadt versahen. Die Fahrerin hatte sämtliche Scheinwerfer eingeschaltet, und das Monstrum leuchtete wie ein Drache.

Ich hatte keine Chance, Einwände vorzubringen. Ted packte mich einfach am Arm und zog mich hinter sich an Bord. Der Bus setzte sich in Bewegung, ehe wir Sitzplätze gefunden hatten; ich wollte nach hinten, aber Ted zerrte mich neben sich zwischen eine Anzahl junger, elegant gekleideter Paare. Wir rumpelten durch das Tor und hinaus auf die Hauptstraße, und ich mußte an ein hell erleuchtetes Kreuzfahrtschiff voll Urlauber mitten auf dem finsteren, einsamen Ozean denken.

Vorne fing jemand an, eine Flasche herumzureichen, damit begann die Party. Die meisten Leute im Bus schienen einander bereits zu kennen. Bald flogen Witze hin und her. Irgendwie paßte Ted sich der Gruppe an und war nach wenigen Minuten voll akzeptiert und lachte und witzelte mit ihnen. Als sie die Bar im vorderen Teil des Busses aufsuchten, winkte er mir, ich solle mitkommen, aber ich schüttelte den Kopf.

Statt dessen zog ich mich ans hintere Ende zurück – und wäre dabei fast mit dem mageren, blassen kleinen Mädchen zusammengestoßen, als die aus dem Waschraum kam. »Oh, tut mir leid!«

Sie warf mir einen schnellen, ärgerlichen Blick zu und wollte an mir vorbei.

»Ich habe gesagt, daß es mir leid tut.«

»Ja – das sagen alle.«

»Hey!« Ich hielt sie am Arm fest.

»Was ist denn?!«

Ich sah ihr ins Gesicht. »Wer hat Sie denn verletzt?«

Sie hatte die dunkelsten Augen, die ich je gesehen habe. »Niemand!« sagte sie. Sie zog den Arm weg und ging nach vorne zu ihrem Freund, dem fetten, aufgedunsenen Oberst.

Das Marriott-Regency Hotel schimmerte wie ein Märchenschloß, es schwebte wie eine Wolke über einem See aus silbernem Licht. Es war eine riesige weiße Pyramide, ganz aus Terrassen und Minaretts gebaut und mitten in einem riesigen, funkelnden See angeordnet. Es ragte über Denver auf wie ein strahlender, gutmütiger Riese – ein *leuchtender* Riese. Auf der Wasserfläche blitzten tausend Reflexe – Lichter an der Hotelfassade und unter der Wasserfläche – und ringsum tanzten schimmernde Laserstrahlen über den Himmel wie Schwerter aus tanzendem Licht; der ganze Turm war in eine Art Heiligenschein eingehüllt.

Und weit oben am Himmel sprang Feuerwerk in die Nacht, ließ den Himmel erstrahlen und explodierte und zerplatzte in einem nie endenwollenden Schauer aus Licht. Hinter den grellen Funken und Sternen verblaßten die echten Sterne am Firmament.

Im Vergleich dazu schien der Rest der Stadt dunkel und verlassen. Es war gerade, als gäbe es in Denver außer diesem kolossalen Turm, in dem das Leben herausfordernd blitzte, nichts anderes – eine Feier um der schieren Freude am Feiern willen.

Einige der Passagiere unseres Kreuzfahrtschiffes brachen in erstaunte Rufe aus. Ich hörte eine Dame rufen: »Das ist wunderbar! Aber was feiern die eigentlich?«

»Nichts«, lachte ihr Begleiter. »Alles. Einfach, daß sie am Leben sind!«

»Und das tun die jede Nacht?«

»Mhm.«

Der Bus rollte eine Rampe hinunter, durch einen Tunnel, dann in das Gebäude selbst und kam schließlich auf einer Innenterrasse zum Stillstand.

Es war, als träte man hinaus in ein Märchen. Das Innere dieses strahlenden Diamanten war ein dreißig Stockwerke hoher Hof, gebadet in Licht und aufgeteilt von unglaublichen Springbrunnen und üppigen Wäldern, durchsetzt mit unerwarteten Plateaus und Terrassen und Balkons. Überall hingen Fahnen. Ich verließ den Bus und starrte einfach auf das Schauspiel, das sich mir bot – bis Ted meinen Arm packte und mich mit sich zog.

An einer Seite war eine Lobby mit dem Empfangspult des Hotels und den Lifts, auf der anderen eine Rampe, die in das Herz des Hofes hinunterführte. Eine Kapelle des Marinecorps mit blitzenden silbernen Uniformen hatte einen der naheliegenden Balkons besetzt, und jetzt erfüllten die Klänge von Tschaikowskys *Dornröschenmarsch* die Luft (früher war das einmal ein Walzer gewesen, aber dann hatte die Marine die Dinge in die Hand genommen). Wohin auch immer ich blickte, sah ich Uniformen – Uniformen jeder Waffengattung und dazu ein paar ausländische. Hatte das Militär das Hotel übernommen?

Oben an der Rampe stand ein junger Leutnant – du liebe Güte! Seit wann konnte man so jung sein Leutnantspatent bekommen? Er saß hinter einer tragbaren Computerkonsole und verglich jeden, der hereinwollte, mit seiner Liste auf dem Bildschirm. Obwohl wir nicht sehen konnten, daß er irgend jemanden daran hinderte, die Rampe hinunterzugehen, hatte er offensichtlich die Vollmacht, eben dies zu tun. Ich fragte mich, wie Ted es anstellen würde, an ihm vorbeizukommen.

Doch bald zeigte sich, daß dies überhaupt kein Problem war. Ted hatte sich an den Operettenoberst mit dem sechzehnjährigen Mädchen angehängt, indem er ausschließlich an dem Oberst und überhaupt nicht an dem Mädchen Interesse zeigte. In seinem bunten Schottenrock sah er aus wie ein Zuhälter; und er benahm sich auch wie einer. Wir gingen als Gruppe auf die Konsole zu; Ted hängte sich mit einem Arm bei dem Oberst, mit dem anderen bei mir ein. »Jetzt komm schon, Jimmy-Boy«, sagte er, »sei kein Spielverderber.« Der junge Offizier sah uns alle vier an, versuchte, ohne großen Erfolg, seine Reaktion zu verbergen und ließ uns wortlos mit einer Kopfbewegung durch.

Später stellte sich heraus, daß der Oberst in Denver ziemlich bekannt war. Ebenso wie seine Vorliebe für – nun, lassen wir das. Das Mädchen war nicht seine Tochter. Aber hungrig war sie.

Ich schüttelte Teds Arm ab und riß mich ärgerlich los. Ich blieb auf der Rampe stehen und ließ die anderen ohne mich weitergehen. Ted schien es überhaupt nicht zu bemerken.

Ich stand da und blickte ihnen nach, wie Ted an dem einen Arm des alten Knackers hing und das Mädchen am anderen, und haßte sie alle drei. Dazu war ich nicht nach Denver gekommen. Mir war heiß und ich kam mir wie ein verdammter Narr vor.

Sollte sie doch alle der Teufel holen. Ich ging ein Telefon suchen; fand eines, schob meine Karte ein und wählte die Nummer von zu Hause.

Aber ich bekam nur eine Tonbandaufzeichnung: »Jetzt nicht hier – morgen zurück.« *Piep.*

Seufz. »Mom, hier spricht Jim –«

Klick. »Jim, tut mir leid, daß ich dich verpaßt habe. Ich bin nicht mehr in Santa Cruz. Ich bin umgezogen, an einen Ort, der sich Family nennt. Er liegt auf der neuen Halbinsel. Wir kümmern uns hier um Waisen. Ich hab hier einen wunderbaren Mann kennengelernt – ich möchte, daß du ihn auch kennenlernst. Wir denken ans Heiraten. Er heißt Alan Plaskow; du wirst ihn bestimmt mögen. Maggie mag ihn auch. Maggie und Annie senden liebe Grüße. Wir wollen alle wissen, wann wir dich wiedersehen. Dein Onkel Ernie kommt nächste Woche. Es hat etwas mit den Wiederaufbauanhörungen zu tun. Bitte, sag mir Bescheid, wo ich dich erreichen kann, okay?« *Piep.*

»Hi, Mom. Ich habe deine Durchsage bekommen. Ich weiß nicht, wann ich hier weg kann; aber sobald es geht, komm ich auf ein paar Tage nach Hause. Ich hoffe, es geht dir gut. Und allen anderen auch. Ich bin im Augenblick in Denver im National Science Center und ...«

Eine metallische Stimme unterbrach. »Das Gesetz verlangt, daß ich Sie davon informiere, daß dieses Gespräch zum Zwecke einer möglichen Zensur überwacht wird. Dies ist nach dem Nationalen Sicherheitsgesetz zulässig.«

»Prima. Jedenfalls melde ich mich, sobald es geht, Mom. Versuch nicht, mich hier anzurufen; ich glaube nicht, daß du das schaffen würdest. Liebe Grüße an alle.« Ich legte auf. Dann versuchte ich, Maggie anzurufen, aber die Leitungen nach Seattle waren gestört oder besetzt oder sonst etwas. Ich hinterließ eine Nachricht, steckte meine Karte ein und ging weg.

Plötzlich fand ich mich vor einem Zeitungsstand und studierte die Schlagzeilen. Alles derselbe alte Quatsch. Der Präsident forderte zu Einigkeit und Zusammenarbeit auf. Wieder einmal. Der Kongreß führte große Debatten über die Wirtschaft. Wieder einmal. Der Wert des Casey war wieder ein Stück gestiegen. Schlechte Nachrichten für den Arbeiter. Wieder einmal.

Einem Impuls folgend, kaufte ich mir eine Packung Highmasters und öffnete sie, während ich zurückging.

Ich blieb oben an der Rampe stehen, um mir eine anzuzünden.

»Wer ist das?« sagte jemand hinter mir.

»Wer ist wer?« antwortete jemand.

»Der Prediger.«

»Oh, das ist Fromkin. Wieder einmal auf einem Egotrip. Er spielt gerne den Lehrer. Immer, wenn er zu solchen Veranstaltungen kommt, hält er Hof.«

»Er scheint ja den Saal voll zu haben.«

»Oh, er ist ein guter Redner, nie langweilig – aber ich hab ihn schon früher gehört, und es ist immer dieselbe Predigt: ›Laß uns unvernünftig sein.‹ Gehen wir woanders hin.«

»Okay.«

Sie schlenderten davon. Ich studierte den Mann, über den sie gesprochen hatten, einen Augenblick und ging dann die Rampe hinunter, um besser hören zu können. Er sah wirklich wie ein Prediger aus. Diese Wirkung erzielte er durch ein seidenes Rüschenhemd und einen schwarzen Gehrock – er sah aus, als wäre er soeben aus dem neunzehnten Jahrhundert eingetroffen. Er war schlank, geradezu hager, und hatte einen Heiligenschein aus frostig wirkendem weißen Haar, das wie eine Wolke um seinen rosafarbenen Schädel schwebte.

Seine Augen blitzten beim Reden; er schien das, was er tat, in hohem Grad zu genießen. Ich zwängte mich in die Menschenmenge und fand einen Stehplatz. Eine der Frauen zu seinen Füßen sagte gerade: »Aber ich begreife nicht, wie es möglich sein sollte, die Arbeitswirtschaft zu inflationieren, Professor ... ich meine, ich dachte, alles sei *festgesetzt.*«

»Das ist wirklich ganz einfach«, sagte Fromkin. »Sie brauchen bloß die Zähler abzuwerten.«

»Aber das meine ich doch. Ich dachte, das Ganze hätte den Sinn, eine Wirtschaft zu schaffen, die man *nicht* abwerten kann.«

»Sicher. Aber – zum Teufel, das erfordert eine recht komplizierte Erklärung. Warten Sie einen Augenblick, wir wollen sehen, ob ich es ein wenig vereinfachen kann. Schauen Sie, die Theorie des Geldes ist die, daß es ein Werkzeug ist, das einem gesellschaftlichen Organismus die Möglichkeit gibt, seine Energie zu manipulieren. Das heißt, Geldeinheiten sind die Blutkörper im kulturellen Blutstrom – es muß fließen, damit das System sich selbst ernähren kann. Gefällt Ihnen das, hm? Was wir als Geld sehen, ist in Wirklichkeit nur ein Zähler, eine Möglichkeit, um festzustellen, welches Organ in dem sozialen Körper – das meint also Sie – im Augenblick dieses Stück Energie nutzt oder kontrolliert. Wenn wir zu denken beginnen, daß der Zähler einen Wert hat, fangen wir an, uns selbst zu verwirren. Das hat er nicht – er ist nur ein Symbol.«

»Ich könnte ein paar von diesen Symbolen gebrauchen«, meinte einer der Zuhörer.

Fromkin sah ihn mit durchdringender Milde an. »Dann schaffen Sie doch welche«, sagte er. Plötzlich wußte ich, an wen er mich erinnerte – Whitlaw!

»Würde ich liebend gerne. Wie?« sagte der Mann.

»Ganz einfach. Schaffen Sie Werte – für andere. Die Wahrheit ist, daß Sie Ihren Wohlstand nur daran messen können, welchen Unterschied Sie in der Welt erzeugen. Das heißt, welchen Beitrag leisten Sie für die Menschen Ihrer Umgebung? Und für wieviele Menschen leisten Sie einen solchen Beitrag?«

»Hm?« Der Zuhörer hatte aufgehört, komisch zu wirken. Jetzt war er ehrlich neugierig.

»Also gut, hören Sie zu. Das physikalische Universum benutzt die Hitze, um Buch zu führen. Tatsächlich ist es Bewegung, auf der molekularen Ebene finden wir es als Hitze. Für Sie genügt es zu wissen, daß es die einzige Art ist, wie ein Gegenstand je auf einen anderen wirkt, also ist es auch die einzige Art, um abzumessen, einen wie großen Unterschied ein Gegenstand *wirklich* macht. Wir messen Hitze in BTUs, British Thermal Units. Kalorien. Wir wollen, daß unser Geld ein genauer Maßstab ist, also benutzen wir dasselbe System wie das physikalische Universum; ergo haben wir den KC-Standard, die Kilokalorie.«

Eine etwas dickliche Frau in einem grell geblumten Kleid kicherte nervös. »Ich dachte immer, wir würden Fettstücke ausgeben. Ich dachte, ich würde reich sein.« Fromkin nahm ihren Versuch, komisch zu wirken, mit einem unverbindlichen Lächeln auf und sie strahlte.

Der Mann neben ihr fragte: »Wieviel ist heutzutage ein Pfund Fleisch wert?«

»Äh, mal sehen – ein Pfund sind Null Komma Fünf Kilo ...«

»Drei Caseys«, sagte ich, »ein Pfund Fleisch sind dreitausend Kalorien.« Ich sah wieder Fromkin an.

Der ignorierte die Unterbrechung und nippte an seinem Glas und stellte es dann weg. Jemand füllte es sofort nach, eine dünne, knochig aussehende Frau mit Augen wie ein Dachshund.

Fromkin wandte seine Aufmerksamkeit wieder der Frau zu, die die Frage gestellt hatte. »Sind Sie noch da? Gut. Okay. Das lehrt uns der Casey über das Gesetz von Angebot und Nachfrage: Der Kaufpreis eines Gegenstandes wird dadurch bestimmt, wieviel Arbeit Sie bereit sind, dafür einzutauschen. Der Unterschied zwischen dem Kaufpreis und seinem tatsächlichen Wert nennt sich *Profit*. Hören Sie auf, die Nase zu rümpfen, meine Liebe; Profit ist nichts Schmutziges. Profit ist eine wichtige Ressource. Er ist ein notwendiger Bestandteil der wirtschaftlichen Prozesse; so nennen wir die Energie, die der Organismus dazu benutzt, neu zu investieren, wenn er weiterhin gedeihen und produzieren soll. Dieser Apfel beispielsweise ist der Profit des Apfelbaums – sein Fruchtfleisch wird dazu benutzt, die Samen in seinem Inneren zu ernähren, und auf die Weise produziert ein Apfelbaum einen anderen Apfelbaum. Also können Sie nicht weniger verlangen, als ein Gegenstand in Energie kostet, aber Sie können mehr verlangen – das *müssen* Sie sogar.«

»Warum kostet dann ein Kilo Belugakaviar mehr als ein Kilo Soja?« fragte jemand. »Die Sojabohnen haben mehr Protein.«

Fromkin lächelte. »Ist das nicht offenkundig? Sobald Sie eine Einheit weniger als die Zahl bereitwilliger Käufer haben, findet eine Auktion statt. Der Preis wird ansteigen, bis genügend Leute aussteigen, und dann haben Sie wieder nur so viele Käufer, wie Einheiten zum Verkauf stehen; man nennt das ›den Marktwert erzielen‹.«

Er stand auf, ging an einen Kaffeetisch in der Nähe und fing an, einen Teller zu beladen, aber dabei redete er weiter. Der Mann war unglaublich. »Nach den hier üblichen Standards für Arbeit wird der Wohlstand einer Nation durch ihre

Fähigkeit zu produzieren bestimmt – ihr Bruttosozialprodukt. Reduzieren Sie die Bevölkerung, und sie beschneiden zugleich den Wohlstand eines Landes. Automatisch. Aber die Zahl der immer noch in Umlauf befindlichen Zähler bleibt hoch. Und es geht nicht ohne weiteres an, den Geldumlauf zu reduzieren; die Inflation ist gleichsam einprogrammiert – und selbst wenn Sie all das überflüssige Bargeld, das in Umlauf ist, reduzieren *könnten,* dann würde das nicht genügen. Das System hängt immer noch an seiner Geschichte. Obligationen beispielsweise – eine Regierung verkauft Obligationen mit dem Versprechen, Zins dafür zu bezahlen. Zins kann aber nur bezahlt werden, wenn das System im Wachstum begriffen ist. Wenn es kein Wachstum gibt, dann ist der Zins nur ein Versprechen der Regierung, weiterhin eine inflationäre Wirtschaftspolitik zu betreiben und den Wert der Zähler weiter zu reduzieren – den Wert des Geldes also. Deshalb bin ich dagegen, daß man der Regierung die Erlaubnis gibt, Geld aufzunehmen – unter *allen* Umständen. Weil sie damit nur ein schlechtes Beispiel gibt. Wenn die Regierung nicht zurückzahlen kann, muß sie sich mehr besorgen, und damit wird die Inflationsspirale endlos. Wenn wir zulassen, daß die Regierung sich verschuldet, verpfänden wir unser eigenes zukünftiges Einkommen. Dieses Land – tatsächlich sogar die ganze Welt – befindet sich in einer extremen Situation des Nullwachstums, und doch werden die Zinsen für alle offenstehenden Obligationen immer noch bezahlt werden. So muß es sein, das ist das Gesetz. Also ... je mehr Geld im Umlauf ist, desto weniger ist jeder einzelne Schein wert. Gott sei Dank haben wir den Dollar noch – dahinter steht zumindest Papier; die Inflationsrate des Dollars kann gar nicht so schnell sein wie die des Casey unter den gegebenen Umständen – und so wird es noch lange weitergehen. Eines Tages wird der Dollar wieder Geld sein. Wir stehen am Anfang einer langen Rezes ...«

»Am Anfang?« sagte die Frau. »Ich dachte ...«

»Nee.« Fromkin hatte sich jetzt wieder gesetzt, er aß. Er machte eine kurze Pause, um zu kauen und zu schlucken. »Sie haben unrecht. Das war eine Bevölkerungskatastrophe. Wenn in zwei Jahren viereinhalb Milliarden Leute sterben, ist das eine Katastrophe. Die UN-Definition einer Rezession gibt sieben Prozent oder mehr im Zeitraum von acht Monaten an – aber wenn es siebzig Prozent sind, ist es eine Katastrophe. Wir sind im Augenblick gerade dabei, aus dieser Katastrophe herauszukommen; die Kurve fängt endlich an, sich zu glätten. Jetzt beginnt die Rezession. Die echte Rezession. Das ist die Nachwirkung der Katastrophe. Aber in Wirklichkeit ist es noch viel mehr. Ob Sie es glauben oder nicht, möglicherweise ist die Menschheit unter die Schwelle der Lebensfähigkeit gedrückt worden. Vielleicht sind nicht genug von uns übrig geblieben, um überleben zu können.«

»Häh?« Der Mann, der das gerufen hatte, war neu zu der Gruppe gekommen. Er hatte eine militärische Haltung, obwohl er eine Smokingjacke trug. Er stand mit einem Teller in der einen und einem Glas in der anderen Hand da. »Ist das Ihr Ernst? Fromkin, ich glaube, Sie ignorieren die Tatsache, daß die Menschheit schon lange Zeit überlebt hat und daß wir ein knappes Jahrhundert lang nur wenig mehr als eine Milliarde Individuen waren.«

Fromkin blickte auf. Er erkannte den Mann und grinste. »Sie sollten besser bei Ihren Raumschiffen bleiben, Colonel Ferris. Würde jemand bitte Platz für den Colonel machen, vielen Dank. Ihre Zahlen stimmen natürlich – ich habe denselben Bericht gelesen. Aber die Zahlen allein sind auch nicht alles. Sie müssen die demographischen Querschnitte kennen. Im Augenblick funktionieren wir nicht aus einer stabilen Population von Familien oder Stammesgruppen. Das menschliche Netzwerk ist größtenteils gestört – wir sind alle individuelle Atome, die im Chaos kreisen. Wir haben uns noch nicht wieder neu zu Molekülen formiert – obwohl dieser Prozeß bereits begonnen hat –, geschweige denn zu Kristallen oder Gittern. Wir sind immer noch sehr weit von der Schaffung der notwendigen gesellschaftlichen Organismen entfernt, die eine sich selbst regenerierende Gesellschaft braucht, um zu überleben; und ich spreche nur vom Überleben; auf irgend etwas darüber Hinausgehendes bin ich überhaupt nicht eingegangen – wie das Feiern beispielsweise.«

Ferris wirkte unglücklich. Einige der anderen Zuhörer Fromkins waren verwirrt.

»Okay, lassen Sie mich das für Sie in einfache Worte kleiden. Wir sind noch keine Bevölkerung. Wir sind nur ein Mischmasch von Leuten, die das Glück hatten – oder vielleicht sollte ich sagen, das Unglück – zu überleben.« Während er das sagte, sah er Ferris an. »Jeder einzelne von uns hat seine ganz persönliche Horrorgeschichte.«

Jetzt erkannte ich ihn. Jarles ›Free Fall‹ Ferris. Die Lunar Kolonie. Einer der siebzehn, die es geschafft hatten, zurückzukehren. Wir erfuhren nie, wie sie diejenigen ausgewählt hatten, die blieben, und jene, die zurückkehrten. Ich fragte mich, ob wir es je erfahren würden.

Und Fromkin sagte: »Tatsache ist, daß wir immer noch unter den Nachwirkungen der Seuchen leiden. Das wird noch ein oder zwei oder drei Jahre so gehen – aber für eine kleine, weit verstreute, desorganisierte Bevölkerung sind wir keineswegs besser darauf vorbereitet, als wir das vorher als eine große, dichte, gut organisierte Bevölkerung waren. Wenn überhaupt, dann sind die Chancen des Individuums für das Überleben jetzt schlechter. Es gibt immer noch Ausläufer dieser Seuchen. Langsam aber sicher werden wir eine weitere halbe Milliarde Menschen verlieren – das ist die Annahme der Denktanks der Rand Corporation. Und dann werden wir von den Überlebenden zehn Prozent verlieren, die den Willen zum Leben verloren haben werden. Anomie. Schock. Die Verwundeten – nur weil Sie sie nicht mehr in Rudeln herumlaufen sehen, heißt das noch lange nicht, daß es sie nicht gibt. Und dann werden wir die sehr Alten und die sehr Jungen verlieren, die nicht mehr imstande sein werden, für sich selbst zu sorgen. Und die sehr Kranken. Jeder, der irgendwie unterstützt werden muß, ist in Gefahr, selbst wenn es sich dabei um etwas so leicht Kontrollierbares wie Diabetes handelt. Die medizinische Versorgung und die notwendigen Medikamente werden einfach nicht zur Verfügung stehen. Wir haben fast achtzig Prozent der Ärzte, Krankenpfleger und Medizintechniker der Welt verloren. Wir werden eine Menge Kinder verlieren, weil es niemanden mehr geben wird, der die elterliche Sorge für sie übernimmt. Einige werden sterben, andere verwildern. Die Geburtenziffern werden auf lange Zeit zurückgehen. Wir werden all die Babies verlieren, die gar nicht geboren werden, weil diejenigen, die ihre Eltern hätten sein können, dazu nicht mehr imstande oder nicht mehr bereit sein werden. Und wir werden noch mehr Babies verlieren, die von ihren Eltern nicht versorgt werden können oder wollen. Soll ich fortfahren? Nein? Okay – aber wir stehen sehr nahe am Abgrund. Auf kultureller Ebene wird es wie positives Feedback aussehen; Psychosen, die weitere Psychosen schaffen. Mißtrauen und Argwohn, die zu noch mehr Mißtrauen und Argwohn führen. Und wenn genügend Leute erst einmal erkennen, daß nicht mehr genügend da ist – Nahrung, Treibstoff, was auch immer –, werden sie anfangen, um das zu kämpfen, was noch übrig geblieben ist. Und dann wird es ernsthafte Probleme mit der Bevölkerungsdichte geben; die Überlebenden – ein wirres Konglomerat von Untauglichen nach jeder Definition, die man sich vorstellen kann – sind vielleicht zu weit verbreitet, um sich noch zu begegnen, und miteinander Kinder zu zeugen. Die wenigen Übriggebliebenen, die bereit und imstande sind, verantwortungsbewußte Eltern zu sein, werden einander vielleicht nicht mehr finden können. Ich rechne damit, daß der Niedergang uns bis auf das Niveau drücken wird, wo es höchst fraglich sein wird, ob wir noch einmal umkehren können. Und das bedeutet übrigens, daß der Casey ein edles Experiment war. Aber ich fürchte, er wird noch lange Zeit unter Inflation leiden und daher wertlos sein. Ich wünschte, ich hätte unrecht, aber ich habe bereits den größten Teil meiner Habseligkeiten in Immobilienbesitz oder Dollars umgewechselt. Ich rate Ihnen allen, das Gleiche zu tun. Bei schrumpfender Steuerbasis wird die Regierung bald drastische Schritte ergreifen. Und Sie werden Ihren Besitz schützen müssen, sonst könnte es sein, daß Sie über Nacht erkennen, daß Sie durch eine Neubewertung des Papiergelds arm geworden sind. Das ist in den letzten zwei Jahrzehnten einige Male geschehen, aber das nächstemal wird es schrecklich sein.«

Er hielt inne, um einen Bissen zu essen und ihn mit einem Schluck hinunterzuspülen.

Vielleicht waren es noch meine Reflexe aus der Schulzeit – ich mußte etwas sagen. Er sprach über die Tatsache, daß der Prozeß des Sterbens noch nicht zu Ende war, daß wir ein

Drittel, vielleicht sogar die Hälfte der noch verbliebenen menschlichen Wesen auf dem Planeten verlieren würden. Er sprach nicht davon, wie man sie würde retten können, er sprach völlig leidenschaftslos davon, wie man wirtschaftlicher Unbequemlichkeit aus dem Wege gehen konnte. Nein – er sprach davon, wie man Nutzen daraus ziehen konnte. Ich konnte einfach nicht anders. »Sir ...«

Er blickte auf. Seine Augen wirkten umwölkt. »Ja?«

»Was ist mit den Leuten?«

»Wie bitte?«

»Den Leuten. Werden wir nicht versuchen, sie zu retten?«

»Wen zu retten? Wovor?«

»Sie sagten, wenigstens eine weitere halbe Milliarde Leute würde sterben. Können wir denn wirklich gar nichts dagegen tun?«

»Was möchten Sie denn, daß wir tun?«

»Nun – sie retten!«

»Wie?«

»Äh, nun ...«

»Ich bitte um Entschuldigung – ich hätte fragen sollen ›womit‹. Die meisten von uns wenden ihre ganze Energie nur dafür auf, um am Leben zu bleiben. Die meisten Regierungen haben zu viele Schwierigkeiten damit, einzig und allein die innere Ordnung aufrechtzuerhalten, daß sie irgendwelche Rettungsanstrengungen für ihre eigene Bevölkerung unternehmen könnten, geschweige denn für andere. Und wie rettet man Menschen vor den sich überlagernden Wellen von fünf unterschiedlichen Seuchen, von denen jede einzelne mehr als tausend Kilometer entfernt ist? Mag sein, daß wir die Seuchen identifiziert haben, aber wir sind noch nicht damit fertig, die Mutationen zu identifizieren. Übrigens, sind Sie geimpft?«

»Sicher, das ist doch jeder, oder?«

Er schnaubte geringschätzig. »Sie sind geimpft, weil Sie in der Army sind oder Mitarbeiter einer Behörde oder so etwas – jemand hält Sie für wertvoll genug, um Sie am Leben zu halten, aber das Impfserum kostet Zeit und Geld – und, was das Wertvollste ist, den Einsatz menschlicher Arbeitskraft. Und von letzterer steht nicht genug zur Verfügung. Nicht *jeder* ist geimpft – nur diejenigen, die die Regierung zum Überleben *braucht*. Wir haben nicht einmal genügend Techniker, um selbst die automatischen Labors zu programmieren. Wir haben nicht genügend Personal, um neue Techniker *auszubilden*. Wir haben keine Leute, um die Geräte instandzuhalten. Wir haben nicht ...«

»Ich verstehe schon, worauf Sie hinauswollen – trotzdem, gibt es denn nichts ...?«

»Junger Mann, wenn es etwas gäbe, würden wir es tun. Wir tun es ja. Was auch immer wir können. Worauf ich hinausmöchte, ist, daß wir selbst bei größter Mühe diese halbe Milliarde Menschen verlieren werden. Das ist ebenso unvermeidlich wie der Sonnenaufgang. Wir sollten es uns eingestehen, weil es so ist, ob es uns nun gefällt oder nicht.«

»Mir gefällt es nicht«, sagte ich.

»Das braucht es auch nicht.« Fromkin zuckte die Achseln. »Dem Universum ist es gleichgültig. Gott führt keine Meinungsumfragen durch. Tatsache ist: Was Sie mögen, was ich mag, was jeder mag – das alles ist belanglos.« Sein Ausdruck war täuschend herzlich. Er schien fast bewußt feindselig. »Wenn Sie wirklich etwas verändern wollen, dann müssen Sie sich diese Frage in bezug auf *alles* stellen, was Sie tun: Trägt es zum Überleben der Spezies bei?« Er sah sich im Auditorium um. »Die meisten von uns sind imstande, Kinder zu haben. Würden Sie wollen, daß wir diese Fähigkeit zugunsten einer altruistischen Geste von am Ende zweifelhaftem Wert in Frage stellen? Oder lassen Sie es mich anders formulieren: Sie können den Rest Ihres Lebens damit verbringen, die nächste Generation menschlicher Wesen heranzuziehen und auszubilden, oder Sie können diese Zeit auch damit verbringen, ein paar Dutzend von den Verwundeten, den Katatonikern und Autistikern zu pflegen, die nie imstande sein werden, einen Beitrag zu leisten, die nur weiterhin unsere Ressourcen verbrauchen – wovon Ihre wertvolle Zeit nicht die geringste ist.«

»Ich höre, was Sie sagen, Sir. Aber still dazusitzen und Kaviar und Erdbeeren und Lachsschnittchen zu essen und zur gleichen Zeit von globalem Tod und wohlwollendem Genozid zu sprechen ...«

Er stellte seinen Teller weg. »Wäre es moralischer, wenn ich verhungerte, während ich von globalem Tod und wohlwollendem Genozid spreche? Wäre ich besorgter, wenn ich verhungerte? Würde das meine Fähigkeit steigern, etwas zu tun?«

»Sie sollten nicht so leidenschaftslos darüber sprechen«, sagte ich. »Das ist undenkbar.«

Ein Ausdruck der Verstimmung ging über sein Gesicht, aber seine Stimme blieb gleichmäßig. »Das ist *nicht* undenkbar.« Er sagte das ganz betont – war er *zornig?* »Tatsächlich gehen wir, wenn wir *nicht* daran denken, das Risiko ein, daß wir überrascht werden. Eine der wesentlichen Schwächen scholastischer Intelligenz – nehmen Sie das nicht persönlich, junger Mann, ich beleidige jeden in gleicher Weise – liegt in der moralischen Selbstgerechtigkeit. Die bloße Fähigkeit, den Unterschied zwischen richtig und falsch zu erkennen, macht einen nicht zur moralischen Person; es gibt Ihnen nur Richtlinien, nach denen Sie handeln können.« Er lehnte sich in seinem Stuhl nach vorne. »Und jetzt zu den schlechten Nachrichten. Die meiste Zeit sind diese Richtlinien belanglos – weil das Bild, das wir über den wünschenswerten Zustand der Dinge im Kopf herumtragen, gewöhnlich nur sehr wenig Beziehung zur tatsächlichen Welt hat. Und wenn man den Standpunkt einnimmt, daß die Dinge in irgendeiner Weise anders sein sollten als sie sind, dann bleibt man nur stecken. Man verbringt zuviel Zeit damit, sich mit dem physikalischen Universum herumzuschlagen, so daß man überhaupt keine Ergebnisse mehr erzielt. Man hat dann zwar ein paar großartige Ausreden, aber keine Ergebnisse. Die Tatsache, daß wir nichts gegen die Umstände unternehmen können, die uns in den Niedergang treiben, ist natürlich unangenehm – aber jetzt wollen wir aufhören, über die Situation zu argumentieren, und anfangen, etwas zu unternehmen. Es gibt immer noch eine ganze Menge, was wir tun können, um das Unangenehme zu minimieren.«

»Eine halbe Milliarde Tote ist mehr als nur unangenehm.«

»Viereinhalb Milliarden ist auch mehr als nur unangenehm.« Er musterte mich ruhig. »Und sprechen Sie bitte etwas leiser – ich kann Sie sehr gut hören.«

»Tut mir leid. Worauf ich hinausmöchte, ist nur, daß mir diese ganze Diskussion inhuman vorkommt.«

Er nickte. »Ja, das muß ich einräumen. Sie *scheint* inhuman.« Plötzlich änderte sich sein Tonfall. »Kennen Sie irgendwelche verrückten Leute?«

»Gestört«, korrigierte ich ihn. »Verrückt hat einen negativen Beigeschmack.«

»Tut mir leid«, verbesserte er sich. »Ich bin in einer anderen Zeit aufgewachsen. Alte Gewohnheiten sind schwer zu brechen. Kennen Sie irgendwelche mental dysfunktionale menschliche Wesen? Irgendwelche *Geschädigten?*«

»Ein paar.«

»Haben Sie sich je die Zeit genommen, darüber nachzudenken, warum sie so sind?«

»Ich denke, sie waren irrational.«

»Waren sie das? Manchmal ist Irrationalität die einzig *rationale* Reaktion auf eine irrationale Situation. Das ist etwas sehr Menschliches und beschränkt sich keineswegs auf Menschen alleine.« Und dann sagte er leise: »Das ist es, was wir hier tun – die einzig rationale Reaktion auf eine irrationale und beängstigende Situation. Möglicherweise – nein, *wahrscheinlich* – wird von den in diesem Raum anwesenden Menschen« – und er machte eine Handbewegung, die den ganzen Saal einschloß, das ganze Hotel – »nächstes Jahr um diese Zeit weniger als die Hälfte am Leben sein. Oder vielleicht sogar nächste Woche.« Er zuckte die Achseln. »Wer weiß?«

Das süße junge Ding, auf dessen Knie er eine Hand liegen hatte, wurde totenbleich. Er tätschelte sie sanft, ignorierte sie aber – davon abgesehen – und fuhr fort, mich anzusehen. »Plötzlich gibt es dort draußen eine Menge Dinge, die menschliche Lebewesen töten können. Und es ist nicht mehr sehr viel übrig, womit man sie aufhalten kann. Wissen Sie, wir hatten auf diesem Planeten viel zu lange das Sagen. Die Natur ist immer bereit, unsere Schwächen auszunützen. Vergessen Sie nie: Ihrem Wesen nach ist die Natur bösartig. Wir haben Jahrhunderte damit verbracht, eine technische Zivilisation aufzubauen, die uns von der wirklichen Welt isoliert. Und eben diese Isolation hat die meisten von uns in bezug auf das Überleben zu Analphabeten und damit verletzbar gemacht. Aber die Maschine ist zum Stillstand gekommen – ist im Augenblick im Begriff, zum Stillstand zu kommen –, und die meisten Leute werden ganz auf ihren Magen angewiesen sein. Der Natur ist das gleichgültig, sie wird das zu Ende führen, womit die Seuchen angefangen haben, und wir werden ihr überhaupt nicht fehlen. Der Mensch war nicht immer der Jäger ganz oben in der Nahrungskette – wir waren nur eine vorübergehende Modeerscheinung. Jetzt werden wir wieder Beute sein wie in den alten Tagen. Haben Sie je ein Wolfsrudel gesehen?«

»Nein ...«

»Nun, in den Straßen von Denver laufen welche herum. Man nennt sie Pudel, Terrier, Spaniels, Dobermanns, Collies, Bernhardiner – aber trotzdem sind es Wolfsrudel. Sie sind hungrig, und sie können töten. Wir könnten weitere dreißig Millionen Menschen an Tiere verlieren, die früher einmal Haustiere waren. Wahrscheinlich mehr. Ich spreche jetzt natürlich im weltweiten Maßstab. In diese Schätzung habe ich auch Menschenrudel eingeschlossen – das sind auch Tiere, nur von einer anderen Art. Wir werden wahrscheinlich hundert Millionen Leute verlieren, die unter anderen Umständen nicht gestorben wären, aber es steht einfach nicht mehr die medizinische Versorgung zur Verfügung, um die Verletzungen und Krankheiten zu kurieren, die diese Leute sich in den nächsten zwölf Monaten zuziehen werden. Wußten Sie, daß eine Blinddarmentzündung tödlich sein kann? Und so weiter –«

Er hielt inne, sah mich an und lächelte. Ich begann seinen Charme zu begreifen. Er meinte nie etwas persönlich. »Und so, mein junger Freund – so sehr ich Ihre Verstimmung und die Gefühle verstehe, von denen jene ausgeht – was wir hier heute abend tun, ist wahrscheinlich das Rationalste, was wir tun können. Ich stelle übrigens fest, daß Sie nicht versucht haben, *Ihre* Anwesenheit hier zu entschuldigen. Vielleicht sind Sie auch ganz rational. Tatsächlich gibt es nur eine Sache, die noch rationaler ist.«

»Und das wäre?«

Einen Augenblick lang wurde er weich, *sanft.* »Mit jemandem Liebe zu machen, der Ihnen wichtig ist. Sie sind nicht unsterblich, müssen Sie wissen. Wenn Sie sich die Gelegenheit entgehen lassen, jemandem heute nacht zu sagen, daß Sie ihn lieben, bekommen Sie vielleicht nie wieder die Chance.«

Er hatte recht. Ich dachte an eine ganze Menge Jemands.

Fromkin stand auf und bot dem Mädchen den Arm. Sie und eine weitere Frau versuchten beide, danach zu greifen. Fromkin lächelte und bot den anderen Arm. Wieder lächelte er mir wissend zu, und dann gingen die drei weg.

Ja, genau wie Whitlaw. Der hatte auch immer das letzte Wort.

ACHTZEHN

Ich drehte mich um, um zu gehen, und wäre fast mit einem Traum zusammengestoßen. »Oh, Entschuldigung ...« Ich hielt sie fest, um zu verhindern, daß sie stolperte, und vergaß dann, sie loszulassen.

»Hallo!« sagte sie und lachte.

»Äh ...« Ich wußte nicht, was ich sagen sollte. Ich war wie verzaubert. Ihre Augen waren weich und grau und glänzend, und ich war in ihnen verloren. Ihre Haut war hell, mit der Andeutung von ein paar Sommersprossen. Ihr Gesicht war von kastanienbraunen Locken umrahmt, die ihr in seidenen Kaskaden auf die Schulter fielen. Ihr Mund war feucht und rot.

Ich wollte sie küssen. Wer hätte das nicht gewollt?

Sie lachte wieder. »Ehe Sie fragen«, sagte sie, »die Antwort lautet ja.«

»Hm?«

»Sie *werden* mir jetzt doch einen Antrag machen, oder?« Ihre Stimme war samtig und schwül, mit einer leisen Andeutung von Alabama.

»Ähh ...« Ich trat einen Schritt zurück. Meine Füße blieben, wo sie waren, aber ich trat einen Schritt zurück.

»Sind Sie schüchtern?« Ja, Alabama. Ganz eindeutig. Sie sprach jedes Wort so langsam aus, daß ich es schmecken konnte. Und sie roch nach Schafgarbe und Flieder – und Moschus.

Ich fand meine Stimme wieder. »Äh, das war ich einmal ...«

»Ich bin froh, daß Sie darüber hinweggekommen sind«, sagte sie und lachte. Sie schob ihren Arm unter den meinen und ging mit mir auf die Lifts zu, die zu den Garagen führten. »Wie heißen Sie?«

»Jim. Äh, und Sie?«

»Jillanna. Alle nennen mich Jilly.«

Plötzlich war ich verlegen. Ich setzte zum Reden an – »Äh ...«, dann verstummte ich wieder.

Sie sah mich an, wobei sie den Kopf etwas zur Seite legte. »Ja?«

»Nichts.«

»Nein, sagen Sie es mir.«

»Nun, ich ... äh, ich denke, ich bin ein wenig verwirrt.«

»Warum?«

»Man hat mich noch nie so aufgegabelt.«

»Oh. Wie werden Sie denn gewöhnlich aufgegabelt?«

»Äh. Gar nicht«, gab ich zu.

»Du liebe Güte. Sie *sind* also schüchtern!«

»Hm. Nur bei Frauen.«

»Oh, ich verstehe«, sagte sie. »Sind Sie schwul?«

»Ich glaube nicht. Ich meine, ich habe es nie versucht.«

Sie tätschelte meinen Arm. Sollte mich das aufmuntern? Ich fragte nicht.

»Äh, ich habe hier einen Forschungsauftrag«, meinte ich. »Ich meine, ich bin bei der Army. Ich mache Forschungsarbeiten für sie.«

»Das tut jeder«, sagte sie. »Jeder in Denver ist mit Chtorranern beschäftigt.«

»Ja.« Ich dachte darüber nach. »Ja, ich denke schon.«

»Haben Sie je einen gesehen?« Das sagte sie ganz beiläufig.

»Ich ... habe einen verbrannt ... einmal.«

»Verbrannt?«

»Mit einem Flammenwerfer.«

Jetzt sah sie mich plötzlich mit Respekt an. »Hatten Sie Angst?«

»Nein, nicht gleich. Es ist so schnell gegangen ... Ich weiß nicht – irgendwie war es sehr traurig. Ich meine, wenn die Chtorraner nicht so feindselig wären, könnten sie schön sein ...«

»Tut es Ihnen leid, daß Sie ihn verbrannt haben?«

»Er war furchtbar groß. Und gefährlich.«

»Weiter«, sagte sie. Ihre Hand hielt die meine fester.

Ich zuckte die Achseln. »Da gibt es nicht viel zu erzählen. Er kam aus der Hütte heraus, und ich hab ihn verbrannt.« Ich wollte ihr das von Shorty nicht sagen. Ich weiß nicht, warum. So meinte ich: »Alles ist so schnell gegangen. Ich wünschte, ich hätte es besser gesehen. Es war einfach nur ein großer, rosafarbener Fleck.«

»Wissen Sie, daß die einen hier haben?« Ihre Hand hielt die meine sehr fest.

»Ich weiß. Ich habe es von Lizard gehört.«

»*Die* kennen Sie?«

»Nein, eigentlich nicht. Sie war nur die Pilotin, die uns hergeflogen hat. Mich und Ted.«

»Oh.« Ihr Griff lockerte sich wieder.

»Sie hat uns von dem Chtorraner erzählt, den die hier haben. Den hat sie auch hergeflogen.«

Wir fuhren mit dem Lift in die dritte Etage der Garage hinunter, wo auf einem der Privatplätze ein Schweber auf sie wartete. Ich war beeindruckt, sagte aber nichts, sondern stieg stumm neben ihr ein.

Der Antrieb erwachte pfeifend zum Leben, schwoll an und wurde unhörbar, und dann schwebten wir auf die Straße hinaus. Der Scheinwerfer vorne warf einen gelblich rosafarbenen Lichtkegel auf die Straße. Hinter der polarisierten Windschutzscheibe waren die Lichter des entgegenkommenden Verkehrs schwach.

»Ich wußte nicht, daß davon schon welche auf dem Markt sind«, sagte ich.

»Oh, das sind sie auch nicht. Aber ein paar hundert davon

sind doch vom Fließband gekommen, ehe die in Detroit dicht gemacht haben.«

»Wie haben Sie denn den bekommen?«

»Ich habe an ein paar Drähten gezogen. Daddy hat das getan.«

»Daddy?«

»Nun ... er ist wie ein Daddy.«

»Oh.«

Und dann sagte sie abrupt: »Wollen Sie den Chtorraner sehen?«

»Hä?« Und dann: »Ja!« und dann: »Aber der ist doch eingesperrt« und »Oder?«

»Ich habe einen Schlüssel.« Das sagte sie, ohne den Blick von der Straße zu wenden, so als würde sie mir sagen, wie spät es war. »Er ist in einem Sonderlabor. Einem, das einmal ein Sterilraum war. Wenn wir uns beeilen, können wir zusehen, wie die ihn füttern.«

»Ihn Füttern?«

Sie bemerkte gar nicht, wie ich das sagte. »O ja. Manchmal sind es Schweine oder Lämmer. Hauptsächlich junge Kühe. Einmal haben sie ihm ein Pony gegeben, aber das habe ich nicht gesehen.«

»Oh.«

Sie plapperte weiter. »Sie versuchen, das herbeizuschaffen, was er auf freier Wildbahn frißt. Die Würmer sind Jäger, wissen Sie.«

»Ja ... ich hatte so etwas Ähnliches gehört.«

»Sie töten ihre Beute nicht – das ist es, was ich so interessant finde. Sie schnappen sie nur und fangen zu fressen an. Dr. Mm'bele glaubt, daß da ein Mordreflex eine Rolle spielt. Der hier frißt kein totes Fleisch, wenn er nicht sehr, sehr hungrig ist, und selbst dann nur, wenn man es etwas bewegt, damit er es angreifen kann.«

»Das ist interessant.«

»Es heißt, daß die manchmal menschliche Wesen fressen. Glauben Sie, daß das wahr ist? Ich meine, kommt Ihnen das nicht atypisch vor?«

»Nun ...«

Sie wartete nicht auf meine Antwort. »Dr. Mm'bele glaubt

es nicht. Es sind keine Fälle bekannt. Wenigstens keine, die bestätigt sind. Das sagt das UN-Büro. Haben Sie das gewußt?«

»Nein, das habe ich nicht gewußt.« Show Low, Arizona. »Äh ...«

»Angeblich soll es einmal einen Fall gegeben haben«, sagte sie, »aber – nun, am Ende hat es sich als Falschmeldung erwiesen. Wie ich höre, soll es sogar Bilder gegeben haben.«

»Eine Falschmeldung, hm?«

»Ja. Das haben Sie alles nicht gewußt, oder?«

»Äh, wie haben Sie das alles erfahren?« Ich glaube nicht, daß sie es bemerkte, aber ich war wenigstens drei Fahrspuren von ihr entfernt.

»Ich arbeite hier. Ich habe eine Dauerstationierung. Wußten Sie das nicht?«

»Oh. Was tun Sie denn – genau, meine ich?«

»Ich bin geschäftsführende Vizevorsitzende im extraterrestrischen genetischen Forschungskoordinationszentrum.«

»Oh«, sagte ich. Und dann: »Oh!« Und dann hielt ich den Mund.

Wir bogen von der Hauptstraße ab in die Zufahrt. Der Verkehr war in beiden Richtungen sehr schwach gewesen.

»Gibt es an den Chtorranern etwas Interessantes? Ich meine, im genetischen Sinn?«

»Oh, eine ganze Menge. Das meiste ist für Laien unverständlich. Aber es gibt eine ganze Menge zu wissen. Sie haben sechsundfünfzig Chromosomen. Ist das nicht eigenartig? Warum so viele? Ich meine, wozu all die genetische Information? Die meisten der Gene, die wir analysiert haben, scheinen ohnehin inaktiv zu sein. Bis jetzt sind wir nicht imstande gewesen, ein synthetisches Computermodell für die Funktion des ganzen Systems herzustellen, aber wir arbeiten noch daran. Es ist nur eine Frage der Zeit. Aber es würde helfen, wenn wir ein paar von ihren Eiern hätten.«

»Ich – äh, schon gut. Ich bin nur verblüfft, daß sie Chromosomen und Gene haben.«

»Oh, nun, das ist universell. Dr. Hackley hat das vor fast zwanzig Jahren bewiesen – auf Kohlenstoff basierendes Leben wird immer auf DNS aufbauen. Das hat irgend etwas mit der grundlegenden Molekularstruktur zu tun. DNS ist die wahrscheinlichste Form einer organischen Kette – das geht fast so weit, daß es unvermeidbar ist, weil es so effizient ist. DNS ist fast immer als erstes da – und wenn andere Arten von organischen Ketten möglich sind, dann wird DNS nicht nur schneller wachsen als sie, sondern sie auch als Nahrung benutzen. Sie ist wirklich recht gefräßig.«

»Hm«, sagte ich. »Wie passend.«

Sie hörte nicht auf zu reden. »Wirklich erstaunlich, nicht wahr? Wieviel wir mit den Chtorranern gemeinsam haben.«

»Hm, ja. Erstaunlich.«

»Ich meine, soziobiologisch. Wir repräsentieren beide unterschiedliche Antworten auf dieselbe Frage: Wie kann das Leben sich selbst kennen? Welche Formen lassen Intelligenz entstehen? Und was für ... Strukturen haben diese Formen gemeinsam? Das würde uns sagen, worauf Intelligenz die Antwort ist, oder wovon das Produkt. Das sagt wenigstens Dr. Mm'bele.«

»Ich habe, äh, nun viel Gutes über ihn gehört.«

»Jedenfalls versuchen wir, ein Programm aufzustellen, um die Physiologie des chtorranischen Lebewesens aus seinen Genen zu extrapolieren. Aber wir haben noch niemanden, der ein Programm dafür schreiben kann. Sie sind nicht zufällig Programmierer, wie? Das Fehlen eines guten Programmierers wird uns wahrscheinlich zwei bis drei zusätzliche Jahre kosten. Und das Problem ist sehr wichtig – und kompliziert. Wir wissen nicht, was die Gene tun sollen, weil wir das Geschöpf nicht kennen, wenigstens nicht sehr gut. Und weil wir die Gene nicht verstehen, kommen wir auch nicht dahinter. Das ist wirklich höchst eigenartig.« Sie holte Atem. »So wie zum Beispiel die Hälfte der Chromosomen Duplikate voneinander zu sein scheinen. Aber warum? Wir haben mehr Fragen als Antworten.«

»Sicher«, sagte ich und versuchte, das in mich aufzunehmen, was sie mir sagte. »Was ist mit den Millipeden? Können Sie daraus keine Schlüsse ziehen?«

»Sie meinen die Insektoide? Das ist ein weiteres Rätsel. Zum einen scheinen sie alle dem selben Geschlecht anzugehören – haben Sie das gewußt? Überhaupt keine Sexualität.«

»Hm?«

»Wir haben keinerlei Hinweise gefunden – Keiner von denen, die sich damit beschäftigt haben –, daß sie irgendeine Art von Sexualität haben. Nicht physisch, nicht genetisch; keine Geschlechtsorgane, keine sexuelle Differenzierung, keine sekundären Sexualcharakteristika, keine Markierungen und keine Art der Fortpflanzung.«

»Nun, die müssen doch ...«

»Natürlich müssen sie, aber wir haben bis jetzt nur ein paar unreife Strukturen gefunden, bei denen es sich vielleicht – *vielleicht* habe ich gesagt – um unentwickelte Eierstöcke oder Hoden handeln könnte – wir sind nicht sicher, was von beiden –, und dann noch ein rudimentärer Fortpflanzungstrakt, aber die waren in jedem Versuchsexemplar, das wir seziert haben, außer Funktion. Vielleicht sind es nur Wachstumsdrüsen. Aber selbst wenn es sexuelle Strukturen wären, warum sind die so hoch oben im Leib vergraben, ohne irgendeine sichtbare Verbindung zu einem äußeren Organ?«

Sie blieb gerade lang genug am Haupttor stehen, um dem Scanner ihre Freigabe zu zeigen, schoß dann noch vorne, bog scharf nach rechts und raste quer über einen Parkplatz auf ein L-förmiges Gebäude zu.

»Die Chtorraner haben doch etwas Sexualität, oder?«

»O ja. Einiges. Wir sind nur nicht sicher, wie das Ganze funktioniert. Der, den wir haben – wir dachten, es sei ein weibliches Geschöpf. Jetzt sind wir nicht mehr sicher und vermuten, daß es sich um ein männliches Wesen handelt. Ich zumindest glaube das ... aber wir haben nichts, womit wir ihn vergleichen können. In den letzten paar Monaten konnten wir ein paar tote Exemplare sezieren – zwei davon waren unserer Ansicht nach weiblich, einer ziemlich sicher männlich, bei zwei weiteren sind wir immer noch nicht sicher. Der große war eindeutig männlich«, wiederholte sie. Ihre Stimme klang jetzt höchst eigenartig. »Ich wünschte, ich hätte den lebend gesehen. Er muß großartig gewesen sein. Zweieinhalb Meter dick, vielleicht fünf Meter lang. Wir haben nur die vordere Hälfte. Die hintere ist ... verloren gegangen. Aber er muß großartig gewesen sein. Was für ein Krieger das gewesen sein muß. Ich wette, er hat ausgewachsenes Vieh gefressen.«

»Äh«, sagte ich. Ich wußte nicht, was ich sonst hätte sagen sollen. Ich begann mich zu fragen: Gehörte das dazu, um mit ihr ins Bett zu gehen? Oder was? Ich war nicht sicher, ob ich noch Lust hatte.

Der Schweber hielt vor dem Gebäude an. Es war gar nicht L-förmig, sondern X-förmig. Wir hatten an einer der Ecken geparkt. Helle Scheinwerfer beleuchteten die ganze Fläche. Als ich ausstieg, blieb ich stehen, um an den Fahnenstangen emporzublicken. Wie ich angenommen hatte, war jeder Turm mit Schnüfflern ausgerüstet; deshalb waren die Scheinwerfer da. Sicherheit. Nichts würde hinein- oder herauskommen, ohne aufgezeichnet zu werden.

Ich fragte mich, ob sich wohl jemand die Aufzeichnungen ansah.

Und dann fragte ich mich, ob es etwas zu bedeuten hatte. In dem Raum waren bereits elf weitere Leute anwesend. Er war lang und schmal und schwach beleuchtet. Zwei Reihen von Stühlen waren über die ganze Länge des Raums aufgestellt, gegenüber einer Glaswand. Ich konnte fünf Frauen und sechs Männer ausmachen. Die Männer schienen alle Zivilisten zu sein, aber sicher war ich nicht. Ich wußte nicht, ob die Frauen ihre Kollegen oder ihre Begleiter für den Abend waren. In letzterem Falle mußte ich mich unwillkürlich über ihre Wahl der Unterhaltung wundern. Die Männer winkten Jillanna zu und musterten mich neugierig. Ich winkte halbherzig zurück.

Jillannas Augen waren vor Erregung geweitet. »Hi, Leute. Haben wir schon angefangen?«

»Smitty macht sich gerade fertig.«

»Was gibt's denn heute abend?«

»Ein paar Hunde, die die aus dem Bau geholt haben.«

Eine der Frauen, sie war rothaarig, sagte: »Oh, das ist ja schrecklich.«

»Es geschieht im Interesse der Wissenschaft«, antwortete jemand. Mich überzeugte das nicht.

Jillanna schob sich bis an die Glaswand nach vorne. »Okay, Platz machen bitte, Platz machen.« Sie hielt mir einen Platz frei.

Das Glas überdachte schräg über einen tiefen Raum unter

uns; wir konnten hinunterblicken, als befänden wir uns auf einem Balkon. Das Licht unten war schwach, kaum heller als bei uns. Die Beleuchtung hatte einen orangeroten Schimmer. Das befriedigte mich – jemand anderer hatte also dasselbe entdeckt.

Aus zwei Lautsprechern in der Wand kamen tiefe, langsame Geräusche. Etwas atmete.

Ich trat vor, um besser sehen zu können. Ich mußte mich vorbeugen.

Auf dem Boden war eine Schicht Stroh – in diesem Licht sah es orangerot aus – ausgebreitet. Der Raum war hoch und rechteckig, ein Würfel, aber die untere Hälfte war kreisförmig. Die Ecken waren ausgefüllt worden, um eine runde, vier Meter hohe Umfriedung herzustellen; der Oberteil reichte bis an das Fenster. In den Ecken waren Kameras und andere Recorder aufgebaut.

Der Chtorraner befand sich direkt unter mir. Meine Augen brauchten eine Sekunde, um sich anzupassen.

Er war einen Meter dick, vielleicht sogar noch etwas mehr, und zweieinhalb, vielleicht drei Meter lang. Sein Fell war lang und seidig und tiefrot, die Farbe von Haut, die von Blut angeschwollen ist. Während ich zusah, schob er sich vor, einmal, zweimal, ein drittes Mal, hielt dann inne. Er schob sich an der Wand entlang, als wollte er sie erkunden. Dabei gab er leise Geräusche von sich, schmeichelnd, so wie eine Mutter ihr kleines Kind beruhigt. Warum ging mir das auf die Nerven? Während ich zusah, kräuselten sich Wellen – wie Wellen in trägem Öl – von vorne nach hinten über seinen Körper.

»Das bedeutet, daß er erregt ist«, hauchte Jillanna. »Er weiß, daß Zeit zum Abendessen ist.«

Jetzt glitt er nach vorne, in die Mitte des Raums, und begann, an dem Stroh zu kratzen, das auf dem Boden lag. Von der Stelle aus, wo ich stand, konnte ich deutlich seine Schädelausbuchtung sehen – unter all dem Pelz war das wie ein Helm über den Schultern. Eine Knochendecke, um das Gehirn zu schützen? Wahrscheinlich. Seine langen schwarzen Arme waren jetzt gefaltet und wie Flügel an seine Seiten gedrückt, aber ich konnte sehen, wo sie an der Vorderseite des

Helms verankert waren. Die Gehirnausbuchtung lag unmittelbar hinter den zwei dicken Augenstielen des Geschöpfes. Von hier aus gesehen, sah der Chtorraner eher wie eine Schnecke oder eine Schlange aus und weniger wie ein Wurm.

»Hat er einen Namen?« fragte eine der Frauen. Sie war groß und blond.

Ihr Begleiter schüttelte den Kopf. »Nein, nur ›er‹.«

Spett-fwett, kam es aus dem Lautsprecher. *Spett-fwett.*

»Was war das?«

Jillanna flüsterte: »Seine Augen, sehen Sie doch.«

»Er sieht in die falsche Richtung.«

»Nun, dann warten Sie. Er dreht sich schon um.«

»Das gibt heute abend eine gute Show«, sagte der Mann am Ende und zündete sich eine Zigarette an. »Ein Bernhardiner und ein Neufundländer. Ich wette der Bernhardiner liefert einen besseren Kampf.«

»Aah, du würdest sogar auf deine Großmutter wetten.«

»Wenn sie noch ihre eigenen Zähne hätte, würde ich das.«

Jillanna beugte sich zu mir herüber. »Er braucht fünfzig Kilo frisches Fleisch pro Tag. Die haben da ein richtiges Problem, ihn regelmäßig zu versorgen. Außerdem sind sie nicht sicher, daß terrestrische Lebewesen all die Nährstoffe liefern, die er braucht, also wechseln sie die Diät dauernd. Manchmal pumpen sie die Tiere mit Vitaminen und allem möglichen Zeug voll. Manchmal lehnt er die Nahrung ab; ich nehme an, dann stimmt der Geruch nicht.«

Spett-fwett.

Der Chtorraner rutschte herum und sah uns mit Augen wie schwarze Scheiben an. Wie ausgeschaltete Scheinwerfer. Er bäumte sich auf, hob das vordere Drittel seines Körpers in die Luft, zitterte leicht, richtete aber sein Gesicht – wie das vordere Ende eines U-Bahn-Zugs: flach und ausdruckslos – auf uns. Ich trat unwillkürlich einen Schritt zurück, aber Jillanna zog mich wieder vor. »Ist er nicht schön?« Ihre Hand hielt meinen Arm umfaßt.

Spett-fwett.

Er hatte geblinzelt. Das Geräusch wurde von seinen Augenlidern erzeugt, die sich wie eine Blende schlossen und wieder öffneten. *Spett-fwett.* Er sah mich an. Studierte mich leidenschaftslos.

Ich gab ihr keine Antwort. Ich konnte nicht sprechen. Es war, als blickte ich in die Augen des Todes.

»Keine Sorge. Er kann sie nicht sehen. Ich meine, wir sind ziemlich sicher, daß er das nicht kann.«

»Er scheint aber sehr interessiert.« Der Chtorraner war immer noch aufgerichtet und starrte uns an. Seine winzigen Antennen bewegten sich neugierig hin und her. Sie saßen unmittelbar hinter den Augen. Sein Körper schwankte auch leicht. Ich wünschte, ich hätte besser sehen können – da war etwas an den Augen; sie waren nicht *in* seinem Schädel befestigt, sondern schienen statt dessen auf Stielen zu sitzen, die in der Haut hingen. Sie standen hoch über dem Körper und kreisten unabhängig voneinander. Hin und wieder kippte ein Auge kurz nach hinten und klickte dann wieder nach vorne. Das Geschöpf war dauernd *wach* und auf der Hut.

Plötzlich ließ der Chtorraner sich sinken und glitt über den Boden auf die Wand unter uns zu und an ihr wieder nach oben, so daß sein Gesicht jetzt nur einen Meter vom Glas entfernt war. Mein Wunsch wurde mir erfüllt – mein Wunsch, ihn aus größerer Nähe sehen zu können. Er kippte seine Augen nach oben und brachte sie sogar noch näher. Seine Kinnladen – weich und fließend wie eine Unterwasserpflanze – wogten um seinen Mund. Seine Augen öffneten sich so weit sie konnten. *Spett-fwett.* »Wir interessieren ihn sehr. Sind Sie sicher, daß er uns nicht sehen kann?«

»Oh, das versucht der fast jeden Abend«, rief der Mann mit der komisch riechenden Zigarette ganz hinten. Ob sie mit Traumstaub getränkt war? Wahrscheinlich. »Er hört unsere Stimmen. Durch das Glas. Er versucht herauszubekommen, von wo das Geräusch ausgeht. Keine Sorge, er kann nicht hier herauf. Er muß wenigstens die Hälfte seiner Länge auf dem Boden lassen, wenn er sich aufbäumt, um das Gleichgewicht zu halten. Natürlich, wenn er weiter wächst – und das wird er – werden wir ihn in ein größeres Labor verlegen. Der Tag könnte kommen, wo er nicht mehr auf Smitty wartet. Dann kommt er hier herauf und bedient sich selbst.«

Die Frauen schauderten. Nicht Jillanna, nur die anderen

Frauen. Sie schoben sich instinktiv näher an ihre Begleiter heran. »Du machst Witze«, sagte die Rothaarige. »Oder?«

»Nee. Könnte schon passieren. Aber nicht heute – aber irgendwann einmal, wenn wir ihn nicht in einen größeren Tank verlegen.«

Der Chtorraner entfaltete jetzt seine Arme, wie ein Vogel, der einmal mit den Flügeln schlägt, um die Federn in die richtige Ordnung zu bringen. Aber statt sie dann wieder zu falten, begannen sich die Arme langsam zu öffnen. Sie entfernten sich jetzt von dem Buckel auf seinem Rücken, und ich konnte jetzt genau sehen, wie die Schultern verankert waren. Und auch die Krümmung der Knochenstruktur unter dem Pelz. Wie die Haut darüberglitt, als die Muskeln sich streckten. Wie die Arme wie die Ausleger eines Krans in ihren Gelenken verankert waren. Die Arme waren mit einer lederartigen schwarzen Haut und stacheligem, schwarzem Pelz bedeckt. Sie waren lang und insektenähnlich. Wie lang und dünn sie doch waren, und die eigenartigen Doppelgelenke. Am Gelenk waren *zwei* Ellbogen. Und jetzt griffen diese Arme langsam zu uns herauf. Die Hände – es waren Klauen mit drei ›Fingern‹ und so schwarz wie Ebenholz – tappten gegen das Glas, glitten daran auf und ab, versuchten, sich festzuhalten, hinterließen dort, wo sie es berührten, leichte Schmierer. In diesen Klauen waren weiche Finger. Ich konnte sehen, wie sie vorsichtig gegen das Glas drückten.

Die Augen starrten ausdruckslos, wanderten hin und her – und dann erfaßten sie mich. Beide. *Spett-fwett.* Der Chtorraner blinzelte und starrte weiter. Ich war erschreckt. Ich konnte mich nicht bewegen! Sein Gesicht – *aber er hatte kein Gesicht!* – suchte das meine! Wenn ich mich gestreckt hätte, hätte ich ihn berühren können. Ich konnte sehen, wie schmal sein Hals war – ein Muskelstrang, der in jenen zwei riesigen, angsteinflößenden Augen endete. Ich konnte nicht wegsehen! Ich war gefangen wie ein Kaninchen vor einer Schlange. Seine Augen waren dunkel und leidenschaftslos und tödlich. Was für einen Gott ein solches Geschöpf abgeben würde?

Und dann war der Augenblick zu Ende. Ich bemerkte, daß Jillanna neben mir war, daß ihr Atem schwer ging.

Noch ein *Spett-fwett,* und der Chtorraner begann wieder zu

Boden zu sinken. Er entfernte sich gleitend von der Wand und begann wieder, im Raum herumzusuchen, wobei er sich manchmal wie ein Wurm aufbäumte und dann wieder zu fließen schien. Er hinterließ eine Spur in dem Stroh und dem Sägemehl. An einer Wand waren ein paar Ballen davon. Davor hielt er jetzt an und zerrte an einem, tat etwas mit seinen Kinnladen und dem Mund und hinterließ einen kleinen Haufen, der wie Schaum aussah.

»Sein Bauinstinkt«, sagte Jillanna.

»Sehr intelligent wirkt er nicht«, flüsterte die Rothaarige ihrem Begleiter zu.

»Ist er auch nicht. Das sind die alle nicht«, flüsterte der Mann zurück. »Was für Invasoren auch immer diese Chtorraner sind, sehr schlau sind sie anscheinend nicht. Sie reagieren auf keine Art von Sprache – oder auf irgendwelche Versuche, mit ihnen in Verbindung zu treten. Aber dann ist natürlich möglich, daß sie bloß die Infanterie sind. Infanterie braucht nicht sehr schlau zu sein, nur stark.«

Jetzt wurde mir bewußt, daß wir alle flüsterten, als ob er uns hören konnte.

Und das konnte er auch, oder?

»Schauen Sie, wie sich seine Arme zusammenfalten, wenn er sie nicht benutzt«, meinte Jillanna und deutete. »Es ist, als könnte er sie einziehen. Das sind keine Knochen, wissen Sie, nur Muskeln und irgendwelche Knorpel. Sehr flexibel – und fast nicht zu brechen. Sie werden sie in Aktion sehen, wenn er gefüttert wird – oh, jetzt geht's los.«

Ganz unten an der linken Wand erschien ein Lichtstreifen, der sich nach oben schob und zu einer Türe wurde, so daß man dahinter eine Kammer sehen konnte. Der Chtorraner drehte sich blitzschnell um – erstaunlich, wie schnell das Ding sich bewegen konnte. Seine Augen rotierten nach vorne, auf und ab, auf eine gespenstische Art. Die Schiebetüre war jetzt völlig offen. Ein Neufundländer stand unsicher in der beleuchteten Kammer vor dem Chtorraner. Ich mußte an Pferde denken – Neufundländer mit ihren dicken Pfoten, den langen Beinen und ihrem schweren Körper erinnern mich immer an Pferde. Ich konnte ganz schwach ein leises Knurren hören, das von dem Hund ausging.

Einen Augenblick lang waren alle still: der Chtorraner, der Hund und die Zuschauer hinter dem Glas. Unten, im Lichtschein, der von der Kammer ausging, konnte ich uns gegenüber ein dunkles Fenster sehen. Es sah aus, als stünde jemand hinter dem Glas und beobachtete.

Der Augenblick dehnte sich – und brach. Die Arme des Chtorraners bewegten sich ein wenig von seinem Körper weg. Ich mußte an einen Vogel denken, der sich zum Fliegen anschickt. Es war eine Geste der Bereitschaft, so wie sie jetzt dahingen – die Klauen offen, bereit zuzupacken.

Der Chtorraner glitt vor.

Der Hund sprang zur Seite –

– und wurde eingefangen. Einer der Arme zuckte in einem unmöglichen Winkel nach oben und schnappte sich den Hund mitten im Sprung und warf ihn auf den Rücken, warf ihn zu Boden. Der Chtorraner *beugte* sich mitten in der Bewegung zur Seite – als wäre der Hund, den seine Klauen festhielten, ein Gelenk, um das er sich bewegen konnte. Die anderen Arme kamen jetzt nach. Der Chtorraner floß. Sein großes, schwarzes Maul war ein vertikales, offenes Loch, das den Vorderteil seines purpurfarbenen Körpers spaltete. Jetzt hielten die beiden Arme den Hund fest – ich konnte sehen, wie die Klauen sich in sein Fleisch bohrten. Er schlug um sich und schnappte und biß, und die rote Bestie hob sich, streckte sich, bäumte sich auf – und kam so schnell auf den unglückseligen Neufundländer herunter, daß man der Bewegung fast nicht folgen konnte. Ein letztes Umsichschlagen – und dann Stille. Die hintere Hälfte des Neufundländers ragte jetzt aus dem Maul des Chtorraners.

Was war das? Der Chtorraner hielt den Hund so, wie eine Schlange eine Maus hält, in lidloser Betrachtung erstarrt, ehe er den langen Prozeß des Schluckens begann. Seine Kinnladen bewegten sich kaum, nur ein leichtes Zittern, das man neben dem Hund kaum sehen konnte. Der Chtorraner hielt den Hund mit den Klauen fest; sein Mund war unmöglich weit gedehnt. Seine Augen starrten ausdruckslos in die Ferne, als würde er denken – oder genießen.

Und dann geschah etwas Schreckliches. Eines der Hinterbeine des Hundes schlug aus.

Es muß ein Reflex gewesen sein – das arme Tier konnte unmöglich noch leben.

Jetzt schlug das Bein ein zweitesmal aus.

So, als hätte er genau darauf gewartet, erwachte der Chtorraner zum Leben und begann, sich nach vorne zu kauen. Seine Kinnladen blitzten rot, rissen Fetzen und mahlten. Das immer noch schlagende Bein und der Schwanz waren die letzten Teile des Hundes, die in seinem Rachen verschwanden.

Blut strömte vom Mund des Chtorraners auf den Boden. Die Kinnladen arbeiteten immer noch mit einem schrecklichen weichen, feuchten Knirschen. Etwas, das wie lange Würste aussah, hing plötzlich heraus, tropfte auf den Boden. Der Chtorraner saugte es wieder ein. Ganz beiläufig. Ein Kind, das Spaghetti ißt.

»*Wau!*« sagte jemand. Es war eine der Frauen, eine, die nicht Angst hatte. Die Blonde. Die Rothaarige hatte ihre Augen in dem Moment bedeckt, als die Türe sich aufschob und man den Hund sehen konnte.

»Jetzt braucht er einen Augenblick zum Verdauen«, sagte der Mann ganz hinten, der, der auf seine Großmutter gewettet hätte. Er hieß Vinnie, wie ich später erfuhr. »Er könnte jetzt gleich noch einen fressen, ohne zu warten, aber es ist besser, wenn man ihm ein paar Augenblicke Zeit läßt. Einmal hat er zu schnell gefressen und alles wieder ausgespuckt. Mann, das hat vielleicht ausgesehen. Wenn man das alles hätte wegwischen müssen, aber er hat es fast sofort wieder gefressen.«

Die Tür der Kammer senkte sich, und die undeutlich sichtbare Gestalt in dem Fenster uns gegenüber verschwand. Zwei weitere Leute kamen stumm hinter uns herein, beides Männer, beide nach Alkohol riechend. Sie nickten Jillanna zu; offensichtlich kannten sie sie. »Hi, Vinnie. Schon angefangen?«

»Nur ein Neufundländer, aber das war nichts Besonderes. Der Bernhardiner ist bestimmt besser.«

»Das hoffst du«, sagte sein Freund, der Mann, mit dem er gewettet hatte.

Vinnie gewann seine Wette. Der Bernhardiner lieferte einen besseren Kampf als der Neufundländer. Wenigstens konnte man das aus den Geräuschen schließen, die durch die Lautsprecher kamen. Ich blickte die ganze Zeit auf meine Schuhspitzen.

»So, das wär's«, sagte Vinnie. »Jetzt zahlen wir den Mann und betrinken uns zu Ende.«

»Warten Sie«, sagte der Lautsprecher. Smitty? Wahrscheinlich. »Ich hab noch einen Nachtisch.«

»Ich dachte, Sie hätten nur zwei bekommen.«

»Hab ich auch – aber den haben wir bei unseren Abfällen erwischt. Er hat schon wochenlang Tonnen umgeworfen. Heute abend haben wir ihn schließlich erwischt. Wir wollten ihn wegbringen – aber warum die Mühe? Auf die Weise sparen wir Benzin.«

Als die Türe sich diesmal nach oben schob, stand ein mittelgroßer Straßenköter dort, und seine Nase schnupperte unglücklich. Er war sehr zottig, und sein Fell wirkte verklebt und schmutzig – so als hätte ein Anfänger es handgestrickt. Er war der Inbegriff aller Promenadenmischungen der ganzen Welt. Ich wollte nicht hinsehen, aber ich mußte einfach – dafür war er zu sehr die Art von Hund, die mir Freude gemacht hätte ... die Art von Hund, bei der man an Sommerferien denkt und an Baden im Teich.

Der Chtorraner lag flach mitten im Raum. Satt und desinteressiert. Seine Augen öffneten und schlossen sich träge. *Spett ... fwett.*

Der Hund schob sich vorsichtig aus der Kammer – er hatte den Chtorraner noch nicht gesehen. Intensiv schnuppernd trat er einen Schritt vor –

– und dann sträubte sich jedes Haar auf seinem Rücken. Mit einem überraschten Kläffen sprang der Hund zurück, prallte gegen die nächste Wand. Irgend etwas an dem Chtorraner, der dort in einer Pfütze aus dunkelrotem Blut lag, roch für dieses arme Geschöpf sehr schlecht. Er drückte sich gegen die Wand, suchte hinter einem Ballen Heu Zuflucht – aber dort roch es noch schlechter; er erstarrte unschlüssig und begann dann unsicher den Rückzug.

Der Chtorraner drehte sich halb herum, um ihm zuzusehen. Zuckte. Ein Arm kratzte träge.

Der Hund versuchte, an der einzigen Stelle Zuflucht zu suchen, die er kannte, der winzigen beleuchteten Kammer. Aber Smitty hatte die Türe geschlossen. Der Hund schnüffelte daran und kratzte. Und kratzte. Verzweifelt. Kratzte mit beiden Vorderpfoten, die wie Pedale arbeiteten, versuchte, die Türe zu öffnen. Er jammerte, wimmerte, bettelte mit schrecklicher Eindringlichkeit um die Flucht, die ihm unmöglich war.

»Holt ihn raus!« Das war nicht ich – ich wünschte, ich wäre es gewesen –, das war die Rothaarige.

»Wie denn?« sagte Vinnie.

»Ich weiß nicht – aber tut doch etwas. *Bitte!*«

Niemand gab ihr Antwort.

Der Hund war völlig aus dem Häuschen. Er drehte sich um und fletschte die Zähne, drohte dem Chtorraner, knurrte, warnte ihn, um ihn zurückzuhalten, und dann arbeitete er wieder an der Türe, versuchte, einen Fuß darunter zu bekommen, versuchte, wieder, sie hochzuheben –

Der Chtorraner bewegte sich. Fast beiläufig. Seine vordere Hälfte krümmte sich in die Luft und kam dann wieder herunter, bildete einen Bogen, während die hintere Hälfte sich kaum bewegte. Es sah aus wie ein umgefallenes rotes Fragezeichen, den Mund am Boden, dort wo der Hund gewesen war.

Der Chtorraner blieb in dieser Position, das Gesicht an dem mit Strohmatten belegten Beton. Blut quoll nach außen über den schmutzigen Boden.

Nicht einmal zu einem letzten Kläffen war Zeit gewesen.

»War's das?« fragte Vinnie.

»Ja. Das war's bis morgen«, erwiderte der Lautsprecher. »Und vergessen Sie nicht, auch Ihren Freunden von uns zu erzählen. Eine neue Show jeden Abend.« Smittys Stimme hatte einen eigenartigen Klang. Aber das galt auch für die Stimme Vinnies. Und die Jillannas.

Der Chtorraner streckte sich jetzt wieder. Er sah aus, als schliefe er. Nein, noch nicht. Er rollte sich etwas zur Seite und richtete einen Strahl einer dunklen, klebrigen Flüssigkeit gegen eine schmutzige Wand, wo sie in einen Trog mit fließendem Wasser tropfte.

»Das ist alles, was von dem Kalb gestern abend übrig geblieben ist«, kicherte Vinnie. Ich mochte ihn nicht.

Jillanna führte mich die Treppe hinunter und stellte mich Smitty vor. Er sah wie ein Eisverkäufer aus. Sauber und geschrubbt. Die Art von Mann, die zwanghaft onanieren, wenn sie alleine sind. Sehr helle Haut. Ein paar Strähnen sandfarbenen Haars. Dicke Brillengläser. Beflissener Gesichtsausdruck, aber irgendwie gehetzt. Ich gab ihm nicht die Hand.

»Jillanna, haben Sie es ihm gesagt?«

»Oh, tut mir leid. Jim?« Sie drehte sich zu mir herum und wurde ganz kokett, griff mit zwei Fingern nach meinem Hemd und drehte am Stoff herum. Sie blinzelte mir zu – die groteske Imitation einer Frau, dieses Geschöpf, die der Tod dreier Hunde sexuell erregt hatte. Ihre Stimme wurde leise. »Äh, Jim ... würdest du Smitty fünfzig Caseys geben?«

»Häh?«

»Das ist für ... nun, du weißt schon.« Sie deutete mit einer Kopfbewegung auf die andere Seite der Mauer, wo etwas Rosafarbenes leise vor sich hinträllerte.

Ich war so erschreckt, daß ich unwillkürlich nach der Brieftasche griff. »Fünfzig Caseys?«

Smitty wirkte verlegen. »Das ist ... zum Schutz. Ich meine, Sie wissen schon, wir sollen eigentlich ja keine Unbefugten hier hereinlassen – ganz besonders nicht, wenn wir ihn füttern. Ich tue Ihnen einen Gefallen, wenn ich Sie hier reinlasse.«

Jillanna löste das Dilemma, indem sie mir die Brieftasche wegnahm und einen blauen Schein herauszog. »Da, Smitty – kauf dir eine neue Gummipuppe.«

»Was Sie reden«, sagte er, aber es klang nicht sehr überzeugend. Er steckte den Geldschein ein.

Ich nahm Jillanna meine Brieftasche weg, und wir gingen. Ich hatte einen Druck im Schädel. Jillanna drückte meine Hand, und der Druck in meinem Schädel wurde kräftiger, drohender. Ich kam mir wie ein Mann vor, der auf den Galgen zugeht.

Ehe wir ihren Schweber erreichten, hielt ich sie zurück. Ich wollte es nicht sagen, wollte aber auch dieses Schrecknis keinen Augenblick länger fortsetzen.

Ich versuchte, höflich zu sein. »Äh, nun – vielen Dank, daß Sie mir das gezeigt haben«, sagte ich. »Ich glaube, äh, das wär's wohl für heute.«

Es funktionierte nicht.

»Was ist mit *uns?*« fragte sie. *Forderte* sie. Sie griff nach mir.

Ich hielt sie zurück. »Ich glaube, ich bin ... zu müde.«

Sie spielte mit den Härchen an meinem Unterarm. »Ich habe Traumstaub ...« sagte sie. Ihre Finger wanderten auf meinen Ellbogen zu.

»Äh – ich glaube nicht. Das macht mich nur schläfrig. Hören Sie, ich kann zu Fuß zur Kaserne gehen.«

»Jimmy? Bitte, bleib bei mir!« Einen Augenblick lang sah sie wie ein kleines Hündchen aus, das sich verlaufen hatte, und ich zögerte. »Bitte ...? Ich *brauche* jemanden.«

Das Wort *brauche* war es, das mir den Rest gab. Es fühlte sich an, als hätte mir jemand ein Messer in den Leib gerannt. »Ich – ich kann nicht, Jillanna. Wirklich nicht. Nicht Ihretwegen. Das hat mit mir zu tun. Tut mir leid.«

Sie sah mich eigenartig an, und eine ihrer schönen Brauen kräuselte sich nach oben wie ein Fragezeichen.

»Das ist äh, dieser Chtorraner«, sagte ich. »Ich würde mich nicht konzentrieren können.«

»Du meinst, du findest ihn nicht *sexy?*«

»Sexy? Mein Gott, das war schrecklich! Dieser arme Hund war ganz verzweifelt!«

»Es war nur ein alter Köter, Jim – die Chtorraner sind großartig. Das sind sie wirklich. Du mußt sie mit ganz neuen Augen sehen. Ich fand es früher auch schrecklich, aber dann habe ich aufgehört, den Tieren etwas Menschliches anzudichten – habe aufgehört, mich mit den Hunden zu identifizieren, und angefangen, die Chtorraner objektiv zu sehen. Ihre Kraft, ihre Unabhängigkeit – ich wünschte, Menschen hätten diese Art von Kraft. So möchte ich es tun. Bitte, Jim, bleib heute nacht bei mir. Tu es mit mir!« Sie zupfte an meinem Jackett, meinem Hemd, meinem Hals.

»Danke ...«, sagte ich und erinnerte mich an etwas, was mein Vater immer sagte. Es hatte damit zu tun, daß man immer wissen sollte, worauf man sich einläßt. Ich löste mich aus ihren Händen. »Nein, vielen Dank.« Ich wollte noch etwas sagen, aber der Rest meines Taktgefühls hinderte mich daran, Jillanna das zu sagen, was ich wirklich von ihr hielt. Die Chtorraner hatten vielleicht keine Wahl und mußten so sein, wie sie waren. Aber sie hatte diese Wahl. Ich begann, mich von ihr zu lösen.

»Du bist also doch schwul, oder?«

Zum Teufel mit Takt. »Bist du die Alternative?« Und dann drehte ich mich um und ging weg von ihr.

Sie sagte kein Wort, bis ich in der Mitte des Parkplatzes war. Dann schrie sie: »Tunte!« Ich drehte mich um, aber sie brauste bereits in ihrem Schweber davon.

Scheiße.

Als ich schließlich an der Kaserne angelangt war, war mir kalt. Aber ich hatte aufgehört zu zittern, und war auch nicht mehr zornig ... Nur übel war mir, und müde war ich. Ich wollte wieder jung sein, um mich an der Schulter meines Vaters ausweinen zu können. Ich fühlte mich sehr, sehr alleine.

Mein Bett war wie ein leeres Grab, und ich lag zitternd darin, versuchte Mitgefühl zu empfinden, versuchte zu begreifen – versuchte, *reif* zu sein. Aber ich konnte nicht reif sein – nicht, wenn ich von Idioten umgeben war, blind und selbstsüchtig, nur auf ihre eigenen krankhaften Spiele und Fetische bedacht. Was ich wirklich wollte, war, um mich schlagen, verbrennen, zerschmettern, vernichten. Ich wollte schlagen, schlagen, schlagen. Ich wollte diese Leute packen und sie so schütteln, daß ihnen die Augen im Kopf klapperten.

Ich wollte mich sicher fühlen. Ich wollte das Gefühl haben, daß irgend jemand irgendwo – *irgendwo* – wußte, was er tat. Aber im Augenblick glaubte ich nicht, daß irgend jemand auf der Welt wußte, was er tat, nicht einmal ich selbst.

Waren *alle* so blind oder krank – oder so dumm?

Warum konnten sie die Wahrheit nicht sehen, wo sie doch vor ihnen lag?

Spett-fwett.

Warum konnten sie denn nicht sehen?

Show Low, Arizona, war kein Schwindel!

NEUNZEHN

Ted kam um sechs Uhr früh angetorkelt. Er polterte ins Zimmer, knipste das Licht an und schob sich von Wand zu Wand ins Badezimmer. »O Mann!« rief er. »Ich krieg den eine Woche nicht mehr hoch – und zwei Wochen lang lauf ich breitbeinig rum.« Der Rest ging in dem Geräusch des fließenden Wassers unter.

Eine Axt würde zuviel Mühe machen, dachte ich. Besser eine Pistole.

»Hey, Jim! Bist du wach?«

»Jetzt schon«, knurrte ich. Nein, mit der Pistole würde es zu schnell gehen. Ich wollte, daß es weh tat. Ich würde die bloßen Hände nehmen.

Er torkelte ins Zimmer und grinste. »Hey, stehst du auf?« Was von seinem Make-up noch übrig geblieben war, war verschmiert.

»Ja. Ich hab mir was vorgenommen.«

»Nun, das hat Zeit. Das ist viel wichtiger. Du kannst von Glück reden, daß ich mir saubere Kleider holen mußte. Du kannst mitkommen – aber beeil dich!«

Ich setzte mich auf die Bettkante. »Wohin mitkommen?«

»Zurück zum Hotel. Die erste Sitzung ist erst um zehn, aber ich habe schon einen Frühstücksvortrag.«

»Frühstücksvortrag?«

»Ja – hast du irgendwelche Muntermacher?«

»Keine Ahnung. Da muß ich nachsehen.«

»Laß nur, ich kann mir im Hotel welche besorgen. Komm, zieh dich an.«

»Augenblick!« Ich saß da und rieb mir die Augen. Mein Kopf schmerzte. Ich gewährte ihm Hinrichtungsaufschub, während ich die Indizien überprüfte. »Was soll das alles? Wo warst du denn die ganze Nacht?«

»Hab die Stadt auf den Kopf gestellt. Komm.« Er zog mich in die Höhe. »Unter die Dusche mit dir. Ich hab einen Partyspaziergang gemacht.«

»Partyspaziergang?«

»Ist da irgendwo ein Echo? Ja, einen Partyspaziergang.« Er drehte an den Schaltknöpfen der Dusche herum. »Komm schon, zieh das aus, wenn du nicht in Unterwäsche duschen willst.«

»Augenblick mal!« Ich setzte mich auf die Toilettenschüssel.

»Wir haben jetzt keinen Augenblick!« Und dann hob er mich plötzlich auf, trat in die Duschkabine und hielt mich unter das fließende Wasser. »Verdammt noch mal!« Jetzt würde ihn nicht einmal mehr ein Telefonanruf des Gouverneurs in letzter Minute retten. Ich brauchte nur ein Glas Honig, einen Ameisenhaufen und vier Pfähle.

Meine Papierunterwäsche begann sich bereits aufzulösen. Er reichte mir die Seife und wischte sich dann sein ebenfalls in Auflösung begriffenes Hemd ab. Dann streifte er den Kilt ab – er war echt – und warf ihn aus der Duschkabine auf den Boden des Badezimmers.

Ich mußte fragen: »Hast du sie wo liegengelassen?«

»Was?«

»Deine Unterhose?«

»Ich trag nie welche. Das ist Tradition. Man trägt nichts unter einem Kilt.« Dann grinste er albern. »Und was jetzt noch drunter ist, ist ziemlich abgetragen; aber laß mir ein paar Tage Zeit – dann ist wieder alles in Ordnung.«

Ich wandte mich von ihm ab, hielt den Kopf unter eine der Düsen und hielt mich ganz ruhig. *Aahh.*

»Jedenfalls«, fuhr er fort, »ich hab einen Partyspaziergang gemacht.« Vielleicht, wenn ich mir das Wasser in die Ohren laufen ließ, würde ich ihn nicht hören. »Nur daß ich's diesmal absichtlich getan habe. Ich hab in dem Stockwerk angefangen, wo der Empfang war mit Colonel Bustworth – erinnerst du dich an ihn? Der mit dem Mädchen? Ein sehr wichtiger Mann ist das, man muß ihn kennen. Er ist zuständig für Anforderungen, Lieferungen und Transport für den ganzen Bereich Denver. Der perfekte Bürokrat. Er sorgt dafür, daß jedes Papierchen an seinen Platz kommt. Jedenfalls – Jim, komm etwas näher an die Seife! Wir haben's eilig! Jedenfalls, ich hab mich lange genug an ihn gehalten, um mit ihm in eine Privatparty im Penthouse reinzukommen. Der Konferenzausschuß. Ich bin in einer Ecke gesessen und habe denen zugehört. In fünfzehn Minuten wußte ich, wer in dem Raum wichtig war und wer nicht. Weitere fünfzehn Minuten, und die wußten, wer ich war – Senator Jacksons Neffe von der Mormonen Universität!«

»Hä …?«

»Halt die Klappe und seif dich ein – ich bin noch nicht fertig.«

»Ted, du darfst nicht so lügen …«

»Wie sollte ich denn lügen?«

»Du weißt genau, was ich gemeint habe. Nicht mit Kongreßabgeordneten und Generalen prahlen und weiß Gott wem sonst noch!«

»Jim, das war nicht wichtig. Keiner von denen hat zugehört. Für die war bloß wichtig, was aus ihren eigenen Mündern kam – oder hineinging. Und als sie dann so weit waren, daß sie zur nächsten Party weiterziehen wollten, bin ich einfach mitgegangen. Und habe wieder einen Saal voll Leute kennengelernt, und es noch einmal getan. Ich hab mir den Klatsch angehört und mir das Wichtigste herausgepickt – das kann man leicht, der Klatsch war ziemlich häßlich – und hab mich so nahe wie möglich an sie herangemacht. Auf die Weise habe ich sieben Parties hinter mich gebracht, jede besser als die letzte. Da war auch ein Empfang der Vereinten Nationen nur für das Diplomatische Korps – hast du gewußt, daß die halbe Welt hier ist? Onkel Sam hat einen Ballsaal gemietet – ich habe einen Senator kennengelernt –, aber die Kommunisten haben am dicksten aufgetragen. Die haben doch tatsächlich die Imperial Suite gemietet. Und selbst bei der Gesellschaft für groß angelegte Aggression bin ich reingekommen. Ich kann dir sagen, das sind vielleicht verrückte Hunde. Aber nützlich. Weißt du, wie wichtig Söldner für das Gleichgewicht der Kräfte in der Welt sind?«

»Nein, und es mir auch gleichgültig.« Aber dann kam mir ein anderer Gedanke. »Übernehmen die auch Meuchelmord? Und was verlangen sie?«

»Nur Charakter – und wenn du fragen mußt, kannst du es dir nicht leisten.«

Ich schickte mich an, die Duschkabine zu verlassen, aber Ted hielt mich fest. »Augenblick – du hast das Beste noch nicht gehört.«

»Doch, das habe ich!«

Er zog mich geradezu liebevoll wieder an sich. »Du bist schön, wenn du zornig bist ...«

»Hör auf damit, Ted!«

»... und ich mag es ganz besonders, wenn du dich spröde gibst.« Aber er ließ mich los. Ich trat verärgert einen Schritt zurück. Das einzige, was Theodore Andrew Nathaniel Jackson jetzt am Leben erhielt, war, daß mir einfach nicht einfallen wollte, wie ich die Leiche beseitigen würde.

Ich stellte mich wieder unter die Dusche – er hatte mir den ganzen Rücken mit Seife verschmiert. Der Duschstrahl wechselte jetzt zwischen warmem Regen und heißem Nadelstrahl. »Ich möchte, daß du damit jetzt aufhörst, Ted.«

»Du brauchst dir keine Sorgen zu machen; jeder weiß jetzt ohnehin, daß zwischen uns alles aus ist. Ich hab da gestern abend dieses Mädchen kennengelernt, und mich von ihr ›kurieren‹ lassen. Oh, ich wollte das nicht, Jim. Ehrlich, ich wollte dir treu bleiben. Ich sagte ihr, wir seien verlobt, aber sie hat mich dazu überredet, es einmal *anders* zu versuchen – und sie hatte recht. Ich hab das wirklich gebraucht.«

»Großartig. Ich bin wirklich glücklich für dich. Du hast nicht nur alle überzeugt, daß ich schwul bin – nein, jetzt bin ich sogar eine abgelegte Tunte. Und ich weiß nicht einmal, wie das Ganze angefangen hat.« Ich drehte mich unter der Dusche herum und hob die Arme, um mich unter den Achselhöhlen abzuspülen. In genau dem Augenblick wurde der Wasserstrahl eisig – ein richtiges Trommelfeuer mit sehr kaltem Wasser, das wahrscheinlich vom hiesigen Gletscher stammte. *»Aahhh!«* sagte Ted. »Tut das nicht gut? Weckt dich das nicht richtig auf?«

Ich konnte keine Antwort geben. Ich war zu sehr mit Fluchen beschäftigt – und ehe sein Echo aufhörte, war ich aus der Duschkabine und zitterte unter einem Handtuch. Ich war jetzt hellwach, und plötzlich war mir völlig gleichgültig, ob ich die Leiche würde beseitigen können oder nicht.

»Es hat geklopft, Jim.«

»Was?«

»Die Türe – hörst du denn nicht?«

Ich stapfte mürrisch aus dem Bad und ging, Pfützen um mich verbreitend, auf die Türe zu. »Ja?« knurrte ich.

Draußen stand eine knochig aussehende Frau mit Augen wie ein Dachshund. Warum kam sie mir bekannt vor? O ja – sie hatte Fromkins Glas nachgefüllt. Jetzt, wo ich darüber nachdachte, fiel mir ein, daß sie den ganzen Abend bedient hatte. »Hi, Jim«, sagte sie. »Wir sind einander noch nicht richtig vorgestellt worden.« Sie griff nach meiner Hand und pumpte sie auf und ab. »Ich bin Dinnie. Seid ihr beiden fertig?« Sie hatte schlechte Zähne.

»Äh – nein.«

»Okay, dann warte ich.« Sie fegte an mir vorbei und machte es sich auf dem einzigen Sessel des Zimmers bequem.

»Äh – ja, schon gut. Tun Sie das.« Ich schnappte mir ein paar Kleider und zog mich ins Bad zurück.

»Du lieber Gott«, sagte Ted und trat aus der Duschkabine. »Ist der Morgen nicht etwas Herrliches?« Dabei stieß er mich in die Rippen.

»Ja.« Ich dachte, daß kein Geschworenengericht im ganzen Lande mich verurteilen würde. Dann schlüpfte ich schnell in meine Kleider.

Als ich aus dem Bad kam, reichte Dinnie Ted ein hellbraunes T-Shirt, auf dem stand: NOT JUST ANOTHER LOVE STORY ... »Hier«, sagte sie. »Das macht die Frauen alle verrückt. Da sieht man deine Muskeln.«

»Besonders die zwischen seinen Ohren«, murmelte ich. Sie ignorierten mich.

Ted grinste und schlüpfte in das Hemd und dann in eine dunkelbraune Windjacke. Dann schnappte er sich seine Tasche und ging auf die Türe zu. »Alles fertig? Gehen wir.«

Ich schnappte mir mein Jackett und folgte den beiden. Als wir in die Morgensonne hinaustraten, kniff ich die Augen zusammen und kämpfte mit den Tränen. Mir war noch gar nicht klar geworden, wie hell Colorado untertags sein konnte. Ted sank bereits in den Fahrersitz einer langen silbernen ...

»Ted! Wo hast du denn *den* her?«

»Ich habe es dir doch gesagt. Colonel Bustworth ist ein wichtiger Mann, und es ist gut, ihn zu kennen. Gefällt er dir?«

»Ist er nicht ein wenig ... äh ... extravagant?«

»Ein *wenig* extravagant gibt es nicht«, antwortete Ted. »Steigst du ein?« Er drehte den Zündschlüssel um, und der Motor erwachte mit einem gutturalen Dröhnen zum Leben, das die Fensterscheiben im Umkreis eines Kilometers klirren ließ.

Ich kletterte auf den Rücksitz. Ted wartete nicht einmal darauf, daß ich die Türe schloß, sondern trat einfach aufs Gas und startete mit einem solchen Satz, daß mir alles Kleingeld aus den Hosentaschen fiel.

»*Wwau!*« schrie Dinnie begeistert. Dann klatschte sie und verbeugte sich im Sitzen vor dem Piloten. Vielleicht würde es ein Doppelmord werden.

Ted reduzierte den Steigwinkel etwas. Dinnie drehte sich um und sah mich an. »War Onkel Daniel nicht großartig, Jim?«

»Wer?«

»Dr. Fromkin.«

»Der ist Ihr Onkel?«

»Nun, im juristischen Sinne nicht.« Sie reckte die Nase. »Er ist mein *spiritueller* Onkel. Ideationisten sind alle eine große Familie, müssen Sie wissen.«

»Oh«, sagte ich.

»Du hast Fromkin kennengelernt?« Das war Ted. »Davon hast du mir gar nichts gesagt.«

»Hast ja nicht gefragt. Er ist, äh – interessant.« Und dann meinte ich, zu Dinnie gewandt: »Arbeiten Sie für ihn?«

»O nein – aber wir sind sehr gute Freunde. Ich kenne ihn wahrscheinlich besser als sonst jemand. Der Mann ist ein Genie.«

»Wenn Sie es sagen.« Ich wußte es nicht. Mir war er bloß wie ein weiterer aufgeblasener Esel vorgekommen.

Und sie meinte: »Jungs vom Land sollten sich nie mit Leuten wie ihm anlegen. Sie hatten Glück, daß er gut gelaunt war.« Dann erklärte sie Ted: »Jim hat ihn herausgefordert.«

»Jim?« Ted riß ungläubig den Mund auf. »*Unser Jimmy?*«

»Ich habe ihn nur gefragt – ach, laß mal.« Mein Gesicht brannte.

Dinnie drehte sich zu mir herum. »Und wie war Jillanna?«

»Hä?« fragte Ted. »Wer ist Jillanna?«

»Jim ist gestern abend mit ihr weggegangen. Jeder hat es gesehen.«

»Ich hatte gar nicht mitgekriegt, daß ich so ... populär war«, murmelte ich.

»Oh, nicht Sie. Jillanna. Sie hat einen ziemlichen Ruf. Da gab es einen Colonel von der Air Force, der im Sattel gestorben ist – Herzinfarkt –, aber Jillanna hat nicht aufgehört, nicht so lange sie selbst nicht fertig war. Man muß für eine Frau mit soviel Selbstkontrolle wirklich Respekt haben. Und, sind wir mal ehrlich – wieviele können denn so lange vögeln, bis ihnen das Blut aus den Ohren kommt?« Dinnie sah mich mit großen Augen an. »Also, Küribs? War sie gut genug, um dein Herz stillstehen zu lassen?«

»Hmm«, murmelte ich. »Ich hab nichts mit ihr gemacht.« Vielleicht sollte ich mich aus dem Wagen werfen.

»Das ist unser Jimmy«, sagte Ted. Ich konnte sein Grinsen selbst an seinem Hinterkopf sehen.

»Schade«, sagte Dinnie und drehte sich wieder nach vorne. »Jillanna ist so schön. Mich wollte sie auch mal rumkriegen, aber ich mußte sie ablehnen. Nur muß ich gestehen, daß es mir heute leid tut, aber ich hatte auf ein Jahr einen Keuschheitseid geschworen, nur um zu beweisen, daß ich es schaffen würde. Es gab da einfach zuviel Leute, die mir an die Wäsche wollten. Gott, ich hab mich vielleicht selbst fertiggemacht.«

Etwas in meinem Hinterkopf machte plötzlich *boing*. Ted hatte also gestern nacht den sozialen Aufstieg geprobt – *absichtlich* – und sich *das* dabei zugelegt?

Sie fuhr fort: »Aber das war ganz gut so. Seitdem weiß ich manches viel besser zu schätzen. Ich meine, gestern nacht bin ich mindestens *elfmal* gekommen. Und du auch, das weiß ich«, sagte sie zu Ted. »Und dann hab ich aufgehört zu zählen.«

Du großer Gott! Ich verschränkte die Arme über die Brust

und sah zum Fenster hinaus. Mußte ich mir das wirklich alles anhören? Unter uns konnte ich riesige ausgebrannte Flächen sehen – geschwärzte Ruinen, die den gleichmäßigen Marsch der Avenuen zum Horizont störten.

Kaum etwas bewegte sich. Keine Autos, keine Busse, keine Fußgänger, keine Fahrräder – da war nichts. Ich sah drei Hunde über eine Straße trotten, das war alles. Die Stille dieser stummen Landschaft konnte einem den letzten Nerv rauben.

Jemand hatte an einer Mauer, die einen ganzen Häuserblock lang war, eine riesige Inschrift angebracht. Die Buchstaben mußten drei Meter hoch sein, man konnte sie selbst aus der Luft lesen. Die Inschrift lautete: WO SIND ALL DIE LEUTE HIN?

Unter uns war eine Staubwolke, die in gelben Böen hereinfegte und sich immer wieder an einer Mauer, einem Randstein oder einem Haus brach. Würde hier einmal Wüste sein – oder was? Oder würde die Prärie das Land einfach zurückfordern und die Relikte der letzten Tage unserer Zivilisation perfekt für irgendwelche fernen, uns unbekannten Archäologen bewahren?

Welche Schlüsse würden sie dann daraus ziehen, was von uns denken, jene Augen aus der Zukunft? Ich ertappte mich dabei, daß ich mich über sie ärgerte. Wie konnten sie es wagen, in unserer Tragödie herumzustochern!

Dinnie riß mich aus meiner Stimmung.

Sie schob sich mit einer Hand das Haar zurecht, es war von eigenartiger orangeroter Farbe. »Manche Leute begreifen einfach nicht, wie empfindlich er ist; ich schon. Der Mann ist zu talentiert. Wenn er je lernt, seine Werkzeuge unter Kontrolle zu halten, wird er gefährlich sein.«

Ich sah Ted an und fragte mich, woran er wohl gedacht hatte; aber er war jetzt ohne jeden Ausdruck. Hin und wieder nickte oder grunzte er, aber seine Reaktionen schienen völlig gleichgültig. Dinnie schien das nicht zu bemerken, oder wenn sie es tat, dann machte es ihr offenbar nichts aus.

»Worum geht es denn bei unserer Versammlung?« fragte ich Ted.

Er machte den Mund auf, um Antwort zu geben, aber Dinnie kam ihm zuvor. »Die freie Weltvereinigung der Spiralisten.«

»Spiralismus? Du hast dich auf Spiralismus eingelassen? Ich ...« Dann hielt ich inne. »Schon gut.« Ich hob beide Hände abwehrend hoch. »Ist ja nicht meine Angelegenheit. Jeder hat das Recht, auf seine Art zur Hölle zu fahren.«

»Ist ja nur ein Frühstücks ...« setzte er an.

Aber Dinnie überfuhr ihn. »Das sind *wirklich* charmante Leute. Und die Sitzung findet bei Ragamuffin's statt, und das ist eines der *wenigen* Lokale, wo die noch ein *anständiges* kontinentales Frühstück servieren – obwohl, ich muß sagen, ihre Weinliste ist nicht besonders gut. Ich würde sie daher nach dem Brunch nicht empfehlen. Hab ich dir schon erzählt, wie ich einmal den Weinkellner zurückgeschickt habe?«

Plötzlich war ich auf Ted nicht mehr böse. Er hatte ein viel passenderes Schicksal gefunden, als ich für ihn planen konnte. »Nun, es klingt ganz bestimmt ... interessant. Äh – wird man heute morgen das Blut von Christenbabies trinken?«

Ich sah Teds schnellen Blick in den Rückspiegel – er sah meinen Gesichtsausdruck, sah, wie ich es meinte.

»Hör zu, Jim«, sagte er ernsthaft. »Ich laß dich vor dem Hotel aussteigen. Aber eigentlich ist es gar kein Hotel mehr. Uncle Sam hat es übernommen und benutzt es als provisorisches Konferenzzentrum. Provisorisch – also für immer. Jedenfalls habe ich für uns beide C-Freigaben geschafft – frag nicht wie. Du hast also zu jeder formellen Sitzung Zugang und zu den meisten informellen auch. Ich weiß nicht, ob die Roten auch dazugehören. Das mußt du selbst in Erfahrung bringen – aber sei vorsichtig. Hör zu, du solltest vermeiden, daß man sich deine Papiere zu genau ansieht; sie sind echt, aber eben nur gerade; also unauffällig, okay?«

»Sicher – soll mir recht sein. Aber wie hast du es geschafft?«

»Ich stamme aus einer Familie von Hunderäubern. Und jetzt hör zu: Zuerst mußt du dich anmelden. Du mußt CORDCOM-REG wählen und dann kann auf jedem Terminal deine Karte neu geschrieben werden. Und noch etwas, so wie du hier registriert bist, hast du Zugang zur Fahrbereitschaft. Unbegrenzten Zugang. Das ist sehr bequem. Du brauchst dich nicht mit dem ganzen Papierkrieg herumzuärgern. Du kannst so ziemlich alles anfordern, bloß die Präsidentenlimousine nicht und auch keinen Patton Panzer.«

»Was sollte ich denn mit einem Lasertank anfangen?«

Ted zuckte die Achseln. »Einfach so?« Der Wagen ruckte, als er auf der Straße aufsetzte, federte einmal durch und sackte ein. Ted tippte die Bremsen leicht an, um die Fahrtgeschwindigkeit herunterzusetzen.

»Du *könntest* ihn bekommen, weißt du, wenn du ihn wirklich haben wolltest. Weil du – äh, Militär bist. *Special Forces*, weißt du? Da kam die Freigabe her. Du brauchst nur ein paar Stunden Ausbildung. Und beweisen, daß du ihn wirklich brauchst.«

»Ich passe. Danke.«

»Nun, merk es dir jedenfalls. Könntest du dir Dukes Gesicht vorstellen – *oder Obies* –, wenn du in so etwas angerollt kämst?«

Ich dachte darüber nach. Nein, ich könnte es mir nicht vorstellen.

Ted bog in eine Ausfahrt und hielt an einem Seiteneingang. »Bis später dann, okay?«

»Geht klar. Äh, nett, Sie kennengelernt zu haben, Dinnie.« Ich trat zurück, als die beiden wegrollten. *Spiralismus?*

Ich schob die Hände in die Jackettaschen und ging ins Hotel – äh? Was war das denn? Oh, Dr. Obamas Box. Die hätte ich fast vergessen. Ich hatte sie immer noch bei mir.

Ich fand eine Reihe mit Terminals und betrat eine Kabine. Ich brauchte nur wenige Augenblicke mich bei CORDCOM zu registrieren. Meine Karte verschwand in dem Schlitz und rollte dann mit einem gelben Streifen überdruckt wieder heraus. In der rechten oberen Ecke war jetzt ein großes C in einem roten Kasten aufgedruckt. Was hatte das zu bedeuten?

Ich machte den Schirm frei und wählte die Auskunft. Lieutenant Colonel Ira Wallachstein.

Auf dem Bildschirm blitzte es: NICHT GEFUNDEN.

Was?

Vielleicht hatte ich falsch eingegeben. Ich tippte den Namen ein zweitesmal.

NICHT GEFUNDEN.

Nun, das war ... seltsam. Ich tippte PROJECT JEFFERSON und versuchte, eine Personalliste zu bekommen.

NICHT VERFÜGBAR.

Dann versuchte ich es mit dem Militäradreßbuch von Denver. Dort war er ebenfalls nicht eingetragen.

Ich saß einen Augenblick lang benommen da und fragte mich, was ich jetzt tun sollte. Ich kratzte mich am Kopf. Warum hatte Dr. Obama mir ein Päckchen für jemanden mitgegeben, der gar nicht hier war? Oder war dieser Colonel Wallachstein vielleicht weitergezogen und hatte Dr. Obama nicht davon verständigt? Vielleicht sollte ich sie anrufen und fragen. Nein, irgend etwas riet mir davon ab.

Ich nahm die Kassette aus der Tasche und sah sie an. An ihr war nichts Ungewöhnliches, nur eben ein Behälter aus Metall mit abgerundeten Ecken. Keine Markierungen, nur die aufgedruckte Tastatur und das Schloß. Sie klapperte auch kaum. Ich mußte darüber nachdenken. Ich wollte sie nicht zerstören. Noch nicht. Das wäre so, als hätte ich versagt.

Ich schob die Kassette wieder ein. Vielleicht heute abend in der Kaserne. Vielleicht hatte ich irgend etwas übersehen.

Ich machte die Tastatur frei und ließ mir den Konferenzplan des heutigen Tages ausgeben. Die allgemeine Sitzung über chtorranische Biologie und Verhalten begann um zehn Uhr. Offensichtlich war das eine wöchentliche Sitzung. Ich überflog den Rest der Tagesordnung, ließ mir eine Kopie davon ausdrucken und ging frühstücken.

Ich nahm Brötchen und Lachs und Erdbeeren und Sahne. Ich aß alleine und war immer noch in besserer Gesellschaft als Ted.

ZWANZIG

Der Mann am Rednerpodium sah unglücklich aus.

Zu viele Sitze waren leer. Der Saal war nur zu einem Drittel gefüllt.

Ich zögerte. Die Zuhörerschaft hatte bereits angefangen, sich zu einzelnen Grüppchen zu sammeln.

Die Teilnehmer von der Armee saßen ganz vorne, aber an den Seiten. Ich hatte bisher nicht gewußt, daß man in Habt-acht-Stellung sitzen konnte. Die komisch aussehenden Typen saßen alle in den ersten fünf Reihen. Natürlich, ich hatte noch nie an einer Vortragsveranstaltung teilgenommen, wo das nicht so gewesen war. Die ernsthaften Typen hatten sich in der Saalmitte verteilt. Die Turbane und die Burnusse – und davon gab es eine ziemliche Menge – liefen in den Gängen herum und schnatterten, so schnell sie konnten, ignorierten den Mann auf dem Podium.

Das Dröhnen von tausend einzelnen Gesprächen flog mir aus dem Saal entgegen – ein Durcheinander von Worten. Merkten die eigentlich nicht, wie laut sie alle waren? Jeder schrie, um sich bei dem Lärm Gehör zu verschaffen, und weil alle so schrien, wurden die anderen noch lauter. Es war nicht schwer zu erkennen, warum der Mann dort vorne so unglücklich war.

Ich fand eine leere Reihe, etwa in der Mitte des Saals, und nahm Platz. Ich schob eine frische Kassette in meinen Recorder und steckte ihn wieder in die Tasche.

Der unglückliche Mann trat an den Rand des Podiums und flüsterte einem Helfer etwas zu, worauf der die Achseln zuckte, und der Mann noch unglücklicher blickte. Er sah auf die Uhr, ich auf die meine – bereits fünfzehn Minuten über die Zeit. Er ging wieder an sein Rednerpult und klopfte ans Mikrofon. »Gentlemen? Ladies?« Er räusperte sich. »Wenn Sie bitte Platz nehmen würden, dann könnten wir anfangen.«

Es klappte nicht. Die Lautstärke der Gespräche nahm nur zu, weil jeder Redende jetzt schrie, um die Lautsprecheranlage zu übertönen. Ich konnte erkennen, daß das noch eine Weile dauern würde.

»Delegierte? *Bitte* ...!« Er versuchte es noch einmal. »Ich möchte jetzt mit der Sitzung beginnen.«

Niemand achtete auf ihn. Jeder einzelne von denen hatte etwas so Wichtiges zu sagen, daß er alles andere im Saal ignorierte.

Der unglückliche Mann versuchte es noch einmal, griff dann schließlich nach einem winzigen Hammer und fing an, auf eine alte Glocke einzuschlagen, die auf dem Rednerpult befestigt war. Er tat das viermal nacheinander, und dann noch viermal und dann immer wieder. Er schlug immer wieder gegen die Glocke – ein gleichmäßiges, rhythmisches Tönen, das man einfach nicht ignorieren konnte. Ich sah, wie er dabei auf die Uhr blickte. Offenbar hatte er all das schon einmal mitgemacht.

Die Gruppen begannen, sich voneinander zu lösen. Die einzelnen Gespräche zersplitterten und brachen ab – sie konnten nicht länger konkurrieren –, und die Teilnehmer begannen, ihre Plätze aufzusuchen. Die einzige Konversation, die noch mit voller Lautstärke lief, war eine zwischen drei tauben Frauen – vielleicht waren es auch Dolmetscher – die Ameslan sprachen.

»Danke!« sagte der unglückliche Mann am Ende. Er drückte ein paar Knöpfe auf dem Rednerpult, und die Leinwand hinter ihm wurde hell und ließ eine offiziell aussehende Ankündigung erscheinen. Sie wiederholte sich alle fünfzehn Sekunden, jedesmal in einer anderen Sprache: französisch, russisch, italienisch, chinesisch, japanisch, suaheli, arabisch – den Rest konnte ich nicht identifizieren. Die englische Version besagte: »Englische Übersetzungen von Vorträgen in Fremdsprachen sind auf Kanal fünfzehn zu hören. Danke.«

Er wartete, während die verschiedenen Delegierten sich Kopfhörer aufstülpten. Das gab wieder ein Rascheln und Murmeln, das scheinbar kein Ende nehmen wollte.

Dann fiel mir auf der rechten Seite etwas auf – Lizard! Major Tirelli! Sie hatte sich bei einem großen schwarzen Colonel eingehakt; sie lachten und plauderten, als sie drei Reihen vor mir ihre Sitze einnahmen. Ich überlegte, ob ich mich bemerkbar machen sollte, entschied mich dann aber dagegen. Es würde sie wahrscheinlich nur ärgern, und außerdem füllte sich der Zuhörersaal jetzt, und es würde auffallen und vielleicht peinlich sein. Ich fragte mich, ob ich vielleicht zwei Sitze für Ted und Dinnie freihalten sollte – nur daß ich das nicht wollte – bis sich schließlich die Frage dadurch von selbst beantwortete, daß eine dunkelhäutige, gut aussehende Frau rechts von mir Platz nahm, und wenige Sekunden darauf zwei Leutnants zwei von den drei Sitzen zu meiner Linken besetzten. Die gut aussehende Frau trug einen Laborkittel und hatte ein Notizbrett bei sich. Sie knipste es an, während sie wartete, und begann, ihre Notizen zu lesen.

Ich holte den Recorder aus der Tasche, um ihn einzuschalten, und sie tippte mich am Arm an. »Das ist keine gute Idee«, sagte sie. »Einiges könnte geheim sein.«

»Oh«, sagte ich. »Danke.« Und steckte das Gerät wieder ein, wobei ich es aber trotzdem anknipste. Ich glaube nicht, daß sie es gesehen hat.

Der unglückliche Mann begann wieder, auf seine Glocke einzuschlagen. »Ich glaube, wir können jetzt anfangen. Für diejenigen von Ihnen, die es noch nicht wissen, ich bin Dr. Olmstead, Dr. Edward K. Olmstead, und ich bin diensttuender Direktor der Extraterrestrischen Studiengruppe des National Science Center hier in Denver. Ich möchte diese Gelegenheit dazu benutzen, Sie alle in dieser Sondersitzung der ständigen Internationalen Konferenz über extraterrestrische Angelegenheiten willkommen zu heißen.

Die Regeln dieser Konferenz wollen es, daß ich Sie daran erinnere, daß ein großer Teil des hier vorgetragenen Materials im allgemeinen auf Bedürfnisbasis klassifiziert ist. Das schließt zwar alle der hier registrierten Teilnehmer und ihre Stäbe ein, wir möchten aber dennoch betonen, daß das Material nur für Ihren Gebrauch bestimmt ist und vertraulich behandelt werden sollte. Wir sind noch nicht dazu bereit, diese Informationen der Öffentlichkeit zugänglich zu machen. Die Gründe dafür werden in der morgigen Sitzung, die sich mit

Kulturschock befaßt, diskutiert werden. Ich bin Ihnen für Ihre Unterstützung sehr dankbar.

Die heutige Samstagssitzung ist in erster Linie für diejenigen Delegierten bestimmt, die nicht an der gesamten Konferenz teilnehmen können. Wie stets wird diese Sitzung live auf Kanal Zwei übertragen. Falls Sie weitere Informationen zu einem bestimmten Thema benötigen, sind Ihnen diese natürlich über das Projektnetz zugänglich. Bitte, scheuen Sie sich nicht, sich einzuschalten. Wenn Sie noch keine Freigabenummer haben, sprechen Sie bitte mit der Information.

Wie Sie aus unserem Tagungsplan entnehmen können, werden wir den Versuch machen, das gesamte wissenschaftliche Material in den ersten zweieinhalb Stunden zu präsentieren. Und dann heute nachmittag über die wesentlich wichtigeren Fragen des Kontakts und der Eindämmungsmaßnahmen sprechen – selbstverständlich nach einer vernünftigen Mittagspause. Wie sicherlich die meisten von Ihnen bereits festgestellt haben, bietet das Hotel hier ein ausgezeichnetes Buffet. Morgen werden wir uns in der Vormittagssitzung mit den kulturellen und psychologischen Fragen befassen, während am Nachmittag der ökonomische Bereich behandelt wird. Wir bitten um Nachsicht, daß wir so viel von Ihrer Zeit beanspruchen, und danken Ihnen schon im voraus für Ihre Unterstützung. Dies ist natürlich ein Arbeitswochenende, und deshalb möchte ich jetzt das Mikrofon unserer Konferenzpräsidentin Dr. Moyra Zhymph übergeben.«

Kurzer Applaus erklang, als Dr. Zhymph die Rednertribüne betrat. Sie war eine korpulente Frau, wirkte etwas unordentlich und bewegte sich wie ein Lastwagenfahrer. Wenn sie redete, so klang ihre Stimme rauh und geschäftsmäßig.

»Also gut, dann packen wir's.« Sie klatschte ihr Notizbrett aufs Podium. »Ich weiß, daß die meisten von Ihnen mehr daran interessiert sind, Antworten zu finden als sich Fragen anzuhören. Unglücklicherweise haben wir im Augenblick nur Fragen. Eine *Menge* Fragen ...« Sie hielt inne, um sich Wirkung zu verschaffen. »... und ein paar Vermutungen, die ich mit Ihnen gerne teilen möchte.

Ich möchte, daß Sie sich ein Puzzlespiel vorstellen – in dem die meisten Stücke fehlen. Ein Puzzlespiel ohne ein Bild auf dem Schachteldeckel, um sich zu orientieren. Stellen Sie sich ein ganzes Lagerhaus voll ähnlich unvollständiger Puzzlespiele vor. Und jetzt mischen Sie sie alle durcheinander. Und nun sollen Sie jemanden finden, der in seinem ganzen Leben noch kein Puzzlespiel gesehen hat, und den stellen Sie mitten in diesen Haufen durcheinandergemischter Stücke und fragen ihn, was hier vorgeht. Sobald er begriffen hat, was ein Puzzlespiel ist, hat er gewonnen. Er hat nämlich den schwierigsten Teil des Problems gelöst.

Ich möchte, daß Sie sich dieses Bild vor Augen halten, denn genau damit haben wir es hier zu tun. Wir haben ein ganzes Lagerhaus voll Stücke. Wir wissen, wie die einzelnen Stücke aussehen, aber wir wissen nicht, wie die Bilder aussehen – wir wissen nicht einmal sicher, daß dies ein Lagerhaus voll unvollständiger Spiele ist. Den *schwierigsten* Teil haben wir gelöst. Und darüber wollen wir zu Ihnen sprechen.

Nun wird einigen von Ihnen das, was Sie hören werden, nicht gefallen. Insbesondere werden Ihnen die Folgerungen nicht gefallen. Einige von Ihnen werden von dem hier präsentierten Material so beunruhigt sein, daß sich in ihnen der Wunsch regen wird, Zweifel an seiner Authenzität zu äußern. Sie werden unsere Schlüsse ablehnen, weil Sie die Fakten nicht akzeptieren können. Bitte, machen Sie diesen Fehler nicht.

Ich möchte, daß Sie wissen, daß es ganz *in Ordnung* ist, sich mit diesem Material unwohl zu fühlen. Uns geht es ganz bestimmt genauso. Und wir leben schon eine Weile damit. Benutzen Sie bloß dieses ungute Gefühl nicht als Ausrede, um sich vor der Dringlichkeit der Situation zu verstecken.« Sie hielt lange genug inne, um das einsinken zu lassen, und sah sich unter den Zuhörern um, als wollte sie jeden einzeln dazu herausfordern, jetzt Widerspruch einzulegen.

Aber das tat niemand. Noch nicht. Dr. Zhymph nickte und fuhr fort: »Gut. Was wir uns heute hier vorgenommen haben, ist, Ihnen ein paar von den Stücken zu zeigen, bei denen wir sicher sind. Und von dort aus wollen wir versuchen, das größere Schema zu suchen. Ich werde Ihnen nicht alle unsere Puzzlestücke zeigen – die Zeit haben wir nicht – aber ich werde Ihnen diejenigen Fakten zeigen, von denen Sie wissen müssen.«

Sie knipste ihr Notizbrett an und warf gelegentlich Blicke darauf. »Zum ersten können wir Ihnen dies sagen. Die Erde, dieser Planet, auf dem wir leben, erlebt gerade eine ökologische Heimsuchung. Die Quelle dieser Heimsuchung ist vermutlich extraterrestrisch.« Sie berührte einen Knopf auf dem Podium, und die Leinwand hinter ihr wurde wieder hell und zeigte die zwei Halbkugeln der Erde. Auf den größeren Landflächen blitzten rote Flecken. Es sah aus wie Masern. Sie fuhr fort: »Die Heimsuchung hat sich auf allen fünf Hauptkontinenten gezeigt: Asien, Afrika, den beiden amerikanischen Subkontinenten und in geringerem Maße – obwohl wir noch nicht wissen, warum – in Europa. In Australien oder der Antarktis haben wir bis jetzt noch keine Spuren der Heimsuchung bestätigen können. Bis jetzt deutet das Beweismaterial darauf hin, daß sich die Wirkung im wesentlichen auf die gemäßigten Zonen des Planeten beschränkt, die Bereiche, in denen der größte Teil unserer menschlichen Bevölkerung etabliert ist. Das heißt, der *verbleibenden* menschlichen Bevölkerung.« Sie hielt inne und blickte in den Saal. »Die, äh, Bevölkerungskrise wird in der morgigen Sitzung diskutiert. Ich empfehle Ihnen allen dringend teilzunehmen. Wir haben ein paar spezielle Empfehlungen, aber die müssen sofort ausgeführt werden. Und ich möchte darauf hinweisen, daß unsere Hauptsorge nicht darin liegt, unsere menschlichen Ressourcen zu retten, sondern diese in einer Art und Weise einzusetzen, daß sie den größten Nutzen bringen.« Sie schien sich in ihrer Haut nicht wohlzufühlen und warf einen Blick auf ihre Notizen.

»Die Heimsuchung hat sich in verschiedenen Formen manifestiert, die uns zur Kenntnis gelangt sind – und vermutlich einer ganzen Menge mehr, die wir noch nicht entdeckt haben.« Sie hielt inne, drückte einen Knopf und sah sich um, um sich zu vergewissern, daß die Leinwand das passende Bild zeigte – eine Art roten Schlamms, der auf einem See dahintrieb – und fuhr fort: »Zwar galt die Hauptaufmerksamkeit bisher den, äh, dramatischeren Aspekten dieser Heimsuchung; ich möchte Sie aber darauf hinweisen, daß es auch in anderen Bereichen beträchtliche ökologische Wirkungen gibt. So haben wir beispielsweise im Mikroben- und im Botanikbereich Dinge festgestellt, die genauso ernsthaft sind, wenn auch vielleicht nicht so auffällig.

Ich werde Ihnen nur einige wenige Beispiele zeigen, um das Ausmaß des Problems zu demonstrieren. Bitte, seien Sie versichert, daß es viel schlimmer ist, als diese Beispiele andeuten. Dieses erste hier ist eine Art von Algen. Sie vermehrt sich schnell, sie treibt auf der Meeresoberfläche und ist mäßig toxisch. Sie kommt vorwiegend in den Uferbereichen vor, ist aber auch auf Seen und Nebengewässern zu finden. Sobald sich diese Algenart einmal festgesetzt hat, tendiert sie dazu, den größten Teil des sonstigen pflanzlichen Lebens zu erstikken. Sie benutzt zur Photosynthese kein Chlorophyll, was ihre rote bis rotpurpurne Färbung erklärt.« Hinter ihr zeigte die Leinwand schlammige karminfarbene Brecher an einem langen Uferstreifen. Der rosafarbene Sand zeigte schmutzige Streifen, die wie verkrustetes Blut aussahen.

»Wie ich schon sagte, ist die Alge mäßig toxisch; darauf möchte ich einen Augenblick lang näher eingehen. Der Schlamm erzeugt ein paar äußerst häßliche Nebenprodukte, darunter ein paar interessante Langkettenmoleküle, die allem Anschein nach für das nächste Geschöpf auf der ökologischen Leiter bestimmt sind; aber was auch immer das für eine Kreatur ist, sie hat sich bis jetzt noch nicht gezeigt. Und ich weiß nicht, ob man dafür dankbar sein soll oder nicht.

Von dem Schlamm infiziertes Wasser fühlt sich gewöhnlich ölig an – und dieses Öl läßt sich besonders schwer abwischen. Sollten Sie mit dem Öl in Berührung kommen, ist es wesentlich, daß Sie es so schnell wie möglich abwaschen, weil es die menschlichen Poren sehr wirksam verstopft und damit die Atemfähigkeit der Haut reduziert. Nebenbei gesagt, es riecht auch schlecht – insofern haben Sie also eine Warnung.

Wenn Sie das Unglück haben sollten, vom Schlamm infiziertes Wasser zu *schlucken,* werden Sie das ganz bestimmt bedauern. Die Folgen sind Übelkeit, Durchfall, Brechreiz und Fieber. Wenn Sie stark sind, werden Sie überleben. Wenn nicht, dann nicht.

Und jetzt möchte ich, daß Sie einmal an die Fische und Pflanzen in solchem Wasser denken – im Gegensatz zu Ihnen können die nicht weggehen und sich eine Weile hinlegen. Längerer Kontakt mit dem Schlamm ist für sie *stets* tödlich. Je kleiner das betreffende Lebewesen ist, desto schneller stirbt es.

Wo immer der rote Schlamm auftaucht, verschwindet das Plankton – und danach die Fische, die sich von dem Plankton ernähren, und die Raubfische, die sich von ihnen ernähren, die ganze Nahrungskette hinauf. Der rote Schlamm verwandelt das Meer in Wüste. Wenn diese Entwicklung nicht unter Kontrolle gebracht wird, wird sie katastrophale Auswirkungen auf die globale Nahrungskette haben. Wenn die Meere sterben, sterben *wir.* Der rote Schlamm hat bereits drei Zehntel von einem Prozent der nutzbaren Gewässer der Welt infiziert, und diese Zahl steigt mit beunruhigender Geschwindigkeit an. Nun weiß ich natürlich, daß drei Zehntel von einem Prozent nach nicht sehr viel klingt, aber wenn Sie bedenken, daß zwei Drittel der Erde von Wasser bedeckt sind, dann müssen Sie erkennen, daß wir bereits von ein paar hunderttausend Quadratmeilen sprechen. Und vielleicht sind es schon Millionen; sicher wissen wir das nicht. Aber Sie können daraus extrapolieren.« Wieder zeigte die Leinwand eine Weltkarte. Vor den Küsten von China, Kalifornien, Brasilien und Teilen Afrikas waren rote Streifen. »Dies sind die vorwiegend infizierten Gegenden«, sagte sie. »Bei der augenblicklichen Ausbreitungsgeschwindigkeit werden binnen zwei bis fünf Jahren die meisten ertragreichen Meeresfarmen der Welt verloren sein.

Es ist meine *Absicht,* Sie damit zu beunruhigen – weil dies vielleicht der bedrohliche Aspekt dieser Heimsuchung ist. Bis jetzt hat der Schlamm unseren meisten Versuchen, ihn unter Kontrolle zu bringen, Widerstand geleistet. Er scheint nicht temperaturempfindlich zu sein und überlebt nahezu alle Wasserbedingungen. Wir hatten einigen Erfolg, das Wachsen des Schlamms mit gezüchteten Bakterien zu behindern, aber nur begrenzten Erfolg. Bis zur Stunde haben wir dadurch die besten Ergebnisse erzielt, indem wir Rohöl auf das Wasser gossen und es in Brand steckten. Ich brauche sicherlich nicht viel darüber zu sagen, weshalb *diese Lösung* nicht akzeptabel ist.«

Sie hielt inne, um einen Schluck Wasser zu trinken, warf einen Blick auf ihre Notizen und ließ dann die nächste Bilderfolge auf die Leinwand projizieren – eine Art von Käfer, der wie ein Insekt aussah, aber auf zwei Beinen stand. Die zwei vorderen Beine waren sehr kurz, sie sahen verkümmert aus, nur daß jedes in einer kräftig aussehenden Klaue endete. Der Grashüpfer, den das Insektengeschöpf zwischen den Kiefern hielt, vermittelte einen Eindruck von seiner Größe. Der Käfer war etwa so groß wie ein Sperling. »Dies ist kein Insekt«, sagte Dr. Zhymph. »Gehen Sie nicht in die Falle zu glauben, daß es ein Insekt sei, denn das zu tun, hieße Scheuklappen tragen und die Möglichkeit verkennen, daß dieses Geschöpf ein paar sehr wenig insektenhafte Fähigkeiten besitzt.«

Das nächste Bild zeigte das Lebewesen in einer dunklen Ecke stehend – fast *lauernd*. Es stand aufrecht da, und seine lange, schwarze Körperschale hüllte es wie ein Cape ein. Seine Kopfform ebenso wie seine Haltung ließen mich an Jack the Ripper denken. »Wir nennen diesen Burschen den Nachtgänger«, sagte Dr. Zhymph. »Es handelt sich um eine Entdeckung aus jüngster Zeit, also können wir ihn noch nicht viel über ihn sagen. Er frißt die meisten Arten terrestrischer Insekten und hat auch nichts gegen eine gelegentliche Maus, einen Vogel oder einen Frosch einzuwenden. Das hier ist ein kleines Exemplar. Wir haben welche gefunden, die bis zu zwanzig Zentimeter groß waren. Hoffentlich ist das ihre größte Größe. Sicher sind wir nicht. Sie sind nicht giftig, aber ihr Biß ist schmerzhaft. Und etwas Interessantes an diesem Biß – die meisten Raubinsekten verflüssigen ihre Nahrung, um sie zu fressen; dieser Bursche hier ist groß genug, daß er sich die Mühe sparen kann. Er benutzt seine Kinnladen wie Zähne. Wir glauben, daß seine Verdauung ähnlich wie die der Vögel ist, das heißt, daß er kleine Steine schlucken muß, um die Nahrung in seinem Magen kleinzumahlen. Wir sollten an dieser Stelle vielleicht festhalten, daß er ein ernsthafter Konkurrent um den Platz ist, den die Vögel in unserer Ökologie einnehmen. Er ist von gefräßigem Appetit und wird ohne Zweifel allen unseren kleineren Raubtieren ein sehr ernsthafter Konkurrent sein.«

Eine neue Reihe Bilder – diesmal ein rosafarbenes Ding, das wie ein Wattebausch aussah. »Wir sind noch nicht sicher, ob dies eine Pflanze oder ein Tier ist. Wir nennen es den Zukkerwattekäfer. Er ist so leicht wie Löwenzahn und breitet sich ebenso leicht aus. Er ist nicht toxisch, eßbar und soweit wir bisher feststellen konnten, für seine Umgebung ungefährlich. Das bedeutet aber nur, daß wir bis jetzt noch nicht festgestellt haben, in welcher Art er gefährlich ist – und darauf komme ich in ein paar Minuten.

Zuerst möchte ich Ihnen diesen netten kleinen Burschen zeigen.« Höfliches Lachen erklang, als das Bild auf der Leinwand erschien. »Wir nennen ihn den Pfeifenreinigerkäfer, weil er so aussieht, als würde er aus Pfeifenreinigern bestehen. Ich möchte noch einmal bitten, daß Sie sich nicht von der Tatsache täuschen lassen, daß er wie in Insekt aussieht. Das ist lediglich die ökologische Nische, in der er lebt. Er hat keinen segmentierten Körper, und sein Exoskelett ist mit dikker Haut und diesem weichen, weißen Pelz bedeckt, den Sie sehen können. Dieser Platz ist tatsächlich ein sehr empfindliches Geruchsorgan. Dieses Lebewesen riecht mit dem ganzen Körper. Und jetzt achten Sie bitte auf die Hasenfüßchen: Diese Pfoten sind ebenfalls Sinnesorgane, viel empfindlicher. Er steht nicht nur auf diesem Blatt, er kostet es gleichzeitig. Die Augen des Lebewesens sind an der Spitze dieser zwei Antennen, und sie sind regenerativ. Dieser Bursche frißt die Zuckerwattekäfer; er selbst wird vom Nachtgänger gefressen. Viel mehr als das kann ich Ihnen nicht sagen. Über seine Fortpflanzungsgewohnheiten wissen wir nichts. Wir können Ihnen sagen, daß er sich sehr schnell bewegt und jeden Tag das Doppelte seines eigenen Gewichts an Blättern verspeist. Wir rechnen damit, nächsten Sommer sehr viel mehr von ihm zu sehen. Oder auch früher.«

Das nächste Bild zeigte ein Efeufeld mit scharlachfarbenen Blättern. »Dies hier nennen wir aus naheliegenden Gründen den roten Kudzu. Die Blätter sind hellrot und weiß geädert. Es mag Marschen und seichtes Wasser und verbreitet sich wahnsinnig schnell, mit einer Geschwindigkeit von zwei Metern pro Woche. Bis jetzt haben wir die Pflanze nur in den Bayous von Louisiana gefunden, aber wenn es uns nicht gelingt, sie unter Kontrolle zu bringen, rechnen wir damit, daß Sie sich im ganzen Küstenbereich des Golfs von Mexiko ausbreitet.«

Die Zuhörer begannen unruhig zu werden. Es gab zu viele von diesen Geschöpfen.

»Und jetzt das hier – es sieht wie ein Tausendfüßler aus, abgesehen von dem Buckel an seinen äh, Schultern – wir sind nicht einmal sicher, daß es in diesen Katalog gehört. Einiges Beweismaterial deutet darauf hin, daß es sich um ein terrestrisches Lebewesen handelt; wir wissen, daß vor mehr als zwanzig Jahren einige von ihnen im afrikanischen Ökologiezentrum in Nairobi studiert wurden, aber die sind bei dem Großbrand zugrunde gegangen, der diese Stadt vernichtet hat. Diese Lebewesen sind Allesfresser und sind imstande, sich sehr schnell über freies Gelände zu bewegen. Wir glauben, daß sie in der chtorranischen Ökologie vorwiegend als Aasfresser dienen. Wir haben noch nicht viel von ihnen gesehen. Dieser nächste nun ...«

Wie? Was war das? Sie hatte *überhaupt nichts* über die Millipeden gesagt! Und warum hatten die Chtorraner einen ganzen Pferch voll von den Biestern?

»... sieht wie die Anopheles-Mücke aus, ich darf Sie aber wiederum bitten, sich nicht von der Ähnlichkeit täuschen zu lassen. Die ist nur oberflächlicher Natur. Es gibt wichtige innere Unterschiede. Wir nennen das hier eine Stechfliege. Sie ernährt sich von Blut; sie hat nichts gegen Menschenblut einzuwenden, ist aber ebenso mit Katzen, Hunden, Rindern und Pferden zufrieden – was sie eben finden kann. Sie ist nicht wählerisch, und aus diesem Grund glauben wir, daß es sich um einen primären Überbringer für Krankheiten handelt ...« Sie mußte sich kurz unterbrechen, weil es im Zuhörerraum unruhig wurde. Nach einer Weile hob sie ihre Stimme und übertönte die Gespräche. »Das *vermuten* wir, sicher sind wir noch nicht. Es gibt zu viele bislang unbeantwortete Fragen, aber« – und jetzt lehnte sie sich auf der Rednerbühne vor und bildete mit ihren beiden Händen ein Dach vor sich – »wir sehen darin die wahrscheinlichsten Mechanismen, die die Seuchen in die menschliche Bevölkerung hineingetragen haben.« Sie war sich der Folgerungen wohl bewußt, die man aus dieser Feststellung ziehen konnte. Und ebenso waren das ihre Zuhörer.

Jetzt sagte sie mit lauter Stimme: »Ich möchte, daß Sie das jetzt zur Kenntnis nehmen – es ist bis jetzt nur eine Theorie! Wir wissen mit Sicherheit, daß zwei der Seuchen in mehr als einer Form auftraten – so wie die bubonische und die pneumonische Form des Schwarzen Todes. Und die meisten können durch ein Niesen verbreitet werden oder indem man eine verseuchte Tasse oder Decke berührt. Also ist das, was wir hier sehen – diese Stechfliege – kein primärer Überträger, sondern lediglich eine Methode der Einführung. Wenn sie das ist. Aber das bringt uns unmittelbar zum nächsten Punkt, zu den Seuchen selbst.

Wir gehen jetzt von der Theorie aus, daß die sieben wichtigsten Infektionen und die neun kleineren, die die menschliche Gattung dezimiert haben, auch als Teil eines übergeordneten Schemas ökologischer Heimsuchung betrachtet werden müssen. Ich möchte, daß Sie wissen, daß wir nur langsam zu dieser Erkenntnis gelangt sind. Wenn Sie die sich überlappenden Krankheits- und Seuchenmuster betrachten, wird die Beziehung offenkundig; aber selbst noch vor wenigen Monaten, als die meisten von uns unter dem unmittelbaren Einfluß der Katastrophe standen, verfügten wir einfach nicht über genügend verläßliche Informationen, um eine solche Korrelation durchzuführen.

Ich werde mich jetzt nicht in die politischen und psychologischen Arenen begeben, aber ich möchte doch auf die Gründe hinweisen, weshalb es bis in die ersten Monate dieses Jahres gedauert hat, bis die extraterrestrische Herkunft dieser Seuchen schlüssig bewiesen werden konnte. Wohl der schwierigste Teil der Aufgabe lag darin, unsere jeweiligen Regierungen – ich meine das nicht als Kritik – davon zu überzeugen, daß es auf diesem Planeten eine sehr reale *Präsenz* gab. Wir verfügten über sehr wenig greifbares Beweismaterial, und es war schwierig, unseren Stimmen während der, äh, schlimmsten Hysterie Gehör zu verschaffen. Wir können es uns einfach nicht leisten, eine solche Verwirrung noch einmal zuzulassen!« Sie hielt inne. Offenbar bemerkte sie selbst, daß sie anfing, zornig zu werden. Sie trank einen Schluck Wasser und sah auf ihre Notizen. Sie schien das häufig zu tun, wenn das Thema unbequem wurde. Tat sie das für sich oder für ihre Zuhörer? Ich war nicht sicher. Als sie wieder bereit war, blickte sie in den Zuhörerraum.

»Ich möchte hier etwas sagen. Ich möchte mich mit gewissen Spekulationen auseinandersetzen. In den ersten Tagen der Seuchen gab es eine Anzahl Vermutungen – von allen Seiten –, daß es sich um eine Kriegswaffe handelte. Damals nahm man an, daß menschliches Wirken dahinterstand. Wir wissen jetzt, daß das nicht der Fall war. Die Verwüstungen haben uns alle in gleicher Weise getroffen, und keine Nation auf diesem Planeten hat aus den Seuchen Nutzen gezogen. Und jetzt beginnt auch das biologische Beweismaterial langsam zu greifen – also müssen wir Mißtrauen und Argwohn hinter uns lassen. Und zwar *unverzüglich!* Die Situation ist zu gefährlich, als daß wir unsere Energien teilen dürften.«

Sie stützte sich mit beiden Händen auf ihr Pult und sah sich im Raum um, als wollte sie jedem einzelnen der Anwesenden in die Augen sehen. Dann sagte sie: »Die Vermutung, daß es sich bei den Seuchen um eine Kriegswaffe handelt, ist nicht völlig richtig – weil sie zu *kurzsichtig* ist! Tatsächlich handelt es sich um ein Mittel der ökologischen Manipulation. Wir als Menschen mögen gewisse Vorurteile bezüglich des Einsatzes solch vernichtender Mittel haben. Aber als Wissenschaftler müssen wir wohl oder übel das Geschick bewundern, mit dem dieses spezielle Mittel eingesetzt wurde. Fast achtzig Prozent der Angehörigen der dominanten Spezies dieses Planeten sind so glatt wegoperiert worden, wie ein Chirurg ein Krebsgeschwür mit einem Laser herausschneidet. Wenn Sie uns so sehen, dann sollten sie keine Probleme mit der darauffolgenden Anwendung von – immer noch dieselbe Metapher benutzend – Chemotherapie haben. Wir werden sehen. Aber wenn das ihre Zielsetzung ist, dann haben sie in sehr kurzer Zeit den größten Teil ihrer Absicht bereits verwirklicht. In weniger als zwei Jahren.« Sie hielt inne, fuhr sich mit dem Taschentuch über die Stirn und nahm anschließend einen weiteren Schluck Wasser. Als sie wieder sprach, klang ihre Stimme tiefer, langsamer und gleichmäßiger. Das Schroffe war irgendwie gedämpft, und sie wirkte plötzlich sehr ernst. »Wir haben dies als ökologische Heimsuchung bezeichnet, weil wir nicht beweisen können, daß es mehr ist. Wir haben dies ganz eindeutig *nicht* als Invasion bezeichnet, *weil wir bis jetzt nicht imstande waren, eine Invasionsstreitmacht zu finden.* Wir haben keine Beweise für extraterrestrische Landungen, haben keine Schiffe gesichtet, besitzen keinerlei Beweise für eine irgendwie geartete fortgeschrittene Technik. Wenn hier eine Invasion stattfindet, dann frage ich, *wo* sind die Invasoren?

Eine Weile argwöhnten wir, die großen, purpurfarbenen Geschöpfe, die wir als Chtorraner bezeichnet haben, seien unsere fremden Besucher, aber diese Theorie gerät schnell in Mißkredit, weil wir nicht beweisen konnten, daß diese Geschöpfe auch nur das *Potential* für Intelligenz besitzen – geschweige denn die *Fähigkeiten,* die notwendig sind, um eine solche Invasion über ungeheure Weltraumdistanzen vorzutragen. Wir nehmen natürlich an, daß der Herkunftsort dieser ökologischen Heimsuchung ein Planet in einem anderen Sternensystem ist. Sie kann unmöglich auf irgendeinem der Planeten unseres eigenen Sonnensystems ihren Ursprung genommen haben. Bezüglich der Gründe, die uns zu dieser Ansicht veranlaßt haben, verweise ich auf Dr. Swales Analyse. Bleibt also die Frage: *Wo* sind die Invasoren?

Ich werde diese Frage beantworten – in gewisser Weise. Aber auf Umwegen. Sie werden ein wenig Geduld mit mir haben müssen. Um nämlich herauszufinden, wer der Übeltäter ist, müssen wir uns das Beweismaterial recht gründlich ansehen.

Wenn wir das allgemeine Schema betrachten – die Stechfliegen, die Nachtgänger, das rote Kudzu, den Seeschlamm, die Bakterien, die die Seuchen verursacht haben, selbst die, äh, Chtorraner selbst – stellen wir fest, daß überall die ausgeprägte Tendenz zur Gefräßigkeit herrscht, so als hätten sich all diese Lebensformen in einer Ökologie mit weitaus größerer Konkurrenz entwickelt und in jener Umgebung nicht nur überlebt, sondern auch Erfolg gehabt. Hier auf der Erde, ohne ihre natürlichen Feinde – all die Gewichte und Gegengewichte einer stabilen Ökologie – müssen diese Lebensformen einfach außer Rand und Band geraten. Wir erleben das auf dem ganzen Planeten mit.

Wir rechnen damit, festzustellen, daß *keines* dieser Geschöpfe für die terranische Ökologie harmlos ist. *Ganz besonders* nicht diejenigen, die harmlos *aussehen.* Sie sind es auch, die die größte Gefahr darstellen, weil sie diejenigen sind, die wir mit der *größten* Wahrscheinlichkeit unterschätzen werden. Wir haben einhundertvierundfünfzig neue Spezies identifiziert. Und es gibt wahrscheinlich noch eine ganze Menge mehr, die wir bislang noch nicht entdeckt haben. Und das liegt nur daran, weil wir nicht über die Leute verfügen. Praktisch betrachtet, haben die meisten ökologischen Institute der Erde aufgehört zu existieren. Und das macht uns für diese Art ökologischer Heimsuchung besonders verletzlich – in doppeltem Maße. Zum einen, weil wir gar nicht alles wissen, was dort draußen geschieht, und zum anderen, weil wir selbst an den Stellen, wo wir das Geschehen überwachen können, nicht über die Mittel zur Reaktion verfügen. Wir müssen diese Institute neu aufbauen – ohne Verzug! Wenn wir jetzt mobilisieren, besteht immer noch die Chance, daß wir auf die Drohung reagieren können. Wenn nicht, dann wird der Druck jener einhundertvierundfünfzig verschiedenen gefräßigen neuen Spezies auf unsere Ökologie ohne Zweifel alles zerschlagen, was auf diesem Planeten von dem Leben, wie wir es kennen, übrig geblieben ist.

Es ist ganz einfach: *Unsere Ökologie wird von einer sehr viel erfolgreicheren Ökologie angegriffen.* Ihr Heimatplanet mag eine halbe Milliarde – ich sagte *Milliarde* – Jahre älter sein als die Erde – mit all den Vorteilen einer ausgedehnteren Evolution. Das implizierte Alter der Ökologie und ihres Wirtsplaneten ist möglicherweise auch ein Hinweis darauf, *warum* diese Heimsuchung überhaupt erfolgt. Vielleicht ist der Wirtsplanet im Begriff, sich abzunutzen. Oder vielleicht erkaltet seine Sonne. Was wir hier sehen, kann sehr wohl der Versuch einer intelligenten Spezies sein, den Tod ihres Heimatsystems zu überleben.

Und – wenn wir in bezug auf das Alter der chtorranischen Ökologie nicht irren, dann ist das auch der Grund, weshalb wir nicht imstande sein werden, terrestrische Mikroorganismen gegen die chtorranischen Lebensformen einzusetzen. Wenn die chtorranischen Lebensformen, die wir hier gesehen haben, die Produkte zusätzlicher -zig Millionen Jahre Entwicklung sind, dann impliziert das, daß sie auch die kumulierten Immunitäten gegen Mutationen eines jeden Virus besitzen, der sich auf ihrem Heimatplaneten entwickelt hat. Und das wiederum deutet daraufhin, daß sie ein größeres Widerstandsspektrum gegenüber unbekannten Mikroorganismen haben. Unsere Bakterien und Viren werden keine Bedrohung für sie sein, weil für sie unsere Ökologie einfacher ist – viel einfacher. Wir sind wie die großen Reptilien, die das Erscheinen von Gras und blühenden Blumen und Therad-psiden in unserer Ökologie sehen und uns fragen, was zum Teufel in unserer Welt passiert. Wir haben hier keine *natürlichen* Verteidigungsmöglichkeiten.«

Sie lehnte sich über das Rednerpult, als wollte sie wieder jedem einzelnen der Anwesenden in die Augen sehen. »Wenn wir diese Hypothese akzeptieren – und ich kann nicht erkennen, wie wir ihr aus dem Wege gehen sollten –, dann gibt es nicht länger Fragen darüber, welches Motiv dahintersteht. Es gibt nur eine einzige mögliche Interpretation der Lage: *Wir befinden uns im Krieg!* Einem Krieg, der nichts gleicht, was wir bisher in der Geschichte dieses Planeten erlebt oder uns auch nur vorgestellt haben!« Sie hielt inne, als wäre ihr selbst die eigene Eindringlichkeit peinlich. Sie versuchte es mit einem Schluck Wasser, einem winzigen Schluck, zu vertuschen und fuhr dann fort: »Das Problem ist, daß wir keine Beweise dafür haben, welcher handelnde Wille hinter dieser Invasion steht. Es muß ihn geben, aber wo ist er? Und damit wären wir wieder bei der Frage angelangt: wo sind die *echten* Chtorraner?« Dr. Zhymph ließ die Frage einen Augenblick lang in der Luft hängen. Sie sah auf ihre Notizen und rieb sich mit Daumen und Zeigefinger die dicke Nase.

Dann blickte sie wieder auf, und als sie wieder zu reden begann, klang es wie eine Gewehrsalve: »Tatsächlich stellen wir möglicherweise die *falschen* Fragen. Wir müssen uns die Situation vom Standpunkt eines der Invasoren ansehen. Ich verweise sie jetzt auf die Skotak-Alderson-Studien bezüglich der Kolonisierung fremder Planeten. In jenen Arbeiten befassen sich die Autoren natürlich mit Venus und Mars, aber die allgemeinen Prinzipien, die sie dort aufgestellt haben, lassen sich auf jede Welt anwenden.

Um es kurz zu sagen, Skotak und Alderson haben den Kolonisierungsprozeß in einzelne Abschnitte zerlegt. Teil I ist das *Terraformieren,* und Phase 1 befaßt sich mit der Erzeugung einer Atmosphäre, in der terranische Organismen überleben können. Die Phase 2 beginnt mit der Einführung ausgewählter Lebensformen, um auf der zu kolonisierenden Welt eine günstige Protoökologie zu schaffen.

Wenn man das jetzt auf unsere eigene Situation anwendet, dann ist ganz offensichtlich irgendeine Intelligenz irgendwo mit ihrer eigenen Phase 2 hier auf der Erde beschäftigt. Wenn Sie so wollen, sind die dabei, den Planeten zu *chtorraformieren*.

Ebenso wie wir Grasland schaffen müssen, um unser Vieh zu ernähren, Kornfelder, um unsere Hühner zu ernähren, Wälder, um Papier, Holz und Plastik zu liefern, Bienen, um die Blüten unserer Pflanzen zu befruchten, damit wir Obst und Gemüse bekommen, ebenso müssen unsere unbekannten chtorranischen Planer die äquivalenten Spezies etablieren, die für das Überleben ihrer Zivilisation notwendig sind. Genau das geschieht hier. Und wird weiterhin geschehen.

Basierend auf einer gewichtigen Skotak-Alderson-Simulation wird die Heimsuchung der Erde in drei, vielleicht vier unterschiedlichen Stadien erfolgen. In jedem Stadium wird ein ganz spezifisches Niveau von Speziesunterstützung etabliert werden, ehe der nächste Schritt erfolgt. Mit anderen Worten, sie werden das chtorranische Äquivalent von Kojoten erst dann bringen, wenn die chtorranischen Hasen fett sind, und die chtorranischen Hasen werden sie erst bringen, wenn die chtorranischen Weiden grün sind – oder in diesem Fall purpurfarben – und die Weiden werden sie erst pflanzen, wenn die chtorranischen Regenwürmer den Boden weich gemacht haben. Das bringt uns in eine benachteiligte Situation, weil wir jede Spezies aus dem Zusammenhang gerissen sehen werden, ohne zu wissen, wie jede einzelne in das größere Schema paßt. Es wird genau so schwierig sein, als wollte man versuchen, den Rest einer Symphonie zu extrapolieren, wenn man nur über die Noten für die dritte Posaune und das Becken verfügt.

Und deshalb können wir noch keine greifbaren Antworten liefern. Die Fakten, die wir besitzen, stehen noch nicht miteinander in Verbindung. Wir können Ihnen nur das größere Schema liefern, auf das alle Fakten deuten. Diese Heimsuchung der Erde ist deren Methode, das Land zu roden. Es ist die einfachste Methode, sich mit den vorhandenen Bewohnern auseinanderzusetzen – indem man sie einfach ausrottet, ehe man selbst einzieht. Man geht davon aus, daß wir lange verschwunden sein werden, ehe die neuen Mieter eintreffen. Wenn Sie mir ein etwas unangenehmes Wortbild verzeihen: Was wir hier erleben, ist die chtorranische Version einer Slumräumung. Eine Art Stadtviertelrenovierung.«

Sie wies auf die Leinwand, auf der Bilder des Nachtgängers, der Tausendfüßler, des Meeresschlammes, des roten Kudzu, der Stechfliege, des Zuckerwattegeschöpfs, des Pfeifenreinigerkäfers und eine ganze Menge anderer Geschöpfe erschienen, die ich nicht erkannte. Dr. Zhymph sagte: »Und die sind die *Schocktruppen* – die Vorhut einer höchst konkurrenzbewußten Ökologie; dies sind die Käfer und anderen Biester, die diesen Planeten weich machen sollen, damit die restliche Ökologie dann folgen kann. Lassen Sie es mich noch einmal sagen: Die gegenwärtige Heimsuchung ist nur die erste Welle einer viel größeren und *gemeineren* Heimsuchung, die noch kommen wird. Als nächstes kommen *die Lebewesen, die diese hier fressen!*«

Sie beugte sich einen Augenblick lang über ihre Notizen, runzelte die Stirn und blickte uns dann wieder an. Ihr Gesichtsausdruck war finster. »Lassen Sie sich nicht von denen in die Irre führen, die die Lage beschönigen wollen. Wir werden für diese oder spätere Heimsuchungen keine *einfachen* Gegenmittel finden. Dazu herrscht auf diesem Planeten nicht die notwendige Konkurrenz. Wir menschlichen Wesen sind vielleicht überhaupt nicht rücksichtslos und *böse genug,* um zum Widerstand fähig zu sein. Ich hoffe, ich irre, aber ich glaube es nicht.« Sie wartete einen Augenblick, um das einsinken zu lassen.

»Wir müssen von Anfang an erkennen, daß unsere natürlichen Verteidigungsmechanismen nicht funktionieren werden. Die einzig möglichen Gegenmaßnahmen werden dadurch entwickelt werden, daß wir die Schwächen innerhalb der chtorranischen Ökologie ausfindig machen. Wir müssen die Zwischenbeziehungen dieser Geschöpfe entdecken und sie auf jede uns mögliche Weise sabotieren. Wir müssen diese hier eindringende Ökologie *gegen sich selbst* nutzen! Wir müssen heute beginnen! Es wird keine leichte Aufgabe sein! Es wird totale Mobilisierung erfordern – die völlige und totale Mobilisierung eines jeden menschlichen Wesens auf diesem Planeten! Und wir müssen *unverzüglich* damit beginnen!«

Sie hielt inne, um sich den Schweiß von der Stirn zu wischen. Langsam begann man, ihr die Anstrengung anzumerken; es mußte für sie eine sehr schwierige Aufgabe sein. Diese Delegierten waren nicht hierher gekommen, um sich Angst einjagen zu lassen, aber genau das versuchte sie. Aus dem verstörten Murmeln der Menschen um mich entnahm ich, daß sie mit der Vorstellung hierher gekommen waren, beruhigt zu werden – wir würden nur die Zuwendung im nächsten Jahr steigern müssen, kein Problem, und dann können wir alle wieder nach Hause gehen, zurück zu unserem neugewonnenen Wohlstand. Nur, daß es nicht so funktionieren würde.

Dr. Zhymph redete hier vom Ende der Welt, und ich konnte die Feindseligkeit in den Gesichtern einiger ihrer Zuhörer erkennen.

Sie sagte gerade: »Ich werde nicht versuchen, diese bittere Pille für Sie zu verzuckern, weil ich nicht glaube, daß man die Gefahren überhaupt unterschätzen kann. Wir sehen der *Vernichtung* entgegen.

Dies ist *keine* Invasion«, sagte sie. »*Noch* keine.

Aber – es *wird zu einer Invasion kommen.*

Wie bald dies geschehen wird, wissen wir nicht. Wie lange diese Phase dauern wird, wissen wir nicht. Welche Art von Geschöpfen sie eingeleitet haben, wissen wir nicht. Welche Art von Geschöpfen als nächste erscheinen wird, wissen wir nicht. Aber das verspreche ich Ihnen – wir *werden* es herausfinden. Wenn wir leben.

Es ist unvermeidbar. *Es wird eine Invasion geben.* Eine Invasion durch irgend etwas. Die nächste Ebene dieser Ökologie. Die Lebensformen, die sich von diesen hier ernähren. Und was auch immer kommt, welche Form auch immer es annimmt: Es wird tausendmal wilder, bösartiger und gemeiner sein als das, womit wir es jetzt zu tun haben. Was Sie dort oben sehen« – und sie wies wieder mit ausgestrecktem Arm auf die Leinwand, den Finger wie eine Pistole auf das letzte ihrer Bilder gerichtet, das gähnende Maul eines ausgewachsenen purpurroten Chtorraners –, »ist nur eine Kerze vor dem großen Feuersturm!«

Und damit war sie fertig. Sie sagte nicht »Danke«, aber es war klar, daß sie fertig war. Sie schaltete ihr Notizbrett ab und verließ die Rednerbühne.

Es gab keinen Applaus.

EINUNDZWANZIG

Dr. Zhymphs Vortrag hatte Verstimmung hinterlassen. Man konnte es spüren. Die Zuhörer drängten sich aus dem Auditorium wie ein Hornissenschwarm. Mit schriller Stimme und gestikulierend sammelten sie sich zu kleinen Grüppchen. Überall wurde diskutiert, und in einigen Fällen kam es zu Streit.

»Empörend!« erregte sich ein kleiner Mann und stieß mich unsanft zur Seite. Er war dunkelhäutig, trug einen teuren Anzug und hatte einen Akzent, der darauf schließen ließ, daß er aus einem der arabischen Staaten kam. »Lügen und Propaganda! Als nächstes wird man uns weismachen wollen, daß die einzige Antwort militärischer Natur ist! Nun, meine Regierung wird sich diese Schreckensmärchen nicht aufbinden lassen! Die benutzen das bloß als Ausrede für ihre Wiederbewaffnung ...« Der Rest ging in dem Stimmengewirr unter.

»Und ich sage Ihnen, daß sie das nicht hat!« Ein großer, kahlköpfiger Mann mit einer Brille war von einem Dutzend anderer Wissenschaftler umgeben. »Das war eher noch die sanfte Version! Wenn Fakten falsch dargestellt worden sind, dann eher zugunsten der Vorsicht!«

Tausend Stimmen schwirrten in der Lobby. Eine große Menge von Menschen umgab einen hünenhaft gebauten, korpulenten Mann und einen kleinen, lauten, die einander abwechselnd anbrüllten und ankeiften – ein Duell zwischen einem Nebelhorn und einer Klarinette. Ich konnte nicht nahe genug an die beiden herankommen, um zu hören, was sie sagten, und die erregten Reaktionen ihrer Zuhörer übertönten alles, so daß man nur Wortfetzen hören konnte.

Hinter mir predigte jemand; ich drehte mich um und sah, wie eine Frau mit der Figur eines Bulldozers einen nervös aussehenden Mann in eine Ecke drängte. »... und wir haben Papiere, um es zu beweisen! Haben Sie die schon gelesen? Nein? Ich schicke Ihnen Kopien. Marsha hat einen Brief von dem Mann selbst, in dem steht, daß ihr Buch ihn sehr beeindruckt hat ...«

Ich verdrückte mich zur Seite und geriet mitten in ein anderes Gespräch hinein, das sehr ruhig war. Der Sprecher war ein Schwarzer mit sehr guten Manieren und sehr leiser Stimme. Seine Zuhörer waren eine Gruppe von Reportern, von denen jeder seinen Recorder wie ein Schild vor sich hielt.

»... Die Leute haben schon genug schlechte Nachrichten bekommen. Die wollen zur Abwechslung einmal etwas Gutes hören. Natürlich werden Dr. Zhymphs Ausführungen nicht populär sein – ich rechne mit einer ganzen Menge Widerstand. Aber lassen Sie mich das hinzufügen. Wenn die Drohung wirklich echt ist, können Sie sicher sein, daß sich die Leute in Amerika sich ihrer Verantwortung nicht entziehen werden. Wir werden damit fertig werden.«

Ich hatte genug gehört. Ich strebte nach draußen. Die Reaktion der Delegierten verwirrte mich. Begriffen sie denn nicht? Und gleichzeitig war ich zornig auf sie. Ich stand mitten unter ihnen und kochte. Am liebsten hätte ich ein paar von ihnen vor den Augen ihrer Kollegen einem Chtorraner ins Maul gestopft. Das hätte vielleicht ein paar Ansichten geändert!

Ich zögerte immer noch, mitten in der Menge stehend, und fragte mich, was ich als nächstes tun sollte, als ich hörte, wie jemand meinen Namen rief. Eine Hand winkte mir von der anderen Seite der Lobby zu. Ted. Ich begann, mich zu ihm durchzuarbeiten. Er stand neben einem kleinen Mann, dessen Gestalt an ein Bierfaß erinnerte und der einen dunklen Anzug und eine gerunzelte Stirn trug; er sah aus, als litte er unter Verstopfung und müßte die Welt dauernd durch dicklinsige, horngeränderte Brillengläser ansehen. »Das ist Martin Miller«, sagte Ted, »geschäftsführender Direktor des Erewhon Projekts.«

»Oh«, sagte ich. Ich sah mich um. »Äh, was ist denn aus Dinnie geworden?«

Ted zuckte die Achseln. »Keine Ahnung. Wir haben uns aus den Augen verloren. Kein Problem.«

»Ich dachte ... ihr beiden ... äh ...«

»Häh? Du machst wohl Witze!«

»Was sollte dann das von wegen elf Orgasmen?«

Ted legte mir die Hände auf die Schultern und sah mir gerade in die Augen. »Jim, vertrau mir. Eines Tages wirst du das selbst wissen – wenn du es endlich schaffst, deine legendäre Unschuld zu verlieren –, aber bis dahin wirst du wohl oder übel mir glauben müssen: *Selbst für einen normalen, gesunden Mann in absoluter Höchstform ist es unmöglich, daß er in einer Nacht elfmal kommt.*« Und dann fügte er hinzu. »Ich weiß – ich hab es versucht. Aber das höchste, was ich je geschafft habe, war siebenmal. Und das war nicht mit Dinnie.«

»Sie schien es aber zu glauben.«

»Jim, ich sag dir die Wahrheit. Ich bin nur einmal gekommen. Und selbst dazu mußte ich an rohe Leber denken. Soll sie doch glauben, was sie will.«

»Was, zum Teufel, hast du dann –«

»Sch! Nicht so laut! Ich werde dir eines der Geheimnisse des Erfolgs verraten. Wenn du schnell viele Leute kennenlernen willst – besonders wichtige Leute –, dann such dir die ehrgeizigste gesellschaftliche Aufsteigerin, die du finden kannst, und schmeichle ihr. Oder ihm. Auf die Weise öffnen sich dir eine ganze Menge sonst verschlossener Türen. Schau, es macht dir doch nichts aus, oder?« Er hatte mir einen Arm über die Schulter gelegt und drehte mich zur Seite, so daß ich von Miller wegsah. »Das könnte sehr wichtig sein. Für uns *beide.* Er ist noch nicht einmal fünfundzwanzig und trifft doch schon Entscheidungen, bei denen es um viele Millionen Caseys geht. Wir sprechen uns später, ja?«

»Hm ...? Aber du hast mich doch gerufen!« Aber Ted hatte sich bereits wieder seinem Gespräch zugewandt. Es ging um das Überkuppeln ganzer Stadtzüge zum Zwecke künftiger Neuentwicklung. Miller erklärte ihm, wie man mit staatlichen Forderungshilfen große Bereiche aufgegebenen Immobilienbesitzes an sich bringen könnte, und Ted plapperte, wie man das Wiederaufbaubüro dazu bringen könnte, den größten Teil der Rechnung zu bezahlen. Ich glaube nicht, daß einer von beiden viel von dem hörte, was der andere sagte.

»Hören Sie, Sie dürfen das nicht als politische Machenschaften sehen«, sagte die Frau hinter mir. Sie sprach mit einer kleinen Gruppe Delegierter aus der Vierten Welt. Sie sah täuschend freundlich aus. Ihr Gesicht war von dunklen Lokken eingerahmt und ihr Mund sah wie ein Kuß aus, der nur darauf wartete, daß er stattfand. Auf ihrem Namensschild stand S. DORR. »Ich kann auch Ihre Besorgnis verstehen, wirklich. Ihre Regierungen haben die berechtigte Sorge, die Vereinigten Staaten könnten diese ökologische Heimsuchung als Vorwand nutzen, wieder militärische Macht aufzubauen. Und unter normalen Umständen wäre das auch eine berechtigte Sorge. Aber dies sind *keine* normalen Umstände. Sie haben ja Dr. Zhymphs Vortrag gehört.« Ihrer Plakette nach war sie stellvertretende Botschafterin bei den Vereinten Nationen. Sie sprach ruhig und überzeugend. »Sie haben vielleicht die Berichte gesehen, vielleicht auch nicht, aber die Vereinigten Staaten sind jedenfalls die einzige auf diesem Planeten übriggebliebene Nation, die immer noch imstande ist, die für diese Herausforderung nötigen menschlichen Ressourcen aufzubringen. Wenn Sie verhindern, daß die Bewilligungsakte ratifiziert wird, fügen Sie sich selbst damit ebenso viel Schaden zu wie uns. Dies sind die nackten Fakten – Europa liegt in Trümmern und schafft es kaum zu überleben; Afrika liegt im Krieg mit sich selbst; der größte Teil Südamerikas hat keine Verbindung mehr zum Rest der Welt – wir sind nur über einige wenige Großstädte informiert; Rußland ist in Aufruhr, und wir haben keine Ahnung, wie schlimm die Situation in China ist. Die Vereinigten Staaten verfügen zumindest noch über eine funktionierende Militärorganisation. Und das kommt daher, daß dieses Land während der Seuchen sein Militär *nicht* zur Kontrolle der Zivilbevölkerung mobilisiert hat. Uns war die Mobilisierung verboten, also hielten wir unsere Einheiten isoliert, was zur Folge hatte, daß die meisten von ihnen überlebten. Wir repräsentieren jetzt ein Reservoir an Fähigkeiten, die die internationale Völkergemeinschaft dringend benötigt, und dies *trotz der Tatsache,* daß es hier um etwas geht, gegen das sich die Mehrheit der Nationen in der UNO strikt ausgesprochen hat: den Wiederaufbau der amerikanischen Militärmacht! Aber genau das ist es, was wir brauchen, wenn wir dieser Invasion vernünftig Widerstand leisten sollen.«

Sie hob die Hand, um zu verhindern, daß man sie unterbrach. »Bitte – ich muß das näher erklären. Was wir beabsichtigen, ist *nicht* eine militärische Kampagne im traditionellen Sinn der Aufrüstung und der Mobilisierung – dafür steht uns einfach nicht das Personal zur Verfügung –, sondern vielmehr ein weltweiter Aufruf im Sinn der Disziplin und der Eindringlichkeit, die die Wahrzeichen erfolgreicher militärischer Operationen sind. Wir könnten die existierende Struktur des Zivilkorps der Vereinigten Staaten als Grundlage benutzen und darauf die von uns vorgeschlagenen weltweiten Verteidigungsmaßnahmen aufbauen – weil dieses Zivilkorps existiert und bereit ist, die Arbeit anzutreten, und wir nicht die Zeit übrig haben, um das für alle betroffenen Parteien politisch Wünschenswerte zu tun.

Wir wissen, daß einige Mitglieder Ihrer Delegation über Dr. Zhymphs Ausführungen verstimmt sind, aber meine Regierung ist darauf vorbereitet, sich dahinter zu stellen. Wir sind auch bereit, unser Wissen mit allen zu teilen. Ihre Wissenschaftler sind willkommen, unsere Fakten zu überprüfen, und wir sind sicher, daß sie zu denselben Schlüssen gelangen werden.«

Ihre Zuhörer lauschten höflich und geduldig, aber als sie schließlich fertig war, meldete sich der Anführer der Gruppe zu Wort. Sein Englisch hatte einen kräftigen Akzent, aber das, was er sagte, war gut zu verstehen. »Und wenn wir nicht das tun, was Sie wünschen – was dann? Dann tun Sie es trotzdem, stimmt's? Wer soll Sie aufhalten? Wer hat denn noch die Macht, jemanden aufzuhalten? Also ist das, was Sie verlangen, nicht Genehmigung und nicht Mitarbeit – sondern Billigung. Ich kann nicht sehen, daß meine Regierung die gewähren würde, Miß Ambassador. Ich kann nicht sehen, daß *irgendeine* Regierung so weit gehen würde.«

Das Gesicht der Frau rötete sich. War das Zorn oder Verlegenheit? Ihre Stimme war zu ruhig.

»Dr. T!Kai, Sie enttäuschen mich. Wenn die Vereinigten Staaten imstande wären, dies alleine zu tun, dann wären wir bereits im Begriff, es zu tun – so ernst nehmen wir die Lage. Aber wir schaffen es alleine nicht; das ist der Zweck dieser Sonderkonferenz: Wir wollen das Ausmaß des Problems darlegen und zu weltweiter Zusammenarbeit aufrufen ...«

Er unterbrach sie. »In der Argumentation stimmt etwas nicht, Genossin Botschafter. Zuerst sagen Sie uns, wir seien nicht fähig, nur die Vereinigten Staaten wären fähig. Jetzt sagen Sie uns, Sie könnten es nicht ohne uns tun. Welches von beiden stimmt nun, bitte? Beides geht doch nicht?«

Diesmal war es offensichtlich. Sie *war* zornig.

»Dr. T!Kai, Sie gelten als Mann der Wissenschaft. Ein Visionär in Ihrem eigenen Volk. Man hat Sie den geistigen Vater der gesellschaftlichen Revolution Afrikas genannt. Wir haben Ihnen jetzt seit drei Tagen Fakten vorgelegt. Wir haben noch viele Fakten, die wir Ihnen vorlegen wollen. Bitte, hören Sie sich alles an. *Erkennen Sie, was sie bedeuten.* Wenn Sie irgendwelche Fragen haben, steht Ihnen der gesamte Stab des National Science Center zur Verfügung. Sie haben die lebenden Exemplare gesehen – wenn Sie sie wieder sehen wollen, so läßt sich das arrangieren. Aber *bitte* hören Sie sich an, was wir Ihnen zu sagen versuchen!«

Er musterte sie ruhig und sagte: »Ich höre. Ich höre nur zu

gut.« Er schüttelte den Kopf. »Aber was ich höre, sind Entschuldigungen, Rechtfertigungen. Und davon will ich nichts mehr hören. Bitte, entschuldigen Sie mich.« Er gab seinem Gefolge ein Zeichen, und die ganze Gruppe wandte sich ab und entfernte sich durch den Korridor.

Deputy Ambassador Dorr blickte ihnen nach, und Tränen traten ihr in die Augen. Ihr Mund formte etwas, das wie *Verdammte Narren!* aussah. Dann bemerkte sie, daß ich sie beobachtete, und lächelte verlegen. »Das hätten Sie jetzt nicht hören sollen«, sagte sie.

»Ich habe die Chtorraner gesehen«, sagte ich. »Sie haben recht.«

»Ja«, sagte sie. Aber sie wirkte nicht so, als wäre sie darüber glücklich. »Aber hier geht es nicht darum, recht zu haben.«

ZWEIUNDZWANZIG

Als die Konferenz wieder aufgenommen wurde, gab es im Auditorium etliche leere Plätze mehr. Ich war nicht der einzige, der das bemerkte. Hinter mir hörte ich jemanden sagen: »Gut. Jetzt bringen wir vielleicht etwas zuwege.«

Ich fand diesmal einen Sitz, der weiter vorne lag. Fast im gleichen Augenblick ließen sich zwei MP-Typen auf den leeren Plätzen zu meiner Linken nieder, und ein Wissenschaftlertyp mit lockigem schwarzen Haar und einer Brille und einer großen Nase plumpste zu meiner Rechten auf den Stuhl. Er trug ein Notizbrett. Komisch – eine Menge Leute liefen heute mit Notizbrettern herum; die meisten von ihnen sahen so aus, als gehörten sie dem Kader an, der die ganze Veranstaltung betrieb. Professionell, entschlossen und grimmig. Die ausländischen Delegierten wirkten gelockerter, nur daß sie anstelle von Notizbrettern Sekretärinnen und Assistenten bei sich hatten – eine fast ostentative Zurschaustellung vergeudeter Arbeitskraft.

Dr. Olmstead eröffnete die Sitzung offiziell wieder und stellte den nächsten Sprecher vor, Dr. Indri Kwong vom Asiatischen Kontrollzentrum. Dr. Kwong war sehr dünn und sehr alt. Er trug einen jener quasi-militärischen Anzüge, wie sie alle asiatischen Beamten so gerne tragen. Und er war winzig; sie mußten das Rednerpult für ihn absenken. Irgend etwas an seinem rechten Arm stimmte nicht – er behielt die Hand in der Tasche und gebrauchte nur die Linke.

Zuerst beschäftigte er sich ein paar Augenblicke mit seinen Notizen und begann dann: »Funktioniert die Leinwand? Ah ja – gut. Danke.« Sein Englisch war fast zu gut – er sprach in präzise abgehackten Sätzen. »Danke. Danke, daß Sie mich eingeladen haben, zu dieser Konferenz zu sprechen. Aber wenn Sie die Anmaßung eines alten Mannes verzeihen, dann ist es nur geziemend, daß diese Sektion die Verantwortung des Asiatischen Kontrollzentrums ist. Wir waren nicht nur die ersten, die Exemplare der chtorranischen Gastropeden isoliert und identifiziert haben, sondern wir haben auch inzwischen die größte Erfahrung mit diesen Lebewesen gesammelt. Ich darf freilich darauf hinweisen, daß der Terminus ›Gastropede‹ irreführend ist. Diese Geschöpfe sind unter ihrem Pelz nur oberflächlich schneckenähnlich. Tatsächlich besitzen sie viele kleine Beinpaare – damit sind sie also riesige, rosafarbene, mit Pelz bedeckte Raupen.«

An dem Punkt machte er eine Pause und blätterte langsam in seinen Notizen. Ich fand es seltsam, daß er Kopien anstelle eines Notizbretts oder eines Terminals benutzte, insbesondere, da er nur eine Hand hatte, um darin zu blättern.

»Kann ich bitte das erste Dia haben? Ah, danke. Dies ist die erste öffentliche Präsentation dieser Fotografien. Wir sind der Ansicht, daß es die besten Fotos sind, die bis jetzt zur Verfügung stehen. Vielleicht sollte ich mir einen Augenblick Zeit nehmen, um ein paar Einzelheiten über den Hintergrund zu sagen. Erst in letzter Zeit ist entdeckt worden, daß die Bergregionen der Mandschurei ziemlich stark von Gastropeden und entsprechender Ökologie befallen wurden. Wir haben recht kurzfristig eine kleine Karawane von Panzerfahrzeugen zusammengestellt und sie mittels einer Luftbrücke in diese Gegend befördert. Sie konnten die folgenden Bilder senden, ehe der Kontakt abriß. Ich möchte darauf hinweisen, daß der Verlust der Karawane nicht notwendigerweise darauf hindeutet, daß die Gastropeden feindselig auf die anwesenden Menschen reagiert haben. Die Gegend ist auch als Aufmarschgebiet einiger gut organisierter Räuberbanden bekannt ...«

»Hm«, murmelte einer der MPs zu meiner Linken. »Der darf nicht zugeben, daß die eine Rebellion haben. Wahrscheinlich Guerillas.«

»... und es ist daher ebenso gut möglich, daß die Karawane von einer oder mehrerer dieser Banden angegriffen worden ist.«

Ich sah den MP-Mann an und flüsterte: »Warum will eigentlich niemand zugeben, daß die Würmer gefährlich sind?«

»Äh?« Irgendwie wirkte er verärgert, aber ehe er Antwort geben konnte, brachte uns der gelockte Bursche zu meiner Rechten zum Schweigen.

Dr. Kwong sagte: »Diese Bilder sollten ausreichen, um einige der hartnäckigeren Gerüchte zu widerlegen, daß diese Lebewesen sich von Menschenfleisch ernähren. Wie Sie hier sehen können – ah ja, hier ist die Aufnahme – ist dieses Individuum gerade dabei, die Rinde von einem Baum abzustreifen. Während dieser ganzen Folge von Fotos – bis der Chtorraner merkte, daß er beobachtet wurde – hat er einige kleine Schößlinge gefällt und den größten Teil der kleineren Äste und Blätter gefressen. Später konnte man andere Individuen dabei beobachten, wie sie sich ebenso verhielten.«

Hm? Aber was war mit ...

Ich hielt den Mund und hörte zu.

Dr. Kwong schob sich die Brille auf der Nase zurecht und blickte in das Auditorium. »Wir stellen nicht in Abrede, daß es Angriffe auf Menschen gegeben hat, aber wir glauben jetzt, daß es sich dabei um atypische Zwischenfälle handelt. Schließlich sind auch nicht alle Tiger Menschenfresser. Ein Tiger muß erst lernen, daß ein Mensch leicht zu töten ist. Hm ... gestatten Sie mir hier eine kleine Abschweifung. Ein Tiger nimmt ein menschliches Wesen größer wahr, als er tatsächlich ist, weil der Mensch aufrecht steht und den Tiger zu überragen scheint. Die Höhenwahrnehmung des Tigers überlagert also seine Wahrnehmung der Körpergröße. Also liegt wahrscheinlich das Element von, sagen wir, Überraschung für den Tiger vor, daß ein menschliches Wesen leichter zu töten ist, als er vielleicht angenommen hätte. Aber selbst das reicht nicht aus, um den Tiger zum Menschenfresser zu machen. Für das durchschnittliche Raubtier schmeckt Menschenfleisch nicht gut – ganz besonders nicht für die großen Katzen. Nein, der Tiger muß eine Neigung, eine Notwendigkeit empfinden, ehe er zum Menschenfresser werden kann. Salz ist eines seiner Grundbedürfnisse. Wir vermuten, daß die Gastropeden, die menschliche Lebewesen angegriffen haben, vielleicht unter einer ähnlichen Art von diätetischem Mangel leiden, und daß Menschenfleisch zufälligerweise eine der Quellen für das von ihnen benötigte Element sein könnte.«

Ein anderes Bild erschien auf der Leinwand, offensichtlich eine Teleaufnahme. Ein kleiner Chtorraner, der einen Schößling trug.

»Wir vermuten, daß das natürliche Verhalten dieser Geschöpfe eher dem des nordamerikanischen Bibers entspricht. Diese Kolonie wurde eine beträchtliche Zeit dabei beobachtet, wie sie ein sehr ländlich idyllisches Verhalten an den Tag legte. Wie Sie hier sehen können, sind sie damit beschäftigt, einen kleinen Bach einzudämmen.

Dies ist eine der größeren chtorranischen Ansiedlungen, die das Team entdeckte. Ich weise daraufhin, daß hier drei Kuppeln stehen, und daß dieselbe Zahl von Kuppeln noch im Bau begriffen ist.«

»Das sind Pferche«, sagte ich. Ich verschränkte die Arme über der Brust. Dr. Kwong erkannte nicht, daß die Chtorraner Raubgeschöpfe waren, also konnte er auch ganz offensichtlich ihre Pferche nicht als das erkennen, was sie waren.

Der lockenköpfige Mann zu meiner Rechten sah mich an. »Sie wissen etwas?«

»Da haben Sie verdammt recht.«

»Dann behalten Sie es besser für sich. Dies ist nicht der richtige Ort.« Er meinte das nicht bösartig, aber ich wollte es nicht hören.

Dr. Kwong sagte: »Wir finden es sehr interessant, daß die chtorranischen Gastropeden immer zu dritt ein Nest bilden. Nie mehr als das ...«

»Entschuldigen Sie bitte, Sir«, sagte jemand und stand auf. Das war ich.

Köpfe drehten sich herum, um mich anzusehen. Dr. Kwong hielt mitten im Satz inne, er konnte mich nicht ignorieren. Er blinzelte zweimal und sagte: »Wie bitte?«

»Haben Sie je *vier* Chtorraner in einem Nest gefunden?«

Dr. Kwong schien leicht verärgert. »Junger Mann, ich habe gerade erklärt, daß es nie mehr als drei sind.«

»Sind Sie da sicher?«

»Junger Mann, was soll das?«

»Es tut mir leid, Sir. Aber es gibt Nester mit vier. Ich habe welche gesehen.«

Der Mann zu meiner Rechten zupfte an meinem Ärmel. *»Hinsetzen!«* zischte er. Ich ignorierte ihn.

Dr. Kwong war nicht ärgerlich – nur überrascht, daß jemand so schlechte Manieren an den Tag legte, ihn zu unterbrechen. »Wollen Sie sich mit mir streiten, junger Mann?«

»Nein, Sir. Ich will Sie verbessern. Ich habe es gesehen. Vier Würmer – Chtorraner – in einem Nest. Ich war nämlich dort.«

»Ich verstehe. Junger Mann, ich bin der Direktor des Asiatischen Kontrollzentrums. Wir haben ein Netz von Beobachtern, das den größten Kontinenten dieses Planeten umspannt. Dies ist das erstemal, daß ich je von einem vierten Chtorraner in einem Nest höre. Also können Sie vielleicht verstehen, daß ich diese Information mit gewisser Zurückhaltung aufnehme. Insbesondere unter *diesen* Umständen. Ich bin sicher, daß das, was Sie sagen, eine nähere Untersuchung verdient. Vielleicht handelt es sich um irgendeine Anomalie, aber dies ist weder der richtige Zeitpunkt, noch der richtige Ort dafür. Wenn Sie sich daher bitte setzen würden, könnte ich fortfahren.«

Irgend etwas Brüchiges zerbrach in mir. »Wenn *dies* nicht der Ort ist, wo *zum Teufel* ist er dann? Ich habe Informationen! Ich habe das selbst gesehen!« Ich sagte das ganz laut, und meine Stimme klang zornig. »Da war eine Hütte und ein

Pferch, und der Pferch war voller Millipeden und die Hütte war voll Eier. Und als die Chtorraner aus der Hütte kamen, waren es *vier.*«

Die Leute rings um mich forderten mich jetzt mit lauter Stimme auf, mich zusetzen, aber ich ignorierte sie. Der Mann mit dem Lockenkopf war in seinem Sitz zusammengesunken und hielt sich die Hand über die Augen.

Dr. Kwong winkte einen besorgten Assistenten beiseite. »Nein, nein, lassen Sie ihn nur – ich komm schon mit ihm zurecht.« Alles, was er sagte, wurde von dem Lautsprechersystem verstärkt, ob er das Mikrofon nun ansah oder nicht. Jetzt sagte er, zu mir gewandt: »Junger Mann, darf ich fragen, worauf Ihr Wissen basiert? Woher kommen Sie?«

»United States Army, Sir. Mein Name ist James Edward McCarthy, und mein Rang ist Corporal.«

Jemand hinter mir lachte. Ein anderer rief: »Niedriger geht's nicht. Sie finden keinen mehr, der sich unter Corporal einstufen läßt.«

Mein Mund klappte wieder auf und sagte: »United States Army, Special Forces. Ich bin der Army als Exobiologe und Beobachter zugeteilt.«

»Special Forces?« Die Art, wie er das wiederholte, klang irgendwie eigenartig.

»Ja, Sir.«

»Und zu Ihren Pflichten gehörte ...?«

»Ich befand mich auf einer Beobachtermission und hatte den Auftrag, Chtorraner zu jagen.«

»Einer *was?*«

»Äh ..., um es mit einfachen Worten zu sagen – etwas, das hier bis jetzt noch keiner getan hat: Wir sind ausgezogen, um ein paar Würmer zu verbrennen. Und wir haben drei davon getötet. Und dann kam der vierte heraus und hat meinen Freund getötet. Und ich mußte sie beide verbrennen.«

»Wie bitte? Sagten Sie *verbrennen?*«

»Ja, das sagte ich.«

Er lehnte sich eindringlich nach vorne. »Was meinen Sie mit ›verbrennen‹?«

»Verbrennen! Flammenwerfer, Sir, Napalm. Geliertes Benzin. Das einzige, womit man einen Wurm schnell aufhalten kann.« Aus der Zuhörerschaft waren erschreckte Rufe und Stöhnen zu hören.

Dr. Kwong hob die Hand. »Bitte, bitte – wenn ich um Ruhe bitten darf? Napalm? Sind Sie sicher?«

»Ja, Sir. Ich mußte einen der besten Männer töten, die ich je gekannt habe. Es war die einzige Möglichkeit. Ich würde so etwas nicht zusammenlügen.«

»Sie haben *Napalm* verwendet? Napalm ist eine illegale Waffe!«

»Ja, Sir. Ich weiß das. Denselben Einwand habe ich selbst gebraucht. Aber Sie haben nicht verstanden, worauf es ankommt, Sir. In dieser Hütte waren *vier* Würmer!«

»Junger Mann, es gibt einige sehr gute Gründe, weshalb Napalm als Kriegswaffe geächtet wurde. Wenn Sie einen Augenblick warten, dann zeige ich Ihnen einen davon.« Er fummelte an seinem Jackett herum. Einer seiner Assistenten wollte ihm helfen, aber Dr. Kwong schob ihn mit einer gereizten Handbewegung weg. Er zog den Reißverschluß seines Jacketts auf und ließ es auf den Boden fallen und öffnete dann sein Hemd, um einen verkümmerten rechten Arm und eine Masse weißen Narbengewebes zu zeigen, das von seinem Hals bis zur Hüfte reichte und wahrscheinlich noch ein gutes Stück an den Beinen hinunter. Er hinkte etwas, als er um das Rednerpult herumging. »Sehen Sie sich das gut an: Das richtet Napalm an einem Menschen an. Ich war sieben Jahre alt. Soldaten der Vereinigten Staaten kamen in mein Dorf und suchten Feinde. Der Feind war schon lang verschwunden, aber sie brannten das Dorf trotzdem nieder und den größten Teil der Dorfbewohner auch. Ich trage mein ganzes Leben lang die Narben dieses Verbrechens herum, das Ihr Land an dem meinen begangen hat.

Viele andere Nationen mußten dieselben Verwüstungen erdulden, um in der Asche dann wieder Vernunft zu finden – und das hat eine lange Zeit gedauert. Aber am Ende haben die friedliebenden Nationen dieser Welt einen dauerhaften Frieden gegen die imperialistischen Brutalitäten der Vereinigten Staaten erzwungen. Napalm war die bösartigste der amerikanischen Waffen, die geächtet wurde. Es gibt zu viele Tausende von Krüppeln – Männern und Frauen –, die Ihnen sagen können, warum. Da sehen Sie, was Napalm am menschlichen Körper bewirkt, junger Mann. Da gibt es keine leichte Heilung – da gibt es überhaupt keine Heilung, nur Narben. Und jetzt – stehen Sie in Ihrer Unwissenheit da, Ihrer Naivität, und wagen es, mir zu sagen, daß die Vereinigten Staaten wieder Waffen dieser Art einsetzen? In Mißachtung aller Verträge und aller Mandate der Vereinten Nationen?«

»Darum geht es doch nicht!« Ich schrie jetzt. »Sie aufgeblasener Hundesohn! Wenn Sie glauben, daß die Würmer so verdammt freundlich sind, weshalb gehen Sie dann nicht hinein und sehen nach? Die haben hier einen! Er ist in einem Raum mit Glaswänden – warum gehen Sie denn nicht zu ihm und versuchen, ob er Ihnen aus der Hand frißt! Dann werden Sie ja sehen, ob es Menschenfresser sind.«

»Hinsetzen!« Das war Dr. Olmstead, der auf mich deutete und durch ein Megaphon brüllte – wo, zum Teufel, hatte er das herbekommen?

Und Dr. Kwong schrie zurück: »Ich habe das Exemplar gesehen – und das ist ein wildes Tier. Das hat keinerlei Hemmungen und nur animalische Intelligenz. Möglicherweise besitzen die anderen Geschöpfe, die wir beobachtet haben, einige Intelligenz. Hätten Sie mich zu Ende sprechen lassen, dann hätte ich diesen Punkt diskutiert. Wir haben Versuche unternommen, Kontakt zu ihnen herzustellen. Aber da Sie und Ihre Kohorten jeden einzelnen von ihnen verbrannt haben, mit dem Sie in Berührung kamen, haben Sie uns das unmöglich gemacht. Sie sind es, die sie zum Feind gemacht haben – Sie und Ihr widerwärtiges Militär!«

Zu meiner Rechten war jetzt einer der afrikanischen Delegierten aufgestanden und schrie: »Lassen wir uns nicht ablenken! Befassen wir uns mit dieser Napalm-Geschichte! Die Vereinigten Staaten haben ...«

»Was ist mit dem vierten Chtorraner?«

»Mit Bomben kann man den Frieden nicht herbeizwingen«, rief ein anderer, und eine weitere Stimme rief zurück: »Ein verdammt blöder Anfang!«

»Kommen Sie«, sagte der Mann mit dem Lockenkopf und packte mich am Arm. »Sie verschwinden jetzt hier!« Er winkte den MP-Leuten zu. »Hier lang!«

»Häh? Was soll das? Sie können doch nicht –«

»*Maul halten, Dummkopf!* Wollen Sie hier noch in einem Stück rauskommen?« Er schob mich unsanft weiter.

»Augenblick! Was ist mit dem vierten Chtorraner? Augenblick!«

DREIUNDZWANZIG

Die zwei MPs bewegten sich wie Zerstörer durch die Menge. Einer der beiden hielt meinen Arm in stählernem Griff und zog mich hinter sich her – ich sah schreiende Gesichter, die sich mir zuwandten, aber konnte nicht einmal zurückschreien. Lockenkopf, der meinen anderen Arm ähnlich schmerzhaft festhielt, bildete die Nachhut. Wir hatten das Auditorium so schnell durch die Seitentüre verlassen, daß man hätte meinen können, wir bewegten uns auf Schienen.

»Hier lang«, sagte der MP und riß mich seitlich in einen Korridor. Hinter uns konnte ich hören, wie die Zornesrufe lauter wurden. »Verdammt!« sagte Lockenkopf bitter. »Sie haben da einen Aufruhr ausgelöst.«

»Äh, tut mir leid.«

»Seien Sie wenigstens einen Augenblick lang schlau und halten Sie den Mund.« Und zu den MPs gewandt: »Schneiderladen.«

»Geht in Ordnung.« Sie packten mich jeder auf einer Seite – die eine Hand unter der Achselhöhle, die andere unter dem Ellbogen – und *zogen los.* Sie hielten mich, als wäre ich ein Möbelstück; es war völlig gleichgültig, ob ich die Füße bewegte oder nicht – *wir bewegten uns.* Lockenkopf übernahm die Spitze, bog nach rechts in einen dunklen Personalgang, dann nach rechts in eine Besenkammer und öffnete dort eine Türe an einer Stelle, wo eigentlich keine hätte sein sollen.

Wir passierten die Türe, und dann herrschte um uns Stille. Wir befanden uns in völliger Finsternis.

»Augenblick.« Lockenkopf tastete etwas in ein Wandterminal ein. Schwache rote Deckenlampen leuchteten auf, und ich konnte erkennen, daß wir uns in einem weiteren Korridor befanden, nur daß dieser ohne jegliche Markierungen war. Zu den MPs sagte er: »Sie können ihn jetzt loslassen. Und Sie kommen mit mir.«

Ich folgte ihm in einen kleinen Raum, in dem ein Schreibtisch und zwei Stühle standen. Er klatschte sein Notizbrett auf den Schreibtisch und nahm dahinter Platz. Dann wies er auf den anderen Stuhl, und ich setzte mich ebenfalls. Er zog eine Schublade auf, entnahm ihr ein Päckchen Zigaretten, schüttelte eine heraus und zündete sie an. Mir bot er keine an.

Also – das sollte ein Verhör werden.

Ich erinnerte mich an etwas, das ich in einem Film gesehen hatte. Ich beugte mich vor und schüttelte mir ebenfalls eine Zigarette aus dem Päckchen.

»Ich hab nicht gesagt, daß Sie rauchen dürfen.«

»Aber auch nicht, daß ich nicht rauchen darf.« Ich funkelte zurück.

Plötzlich grinste er. »Das läuft nicht, Kumpel. Ich hab denselben Film gesehen.«

Ich zuckte die Achseln und drückte die Zigarette aus. »Ich rauche ohnehin nicht.«

Er lachte nicht, sondern ließ sein Grinsen verblassen und studierte mich einen Augenblick lang nachdenklich. Schließlich sagte er. »Sie haben etwas für mich?«

»Hm?«

»Sie haben mich doch heute morgen gesucht, oder?« Er tippte sich auf die Brust.

»Was?«

Und dann sah ich es. Seine Namensplakette. WALLACHSTEIN. *»Oh!«* sagte ich und begriff. »Aber im Verzeichnis stand, daß es Sie nicht gibt.«

»Das sollten Sie auch glauben.« Sein Stuhl ächzte unheilverheißend, als er sich zurücklehnte. »Ich bin nicht einmal jetzt hier. Das ist alles eine Halluzination, die Sie haben. So, aber ich glaube, Sie haben trotzdem etwas für mich?« Er streckte die Hand aus.

Mir taten immer noch die Arme weh, aber ich verschränkte sie jetzt über der Brust. »Zuerst will ich ein paar Antworten hören.«

Seine Hand war immer noch ausgestreckt. »Hören Sie zu, Sie Dummkopf. Sie stecken tief in der Scheiße, also seien Sie einmal zur Abwechslung ein guter Junge, dann kann ich Sie vielleicht unauffällig hier herausholen. Vielleicht.« Seine Haltung war merklich kühler geworden.

»Ich hab nicht verlangt, daß man mich vor irgend etwas rettet. Sie haben mich gegen meinen Willen hierhergeschleppt.«

»Wollen Sie zurück? Das läßt sich auch arrangieren. Sie brauchen mir bloß das Päckchen zu geben, das Obie Ihnen gegeben hat, und dann bringen Sie die Sergeanten Kong und Godzilla dorthin zurück, wo Sie diesen Aufruhr angezettelt haben. Obwohl ich wirklich glaube, daß Sie bei uns besser aufgehoben wären. Wir haben Ihnen einen Gefallen getan, und Sie möchten vielleicht Danke sagen.«

»Ja – und dann vielleicht noch, daß Sie mich mal kreuzweise können! Ich kann jetzt wirklich dieses ewige ›sollte‹ und ›müßte‹ nicht mehr hören, und das Ganze ohne jegliche Erklärung. Keiner erklärt mir hier etwas. Und dann sind Sie sauer, weil ich mich nicht nach den Regeln verhalte! Also, kreuzweise können Sie mich! Man hat mir gesagt, wenn ich Sie nicht finden könnte, sollte ich das Päckchen zerstören. Nun, ich konnte Sie nicht finden. Sie existieren nicht. Also, wo geht's hier raus ...?«

»Setzen Sie sich, Jim«, sagte er. »Jetzt haben Sie's mir gesagt. Außerdem ist die Türe abgesperrt, bis ich sie wieder aufmache.«

Daß er mich mit Namen ansprach, brachte mich zum Stokken.

Er hatte mich erwartet. Und noch etwas – er hatte sich absichtlich im Auditorium neben mich gesetzt! Und die MPs auch! Die hatten mich unter Beobachtung seit ...

»Wie lang?« fragte ich.

»Wie lang, bis ich die Türe aufsperre?«

»Nein. Wie lang haben Sie – wer auch immer Sie sind – mich jetzt schon beobachtet?«

»Oh, das. Seit etwa drei Minuten, nachdem Sie im Verzeichnis meinen Namen gesucht haben. Seitdem sind Sie unter Überwachung.«

»Die Frau rechts von mir – die während Dr. Zhymphs Vortrag?«

»Mhm, und die zwei Leuntnants zu Ihrer Linken auch. Ich weiß nicht, was Sie da bei sich haben, aber Obie sagt, es sei wichtig.« Dann fügte er hinzu: »Ich muß Ihnen gestehen, daß ich wirklich neugierig bin, was Obie für zu gefährlich hält, um es über Draht zu senden – selbst unter Code.« Er beugte sich vor und ließ seine Zigarette in einen Aschenbecher fallen. »Geben Sie es mir, bitte?«

Ich atmete tief durch. »Ja, ich denke schon.«

Er sah mich mit erhobenen Brauen an. »Keine Einwände mehr?«

»Sie haben sie Obie genannt.«

Wallachstein grinste. »Wissen Sie was? So dumm sind Sie gar nicht.«

Ich holte die Kassette heraus und reichte sie ihm. Er drehte sie um und legte sie mit der Vorderseite nach unten auf den Schreibtisch. Ich konnte nicht genau sehen, was er mit den Fingern machte, aber jedenfalls glitt der hintere Teil zur Seite, so daß man einen dünnen falschen Boden sehen konnte. Er enthielt eine einzige Memorykassette. Wallachstein nahm sie heraus und steckte sie so beiläufig in seine Jackentasche, als wäre das etwas, das er jeden Tag tat. Dann blickte er auf und bemerkte meinen Gesichtsausdruck. »Ist etwas?«

»Äh, so eine habe ich noch nie gesehen.«

»Und Sie werden wahrscheinlich auch keine mehr zu sehen kriegen.«

»Darf ich fragen, warum? Der falsche Boden, meine ich.«

»Sicher. Es ist gar nicht so schwer, diese Dinger aufzubrechen. Nicht in einem gut ausgerüsteten Labor.« Er drehte die Kassette um und schob sie mir herüber. »Da. Wann haben Sie Geburtstag? Tasten Sie ihn ein.«

»Mein Geburtstag?«

Er nickte. Ich tastete ihn ein, und die Box sprang auf. Sie

enthielt ein Päckchen mit fünfzig Tausend-Casey-Scheinen.

»Die besten Wünsche«, sagte er.

»Häh?«

»Kurierhonorar. Sie haben Ihre Botschaft durchgebracht, ohne dabei getötet zu werden. Das Geld ist unwichtig. Das ist nur Tarnung, für den Fall, daß Sie die Kassette verloren hätten. Wenn der Falsche sie aufmacht, meint er, das Geld sei das Wichtige. Verbrennen Sie die Banderole – für den Fall, daß die Betreffenden durch das Geld nicht getäuscht worden wären, ist auf der Banderole ein Mikro ... nichts Wichtiges, nur eine sehr lange Ziffernsequenz. Sie könnten bei dem Versuch, Sie zu dekodieren, verrückt werden, weil das einfach nicht geht. Die Ziffernfolge sagt nichts. Eine weitere Tarnung. Ein Witz sogar – aber sie soll den Feind ablenken, von dem eigentlichen Trick wegführen. Wir sind heutzutage so wunderbar subtil – auf beiden Seiten –, daß keiner sich die Zeit nimmt, einmal darüber nachzudenken, daß es auch einfachere Methoden geben könnte.«

»Äh ... Sir ... *der Feind?*«

»Den haben Sie bereits kennengelernt. Dort draußen.« Er deutete auf die Türe. Dann ließ er das Geld vor mir aus der Kassette auf den Tisch fallen und schob die Kassette in eine Schublade. »Nehmen Sie es ruhig. Verbrauchen Sie es, ehe es *völlig* wertlos geworden ist.«

»Äh, sollte ich nicht diskret sein? Ich meine, werden die Leute sich nicht darüber wundern, wo es herkommt?«

»Sparen Sie sich die Mühe. Die macht sich sonst auch keiner. Wir stehlen schließlich alle irgendwie von den Toten. Niemand wird Ihnen Fragen stellen.« Er nahm sein Notizbrett und stand auf, alles in einer einzigen Bewegung. »Ich werde Sie bitten, so lange hier zu warten, während ich nachsehe, was hier drauf ist.« Er tippte bedeutungsvoll an seine Jackettasche. »Wollen Sie Kaffee?«

»Ja, vielen Dank.«

»Geht in Ordnung.« Er war bereits zur Türe draußen.

Er hatte mir eine Menge Stoff zum Nachdenken gegeben. Was ging hier eigentlich vor? Wo war ich da hineingestolpert? Und wie würde ich wieder herauskommen?

Ich versuchte, die Tür zu öffnen. Er hatte sie hinter sich abgesperrt. Ich setzte mich wieder.

Dann stand ich auf und versuchte es mit den Schreibtischschubladen. Sie waren ebenfalls abgesperrt. Ich zuckte die Achseln und ging zu meinem Stuhl zurück. Dann fragte ich mich, ob ich wohl etwas Dummes getan hatte. Ob die Wände dieses Zimmers Augen und Ohren hatten? Hoffentlich hatte ich nicht vor einer der Kameras in der Nase gebohrt.

Die Türe öffnete sich, und einer der zwei MPs kam mit einem Tablett herein. Er schloß die Türe hinter sich, ging an den Schreibtisch und stellte das Tablett darauf. Er schob es mir hin. Eine Kanne Kaffee, eine Tasse, ein Sahnekännchen, ein Teller mit Zucker und ein Löffel. Er setzte sich in den Stuhl hinter dem Schreibtisch, schlug die Arme übereinander und lehnte sich im Stuhl zurück. Der beklagte sich lautstark. Er starrte mich an.

Ich schenkte mir eine Tasse Kaffee ein und kostete vorsichtig. *Uh!* Ob sie ihn wohl aus Sergeant Kellys Küche hatten kommen lassen?

»Na ja. Da wären wir«, sagte ich. »Äh, sind Sie Sergeant Kong oder Sergeant Godzilla?«

Er machte den Mund auf und sagte: »Mund halten.«

Ich hielt ihn.

Es war eine sehr unbequeme halbe Stunde. Zumindest kam sie mir wie eine halbe Stunde vor. Wir saßen die ganze Zeit da und funkelten einander an.

Endlich kam Colonel Wallachstein zurück. Er bedeutete Sergeant Kong – vielleicht war es auch Godzilla – mit einer Kopfbewegung, er solle den Raum verlassen, und setzte sich wieder hinter den Schreibtisch. Er schob das Tablett zur Seite, ohne es auch nur anzusehen. Dann wartete er, bis die Tür geschlossen war, ehe er sagte: »Ich glaube Ihnen. Wegen des vierten Chtorraners. Das war ziemlich unangenehm für Sie, nicht wahr?«

Ich zuckte die Achseln. »Für wen war es das nicht?«

»Sie würden staunen. Die Welt ist voll Opportunisten. Aber lassen wir das. Obie sagt, Sie seien in Ordnung. Sie hat mich auch darum gebeten, die Verpflichtung zu honorieren. Falls ich es für passend hielt.«

»Verpflichtung?«

»Ich denke, Sie hat das vielleicht schon erwähnt. Jeder Angehörige der Special Forces hat nicht nur das Recht, sondern auch die Verpflichtung, die Verantwortung zu verstehen, die aus seinen Befehlen hervorgeht ...«

»Sie meinen, ich habe doch das Recht, Fragen zu stellen?«

Er nickte. »Und mir obliegt die Verantwortung, darauf Antwort zu geben.«

»Nun, höchste Zeit ist es ja. Ja, ich habe eine Menge Fragen. Zunächst einmal: Was zum Teufel geht hier vor? Nicht nur hier, sondern auch dort draußen? Warum ist keiner dieser Knilche bereit, die Chtorraner ernst zu nehmen? Und ...«

Er hob die Hand, um mich abzubremsen, und wartete dann, bis meine Fragen von selbst ausliefen. Er blickte unglücklich. »Ich sagte ›falls ich es für passend hielt‹. Es tut mir leid, aber das tue ich nicht. Noch nicht. Vielleicht überhaupt nicht. Sie können einem wirklich den Nerv töten, wissen Sie das? Unglücklicherweise ...«

»Unglücklicherweise *was?*«

Er sah mich von der Seite an. »Unglücklicherweise töten Sie einem den Nerv auf intelligente Art.« Er blickte unglücklich. Dann sah er auf die Uhr und blickte noch unglücklicher. »Ich weiß nicht, was ich mit Ihnen machen soll, und ich muß zurück. Ich muß heute nachmittag etwas überwachen. Ich lasse Sie ungern so hängen, aber ich habe keine andere Wahl. Es tut mir leid, aber es wäre keine gute Idee, wenn Sie jetzt zur Konferenz zurückkehrten. Heute zumindest nicht. Es gibt da ein paar Leute, die nach Ihnen Ausschau halten, und davon sind Ihnen nicht viele freundlich gesonnen. Wir müssen uns noch überlegen, wie wir das Ganze anpacken – das, was Sie hier angefangen haben. Äh – ich werde es einrichten, daß Sie sich den Rest der Konferenz über Fernsehen mitanhören können. Und Ihr Verschwinden werden wir ein oder zwei Tage lang irgendwie tarnen. Zumindest bis Dienstag, wenn die meisten ausländischen Delegierten wieder in Abreise begriffen sind. Soviel bin ich Ihnen zumindest schuldig. Bis dahin habe ich mir vielleicht zurecht gelegt, was ich mit Ihnen mache.«

»Äh, habe ich dabei gar nichts zu sagen?«

»Haben Sie denn heute nicht schon genug gesagt?«

»Ich bin doch bloß aufgestanden und habe eine Frage gestellt. Ich habe immer noch keine Antwort bekommen.«

»Ist Ihnen je in den Sinn gekommen, daß es vielleicht gar keine gibt?« Er stand auf. »Sie warten hier.« Dann ging er wieder.

Diesmal brauchte ich nicht so lange zu warten. Die Tür öffnete sich, und Major Lizard Tirelli schob den Kopf herein. »McCarthy?«

»Ja – Tag!«

Sie wirkte verstimmt. »Kommen Sie«, sagte sie. Ich folgte ihr in den dunklen Korridor und dort nach rechts. Wo ging es diesmal hin? Die Tür lag auf der anderen Seite.

Wir blieben vor einer Liftnische stehen. Die Tür öffnete sich, als wir auf sie zugingen. Ich folgte ihr in die Kabine. An dem Schaltbrett war nur ein einziger Knopf. Sie drückte ihn, und die Türe schloß sich. Die Liftkabine glitt nach oben.

»Wo fahren wir hin?«

»Dreizehntes Stockwerk«, sagte sie.

»Häh? Hotels haben keine dreizehnten Stockwerke.«

»Dieses schon«, sagte sie. Ihre Stimme klang gequält. Offensichtlich wollte sie nicht reden. Wenigstens nicht mit mir.

Ich hielt den Mund, und wir legten den Rest der Strecke schweigend zurück.

VIERUNDZWANZIG

Das dreizehnte Stockwerk sah wie jedes andere Stockwerk im Hotel aus – nur daß es nur *eine* Lifttüre hatte.

Dad hatte mir vor langer Zeit einmal über zugangsgesicherte Architektur erzählt. Ich hatte nur noch nie welche zu Gesicht bekommen. Offenbar hatten die Erbauer dieses Hotels diese architektonische Tarnung aus geschäftlichen Zwekken vorgesehen, vermutlich, um ein Stockwerk mit privaten Suiten und Büros für irgendwelche VIPs zu schaffen, die abgeschirmt werden mußten.

Wenn jemand wirklich bemerken sollte, daß es zwischen zwölf und vierzehn eine Lücke gab und diesbezüglich Fragen stellte – er würde wahrscheinlich die Feuertreppe gehen müssen, um überhaupt heraufzukommen –, dann würde man ihm vermutlich sagen, daß es sich um einen ›Versorgungsbereich‹ handelte. Und in gewisser Weise war es das auch. Man würde ihm nur nicht sagen, welche Art von Versorgung. Eigentlich war es wieder genau das gleiche Schema, wie die Stahlkassette mit doppeltem Boden.

Freilich wäre ich jede Wette eingegangen, daß die augenblicklichen Bewohner des dreizehnten Stockwerks nicht diejenigen waren, für die es ursprünglich bestimmt gewesen war. Oder doch?

Wir kamen vor einer völlig unauffälligen grauen Metalltür zum Stillstand. Zimmer 1313.

»Werd' ich jetzt eingesperrt?« fragte ich.

Lizard ignorierte mich und schob die Magnetkarte in den Schlitz. Dann tippte sie eine Nummer ein, und die Tür öffnete sich. Sie reichte mir die Karte. »Wenn Sie wollen, können Sie die Kombination ändern. Und wenn Sie wollen, können Sie auch weggehen.«

»Aber ich dachte ...«

»Was?«

»... Colonel Wallachstein will, daß ich auf ihn warte.«

»Wer?«

»Colonel Wallachstein – der Mann, der mich aus dem Auditorium herausgeholt und mich verhört hat und ...«

Sie trat dicht an mich heran. »Hören Sie mal, Sie Dummkopf. Der Mann, von dem Sie reden, existiert nicht. Es gibt in Denver niemanden, der diesen Namen trägt. Verstehen Sie?«

Nein, ich verstand nicht. »Äh, ich denke schon. Darf ich Sie etwas fragen?«

Sie wirkte verärgert und ungeduldig. »Was denn?«

»Was, zum Teufel, geht hier vor?«

»Darauf kann ich keine Antwort geben.«

»Stehe ich unter Arrest?«

»Sie sind frei und dürfen jederzeit gehen. Es wäre nur keine besonders gute Idee. Es gibt Leute, die nach Ihnen Ausschau halten – und davon würden Sie einige nicht sehr mögen.«

»Oh. Dann werde ich also in Schutzhaft gehalten?«

»Sie werden überhaupt nicht gehalten.«

»Warum bin ich dann hier?«

»Das weiß ich nicht. Es ist nicht meine Aufgabe, Ihre Fragen zu beantworten.«

»Wird denn *irgend jemand* meine Fragen beantworten? Oder wird man mich weiter hin- und herschieben, bis ich niemandem mehr im Wege bin?«

»Das klingt so, als wäre es eine gute Idee. Oh, Sie können von dem Zimmer aus nicht nach draußen telefonieren, ohne daß jemand Ihr Gespräch freigibt. Aber Sie können sich Essen aufs Zimmer bestellen.«

»Wie geht es hinaus?«

»Für Sie? Gehen Sie auf der Feuertreppe nach vierzehn oder nach zwölf und nehmen Sie sich dort einen Lift. Aber dann können Sie nicht mehr zurück. Mein Rat an Sie ist, genau das zu tun, was man Ihnen gesagt hat, und hier zu warten.« Sie wandte sich zum Gehen.

»Äh – Major?«

Sie blieb stehen und sah mich an.

»Sollte ich mir Sorgen machen? Ich meine ernste Sorgen?«

Ich vermutete, ich hatte Angst. Ich vermutete, man merkte das an meiner Stimme, denn sie blieb stehen. Eine Andeutung von Verstimmung war in ihrem Gesicht zu sehen gewesen, eine reflexartige Reaktion auf eine weitere dumme Frage, aber dann erkannte sie die Sorge, die hinter der Frage stand, und ihr Gesicht wurde plötzlich weich. »Sie haben nichts getan, das nicht wenigstens ein halbes Dutzend anderer Leute auch gerne getan hätten. Sie wußten bloß nicht, weshalb Sie es nicht hätten tun dürfen.«

Ich spürte, wie sich mein Gesicht rötete – ausgerechnet ich war also der Bursche, der Mist gebaut hatte. »Wird mir jemals einer sagen, um was es geht?« fragte ich.

Sie wollte gehen, das konnte ich sehen, aber statt dessen nahm sie meinen Arm, zog mich ins Zimmer und schloß die

Tür hinter uns. »Setzen Sie sich.« Sie sah auf die Uhr. »Also gut, ich habe Zeit. Wollen Sie Kaffee? Nein? Nun, ich schon.« Sie trat an den Küchenblock des Apartments und öffnete einen Schrank. »Sie sollten besser heute Ihren Kaffee genießen, Jim. Morgen wird's nicht viel geben.«

»Häh?«

»Lassen Sie nur. Hören Sie – in welchen Fächern haben Sie Ihre Abschlußprüfungen abgelegt?«

»Biologie. Software. Humanwissenschaften. Problemantik*. Das Übliche.«

»In Ordnung. Haben Sie auch Geschichte belegt?«

»Nur den Grundkurs.«

»Verdammt.« Sie verstummte einen Augenblick. Ich wußte nicht, ob ihr Ausbruch darauf zurückzuführen war, daß ich nicht Geschichte belegt hatte, oder weil sie vielleicht Wasser vergossen hatte. Dann drehte sie sich zu mir herum. »Hatten Sie einen Globalethik-Kurs?«

»Ja. Das mußte jeder.«

»Hm. Wissen Sie, warum?«

»Um zu verhindern, daß es wieder zu einer Apokalypse kommt.«

»Richtig. Was wissen Sie über die Apokalypse?«

»Hm, nicht sehr viel, denke ich. Nur eben das, was man uns auf der Schule beigebracht hat.«

»Weiter«, ermunterte sie mich.

»Nun – wollen Sie es auch wirklich hören?«

»Ich hab doch gesagt weiter.«

»Nun – äh, da war ein Krieg. Im Nahen Osten. Im Nahen Osten sind immer Kriege, aber der ist außer Kontrolle geraten. Der Krieg war zwischen Israel und noch jemandem, das hab ich vergessen, aber gegen Israel hatten sich eine ganze Menge andere Länder verbündet. Und afrikanische und chinesische Söldner waren auch im Spiel. Und schließlich wurde es so schlimm, daß Israel keine andere Wahl mehr hatte, als mit Kernwaffen zu drohen. Und dann haben sie sie schließlich eingesetzt.«

»Und was passierte dann?«

---

* Zusammenziehung aus *Problem* und *Semantik* – *Anm. d. Übers.*

»Die Vereinigten Staaten zogen ihre Unterstützung von Israel ab, und Israel mußte kapitulieren.«

»Und?«

»Alle hatten wegen dem, was beinahe passiert wäre, solche Angst, daß sie alle nach Rußland gingen und die Moskauer Verträge unterzeichneten.«

Sie warf mir einen skeptischen Blick zu und wandte sich dann wieder ihrem Kaffee zu. »Wollen Sie Milch oder Zukker?« fragte sie, während sie einschenkte. Ich schüttelte den Kopf. Als sie mir die Tasse reichte, sagte sie: »Das ist die Version, die auf den Schulen gelehrt wird – aber die ist so simplifiziert, daß es fast ein Märchen ist. Israel hat diese Bomben nicht abgeworfen. Das waren wir.«

»Was? Aber das ist nicht ...«

»Natürlich ist es das nicht. Aber die Wahrheit ist ein wenig unverdaulicher. Das war *unser* Krieg, und wir haben Israel gesagt, daß sie diese Bomben abwerfen sollen, weil wir dachten, das könnte den Krieg beenden. Nun, das hat es auch – aber nicht so, wie wir geglaubt hatten. Was man Ihnen nicht gesagt hat, ist, daß der Präsident die Nerven verloren hat.«

»Wie?«

»Was hat man Ihnen denn auf der Schule beigebracht?«

Ich zuckte die Achseln. »So wie wir das hörten, war da eine Kabinettssitzung um Mitternacht, und all seine Ratgeber argumentierten laut hin und her, wieviele Leute bei jedem Einsatz sterben würden, und ob unsere Fähigkeit zum Drittschlag erhalten bleiben würde. Und der Präsident saß die ganze Zeit stumm dabei und paffte an seiner Pfeife, wie er das immer tat. Und nach einigen langen Stunden hat es einer der Vereinigten Stabschefs zusammengefaßt, indem er sagte: ›Die moralischen Argumente sind hier nicht relevant. Der Krieg ist *unvermeidbar.*‹ Und an dem Punkt sagte der Präsident *›Den Teufel ist er!‹*«

»Ja, das ist die allgemein übliche Darstellung. Aber sie stimmt nicht. Oder besser, sie stimmt nur zur Hälfte. Wovon Sie nicht gehört haben, ist, daß der sowjetische Botschafter ihm am Nachmittag ein Ultimatum überreicht hatte. Wenn Israel weitere Kernwaffen gegen sowjetische Verbündete abschoß, würde die Sowjetunion diese Angriffe als von den

Vereinigten Staaten ausgehend betrachten, und würde entsprechend reagieren. Das war dasselbe Ultimatum, das John F. Kennedy Nikita Chrutschow im Oktober 1962 überreichen ließ, als in Kuba russische Raketen entdeckt worden waren – und die Russen waren sich der Ironie der Lage durchaus bewußt. Sie gebrauchten in ihrer Note exakt dieselben Formulierungen.«

»Davon habe ich nie etwas gehört«, sagte ich.

»Das sollten Sie auch nicht. Aber das war es, was ihn während jener Sitzung beschäftigte. Daß die andere Seite ebenfalls zu der Entscheidung gelangt war, daß ein Atomkrieg bis zum bitteren Ende unvermeidbar war.«

»Aber ich hatte immer geglaubt, er sei ein Held gewesen.«

Major Tirelli blickte nachdenklich. »Ich auch – und das glaube ich immer noch. Vielleicht war er das auch; vielleicht gehört mehr Mumm dazu, sich aus einem Krieg herauszuhalten. Aber wie auch immer, wir haben die Konsequenzen dieser Entscheidung geerbt.«

Ich nahm einen Schluck Kaffee. Er war heiß. Und bitter. Dann sagte ich: »Man hat uns dann noch gesagt, daß er eine Rede gehalten hätte, eine außergewöhnliche Rede, in der er sagte, man hätte ihm die Verantwortung dafür in die Hand gegeben, ob die Welt in den Abgrund gestürzt werden sollte oder nicht. Und völlig unabhängig von den moralischen Aspekten habe diese eine Tatsache für ihn an erster Stelle gestanden. Wenn man das verhindern konnte, dann mußte man es verhindern. Und er würde alles tun, was man von ihm forderte, um den Tod von Millionen und Abermillionen menschlicher Lebewesen zu verhindern. Er sagte, durch den Einsatz von Kernwaffen würde sich eine Nation von der Gemeinschaft rationellen Denkens disqualifizieren.«

»Ich habe die Rede gehört«, sagte sie. »Meine Eltern haben verlangt, daß ich aufbleibe, um sie anzuhören. Aber was sie bedeutete, habe ich erst viel später begriffen. Dieser Mann ist nach Moskau gegangen, in der Hoffnung, man würde das als eine Geste der Vernunft sehen. Statt dessen haben die darin eine Kapitulation gesehen und ihn gezwungen, einen schmachvollen Frieden anzunehmen, einen Kompromiß, der unser Land schwächte. Das Tragische daran ist, daß er genau wußte, was sie ihm angetan haben. Oh, er sah aus wie ein Held – auf der ganzen Welt hat man ihn als mutigen Mann gefeiert –, aber er wußte, was er preisgegeben hatte: Amerikas Recht, seine ausländischen Interessen zu schützen. Worum glauben Sie wohl, daß es bei Pakistan gegangen ist? Das war ein Versuch, die alten Rechte wiederherzustellen. Und er ist gescheitert. Diesmal waren es die Chinesen, die uns das Ultimatum überreichten. Und diesmal waren die Verträge noch schmachvoller. Wissen Sie, was die Alliierten Deutschland nach dem Ersten Weltkrieg angetan haben? Sie haben dieser Nation das Recht auf eine Armee genommen. Und das war es, was man uns angetan hat. Man hat den Vereinigten Staaten gesagt, wir würden als Nation nur dann weiter existieren, so lange wir keine direkte Bedrohung für irgendeine andere Nation auf diesem Planeten darstellten. Ein internationaler Ausschuß würde überwachen, wie weit wir diese Verpflichtung erfüllten.«

»Davon haben wir nie etwas gehört«, sagte ich.

»Ich habe Ihnen doch gesagt, das sollten Sie ja auch nicht. Das ist ein Stück unserer Geschichte, auf das wir nicht sehr stolz sind; also existiert es offiziell nicht – wie all die anderen Stücke der Geschichte, die wir nicht akzeptieren wollen.«

Wieder verbarg ich meine Reaktion hinter der Kaffeetasse. Als ich sie schließlich hinstellte, sagte ich: »Ist das der Grund, weshalb die ausländischen Delegierten so paranoid auf unsere Vorschläge bezüglich der Bekämpfung der Chtorraner reagieren?«

»Richtig. Sehr wenige ausländische Regierungen sehen in den Chtorranern dieselbe Bedrohung wie wir. Die Gründe dafür sind unterschiedlich. Einige von ihnen sehen in der Wissenschaft nichts anderes als eine Methode, um reichlichere Ernten zu bekommen. Andere glauben nicht, daß die Chtorraner nächstes Jahr eine Bedrohung sein werden, weil sie dieses Jahr keine sind. Die meisten Leute, mit denen wir zu tun haben, begreifen nicht einmal das Ausmaß der Vernichtung, die die Seuchen angerichtet haben – wie können sie also begreifen, daß die Seuchen nur ein kleiner Teil einer viel größeren Heimsuchung sind?«

»Dann hat Dr. Zhymph also recht gehabt?«

»Sie hat eher untertrieben. Sie selbst hatten genug unmittelbare Erfahrung mit den Chtorr, um zu wissen, wie sie sind. Aber versuchen Sie doch einmal, das jemandem klar zu machen, der nie einen in Aktion gesehen hat. Die begreifen das einfach nicht.«

»Wird das nicht sehr frustrierend?«

Lizard nickte müde und grinste. »In unglaublichem Maße!« Sie nahm einen Schluck Kaffee und sagte dann: »Dr. Zhymph wußte, daß die Delegierten so reagieren würden. Sie war darauf vorbereitet. Wir müssen weiterhin die Fakten darstellen, so wie sie sind, aber so geht das jedesmal, wenn das Thema vor einem internationalen Forum angesprochen wird. Die Delegierten drehen durch. Sie sehen in den Chtorranern nur den neuesten vorgeschobenen Grund Amerikas, um aufzurüsten. Hören Sie, wir sind bereits dabei, wieder aufzurüsten. Wir *brauchen* keine vorgeschobenen Gründe.« Sie schüttelte betrübt den Kopf. »Aber die haben Angst; das ist der wahre Grund. So ziemlich jede Nation auf diesem Planeten hat in der einen oder anderen Form Schwierigkeiten – es gibt keine, die nicht der ersten ernsthaften militärischen Bedrohung erliegen würde. Sie machen sich keine Sorgen wegen der Chtorraner, weil sie noch nie von einem gebissen worden sind – aber vor der militärischen Macht Amerikas haben sie eine Höllenangst, weil sie alle noch Narben tragen. Wir sind zumindest eine Bedrohung, die sie begreifen können; also verlagern sie ihre ganze Furcht und ihren Zorn auf uns.« Lizard sah mich an. »Begreifen Sie jetzt, wo Sie da hineingetrampelt sind?«

»Puuh«, machte ich.

Sie sah auf die Uhr. »Ich muß gehen – aber hören Sie, Sie können ja das Terminal hier dazu benutzen, um sich in der geschichtlichen Abteilung der Kongreßbibliothek umzusehen. Das ist vielleicht ganz interessant für Sie. Wahrscheinlich wissen Sie das nicht, aber als Angehöriger der Special Forces haben Sie eine genügend hohe Sicherheitsfreigabe, um Zugang zu den meisten Dingen zu bekommen, die Sie wissen müssen.«

»Das wußte ich nicht.«

»Dann haben Sie einen interessanten Nachmittag vor sich.

Es wird bestimmt eine Weile dauern, bis sich jemand um Sie kümmern kann. Seien Sie geduldig, okay? Es gibt da einige Entscheidungen, die vorher getroffen werden müssen.«

FÜNFUNDZWANZIG

Ich hatte eine ganze Weile nicht mehr an Whitlaw gedacht.

Ich fragte mich, ob er wohl noch lebte. Vorher hatte ich darüber nie nachgedacht; ich konnte mir ihn einfach nicht tot vorstellen. Ich hatte immer angenommen, daß er einer von den Überlebenden sein würde.

Aber andererseits konnte ich mir auch Shorty nicht tot vorstellen. Oder meinen Dad. Und das waren sie – welchen Unterschied machte es also, ob ich es mir vorstellen konnte oder nicht? Das Universum würde genau das tun, wozu es Lust hatte, ganz gleich, was ich oder sonst irgendeiner davon hielt.

Das war auch die Art und Weise, wie Whitlaw seinen Kurs abhielt. Ihm war es auch gleichgültig, was wir davon hielten. »Ihr könnt nicht darüber abstimmen«, pflegte er zu sagen. »Das habt ihr bereits getan, als ihr euch in diesen Kurs eingeschrieben habt. Ihr gehört mir, Körper und Geist, bis ich bereit bin, euch auf die Welt loszulassen.«

Der Kurs dauerte zwei Semester. Gegen Ende des ersten Semesters fragte Whitlaw: »Weiß hier jemand, *warum* das hier ein Pflichtkurs ist?«

»Wenn wir ihn nicht nehmen, werden wir nicht zum Abschlußexamen zugelassen.« Das war einer der geistlosen Affen, die gewöhnlich in der letzten Sitzreihe herumhingen. Ein paar von seinen Kumpels lachten.

Whitlaw sah den Lümmel mit Adleraugen an. Er musterte ihn eine halbe Sekunde lang gründlich und durchdringend und sagte dann: »Das ist zwar nicht die Antwort, auf die ich gewartet habe, aber wenn man bedenkt, woher sie kommt, ist sie wohl die beste, mit der ich rechnen durfte. Sonst jemand?«

Nein, sonst niemand.

»Das wird die erste Frage in eurer Abschlußprüfung sein«, drängte er. Jemand stöhnte.

Whitlaw humpelte zu seinem Tisch zurück. Ich fragte mich, ob ihn sein Hinken wohl behinderte. Glücklich sah er nicht aus. Er schlug den Lose-Blatt-Ordner auf, den er im Unterricht benutzte und blätterte stumm darin herum, bis er schließlich die Seite fand, die er gesucht hatte. Er studierte sie mit nachdenklich gerunzelter Stirn. Nach einer Weile blickte er wieder auf. »Niemand?«

Nein. Dazu waren wir inzwischen zu schlau geworden.

»Zu schade. Schön – dann wollen wir es mal so versuchen. Wie viele von Ihnen glauben, daß es einem Volk geziemt, gegen Tyrannei zu rebellieren?«

Ein paar Hände gingen unverzüglich in die Höhe, dann noch ein paar, vorsichtig, als hätten sie Angst, sich für den Fronteinsatz zu melden. Und dann einige weitere. Auch ich hob die Hand. Ziemlich bald waren fast alle Hände oben. Whitlaw wartete nicht ab, ob es zu einem einstimmigen Votum kommen würde. Er deutete auf einen, der sich der Stimme enthalten hatte. »Wie steht's mit Ihnen? Sind Sie nicht der Ansicht?«

»Ich glaube, Sie müßten Ihre Terminologie definieren. Sie sind zu allgemein. Was für eine Tyrannei? Welche?«

Whitlaw richtete sich auf und musterte den jungen Mann aus zusammengekniffenen Augen. »Sie sind wohl vom Diskussionsteam? Nein? Nun, das sollten Sie vielleicht in Betracht ziehen. Dort lernt man es, den Dingen aus dem Wege zu gehen. Also schön, ich will es Ihnen leicht machen –« Er klappte sein Buch zu.

»Wir wollen einmal sagen, dieser Raum sei das Land Myopie. Ich bin die Regierung, und Sie sind die Bürger. Nun wissen Sie, daß Regierungen nicht gratis arbeiten. Also werde ich als allerestes Steuern einsammeln. Ich möchte von jedem von Ihnen einen Casey.« Er fing an, durch die Reihen zu gehen. »Geben Sie mir einen Casey. Nein, das ist kein Witz.

Das sind Ihre Steuern. Geben Sie mir einen Casey. Sie auch. Tut mir leid, Schecks nehme ich nicht an, Papiergeld auch nicht. Was? Sie brauchen das für das Mittagessen? Hm, schade, aber die Bedürfnisse Ihrer Regierung haben Vorrang.«

»Aber das ist nicht fair!«

Whitlaw blieb stehen, die Hand voll Münzen. »Wer hat das gesagt? Führt ihn auf den Gang und exekutiert ihn wegen aufrührerischer Reden!«

»Augenblick! Bekomme ich keinen fairen Prozeß?«

»Den haben Sie gerade gehabt. Und jetzt halten Sie den Mund. Sie sind exekutiert worden.« Whitlaw fuhr fort, Geld einzusammeln. »Tut mir leid, ich brauche es abgezählt. Das haben Sie nicht. Macht auch nichts. In Ihrem Fall erhebe ich vier Casey Aufschlag. Sie können das als Ihre Strafe dafür betrachten, daß Sie Ihre Steuern mit Papiergeld bezahlen. Danke. Danke – fünfzig, fünfundsiebzig, ein Casey. Danke. In Ordnung. Ich habe hier achtundvierzig Caseys. Damit kann ich mir jetzt ein gutes Mittagessen kaufen. Und daß mir jeder morgen wieder einen Casey mitbringt. Ich werde von jetzt an jeden Tag Steuern einsammeln.«

Wir sahen einander nervös an. Wer würde der erste sein, der sich beklagte? War das nicht illegal – ein Lehrer, der Geld von seinen Schülern nahm?

Eine Hand hob sich vorsichtig. »Äh, Sir ... Eure Majestät?«

»Ja?«

»Äh, darf ich eine Frage stellen?«

»Hm, das kommt auf die Frage an.«

»Dürfen wir fragen, was Sie mit unserem Geld tun werden?«

»Das ist nicht mehr euer Geld. Das ist meines.«

»Aber ursprünglich war es unseres ...«

»– und jetzt ist es meines. Ich bin die Regierung.« Er zog die Schreibtischschublade auf und ließ die Münzen laut hineinfallen. »Wie? Sie haben die Hand immer noch oben?«

»Nun, es scheint mir – es scheint uns allen ...«

»Ihnen *allen?*« Whitlaw sah uns mit hochgeschobenen Brauen an. »Habe ich es hier mit einem Aufstand zu tun? Ich schätze, ich sollte besser eine Armee anheuern.« Er hinkte nach hinten im Saal und wies auf die vierschrötigsten Jungs in der Klasse. »Sie, Sie und äh, ja Sie auch. Und Sie. Kommen Sie vor. Sie sind jetzt in der Armee.« Er zog die Schublade auf und griff sich ein paar Münzen. »Hier sind zwei Caseys für jeden von Ihnen. Und jetzt sorgen Sie dafür, daß keiner von diesem Pack in die Nähe des Königlichen Palastes kommt.«

Die vier jungen Männer blickten unsicher. Whitlaw schob sie zwischen sich und die Klasse. »So – was wollten Sie sagen?«

»Mr. Whitlaw!« Janice MacNeil, ein großes, schwarzes Mädchen, stand auf. »In Ordnung! Sie haben es uns jetzt gezeigt. Und jetzt geben Sie allen ihr Geld zurück.« Janice war in der Schülermitverwaltung.

Whitlaw spähte zwischen den Schultern seiner zwei größten ›Soldaten‹ durch. Er grinste. »Nein«, sagte er. »Bei diesem Spiel behält jeder, was er hat. Was werden Sie jetzt unternehmen?«

Janice ließ sich nicht aus der Fassung bringen. »Dann gehe ich zu einer höheren Stelle«, sagte sie.

Whitlaw grinste immer noch. »Die gibt es nicht. Dieser Kurs ist autonom. Sehen Sie diese Tafel dort an der Wand? Das ist die Charta des Bundeserziehungssystems. Sie waren jetzt achtzehn Wochen lang fast jeden Tag in diesem Klassenzimmer, und ich wette, Sie haben das noch nicht gelesen, oder? Zu schade – das ist nämlich der Vertrag, mit dem Sie sich einverstanden erklärt haben, als Sie dieses Klassenzimmer betraten. Ich habe alle Vollmachten über Sie.«

»Nun selbstverständlich, das *verstehe* ich!« brauste sie auf. »Aber ich spreche jetzt von der *wirklichen Welt.* Sie müssen uns unser Geld zurückgeben.«

»Sie verstehen *nicht.*« Whitlaw grinste sie an. »Das *ist* die wirkliche Welt. Hier in diesem Zimmer. Und ich muß *nicht.* Ich habe die Vollmacht der Bundesregierung, alles Notwendige zu tun, um die Erfordernisse dieses Kurses zu erfüllen. Und das schließt Steuern ein – wenn ich das für notwendig halte.«

Sie verschränkte die Arme. »Nun, wir brauchen da nicht mitzumachen.«

Whitlaw zuckte die Achseln. »Schön. Dann lasse ich Sie verhaften.«

»Was? Sie wollen mich zum Direktor schicken?«

»Nein, ich meine verhaften, Sie in den Knast stecken, Sie verknacken, Sie kielholen lassen, Sie in die Bastille werfen, auf die Teufelsinsel schicken, nach Alcatraz – drücke ich mich klar aus?«

»Sie machen Witze.«

»Nein, das mache ich nicht. Lesen Sie es nach.«

»Aber das ist nicht fair!«

»Na und? Sie haben sich doch bereits einverstanden erklärt, was beklagen Sie sich also?« Er tippte zwei seiner Soldaten an. »Werfen Sie sie hinaus – und den anderen Burschen auch. Den, den wir vorher exekutiert haben. Die sind automatisch durchgefallen.« Whitlaws Armee schien nicht besonders beglückt, setzte sich aber in Bewegung.

Janice blickte verängstigt, nahm sich aber ihre Bücher und ihr Notizbrett und ging.

»Sie werden draußen warten, bis die Periode vorbei ist«, sagte Whitlaw. »Möchte noch jemand die Befugnisse oder die Autorität dieser Regierung in Frage stellen?«

Nein. Das wollte niemand.

»Gut.« Whitlaw setzte sich und legte die Füße auf den Schreibtisch. »Jeder, der jetzt etwas sagt, ohne daß er gefragt ist, fliegt durch die Prüfung.« Er nahm sich ein Buch und einen Apfel, schlug das Buch auf und fing zu lesen an. Hin und wieder biß er laut von seinem Apfel ab und erinnerte uns damit hörbar an seine Anwesenheit.

Seine Armee blickte unsicher. »Sollten wir uns setzen, Sir?«

»Selbstverständlich nicht. Sie sind im Dienst.«

Wir anderen wechselten Blicke. Was sollte das? Der Junge, dem Whitlaw empfohlen hatte, sich dem Diskussionsteam anzuschließen, beugte sich zur Seite und flüsterte seinem Freund zu: »Der fordert uns heraus, etwas zu versuchen.«

»Nun, versuch du es. Ich will nicht hinausgeworfen werden.«

»Aber verstehst du denn nicht? Wenn wir uns alle organisieren …«

Whitlaw stand plötzlich auf und herrschte uns an. »Was ist hier los? Das klingt ja wie Subversion!« Er trat vor und packte den Jungen, der gesprochen hatte, am Hemd und zog ihn in die Höhe. »Ich lasse mir das nicht bieten!« Er zerrte den Jungen aus dem Klassenzimmer.

In dem kurzen Augenblick, den er draußen war, herrschte heller Aufruhr.

»Der Mann ist wahnsinnig!«

»Das ist doch verrückt!«

»Können wir denn nichts tun?«

Ich stand auf. »Hört mal her! Wir sind in der Überzahl! Wir brauchen uns das nicht gefallen zu lassen.«

»Halt den Mund, Jim! Du machst es nur noch schlimmer!«

»Laßt ihn reden!«

»Hast du eine Idee, Jim?«

»Nun, das nicht ... aber ...«

In dem Augenblick kam Whitlaw wieder herein, und ich setzte mich so schnell hin, daß ich am Hintern die Reibungswärme spürte.

Whitlaw wandte sich an seine Truppen: »Was seid ihr denn für eine Armee? Ich gehe auf weniger als eine Minute aus dem Zimmer und komme zurück und höre, wie die Revolution gepredigt wird! Ich möchte, daß Sie jeden verhaften und ausstoßen, der sich beklagt hat – oder ihr fliegt selbst raus!«

Wir waren fünf.

»Ist das alles?« schrie Whitlaw. »Wenn ihr jemanden ausgelassen habt, dann haftet ihr mir mit eurem Kopf!«

Die Armee wirkte verängstigt. Nach einer kurzen geflüsterten Diskussion schnappten sie sich drei weitere Leute, und so zogen schließlich acht von uns aus dem Zimmer. »Aber ich hab doch gar nichts gesagt!« Joey Hubre sah so aus, als wäre er den Tränen nahe. »Sag es doch!« flehte er seinen Zwilling an.

»Nur zu«, brüllte Whitlaw. »Dann gehen Sie auch. Tatsächlich ist das wahrscheinlich das Beste – vermutlich seid ihr beide Unruhestifter!«

Jetzt waren zwölf in dem benachbarten Klassenzimmer. Wir saßen mürrisch da und sahen einander an. Verwirrt, konfus und sehr verletzt. Wir konnten Whitlaw schreien hören. Und dann herrscht plötzlich Stille. Kurz darauf schlossen sich uns drei weitere Verbannte an.

»Was hat er denn gemacht? Die ganze Klasse exekutiert?«

»Nee – er hat nationales Schweigen verfügt«, sagte Paul Jastrow. »Deshalb hat er uns rausgeworfen. Ich habe einen Zettel rumgereicht. Er sagte, das sei schriftliche Aufforderung zum Hochverrat.«

»Was will er denn mit dem Quatsch beweisen?« beklagte sich Janice.

»Tyrannei, schätze ich. Damit hat das Ganze ja angefangen, erinnert ihr euch?«

»Nun, und was sollen wir unternehmen?«

»Ist das nicht offensichtlich? Man erwartet von uns, daß wir rebellieren!«

»O sicher! Wir dürfen ja nicht einmal den Mund aufmachen, um uns zu beklagen! Wie sollen wir uns da organisieren?«

»*Wir* können uns organisieren«, sagte ich. »Hier. Wir bilden eine Befreiungsarmee. Die anderen werden uns unterstützen.«

»Bist du da sicher? Der hat denen jetzt solche Angst eingejagt, daß die sich in die Hosen pissen.«

»Nun, versuchen müssen wir es«, sagte Hank Chelsea und stand auf. »Ich bin dafür.«

»Laßt mich da raus«, sagte Jastrow.

Ich stand auf. »Ich glaube, das ist die einzige Möglichkeit.«

Janice stand auf. »Mir gefällt das nicht, aber ich mache mit, weil wir ihm zeigen müssen, daß er nicht so mit uns umspringen kann.«

Zwei der anderen Jungs standen auf und eines der Mädchen. »Komm, John. Joey?«

»Nein, ich lasse mich nicht noch mal anbrüllen.«

»Bist du denn nicht zornig?«

»Ich will bloß mein Geld zurück.«

»Paul?«

»Der wirft uns bloß wieder raus.«

»Einen Augenblick, Jim.« Das war Mariette. »Was willst du denn, das wir tun? Was hast du für einen Plan.«

»Wir gehen hinüber und erklären, daß die Diktatur abgeschafft ist.«

»Oh, prima. Und dann brüllt er uns wieder an, und seine Armee schmeißt uns noch mal raus. Er hat zwei weitere Bullen angeheuert.«

»Das sind keine Bullen, die sehen bloß so aus.«

»Für mich sind alle Footballspieler Bullen. Jedenfalls sind es jetzt sechs. Was hast du alles vor.«

Sechs Leute setzten gleichzeitig zur Antwort an, aber Hank Chelsea hob die Hand und sagte. »Nein, wartet – sie hat recht! Wir brauchen einen Plan. Was haltet ihr davon: Wir öffnen alle drei Türen zum Klassenzimmer gleichzeitig – das überrascht alle. Und dann, ehe er etwas sagen kann, müssen die Mädchen auf seine Armee losgehen. Nein, hört mir zu. Ich wette, daß die die Mädchen nicht schlagen. Wir setzen also auf jeden Soldaten ein Mädchen an. Sie umarmt ihn, küßt ihn und fordert ihn auf, sich uns anzuschließen.«

»Ja, und was dann?«

»... und daß wir ihnen das *Doppelte* von dem bezahlen, was er ihnen gibt.«

»Er zahlt ihnen jetzt drei Caseys pro Nase.«

»Nein, die kommen bestimmt zu uns. Aber nur, wenn jedes Mädchen sich einen Jungen vornimmt. Packt ihn am Arm und fangt an, auf ihn einzureden. Sagt, was immer ihr sagen müßt, und laßt ihn so lange nicht los, bis er sich einverstanden erklärt hat, zu uns zu kommen.«

»Ja, gut, Mr. Großkotz. Du läßt also die Dreckarbeit von Frauen tun. Und was werden die Männer tun?«

»Wir knöpfen uns den Boß vor und verlangen den Staatsschatz zurück.«

Wir debattierten noch ein paar Minuten über den Plan, und in dieser Zeit schlossen sich uns einige weitere Verbannte an. Sie erklärten sich fast unverzüglich bereit, der Revolutionsbewegung beizutreten, und hatten noch ein paar Zusatzvorschläge für unsere Attacke. Wir waren fast fertig, als Joey Hubre plötzlich schnüffelte und sagte: »Und was ist, wenn jemand verletzt wird? Was ist dann?«

Das brachte uns einen Augenblick lang aus dem Konzept, und wir mußten uns unseren Plan noch einmal überlegen.

Aber Paul Jastrow sagte: »Nun, was ist dann schon? Das ist schließlich Krieg, oder?«

»Nein, er hat recht«, sagte Hank. »Vielleicht würde es Whitlaw nichts ausmachen, wenn er jemandem weh tun würde; aber wir wollen doch schließlich eine Befreiungsarmee sein. Wir werden niemandem ein Leid zufügen.«

»Es sei denn, die wollen es nicht anders«, murmelte Jastrow.

»Nicht einmal dann«, herrschte Hank ihn an.

»Wer hat dich denn zum General ernannt? Ich nicht!«

»Also schön ...« Hank hob beide Hände. »Wir stimmen ab.«

»Nein!« sagte ich. »Wir haben einen Plan. Wir sind bereit zum Losschlagen! Armeen stimmen nicht ab!«

»Jetzt schon!« sagte Jastrow.

»Aber nicht, wenn Krieg ist! Ist hier jemand, der abstimmen muß?«

»Ja, ich möchte mir diesen Kriegsplan noch einmal anhören ...«

»Oh, ist ja Klasse! Da haben wir unsere Revolution! Leisten wir uns doch lieber eine parlamentarische Schlacht. Augenblick, ich hab hier *Robert's Regeln der parlamentarischen Arbeit* ...«

»McCarthy, halt den Mund! Du bist ein Arschloch!«

»So? Warum verzapfst du dann den größten Scheiß?«

»He, Augenblick mal – jetzt kommen wir immer weiter von unserem Ziel ab! Wir vergessen, wer der wirkliche Feind ist.« Hank Chelsea trat zwischen uns. »Jetzt hört mal zu: Wir haben einen Plan. Führen wir ihn aus! Okay?«

Jastrow sah Chelseas hingestreckte Hand skeptisch an. »Mir gefällt das nicht ...«

»Ach komm schon, Paul«, sagten Mariette und Janice, und dann sagten es alle anderen auch, und Paul blickte verlegen, zuckte die Achseln und sagte: »In Ordnung«, und dann zogen wir los und drangen in Mr. Whitlaws Globalethikkurs ein.

Er war auf uns vorbereitet.

Sämtliche Tische waren so aufeinandergetürmt worden, daß sie in der Mitte des Klassenzimmers eine Barrikade bildeten. Das Königreich Myopie hatte eine Maginotlinie gebaut.

Wir blieben stehen und sahen einander an.

»Ich hab ja schon einiges von Verfolgungswahn gehört, aber das hier ist wirklich verrückt!« sagte Janice.

»Ich hab euch ja gleich gesagt, daß es nicht klappt«, knurrte Paul.

»Was machen wir jetzt?« sagte Mariette.

Wir standen da und tauschten Blicke. »Können wir die Barrikade einreißen?«

»Wir könnten es versuchen«, sagte ich. »Aber ich glaube nicht, daß das die richtige Methode ist, die man von uns erwartet, um dieses Problem zu lösen.«

»Okay, Mr. Megabyte«, sagte Paul Jastrow. »Und welche Lösung hast du anzubieten?«

»Ich habe keine. Ich sagte nur gerade, daß Gewalt meiner Ansicht nach nicht die Lösung ist. Ich glaube, man erwartet von uns, daß wir unseren Verstand benutzen.« Und dann hielt ich den Mund. Plötzlich wurde mir klar, daß ich durch die Barriere hindurch geradewegs Whitlaw ansah. Er machte sich Notizen, hatte aber gerade damit aufgehört und musterte mich jetzt mit leichtem Lächeln. »Hm ...« Ich versuchte fortzufahren, aber der Gedanke war mir inzwischen abhanden gekommen. »Wir sollten eine Konferenz abhalten. Draußen im Flur. Ich glaube, ich habe eine Idee.«

Wir zogen hinaus. Draußen angelangt sagte ich: »Ich finde, wir sollten hineingehen und versuchen, einen Friedensvertrag auszuhandeln.«

»Er wird nicht mit uns verhandeln.«

»Doch das wird er«, sagte ich.

»Wieso bist du da so sicher?«

»Weil sie sonst nicht mehr rauskönnen. Wir haben die Seite mit den Türen. Ich glaube nicht, daß die aus einem Fenster im zweiten Stock klettern wollen.«

Einen Augenblick lang herrschte nachdenkliches Schweigen. Man konnte fast sehen, wie sich auf ihren Gesichtern Lächeln breitmachte.

»Ja, gehen wir. Hat einer ein Taschentuch? Wir brauchen eine weiße Fahne.«

Wir zogen wieder in das Klassenzimmer ein und verkündeten: »Wir kommen in friedlichen Absichten. Wir wollen verhandeln.«

»Warum sollte ich? Ihr seid ein Rudel Radikaler und Subversiver, die man aus dem System entfernt hat, weil ihr nicht kooperieren wolltet.«

»Das System funktioniert nicht«, sagte Janice. »Wir wollen ein besseres.«

»Ja«, sagte Mariette. »Eines, bei dem wir auch dazugehören.«

»Ihr seid bereits Teil des Systems. Ihr seid die Rebellen. Wir brauchen Rebellen, die wir exemplarisch bestrafen können.«

»Nun, wir wollen keine Rebellen mehr sein!«

»Das ist aber schade«, sagte Whitlaw hinter seiner Barrikade. »Ihr seid Unruhestifter. Die einzige Rolle für euch ist die der Rebellen. Darauf versteht ihr euch.« Wir konnten ihn grinsen sehen.

»Sie müssen uns zurücknehmen, Whitlaw.« Das war Paul Jastrow.

»Äh? Ich *muß* gar nichts!«

»Doch«, sagte ich. »Sie können nicht aus dem Raum, wenn wir Sie nicht lassen.«

»Aah«, sagte er. »Ihr habt also etwas gefunden, mit dem ihr mich erpressen könnt. Also schön, was wollt ihr?«

»Wir wollen unser Geld zurück!« schrie Joey Hubre. Joey?

»Wir wollen in die Klasse zurück«, sagte Janice.

»Amnestie!« sagte Paul.

»Fairneß!« sagte ich.

»Respekt!« sagte Mariette.

»Die Rechte von Engländern«, sagte Hank leise, und wir drehten uns alle und sahen ihn an. »Häh?«

Aber Whitlaw grinste. »Sie – Ihr Name? Chelsea? Gut.« Er machte sich eine Notiz auf seinem Brett. »Für heute bekommen Sie eine Eins. Und jetzt wollen wir sehen, ob Sie sie behalten können. Was sind das für Rechte?«

Hank stand mit verschränkten Armen vor der Barrikade aus Pulten. »Keine Steuern, Mr. Whitlaw, sofern wir nicht an der Entscheidung beteiligt werden, wie das Geld verwendet wird. Und niemand wird mehr aus der Klasse ausgestoßen, solange es nicht vorher eine faire Anhörung gegeben hat. Kein unfairer Einsatz von Gewalt mehr. Wir wollen das Recht, anderer Meinung als Sie zu sein, und das Recht, diese unsere Meinung frei ausdrücken zu dürfen, ohne daß Sie uns rauswerfen.«

»Es ist mein Klassenzimmer, und das Gesetz sagt, daß ich meinen Kurs führen kann, wie ich will.«

»Nun, dann wollen wir, daß dieses Gesetz geändert wird.«

»Tut mir leid, aber das ist ein Gesetz, das nicht ich selbst gemacht habe. Das kann ich nicht ändern.«

»Das ist unwichtig. Sie können die Art und Weise ändern, wie Sie die Klasse führen. Sie sagten, Sie hätten Autonomie. Wir wollen über einige Veränderungen verhandeln, die diese Klasse für uns alle akzeptabel macht.«

»Seit wann haben denn Studenten das Recht, den Lehrern zu sagen, wie sie lehren sollen?«

»Seitdem wir alle Türen haben!« schrie Paul.

»Sch!« machte Hank.

»Wer hat dich denn zum Präsidenten gemacht?«

»Willst du jetzt den Mund halten? Einer sollte für uns alle sprechen!«

»Damit habe ich mich nicht einverstanden erklärt!«

»Das ist unwichtig, womit du dich einverstanden erklärt hast – so sind die Dinge jetzt!«

»Du bist genauso schlecht wie er! Nun, dann zum Teufel mit dir!« Paul trottete ans Ende des Klassenzimmers und setzte sich finster blickend hin.

Hank sah uns andere ein wenig verstört an. »Hört zu, Leute – wenn wir uns nicht einigen, wird das nicht funktionieren. Wir dürfen keine Schwächen zeigen.«

»Ja«, sagte Janice. »Hank hat recht. Wir dürfen nicht untereinander zu streiten anfangen.«

»Ja, aber das gibt dir nicht das Recht, das Kommando einfach an dich zu reißen«, sagte Mariette. »Paul hat recht. Wir hatten keine Wahl.«

»Augenblick«, sagte ich. »Ich will mich nicht streiten, und ich bin mit dir einer Meinung, daß wir alle zusammenhalten müssen, sonst werden wir auseinanderdividiert. Aber ich glaube, wir müssen erkennen, daß jeder von uns aus einem anderen Grund an dieser Rebellion teilnimmt, und daß jeder von uns bei den Verhandlungen ein Mitspracherecht haben möchte. Ich will dasselbe wie Paul – ich will gehört werden.«

»Darf ich etwas sagen?« John Hubre trat vor. Der stumme Zwilling. »Wir sollten eine Liste unserer Forderungen aufstellen und dann darüber abstimmen, welche davon Whitlaw akzeptieren muß.«

Hank gab sich geschlagen. »Also gut. Hat jemand Papier? Ich schreibe auf.«

»Nein«, sagte John. »Wir bringen sie auf dem Bildschirm, wo jeder sie sehen kann. Und ich glaube, die ganze Klasse sollte sie diskutieren und darüber abstimmen. Sind Sie damit einverstanden, Mr. Whitlaw?«

»Habe ich eine Wahl?«

John blickte verblüfft. »Äh ... nein. Natürlich nicht.«

»Darf ich einen Vorschlag machen?« fragte Whitlaw.

»Äh ... in Ordnung.«

»Wir sollten diesen Berg aus Möbel abtragen, damit wir in etwas zivilisierterer Umgebung miteinander umgehen können. Der Rest dieses Krieges ist bis auf weiteres abgesagt.«

Kurz darauf sah das Schlachtfeld wieder wie ein Klassenzimmer aus, nur daß Whitlaw, anstatt uns zu tyrannisieren, ruhig dastand und beobachtete – und nur gelegentlich Vorschläge machte.

In weniger als fünf Minuten war die Liste der Forderungen auf dreißig Punkte angewachsen.

Whitlaw sah sie sich an, schnaubte und sagte: »Seid nicht albern.«

Die Reaktionen der Klasse reichten von »Was paßt Ihnen an diesen Forderungen nicht?« bis »Sie haben keine Wahl!«

Er hob die Hand. »Bitte – ich möchte, daß Sie sich diese Liste noch einmal ansehen. Die meisten Ihrer Beschwerden kommen mir ganz legitim vor, aber sehen Sie sie sich doch noch einmal an, ob Ihnen an Ihren Forderungen nicht etwas auffällt.«

»Nun, einige davon sind ziemlich unwichtig«, sagte Paul Jastrow. »Ich meine Nummer Sechs zum Beispiel. Kein Zerreißen von Hemden mehr. Vielleicht ist das für Doug richtig – aber wie wichtig ist es für uns andere?«

Und Janice meinte: »Und einige davon sind redundant – zum Beispiel umfaßt das Recht der freien Meinungsäußerung auch das Recht zur Versammlung und das Recht zu sprechen und das Recht zur Veröffentlichung – wir brauchen also nicht alle drei auf der Liste, oder?«

Und dann kamen andere Stimmen dazu. Whitlaw mußte die Hand heben, um sich Schweigen zu verschaffen. Er sagte: »Ihr habt natürlich alle recht. Es ist wichtig, für jede Situation Schutz zu haben, ob wir das nun ausdrücklich so formulieren oder nicht. Ich schlage vor, daß das, was Sie suchen, ein Schirm ist, unter dem Sie tätig werden können – eine Regel für alle Zwecke.«

Er ließ uns nur ein paar Augenblicke lang argumentieren und brachte uns dann wieder auf das Thema zurück. »Ihre Forderungen sind begründet. Sehen Sie sich Ihre Regeln noch einmal an und sehen Sie zu, ob Sie das Ganze nicht auf zwei oder drei Sätze komprimieren können.«

Wir folgten seinem Vorschlag. Mit etwas Hilfe gelangten wir schließlich dazu: »Die Regierung soll dem Volk für ihre Handlungen verantwortlich sein. Das Volk soll das Recht haben, unterschiedliche Meinungen frei zum Ausdruck zu bringen.«

»Gratuliere«, lächelte Whitlaw. »Was geschieht jetzt, wenn ich mich weigere, das zu akzeptieren?«

»Sie haben keine Wahl«, sagte Mariette.

»Warum nicht?«

»Weil wir, wenn Sie nicht akzeptieren, einfach wieder rebellieren.«

»Mhm. Und wenn ich mir wieder ein paar Footballspieler anheuere?«

»Sie können sich nicht leisten, so viele anzuheuern, wie Sie brauchen würden.«

»Dann erhöhe ich die Steuern.«

Das führte wieder zu einigen Unmutsbezeugungen und einer sofortigen Reaktion von einem der Jungen, die man nicht hinausgeworfen hatte. »Wo muß ich unterschreiben, um mich der Revolution anzuschließen?«

»Das ist ja der Grund, weshalb Sie keine Wahl haben«, sagte Hank. »Sie verfügen nicht über die Steuerbasis.«

»Sie haben recht«, sagte Whitlaw. Er ging wieder nach vorne. »Also gut, wir sind uns dann in dem Punkt einig. Wenn eine Regierung ihren Bürgern nicht verantwortlich ist, hat die Bürgerschaft das Recht, der Regierung die Macht zu nehmen – mit allen notwendigen Mitteln?«

Allgemeine Zustimmung.

»Ich verstehe. Worauf es ankommt, ist natürlich diese letzte Zeile. ›Mit allen notwendigen Mitteln.‹ Das schließt offene Rebellion ein. Wie steht es mit Terrorismus? Meuchelmord? Und an welchem Punkt entscheiden Sie, daß diese Handlungen notwendig sind?«

Paul Jastrow blickte immer noch finster. Er meinte: »Wenn uns keine andere Möglichkeit bleibt.«

»In Ordnung, darüber wollen wir einmal nachdenken. War Ihre Rebellion gerechtfertigt?«

Allgemeine Zustimmung.

»Weil ich mir nicht anhören wollte, was Sie sagen wollten. Stimmt's?«

Wieder Zustimmung.

»Und wenn ich einen Beschwerdekasten aufgestellt hätte?« fragte Whitlaw. »Wäre dann die Rebellion immer noch rechtens gewesen?«

Nachdenkliche Stille, während wir überlegten. Ich hob die Hand. »Was würden Sie denn mit den Beschwerden tun, die man in den Kasten wirft?«

Whitlaw grinste. »Ich würde sie am Ende eines jeden Tages wegwerfen, ohne sie zu lesen.«

»Dann ja«, sagte ich. »Die Rebellion wäre gerechtfertigt gewesen.«

»Was, wenn ich die Beschwerden lesen würde?«

»Was würden Sie bezüglich der Beschwerden unternehmen?«

»Nichts.«

»Immer noch gerechtfertigt.«

»Und was, wenn ich bezüglich der Beschwerden handeln würde, mit denen ich einverstanden wäre? All diejenigen, die mir persönlich nicht unangenehm sind.«

Ich dachte darüber nach. »Nein, das reicht immer noch nicht.«

Whitlaw blickte verzweifelt. »Was wollt ihr denn?«

»Ein faires System, nach dem unsere Klagen behandelt werden.«

»Ah, jetzt kommen wir weiter. Beginnen Sie jetzt zu verstehen? Ihr Glaubensbekenntnis dort oben ist sehr hübsch, aber es ist wertlos ohne die Garantien im Gesetz, die es unterstützen. Was für ein System wollen Sie denn haben – äh, McCarthy, nicht wahr?«

»Ja, Sir. Was würden Sie von einem Schiedsrichterausschuß aus drei Studenten halten? Sie wählen einen aus, wir einen und die beiden wählen den dritten. Die Gewerkschaft meines Vaters benutzt dieses System, wenn es Meinungsverschiedenheiten gibt.«

»Also schön. Angenommen ich würde einfach dekretieren, daß dies das System ist, das wir haben wollen.«

»Nein, Sir, es muß darüber abgestimmt werden. Wir alle müssen zustimmen. Sonst würden Sie ja immer noch diktieren.«

Whitlaw nickte und sah auf die Uhr. »Gratuliere. In etwas weniger als einer Stunde haben Sie mehr als tausend Jahre menschlicher Geschichte neu geschaffen. Sie haben eine Regierung gestürzt, eine Charta für ein neues System etabliert und ein Gerichtssystem geschaffen, um das zu erzwingen. Das ist für einen Tag gute Arbeit.«

Es klingelte. Wir hatten eine ganze Unterrichtsstunde verbraucht. Als wir uns anschickten, unsere Bücher einzusammeln, hob Whitlaw die Hand. »Halt. Bleiben Sie an Ihren Plätzen. Sie gehen heute nicht zum nächsten Kurs. Keine Sorge, Ihre anderen Lehrkräfte sind informiert. Sie wissen, daß sie nicht auf Sie zu warten brauchen. Muß jemand pinkeln? Okay, zehn Minuten Pause. Seien Sie um elf Uhr vierzig wieder hier.«

Als wir mit dem Unterricht wieder begannen, hob Joey Hubre als erster die Hand. »Wann bekommen wir unser Geld zurück?«

Whitlaw sah ihn ernst an. »Verstehen Sie nicht? Offenbar nein. Die Regierung behält immer, was sie einmal hat.«

»Aber ... aber wir dachten, das sei ...«

»Was? Ein Spiel?« Whitlaw blickte etwas ärgerlich. »Haben

Sie nicht aufgepaßt? Dies war Tyrannei! Hätten Sie denn die Regierung gestürzt, wenn Sie der Ansicht gewesen wären, daß ich es nicht ernst meine? Selbstverständlich nicht!«

»Ich will nur mein Geld zurück ...«

»Das gehört jetzt dem Staatsschatz. Und selbst wenn ich es zurückgeben wollte, könnte ich das nicht. Ich bin gestürzt worden. Es kommt der neuen Regierung zu, über die Verwendung des Geldes zu entscheiden.«

Im Klassenzimmer wurde es wieder unruhig. Janice stand auf und sagte: »Mr. Whitlaw! Es war unrecht von Ihnen, unser Geld zu nehmen!«

»Nein, das war es nicht – in dem Augenblick, in dem ich mich zur Regierung erklärt hatte, befand ich mich im Recht. Das war unrecht von Ihnen, daß Sie es mir durchgehen ließen. Jeder einzelne von Ihnen. Sie!« Er wies auf den ersten Studenten, der ihm einen Casey gegeben hatte. »Es war nicht richtig von Ihnen, mir diese erste Münze zu geben. Warum haben Sie es getan?«

»Sie haben es verlangt.«

»Habe ich Ihnen gesagt, daß Sie etwas dafür bekommen würden?«

»Nein.«

»Habe ich Ihnen gesagt, ich würde sie Ihnen am Ende wieder zurückgeben?«

»Nein.«

»Warum haben Sie mir sie dann gegeben?«

»Äh ...«

»Richtig. Sie haben sie mir gegeben. Ich habe sie Ihnen nicht genommen. Warum sagen Sie jetzt also, ich sei derjenige, der etwas Unrechtes getan hätte?«

»Sie hatten eine Armee!«

»Erst nachdem Sie mir das Geld gegeben hatten, um die Armee zu bezahlen.« Er wandte sich an die ganze Klasse. »Ihr einziger Fehler lag in Ihrem Timing. Sie hätten sofort rebellieren sollen, als ich mich zu Ihrer Regierung erklärte. Ich hatte kein Recht, das zu tun, aber Sie haben es mir durchgehen lassen. Sie hätten in dem Augenblick Verantwortlichkeit fordern müssen – ehe ich über genügend Geld verfügte, um eine Armee anzuheuern.«

Er hatte recht. Dagegen war nichts zu sagen. Wir blickten alle etwas verlegen.

»Nun, was tun wir jetzt?« beklagte sich Mariette.

»Das weiß ich nicht. Ich bin jetzt nicht mehr die Regierung. Sie haben mich gestürzt. Sie haben mir meine Macht weggenommen. Alles, was ich jetzt tue, ist, daß ich Anweisungen befolge. Ihre Anweisungen. Ich werde mit diesem Geld alles tun, worauf sich eine Mehrheit von Ihnen einigen kann.«

Wir brauchten weniger als dreißig Sekunden dazu, eine Resolution zu erlassen, die die Rückzahlung aller bei der letzten Steuererhebung eingesammelten Gelder forderte.

Whitlaw nickte und zog die Schreibtischschublade auf. Er fing an, Münzen zu zählen. »Äh, wir haben da ein kleines Problem – Sie sind hier vierundvierzig in dieser Klasse. Aber hier sind nur dreißig Caseys. Wenn Sie sich erinnern: Die ehemalige Regierung hat achtzehn Caseys für eine Armee ausgegeben.«

Vier Leute standen auf, um die nächste Resolution vorzuschlagen, die die Rückgabe der Gelder forderte, die den ehemaligen Mitgliedern der Reichsgarde ausbezahlt worden waren. Whitlaw legte dagegen sein Veto ein. »Tut mir leid. Fällt das nicht in den Bereich der Konfiszierung? Erinnern Sie sich an die Fünf-Casey-Note, die ich so unfair an mich genommen habe? Sie hatten gerade eine Revolution, weil Sie nicht wollten, daß eine Regierung dieses Recht haben sollte. Und jetzt errichten Sie eine neue Regierung, um genau dasselbe zu tun.«

»Aber das ist völlig anders ...«

»Nein, das ist es nicht! Konfiszierung ist Konfiszierung! Es hat nichts zu besagen, wer konfisziert – der Betreffende verliert trotzdem etwas!«

»Aber ... wie schaffen wir dann den Ausgleich für geleistetes Unrecht?«

»Das weiß ich auch nicht. Sie sind jetzt die Regierung. Das müssen schon Sie mir sagen.«

»Warum können wir nicht einfach das Geld zurücknehmen?«

»Weil die Armee fair bezahlt worden ist. Sie haben ihre Arbeit getan und erhielten für das, was sie taten, fairen Lohn.

Dieses Geld können Sie ihnen jetzt nicht mehr wegnehmen, das gehört ihnen.«

»Aber Sie hatten nicht das Recht, es ihnen zu geben!«

»Das hatte ich! Ich war die Regierung!«

Hank Chelsea stand plötzlich da. »Einen Augenblick, Sir! Ich glaube, wir verstehen alle, was Sie hier versuchen, uns klarzumachen. Wir müssen einen fairen Weg finden, um das zu tun, oder?«

»Wenn Sie das können, dann sind Sie besser als ich. In den elf Jahren, in denen ich diesen Kurs gebe, hat noch keine einzige Klasse eine Möglichkeit gefunden, die gleichzeitig *fair* und *legal* war, um einer Person das Geld aus der Tasche zu nehmen und es in die einer anderen zu stecken.« Er winkte Hank, sich zu setzen. »Ich will Ihnen hier etwas sagen, worüber Sie nachdenken sollten: eine Regierung – *jede* Regierung – ist nichts anderes als ein System zur Umverteilung von Besitz. Sie nimmt einer Gruppe von Menschen Geld weg und gibt es einer anderen Gruppe von Menschen. Und wenn es dazu kommt, daß genügend Leute entscheiden, daß ihnen die Art und Weise dieser Verteilung nicht gefällt, dann wird diese Regierung durch eine andere ersetzt, die mehr den Wünschen des Volkes entspricht. Wie es hier geschehen ist! Aber Sie können die neue Regierung nicht dazu benutzen, um all das Unrecht der früheren Regierung wieder auszugleichen – nicht ohne wesentlich mehr Probleme zu schaffen als Sie je bereinigen können. Am Ende haben Sie eine Regierung, die sich einzig und allein mit der Vergangenheit und nicht mit der Gegenwart befaßt. Das ist ein sicherer Weg zum Niedergang. Wenn Sie in diesem Spiel gewinnen wollen, müssen Sie die Umstände so in Angriff nehmen wie sie sind, nicht so wie sie einmal waren oder so wie Sie sie gerne hätten. Mit anderen Worten, Sie sollten sich auf die Ereignisse beschränken, über die Sie tatsächlich Kontrolle haben. Das ist die einzige Möglichkeit, um zu Resultaten zu kommen. Die eigentliche Frage ist also: Worüber *haben* Sie Kontrolle? Wir werden wahrscheinlich den Rest des Semesters mit dieser Frage verbringen. Für den Augenblick wollen wir uns mit dem unmittelbar vorliegenden Problem befassen.« Er zog seine Schreibtischschublade auf. »Sie sind also vierundvierzig, und hier sind nur dreißig Caseys. Wenn Sie den sechs Mitgliedern der Reichsgarde keine Vergütung geben, fehlen Ihnen immer noch acht Caseys. Und einer von Ihnen wird auf vier Caseys verzichten müssen, weil ich ihm einen Fünfer weggenommen habe.«

Es wurde vorgeschlagen, unterstützt und beschlossen, Geoff Miller vier Caseys zurückzugeben, damit sein Verlust nicht höher sein solle, als der von uns anderen. Damit blieben sechsundzwanzig Caseys im Nationalschatz. Jetzt fehlten uns zwölf Caseys, wenn wir das Geld gleichmäßig zurückgeben wollten.

Eines der ehemaligen Mitglieder der Reichsgarde stand auf. »Hier, ich gebe die zwei Caseys zurück, die Whitlaw mir bezahlt hat. Ich glaube, es ist nicht fair, sie zu behalten.« Er stieß seinen Nachbarn an, der ebenfalls aufstand. »Äh, ich auch.« Zwei weitere ehemalige Soldaten machten mit, aber die letzten zwei blieben einfach mit verschränkten Armen sitzen.

»Wir haben das Geld fair verdient. Wir haben ein Recht darauf.«

»Nun«, sagte Whitlaw, »das reduziert die Staatsschuld auf zwei Caseys. Nicht schlecht. Jetzt brauchen Sie alle bloß noch zu entscheiden, wer den kürzeren zieht.«

»Das ist nicht fair!« sagte Mariette erneut.

Whitlaw stimmte ihr zu. »Sie beginnen zu begreifen. Gleichgültig, wie große Mühe wir uns auch geben, die Regierung *kann nicht* gegenüber allen fair sein, sie *kann nicht.* Das Beste, wozu sie imstande ist, ist jeden in gleicher Weise *un*fair zu behandeln.«

Das unmittelbar vorliegende Problem wurde schließlich gelöst, als John Hubre erkannte, daß der Casey nicht unteilbar ist. Achtunddreißig Studenten, von denen jeder einen Casey Steuern bezahlt hatte, erhielten je vierundneunzig Cents zurück. Übrig blieben achtundzwanzig Cents. Whitlaw schickte sich an, sie einzustecken, aber Chelsea sagte schnell: »Tut mir leid – das ist der Staatsschatz. Den sollte einer von uns verwalten, wenn es Ihnen nichts ausmacht.«

Whitlaw gab ihm das Geld grinsend. »Sie beginnen zu lernen«, sagte er.

SECHSUNDZWANZIG

»Allright«, sagte Whitlaw. »Es ist ja wohl klar, daß diese kleine Übung ihren Sinn hatte. Ich will jetzt keine Meldungen. Ich will es Ihnen sagen, wie es ist. So etwas wie eine Regierung gibt es nicht.«

Er sah sich im Klassenzimmer um. »Deuten Sie darauf. Zeigen Sie mir die Regierung. Zeigen Sie mir *irgendeine* Regierung.« Wieder wischte er unsere Hände weg. »Vergessen Sie es. Das geht nämlich nicht. Sie können mir ein paar Gebäude zeigen und ein paar Leute und ein paar Regeln aus Papier, aber eine Regierung können Sie mir nicht zeigen, weil es so etwas nämlich im ganzen physikalischen Universum nicht gibt. Das ist nur etwas, das wir uns ausgedacht haben. Es existiert nur nach unserer Übereinkunft. Sie haben das hier gerade bewiesen. Wir haben uns geeinigt, daß einiges zu erledigen war, und haben dann ein paar Regeln aufgestellt, wie es erledigt werden soll. Diese Übereinkünfte sind die Regierung. Sonst nichts. Wie groß die Regierung wird, hängt davon ab, wie viele Übereinkünfte Sie treffen. Wenn genügend Menschen sich darauf einigen können, dann bauen wir ein paar Gebäude und heuern ein paar Leute an, um in ihnen zu arbeiten und unsere Übereinkünfte zu verwalten. Aber jetzt kommt die Frage: Woher wissen Sie eigentlich, ob etwas Sache der Regierung ist oder nicht? Das heißt, Sache der Leute, die wir dafür eingestellt haben, damit sie in unseren Gebäuden arbeiten und unsere Übereinkünfte für uns verwalten. Wie wissen diese Leute denn, was sie verwalten sollen? Wie läßt sich das überprüfen?

Nein – nehmen Sie die Hände runter. Es ist zu einfach. Eine Person, ein Wort oder eine Sache befindet sich im Hoheitsbereich einer Regierung, wenn es die Übereinkünfte dieser Regierung *prüft.* Wenn es das nicht tut, unterliegt es auch nicht ihrer Hoheit.

Die Leute, die die Übereinkünfte *einhalten,* braucht die Regierung nicht zu managen. Die brauchen kein Management.

Sie verhalten sich verantwortlich. Es ist Sache der Regierung, jene Leute zu managen, die die Übereinkünfte *auf die Probe stellen.* Das ist es. Das einzige, worauf es bei einer Regierung ankommt, ist die Kunst, Leute dazu zu bringen, die Übereinkünfte einzuhalten – *insbesondere* jene, die dieses Management übernehmen.«

Whitlaw ging langsam in den hinteren Teil des Raums. Was er sagte, klang so, als stellte er Spekulationen an. »Nun ... Management heißt Entscheidungen treffen. Stimmt das? Sieht das jemand nicht so? Die Frage ist also – was sind die Richtlinien, nach denen die Manager ihre Entscheidungen treffen? Der Maßstab?« Er drehte sich um und sah uns an.

Marcie Soundso: »Die Übereinkünfte natürlich. Die Regeln.«

Whitlaw schnaubte. »Ganz bestimmt nicht. Die Regeln sind nur der Zusammenhang – die *Autorisierung* für die Entscheidungen. Tatsächlich handelt die Geschichte dieser Nation von Männern und Frauen, die die Regeln nicht befolgt haben. Die Geschichte ist eine Liste jener, die diese Übereinkünfte auf die Probe gestellt haben.

Jedesmal, wenn eine solche Übereinkunft auf die Probe gestellt wird, wird auch die Person, in deren Verantwortung jene Übereinkunft fällt, ebenfalls auf die Probe gestellt. Welcher Richtlinien bedient sich also jene Person? – Ganz besonders, wenn es keine Richtlinien gibt! Welchen *Ursprung* hat die Wahl, die jene Person trifft?« Whitlaw schob die Hände in die Jackentaschen, drehte sich langsam um und vergewisserte sich, daß wir alle aufmerkten. Als er weitersprach, war seine Stimme tief und leise. »Die Wahrheit ist, daß am Ende jede einzelne Wahl, die getroffen wird ... die Integrität des Individuums reflektiert, das sie trifft.

Sie sollten erkennen, daß alles, was wir in diesem Lande getan haben, *alles,* das wir erreicht haben – gut oder schlecht – in beinahe zweieinhalb Jahrhunderten aus der Integrität – oder dem Mangel daran – von Leuten wie *uns* geschehen ist, die willens sind, Entscheidungen zu treffen und die Verantwortung für sie zu tragen, ganz besonders dann, wenn Sie wissen, daß jene Entscheidungen unpopulär sein werden.«

Ich fragte mich, worauf er hinauswollte. Er ging wieder

nach vorne und setzte sich an sein Pult, sah uns mit erwartungsvoller Miene an.

»Glauben Sie, daß die Moskauer Verträge fair waren?« fragte er plötzlich.

Die Klasse konnte sich nicht darauf einigen. Einige dachten ja, andere nein. Die meisten waren unschlüssig.

Whitlaw sagte: »Nun, betrachten wir es doch einmal vom Standpunkt der restlichen Welt aus. Wie, glauben Sie wohl, daß wir für sie ausgesehen haben?«

»Wir sind die Heimat der Freien, das Land der Tapferen – alle Flüchtlinge kommen hierher.« Das war Richard Kham Tuong. Er hatte mandelförmige Augen, braune Haut und gekräuseltes blondes Haar. Er sagte es voll Stolz. »Leute kommen hierher und suchen die Freiheit. Wir sind eine Quelle der Hoffnung.«

»Aha«, sagte Whitlaw, nicht sonderlich überzeugt. Er stand auf und schlenderte langsam nach hinten, bis er unmittelbar vor Richard Kham Tuong stand. »Da möchte ich Ihnen ein paar Statistiken erläutern. Eine Hälfte der Weltbevölkerung geht jede Nacht hungrig zu Bett. Es gibt fast sechs Milliarden Menschen auf diesem Planeten – aber die dreihundert Millionen, die das Glück haben, in den Vereinigten Staaten zu leben, verbrauchen jedes Jahr ein Drittel der Ressourcen des Planeten. Im letzten Jahrhundert war es die meiste Zeit übrigens eher die Hälfte. Glauben Sie, daß das fair ist?«

»Äh ...« Richard begriff, daß das eine Fangfrage war und tat das einzig Mögliche. Er zögerte.

»Oder lassen Sie es mich anders versuchen«, fuhr Whitlaw fort. Er wollte Richard jetzt fertigmachen, das wußten wir alle. »Angenommen, wir würden für diese Klasse ein paar Pizzas bestellen. Eine Pizza hat zweiundzwanzig ganz schmale Stücke, also sollte es ausreichen, daß jeder ein klein wenig bekommt. Aber wenn die Pizzas kommen, nehme ich mir fünfzehn von den Stücken selbst und überlasse euch den Rest – ihr könnt euch ja dann darum streiten. Ist das fair?«

»Die Frage ist unfair, Sir. So, wie Sie es sagen, ist es selbstverständlich nicht fair.«

»Nun, was denken Sie dann, was wir tun sollten?«

»Alles, was wir können, denke ich.«

»Also schön. Wir wollen mal sehen. Sind Sie bereit, alle Ihre Kleider herzugeben mit Ausnahme von denen, die Sie jetzt am Leibe tragen? Sind Sie bereit, sich mit einer Mahlzeit pro Tag zufrieden zu geben? Mit Reis und Bohnen? Sind Sie bereit, Ihr Automobil aufzugeben? Und den Gebrauch von Elektrizität? Die Art von Opfer wäre nämlich notwendig; jeder einzelne Amerikaner würde all das aufgeben müssen, ehe wir auch nur beginnen könnten, unsere Schuld an andere Nationen zurückzuzahlen. Wären Sie damit einverstanden?«

In der Klasse herrschte Schweigen. Niemand wollte der erste sein und es zugeben.

»Nur zu«, ermunterte uns Whitlaw. »Sie werden feststellen, daß ich auch nicht bereit bin zu hungern.«

»Okay, wir sind also selbstsüchtig. Worauf wollen Sie hinaus?«

»Genau darauf. So wirken wir nämlich auf den Rest der Welt. Wie Schweine. Reich und fett und selbstsüchtig. Sehen wir uns doch auch einmal kurz die Analogie mit der Pizza an. Da sitze ich hier mit meinen fünfzehn Stücken. Werden Sie mir das durchgehen lassen?«

»Natürlich nicht.«

»Dann meinen Sie also, Sie wären berechtigt, mir Einschränkungen aufzuzwingen?«

»Natürlich.«

»Also schön, dann begreifen Sie ja jetzt teilweise, worum es bei den Moskauer Verträgen ging. Ja, es war Krieg – und die Moskauer Verträge richteten sich auf seine Ursachen. Ein sehr großer Teil davon war die Erkenntnis, daß die Vereinigten Staaten sehr selbstsüchtig mit den Ressourcen der Welt umgegangen waren.«

»Augenblick!« sagte Paul Jastrow. »Das ist doch nur in den Augen der anderen Nationen so. Es gibt doch auch noch eine andere Seite, oder nicht?«

»Ich weiß nicht«, sagte Whitlaw unschuldig, und seine blauen Augen blitzten. »Gibt es die? Das müssen Sie mir sagen.«

Paul Jastrow setzte sich mit gerunzelter Stirne. Darüber mußte er nachdenken.

Joey Hubre hob die Hand. »Sir, ich habe irgendwo gelesen, daß die Vereinigten Staaten während ihrer Geschichte immer mit den Problemen des Erfolgs und nicht des Mißerfolgs zu tun hatten.«

»Und?«

»Nun ... ich meine, äh, ich hoffe, daß ich das richtig hinkriege. In dem Artikel stand, das Maß des Erfolgs sei proportional zu der Energiemenge, die investiert wird, und alle technologischen Fortschritte, die in diesem Land erzielt wurden, seien nur wegen der riesigen Mengen an Ressourcen möglich gewesen, die auf die Probleme angesetzt werden konnten.«

»Und?«

»Nun, der Artikel lief darauf hinaus, daß dies unseren gewaltigen Appetit auf Energie rechtfertigt. Man muß Treibstoff in die Maschine geben, wenn man sie in Fahrt bringen will. Die anderen Nationen der Welt haben aus unseren Fortschritten Nutzen gezogen. Sie können die Früchte dieser Technologie kaufen, ohne all die Forschungsinvestitionen aufbringen zu müssen. Äh, in dem Artikel wurden Energiesatelliten als Beispiel aufgezeigt. Eine arme Nation – ein Binnenland – braucht nicht ein ganzes Weltraumprogramm entwickeln, um eine Energiestation im Weltraum zu haben. Sie können für nur zwei Millionen Caseys einen von uns kaufen. Die Vereinigten Staaten waren es, die Milliarden von Caseys für die Entwicklung einer industriellen Weltraumtechnik investiert haben, aber alle ziehen Nutzen daraus.«

»Ich verstehe – und das rechtfertigt es?«

»Wäre es besser für uns gewesen, dieses Geld für Lebensmittel für Arme auszugeben? Wir würden heute immer noch eine Menge arme Leute haben, aber wir hätten keine Energiestationen im Weltraum. Und am Ende werden es jene Energiestationen vielleicht auch den armen Nationen ermöglichen, alle ihre Leute zu ernähren.«

Whitlaws Gesicht blieb ausdruckslos. »Wenn Sie einer von diesen armen Leuten wären, Joey, was würden Sie denn dabei empfinden? Nein, ich will mich noch drastischer ausdrükken. Wenn sie ein armer Bauer wären und Ihre Frau und Ihre drei Kinder so unterernährt wären, daß Sie alle fünf weniger als hundert Kilo wiegen würden, was würden Sie sich dann dabei denken?«

»Hm …« Auch Joey setzte sich.

Worauf wollte Whitlaw hinaus? Eine Menge Leute begannen, ärgerlich zu werden. War es unrecht, daß wir das genossen, was wir hatten?

Paul Jastrow sprach für uns alle. Er saß eingesunken in seinem Stuhl und hatte die Arme zornig vor der Brust verschränkt. »Es ist unser Geld«, sagte er. »Haben wir denn nicht das Recht, auch zu entscheiden, wie wir es ausgeben wollen?«

»Das klingt gar nicht übel – nur was ist, wenn nicht alles Ihr Geld ist? Denken Sie daran; wir haben fast ein Jahrhundert lang beinahe die Hälfte der Ressourcen der Welt verbraucht. Was ist, wenn es auch *ihr* Geld ist?«

»Aber es war nicht ihr Geld – es waren ihre Ressourcen. Und sie hatten sie uns auf einem freien Markt *verkauft.*«

»Einem freien Markt, von dem jene behaupten, wir hätten ihn zu unserem Vorteil manipuliert.«

»Und sie haben nicht dagegenmanipuliert?«

»Ah, das habe ich nicht gesagt.« Whitlaw war sichtlich bemüht, Neutralität zu bewahren. Er hob die Hand. »Ich will nicht die ganze Argumentation wiederholen, das ist nicht unsere heutige Aufgabe. Aber Sie beginnen doch zu begreifen, welcher *Natur* diese Meinungsverschiedenheit ist? Sehen Sie, daß *beide* Standpunkte ihre Berechtigung haben?«

Zustimmendes Murmeln.

»Nun haben wir gesehen«, sagte Whitlaw, »wie eine Gruppe von Menschen eine Entscheidung treffen kann, die sie alle betrifft, und wie diese Entscheidung trotzdem unfair sein kann. Die meisten Nationen auf diesem Planeten glauben, daß die Moskauer Verträge fair waren. Teilen Sie diese Ansicht?«

Wir dachten nach. Einige von uns schüttelten den Kopf.

»Warum nicht?« Whitlaw deutete auf einen, der den Kopf geschüttelt hatte.

»Unsere Wirtschaft war beinahe vernichtet. Wir brauchten mehr als ein Jahrzehnt, um uns zu erholen.«

»Warum haben wir dann diesen Verträgen zugestimmt?«

»Weil die Alternative Krieg gewesen wäre.«

»Weil wir in der Minderzahl waren.«

»Wir hatten keine andere Wahl.«

»Schon gut, schon gut.« Wieder hob er die Hand. »Das alles ist sehr schön und gut – aber ich möchte, daß Sie jetzt etwas anderes in Betracht ziehen. Ist es nicht möglich, daß Sie mit einem Vorurteil behaftet sind, daß Ihre Betrachtung dieser Verträge vielleicht von subjektiven Gesichtspunkten geleitet wird?«

»Äh ...«

»Nun ...«

»Sicher, aber ...«

»Nein.« Das war Paul Jastrow. Alle drehten sich um und sahen ihn an. Er sagte: »Es ist unwesentlich, wie viele Leute sagen, daß es recht wäre, wenn es das in Wirklichkeit nicht ist. Wir haben in der letzten Stunde gelernt, daß alles, was eine Regierung tut, für irgend jemanden unfair sein wird, daß aber eine gute Regierung versucht, daß Maß der Unfairneß auf ein Minimum zu reduzieren.«

»Mhm ...« Whitlaw nickte. Sein Ausdruck war wieder der des Teufelsadvokaten. Seine Stimme klang freundlich-neutral. »Aber ist es nicht genau das, was die Moskauer Verträge bewirken wollen? Eine gleichmäßigere, gerechtere Verteilung der Ressourcen der Welt?«

»Ja, aber das ist falsch gemacht worden; die Verträge waren räuberisch. Und Sie haben uns gerade demonstriert, daß man auf diese Weise nicht altes Unrecht beseitigen kann, ohne neues Unrecht zu schaffen.«

Whitlaw machte sich eine Notiz. »Sie haben recht.« Er setzte sich auf die Tischkante und tat etwas sehr Ungewöhnliches – für Whitlaw. Er *senkte* die Stimme und sagte: »Ein großer Teil dieses Kurses befaßt sich mit den Moskauer Verträgen, damit Sie begreifen, weshalb sie notwendig waren. Und ich glaube, Sie begreifen jetzt, warum viele Amerikaner nicht mit ihnen einverstanden waren, weil nämlich das Gefühl entstand, daß man uns unfair dafür bestrafte, daß wir erfolgreich waren. Und für die anderen Nationen war es ohne Belang, daß all unsere Studien und Datenmodelle und Simulationen zeigten, daß der größte Teil ihrer verhungernden

Bevölkerung nicht mehr zu retten war – sie waren immer noch der Ansicht, daß sie ihnen zumindest den Versuch einer Rettung schuldig waren.«

»Aber doch nicht mit *unseren* Ressourcen!«

»Seien Sie noch einen Augenblick still, Paul«, sagte Whitlaw ganz uncharakteristisch höflich. »Lassen Sie mich das zu Ende bringen. Unsere Empfindungen spielten keine Rolle. Man hat uns überstimmt. Die anderen Nationen dieser Welt hatten sich vorgenommen, unsere Kooperation zu erzwingen, ob wir nun wollten oder nicht – weil sie es mit oder ohne Datensimulationen *versuchen mußten,* ihre verhungernde Bevölkerung zu retten. Und, ja, so wie es geschehen ist, war es unfair – und das ist ein entscheidender Teil von dem, was ich Ihnen klarmachen möchte –, aber das war die beste Lösung, zu der sie fähig waren. Und natürlich hatte das Ganze Strafcharakter.«

Er machte eine Pause, um Atem zu holen. Er sah ein wenig grau aus. Janice MacNeil sagte: »Wie kommt es, daß man es uns nie so erklärt hat? Ich meine, in den Nachrichten hieß es immer nur, es sei ein edles Opfer unsererseits, um dem Rest der Welt zu helfen. Ich habe bisher noch nie gehört, daß sie uns dabei das Messer auf die Brust gesetzt haben.«

»Nun, was würden Sie denn lieber glauben? Daß Sie etwas tun, weil Sie wohltätig sind, oder weil man Sie dazu zwingt? Wenn Sie Präsident wären, was könnte man denn den Wählern leichter verkaufen?«

»Oh«, sagte sie. »Aber hat denn niemand etwas bemerkt?«

»Sicher, eine ganze Menge Leute haben das. Und sie haben es auch gesagt, mit sehr lauter Stimme sogar – aber niemand wollte ihnen glauben. Bedenken Sie immer: Die meisten Leute waren so erleichtert, daß der Atomkrieg abgewendet worden war, daß sie zu glauben bereit waren, dies wäre auf den Edelmut beider Seiten zurückzuführen. Sie waren darauf *erpicht,* es zu glauben, viel eher als daß einer jemand anderen unter dem Tisch erpreßt hatte. Leute, die sich beklagten, wurden als Extremisten bezeichnet, und auf Extremisten braucht man ja schließlich nicht zu hören. Es ist viel leichter als Sie glauben, eine Wahrheit, die Sie nicht hören wollen, abzuwerten. Und bedenken Sie auch *dies: Jede* unpopuläre

Idee wird extrem wirken. Man will sich also in der Art und Weise, wie man sie präsentiert, sehr verantwortlich geben. Es ist fast immer gefährlich, recht zu haben – und *ganz sicher* ist es gefährlich, *zu früh* recht zu haben.«

»Nun – äh, weiß es die Regierung jetzt? Ich meine, was haben wir denn unternommen? Oder was *werden* wir unternehmen?«

Whitlaw sagte: »Dieser Entscheidungsprozeß läuft jetzt seit fast zwanzig Jahren. Wir tun es jeden Tag. Wir überleben. Wir leben weiter – und wir leisten unseren Beitrag.

Sehen Sie, das ist es, was so schwer zu akzeptieren ist. Im Rückblick – jetzt, da wir zwanzig Jahre älter und klüger sind – können wir sehen, daß das, was geschehen ist, vielleicht unter den vorliegenden Umständen das Beste war. Wenn Sie es vom nationalistischen Standpunkt aus betrachten wollen, dann waren diese Verträge nur etwas Temporäres, weil sie uns nicht für dauernd zum Krüppel gemacht haben. Und außerdem haben sie es uns möglich gemacht, mit dem Rest der Welt in einer Atmosphäre verringerter Feindseligkeit zusammenzuleben und zu verhandeln, weil sie endlich der Meinung waren, sie hätten jetzt einen Ausgleich herbeigeführt. Sie müssen jetzt wissen, *wie* wir unsere Reparationen bezahlt haben. Wir schickten nur Lebensmittel und landwirtschaftliche Maschinen; anstelle von Geld gaben wir ihnen Energiesatelliten und Empfängerstationen. Auf diese Weise waren alle daran interessiert, unser Weltraumprogramm in Gang zu halten. Wir schickten ihnen Lehrer und Techniker. Wir exportierten uns selbst.«

Und plötzlich, drei Jahre später, und tausend Meilen entfernt, fiel bei mir der Groschen. Whitlaw hatte das nie ausgesprochen, aber es doch ziemlich klargemacht, daß wir jenen Krieg verloren hatten. Und daß wir auch wußten, daß wir ihn verloren hatten. Und es schien so, als hätten wir aktiv an unserer eigenen Bestrafung mitgewirkt. Aber hatten wir das?

Es gab eine Menge Regierungsprogramme, die erst im Rückblick einen Sinn abgaben – die Teamwork Army, zum Beispiel. Sie galt nur als eine Friedenslösung für massive Arbeitslosigkeit – aber die Führung war genauso wie die der regulären Armee, nur daß sie nicht mit Gewehren exerzierten.

Aber wie lange dauert es dann, den Umgang mit einem Gewehr zu erlernen? Sechs Wochen?

Und das Weltraumprogramm: Solange wir Linearbeschleuniger auf dem Mond hatten, gab es keine Stadt auf der Erde, die vor uns sicher war. Wir brauchten keine Atombomben – wir konnten Asteroiden werfen.

Und all diese Sendungen, diese Lebensmittel und diese landwirtschaftlichen Maschinen – das half unserer Wirtschaft mehr als der ihren, weil wir auf diese Weise unsere Fabriken mit neuen Generationen von Werkzeugmaschinen ausrüsten konnten.

Und all die Energiesatelliten – jede Nation, die einen annahm, würde bezüglich seines Unterhalts von uns abhängig sein.

Und daß wir mehr als eine halbe Million Lehrer an die unterprivilegierten Nationen exportierten – die nächste Generation von Führern der Welt würde nach amerikanischen Wertbegriffen ausgebildet sein.

Auf eine verrückte Art und Weise gab das alles Sinn. Ich konnte mir fast ausmalen, wie der Präsident sagte: »Und wenn wir nur so *täten*, als verlieren wir?«

Ich dachte an eine Stahlkassette mit doppeltem Boden und eine Zimmerflucht im dreizehnten Stockwerk. Man kann nichts auf ewig verstecken – nur die Aufmerksamkeit der Suchenden kann man fehlleiten.

Der Rest der Welt würde nach Beweisen einer Wiederaufrüstung Ausschau halten – und wir tarnten das als wirtschaftlichen Wiederaufbau und Reparationen und Zivillösungen für die Arbeitslosigkeit! Und das Beste daran war, daß diese Dinger immer genau das waren, was sie zu sein *schienen*.

Und noch etwas.

Selbst Whitlaws Kurs war echt gewesen, nicht nur eine Fassade.

Ich hatte mich immer gefragt, weshalb es eine Bundeserziehungsbehörde gab. Jetzt gab das Ganze plötzlich Sinn. Unter dem Vorwand, uns Geschichte zu lehren – wie wir einen Krieg verloren hatten – lehrte uns Whitlaw, wie wir den nächsten gewinnen konnten, ohne zu kämpfen. Er hatte uns beigebracht, besser zu denken als unsere Feinde, weil das leichter war, als besser zu kämpfen.

Mir war, als wäre in mir eine Granate detoniert. Eine Granate, die Whitlaw mir vor drei Jahren mit Gewalt die Kehle hinuntergeschoben hatte, die so lange zur Explosion gebraucht hatte.

Ich hatte vorher nie über die Special Forces nachgedacht. Sie waren einfach nur eine militärische Einheit, eine, die ganz speziell für Kriseneinsätze ausgebildet worden war. Wahrscheinlich hatte ich dabei an Naturkatastrophen und Aufruhr gedacht. Daß es eine zweite Art von Special Forces gab, die an der einen Stelle versteckt war, wo niemand nachsehen würde, daran hatte ich nie gedacht. Innerhalb der regulären Special Forces.

Jetzt war mir das plötzlich klar, und mein Herz machte einen Satz. Wozu dienten die Special Forces *wirklich?* Was war das für eine Einheit, der ich angehört hatte?

SIEBENUNDZWANZIG

Sie waren zu viert. Colonel Wallachstein, Lizard, eine winzige, freundlich aussehende japanische Dame mit ergrautem Haar und ein dunkler Bursche in einem schwarzen Anzug. Sie setzten sich mir gegenüber rings um den kleinen Tisch.

Wallachstein sagte: »Keine Namen, McCarthy. Damit etwas von vorneherein klar ist. Dieses Gespräch hat nie stattgefunden. Und diese Leute existieren nicht. Ich ebenfalls nicht. Ist das klar?«

»Äh, ja, Sir.«

»Gut. Das hoffe ich. Das fällt nämlich unter die Zuständigkeit der Nationalen Sicherheitsakte. Wenn es zu weiteren Verletzungen Ihrerseits kommt, verschwinden Sie wahrscheinlich. Für immer.«

»Ja, Sir.«

»Und jetzt gibt es da noch einige Dinge, die ich zu sagen

habe, ehe wir beginnen. Das erfordert das Gesetz.« Er blickte auf ein Blatt Papier, das vor ihm lag, und las. »›Eine faire Verhandlung setzt voraus, daß der Beschuldigte ein verantwortliches menschliches Wesen ist, das fähig ist, den Unterschied zwischen Recht und Unrecht zu erkennen, und daher imstande ist, seine Handlungen und deren Konsequenzen auf dieser Basis einzuschätzen. Demzufolge hängt das Ergebnis dieser Anhörung von Ihrer Fähigkeit ab, sich mit den Ihnen zur Verfügung stehenden Informationen auseinanderzusetzen.‹« Er blickte zu mir auf. »Verstehen Sie das?«

Ich nickte. Meine Kehle war völlig ausgetrocknet. Stand ich vor Gericht? Und wofür?

Wallachstein runzelte die Stirn. »Ist etwas?«

»Sir«, brachte ich schließlich mit krächzender Stimme hervor, »was für eine Art von Anhörung ist das? Ich meine, mit welchem Recht ...«

Er hob die Hand. »Lassen Sie mich das zuerst zu Ende bringen.« Er fuhr fort vorzulesen: »›Unter derartigen Umständen können wir *Schuld* oder *Unschuld* nicht als absoluten moralischen Wert beurteilen – noch sollten wir dies versuchen. Statt dessen entscheiden wir über die Fähigkeit eines Organismus, rational mit seiner Umgebung in Beziehung zu treten. Ziel dieses Tribunals ist es nicht, Strafe, Rache oder auch nur Rehabilitation zu suchen; vielmehr soll festgestellt werden, welchen *Wert* der Beitrag dieses Individuums für seine gesellschaftliche Umgebung in Relation zu seiner weiteren Existenz in jener Umgebung hat.‹« Er schob das Blatt Papier von sich und sah mich an. »Verstehen Sie das?«

Ich nickte.

»Gut. Und jetzt noch etwas. Was ich Ihnen gerade vorgelesen habe, entspricht dem überarbeiteten Gesetzeskodex von 2001. Sollte es bei dieser Anhörung zu Konflikten zwischen dem überarbeiteten Gesetzeskodex und den Normen der Nationalen Sicherheitsakte kommen, so sollen letztere Vorrang haben. Verstehen Sie das?«

»Äh, ich glaube schon. Aber ...?«

»Ja?«

»Darf ich Fragen stellen?«

»Sie haben das Recht, sich von den Vollmachten dieses

Tribunals und seiner Zuständigkeit für Sie zu überzeugen. Ihre Frage?«

»Ich habe einige Fragen«, begann ich.

»Lassen Sie hören.«

»Was geht hier vor? Wer sind Sie? Worin bestehen Ihre Vollmachten. Und was werfen Sie mir vor?«

Wallachstein wechselte mit der Japanerin Blicke. Sie lächelte süßlich und sprach mit ausgeprägtem Akzent, aber dabei klangen ihre Konsonanten undeutlich, und ich mußte mich konzentrieren, um sicher zu sein, daß ich jedes Wort verstand.

»Als Angehöriger der Spezial Forces unterstehen Sie dem direkten Kommando des Nationalen Sicherheitsbüros bzw. dessen militärischer Abteilung und unterliegen damit der mehrschichtigen Rechtssprechung des Nationalen Sicherheitscodex' der Militärstreitkräfte der Vereinigten Staaten und dem Zivilrecht der Vereinigten Staaten, und zwar in dieser Reihenfolge. Zweck dieser Anhörung ist es, die Umstände klarzulegen, die zu einem Bruch der Sicherheitsvorschriften führten, zu dem es heute morgen vor etwa zweitausend Zeugen kam, darunter auch Individuen, die als Agenten feindlicher ausländischer Regierungen bekannt sind. Die Mitglieder dieses Tribunals sind berechtigt, für das Nationale Sicherheitsbüro tätig zu sein. Aus Gründen der Nationalen Sicherheit werden die Angehörigen dieses Gerichtshofes nicht weiter identifiziert werden. Verstehen Sie das?«

»Ja, Ma'am.«

Sie lächelte wieder ihr süßliches Lächeln.

»Hm«, sagte ich, »ich habe noch einige weitere Fragen.«

Sie warteten.

»Zunächst möchte ich wissen, seit wann die Special Forces als Tarnung für eine militärische Geheimoperation tätig waren. Ich möchte wissen, welcher Art diese Operation ist und was Sie mir sonst darüber sagen können. Nach meiner Kenntnis habe ich als Angehöriger der Special Forces Anspruch auf vollständige Information.«

Wallachstein wechselte mit dem dunkelhäutigen Burschen einen Blick. Dann sah er mich an und sagte: »Wer hat Ihnen das gesagt?«

»Niemand. Ich habe mir das selbst zusammengereimt. Schwierig war es nicht.«

Darauf antwortete Wallachstein: »Es gibt innerhalb der Special Forces keine geheime Militäroperation. Zumindest nicht auf dem Papier. Der innere Kern der Organisation freilich hat sich schon seit mehr als hundert Jahren bereitgehalten, notwendige, aber häßliche Sicherheitsoperationen durchzuführen. Die gegenwärtige Operation hat fast ausschließlich die Zielsetzung, die chtorranische Heimsuchung unter Kontrolle zu bekommen. Es handelt sich um eine Geheimoperation, weil wir Waffen einsetzen, die nach internationalen Verträgen geächtet sind – wie Ihnen ja wohl bekannt ist. Was wollen Sie sonst noch wissen?«

»Ich möchte wissen, wer die Chtorraner sind. Kommen sie wirklich von einer anderen Welt oder handelt es sich um eine hier entwickelte biologische Waffe?«

Darauf antwortete die japanische Dame: »Dr. Zhymphs Bericht, den Sie gehört haben, ist die beste Zusammenfassung unserer bisherigen Kenntnisse.«

»Woher weiß ich, daß Sie die Wahrheit sprechen?«

»Das wissen Sie nicht.« Und dann fügte sie hinzu: »Ich will Ihnen aber sagen, daß Dr. Zhymph zu stolz ist, um für irgend jemand zu lügen, falls Ihnen das hilft.«

»Das mag sein, aber die Chtorraner sind zu gut auf diese Ökologie angepaßt. Und die Vereinigten Staaten ziehen zu großen Nutzen aus der Situation.«

»Ja«, sagte sie. »Das verstehe ich.« Sonst sagte sie nichts. Sie sah mich nur blinzelnd an.

»Werden Sie mir keine Antwort geben?«

Sie schüttelte den Kopf. »Unglücklicherweise gibt es keine befriedigenden Antworten – zumindest keine, die Sie im Augenblick befriedigen würden.«

»Nun, dann geben Sie mir eben unbefriedigende Antworten.«

Darauf sagte sie: »Ich kann Ihnen nichts über die Chtorraner sagen, was Sie nicht bereits wissen. Ja, sie sind schrecklich gut an unsere Ökologie angepaßt, das haben wir ebenfalls bemerkt. Eines Tages hoffen wir, den Grund dafür herauszufinden. Ich will Ihnen etwas sagen: Wenn irgendeine

Nation auf diesem Planeten die Fähigkeit besäße – unter striktester Geheimhaltung –, einige hundert neue Spezies solch virulenter Lebensformen zu schaffen, die nach dem gegenwärtigen Stand der Gentechnologie völlig fremd sind, dann würden das die Vereinigten Staaten sein. Und daß wir es nicht getan haben, wissen wir. Was wir hier vor uns sehen, übersteigt unsere Möglichkeiten. Und wir wissen, daß auch sonst niemand diese Fähigkeit besitzt.

Was nun den zweiten Teil Ihrer Besorgnis angeht: Ja, die Vereinigten Staaten ziehen Nutzen aus der Situation – aber wir haben die Situation nicht herbeigeführt, noch hätten wir das getan, wenn wir dazu imstande gewesen wären. Aber sie existiert nun einmal, und wir werden sie ausnutzen. Wir würden jede Situation nutzen, die sich uns bietet. Wir tragen gegenüber der verbleibenden Bevölkerung dieser Nation die Verantwortung, die Angelegenheiten des Staates auf eine Weise zu führen, die den Interessen der Bevölkerung im höchsten Maße nützt. Wenn wir das nicht täten, hätte die Bevölkerung das Recht, uns durch Individuen zu ersetzen, die das tun.«

»Ich kann nicht benaupten, daß mir das sehr gefällt«, sagte ich.

Sie nickte. »Ich sagte Ihnen ja, daß die Antworten nicht befriedigend wären. Ich fürchte, Sie werden Ihren diesbezüglichen Konflikt mit sich selbst lösen müssen.«

Sie sah Wallachstein an. Und der mich: »Ist das alles? Oder wollen Sie noch etwas wissen?«

»Nur noch eines, Sir. Wie bin *ich* denn zu den Special Forces gekommen?«

Zum erstenmal lächelte er – es war ein grimmiges Lächeln, aber immerhin ein Lächeln; seine Mundwinkel zuckten. »Irrtümlich. Die ... äh ... Seuchen haben einige unserer wichtigsten Kommunikationswege zerstört. Wir haben ein paar unserer wichtigsten Leute verloren. Die Individuen, die an ihre Stelle traten, wußten nichts vom Sonderstatus der Special Forces. Es ist uns sehr gut gelungen, uns selbst als unsere eigene Tarnorganisation aufzubauen. Aber selbst wir konnten uns den Auswirkungen der Seuchen nicht ganz entziehen und wir haben eine Weile gebraucht, die nötigen Kontrollorgane wieder aufzubauen. Unglücklicherweise wurden in dieser Zeit einige Individuen – Sie zum Beispiel – Einheiten der Special Forces zugeteilt. Größtenteils waren wir imstande, jene Individuen ausfindig zu machen und zu isolieren, die nicht fähig waren, unseren besonderen ... Kriterien zu entsprechen. Sie haben sich unglücklicherweise als ein etwas schwieriger Fall erwiesen. Hätten Sie unmittelbar nach Ihrer Ankunft versucht, mich zu kontaktieren, dann hätte ich vielleicht die Szene verhindern können, die sich heute morgen im Konferenzsaal abgespielt hat.« Er räusperte sich und erlaubte sich dann ein weiteres grimmiges Lächeln. »Andererseits muß man fairerweise sagen, daß es eine Anzahl Leute gibt, die genau wie Sie empfinden, die gerne dasselbe getan hätten wie Sie – nur daß sie die Gründe kannten, weshalb sie das nicht tun durften.«

»Oh.«

Wallachstein und die japanische Dame flüsterten ein paar Augenblicke miteinander, während Lizard und der dunkelhäutige Bursche zuhörten. Der Dunkelhäutige schüttelte einmal den Kopf, aber Lizard schüttelte den ihren noch heftiger, und dann fing ich den Satz auf: »Wir können es uns nicht leisten, Personal zu vergeuden«, und dann verstummten sie, als sie bemerkten, daß sie im Begriff waren, zu laut zu werden.

Dann sagte Wallachstein: »Ich glaube, ich muß Major Tirellis Ansicht beipflichten.« Er wandte sich mir zu. »McCarthy, ich will ehrlich zu Ihnen sein. Mir ist völlig egal, was heute morgen passiert ist. Ich bin nicht so sicher, daß Sie uns ernsthaften Schaden zugefügt haben. Vielleicht haben Sie sogar etwas Gutes getan, indem Sie etwas von Dr. Zhymphs Darstellung abgelenkt haben. Wir haben mit einer sehr erregten Diskussion gerechnet, weil im Zuhörerraum Leute waren, die einzig und allein zu dem Zweck gekommen sind, um die Vereinigten Staaten zu brüskieren. Das haben wir von vornherein gewußt. Sie scheinen denen die Show gestohlen und einen ihrer wichtigsten Sprecher in Mißkredit gebracht zu haben.«

»*Ich ihn* in Mißkredit gebracht?«

»Sie sind auf das Thema eingegangen. Er nicht. Und was wichtiger ist: Sie haben ihn daran gehindert, seine Präsentation zu machen. Er wollte das chtorranische Problem zugunsten eines globalen Wiederaufbauplans abwiegeln. Es wäre ein sehr attraktiver Plan gewesen, weil am Ende die Vereinigten Staaten den größten Teil der Rechnung bezahlt hätten. Im wesentlichen wäre es darauf hinausgelaufen, daß wir jede Maschine, jedes Fahrzeug, jeden Computer, jedes Flugzeug, jedes Fernsehgerät, jeden Toaster in ganz Amerika, auf den niemand speziellen Anspruch erhebt, aus dem Lande geschickt hätten. Und wenn wir es nicht schnell genug fertig gebracht hätten, dann hätten sie freiwillige Truppen geschickt, um uns dabei zu helfen. Um ehrlich zu sein, McCarthy, ich hätte kein besseres Ablenkungsmanöver auf die Beine stellen können, auch wenn ich das gewollt hätte. Und glauben Sie mir, das wollte ich. Ich habe es nicht getan, weil ich dachte, es könnte zu auffällig sein. Und genau das ist hier das Problem. Sie haben auf sich als Angehörigen der Special Forces aufmerksam gemacht und haben damit, obwohl Sie nicht wußten, was Sie taten, der Inspektionsbehörde der Vereinten Nationen zusätzlichen Anlaß geliefert, die Special Forces als eine Geheimorganisation zu beargwöhnen. Unsere Feinde behaupten bereits, die Ereignisse des heutigen Vormittags seien das Ergebnis sorgfältiger Planung mit dem Ziel, ihre Position in Mißkredit zu bringen. Damit haben sie gleichzeitig recht und unrecht. Wenn wir geglaubt hätten, wir könnten mit so etwas, wie Sie es getan haben, durchkommen, hätten wir es getan – aber das glaubten wir nicht. Sie haben bewiesen, daß unsere Einschätzung der Lage korrekt war. In Ihrer Unwissenheit haben Sie das Richtige getan – und deshalb war es falsch – eben weil es so richtig war. Begreifen Sie?«

»Äh, irgendwie schon, aber eigentlich nicht.«

Wallachstein sah mich finster an. »Ich weiß nicht, was ich mit Ihnen anfangen soll, McCarthy. Ich kann Ihnen keinen Orden verleihen und ich habe nicht die Zeit, Sie zu hängen. Haben Sie irgendwelche Vorschläge?«

Ich dachte darüber nach. Sie warteten geduldig. Als ich schließlich sprach, hatte ich meine Worte sorgfältig gewählt: »Ich interessiere mich für Chtorraner, Sir. Agentenspiele interessieren mich nicht. Oben in den Bergen wußten wir, wer der Feind war. Er war groß und rot und schrie jedesmal, ehe er sprang. Und es gab niemanden, der uns sagen konnte, ob wir uns wehren sollten oder nicht. Wir taten einfach das, was getan werden mußte.«

»Und darum beneide ich Sie«, sagte Wallachstein. »Es hat viele Gelegenheiten gegeben, wo ich es mir gewünscht hätte, einfach Flammenwerfer einsetzen zu können, um einige meiner Probleme zu lösen.« Er schlug ein Notizbuch auf, das vor ihm lag, und kritzelte etwas hinein. Dann riß er das Blatt heraus und schob es mir hin. »Hier, ich möchte, daß Sie heute nachmittag dort hingehen.«

Ich nahm das Papier und warf einen Blick darauf. »Ein Doktor?«

»Ein Psychiater.«

»Ich verstehe nicht.«

»Haben Sie je den Ausdruck ›Überlebenssyndrom‹ gehört?«

Ich schüttelte den Kopf.

Und er sagte ruhig: »Wenn man drei Viertel der menschlichen Rasse auslöscht, bleiben nur noch Waisen übrig. Es gibt auf diesem ganzen Planeten kein einziges menschliches Wesen, das nicht in irgendeiner Weise betroffen ist. Dieses Massensterben hat uns alle berührt. Ich bin sicher, daß Sie einige der Reaktionen gesehen haben, die Scharen von Verwundeten, die Irren, die Zombies, die Selbstmörder und die, die verzweifelt nach Stabilität verlangen, da sie zu Drohnen geworden sind. Und diese Aufzählung könnte man ewig fortsetzen. Ich weiß nun nicht, ob Sie vielleicht auch die Kehrseite der Medaille gesehen haben. Wie jede echte Feuerprobe hat die Seuche die Schwachen vernichtet und die Starken gehärtet. Es gibt eine Menge Leute, die erst jetzt zum Leben erwachen, weil sie etwas haben, das sich zu tun lohnt. Ehe Sie ein *wirkliches* Mitglied der Special Forces werden können, müssen wir wissen, welche Art von Überlebendem Sie sind.«

»Ich weiß nicht«, platzte es aus mir heraus. »Darüber habe ich nie nachgedacht. Ich meine, ich bin einfach aufgestanden und losgezogen. Das kam mir nur logisch vor.«

Wallachstein hob die Hand. »Sagen Sie das nicht mir. Sagen Sie es dem Doktor. Wir vertagen diese Anhörung bis ...« Er sah auf die Uhr und runzelte die Stirn. »... bis auf weiteres. Nehmen Sie sich einen Scooter von der Fahrbereitschaft, McCarthy. Major Tirelli sagt Ihnen, wo Sie hingehen müssen. Sprechen Sie sonst mit niemandem. Fahren Sie umittelbar zum Stützpunkt zurück und schnappen Sie sich Dr. Davidson. Besorgen Sie sich in der Stützpunktkantine etwas zu essen. Umziehen sollten Sie sich am besten auch. Und dann kommen Sie sofort wieder hierher zurück.«

»Äh, Sir?«

Er blickte auf. »Hm?«

»Ich dachte, ich stünde ... unter Arrest. Ich meine, was hindert mich daran, auf den Scooter zu steigen und einfach Richtung Westen abzuhauen?«

»Nichts«, sagte er. »Tatsächlich würde das wahrscheinlich eine ganze Menge Probleme lösen. Die meisten Leute wissen das nicht, aber heutzutage gibt es nicht viel Verkehr, der über die Rockies hinausgeht. Es ist dort etwas, das die Wagen aufhält und sie aufreißt wie Sardinenbüchsen. Außerdem ...«, er sah mir gerade in die Augen, und sein Ausdruck wirkte angespannt, »... Sie sind nicht der Typ zum Abhauen. Sie werden zurückkommen. Bis dahin haben wir Dr. Davidsons Bericht und wissen, was wir mit Ihnen anfangen müssen. Major Tirelli, würden Sie McCarthy zur Fahrbereitschaft bringen? Wir haben hier noch einiges zu besprechen.«

ACHTUNDZWANZIG

Der Raum war leer.

Ein Teppich. Ein Stuhl. Ein Tisch mit einem Krug Wasser und einem Glas darauf. Sonst nichts. Keine Türen außer der hinter mir.

»Bitte setzen Sie sich«, sagte eine körperlose Frauenstimme. Ich sah mich um, konnte aber das Lautsprechersystem nicht entdecken. Ich setzte mich. Der Stuhl ächzte, war aber bequem. Es war ein Drehstuhl mit Kippvorrichtung, mit dunkelbraunem Leder gepolstert. Er fühlte sich beruhigend an.

»Ihr Name bitte?«

»McCarthy, James Edward.«

»Ah ja. Wir haben Sie erwartet. Dr. Davidson wird sich Ihrer gleich annehmen. Während Sie warten, spiele ich Ihnen einen kurzen Film vor.«

»Äh ...« Aber der Raum verdunkelte sich bereits. Die Wand vor mir begann zu leuchten, und dann begannen Bilder in der Luft Gestalt anzunehmen. Ich verstummte sofort, beschloß, mich zu entspannen und das Ganze zu genießen.

Der Film war ... eine Montage. Das, was man ein Tongedicht nennt. Musik und Bilder, die sich ineinander schlangen, einige sexuell, einige gewalttätig, einige komisch, einige glücklich – zwei nackte Kinder, die in einem Gebirgsbach planschten, lösten sich in eine winzige, juwelenbesetzte Spinne auf, die vor einem blausamtenen Hintergrund ein diamantenes Gespinst webte – aus dem ein Adler wurde, der hoch über einer verlassenen Landschaft dahinzog, als suchte er Zuflucht. Und dann wurde der Adler zu einem silbernen Segelschiff, das mühelos unter einer smaragd glänzenden Erde im Weltraum hinzog; dann wirbelten ein paar männliche Tänzer, nur mit Shorts bekleidet, umeinander, mit Körpern, die von Schweiß glänzten – und lösten sich in eine Tigerkatze auf, die über die Steppe raste und ein Zebra schlug, in einer Wolke beißenden Staubs –

So ging das zehn oder fünfzehn Minuten, ein Durcheinander von Bildern, eines nach dem anderen, schneller als ich sie aufnehmen konnte. Ein paarmal empfand ich Angst; warum, wußte ich nicht. Einmal war ich zornig. Ich mochte den Film nicht. Ich fragte mich, warum sie ihn mir zeigten. Das war langweilig. Und gerade, als ich anfing, wieder Interesse an ihm zu nehmen, endete er.

Als es wieder hell wurde, sagte eine ruhige Stimme: »Guten Tag.« Es war eine Männerstimme. Ruhig. Sehr reif. Großväterlich.

Ich räusperte mich. Noch einmal, dann hatte ich meine Stimme wiedergefunden. »Wo sind Sie?« fragte ich.

»Atlanta.«

»Wer sind Sie?«

»Sie können mich Dr. Davidson nennen, wenn Sie wollen. Das ist nicht mein wirklicher Name, aber es ist der Name, den ich für diese Sitzungen gebrauche.«

»Warum?«

Er ignorierte die Frage. »Wenn Sie gerne rauchen möchten, dann tun Sie es«, sagte Davidson. »Mir macht es nichts aus.«

»Ich rauche nicht«, sagte ich.

»Ich meinte Hasch.«

Ich zuckte die Achseln. »Das tue ich auch nicht oft.«

»Warum nicht?« fragte er. »Sind Sie gefühlsmäßig dagegen?«

»Nein, ich mag es bloß nicht sehr.« Etwas erzeugte in mir ein Gefühl des Unbehagens. Ich sagte: »Können Sie mich sehen?«

»Ja, das kann ich.«

»Gibt es eine Möglichkeit, daß ich Sie sehen kann?«

»Wenn Sie meinen, ob es einen Bildschirm für Zwei-Weg-Video gibt, dann muß ich sagen, das ist leider nicht der Fall. Wenn Sie meinen, daß Sie mich gerne von Angesicht zu Angesicht sehen wollen, dann müssen Sie nach Atlanta kommen. Ich bin so etwas wie eine Invalide. Das ist einer der Gründe, weshalb wir keine Gegensichtanlage haben. Manchmal kann mein ... äh ... Zustand vom Gespräch ablenken.«

»Oh.« Ein Gefühl der Peinlichkeit kam in mir auf. Ich wußte nicht, was ich sagen sollte.

Dr. Davidson sagte: »Bitte, erzählen Sie mir von sich.«

»Was wollen Sie wissen?«

»Warum glauben Sie, daß Sie hier sind?«

»Man hat mir gesagt, daß ich herkommen soll.«

»Warum?«

»Die wollen wissen, ob ich zu verrückt bin, als daß man mir vertrauen kann.«

»Was denken Sie?«

»Ich weiß nicht. So wie ich es immer gehört habe, ist der

Verrückte derjenige, dessen Urteil man am wenigsten vertrauen kann.«

»Trotzdem, was denken Sie?« Dr. Davidsons Stimme war mild – und unglaublich geduldig. Ich begann, ihn zu mögen. Ein wenig.

Ich sagte: »Ich glaube, daß ich in Ordnung bin. Ich überlebe.«

»Ist das Ihr Maß für den Erfolg? Daß Sie überleben?«

Ich dachte darüber nach. »Ich denke nicht.«

»Sind Sie glücklich?«

»Ich weiß nicht. Ich weiß nicht mehr, wie man sich fühlt, wenn man glücklich ist. Früher wußte ich das einmal. Ich glaube, daß seit den Seuchen niemand mehr glücklich ist.«

»Sind Sie unglücklich? Fühlen Sie sich deprimiert?«

»Manchmal. Nicht sehr.«

»Verletzt? Verwirrt?«

»Ja. Ein wenig.«

»Zornig?«

Ich zögerte. »Nein.«

Einen Augenblick lang war Schweigen. Dann fragte Dr. Davidson: »Sind Sie *jemals* zornig?«

»Ja, doch. Sind das nicht alle Leute?«

»Das ist die normale Reaktion auf frustrierende Situationen«, gab Dr. Davidson zu. »Aber was macht *Sie* zornig?«

»Dummheit«, sagte ich. Alleine schon, wenn ich davon redete, spürte ich, wie meine Muskeln sich verkrampften.

Dr. Davidsons Stimme klang verwirrt. »Ich bin nicht sicher, daß ich das verstehe, Jim. Könnten Sie mir da Beispiele geben?«

»Ich weiß nicht. Wenn Leute einander belügen. Wenn sie nicht ehrlich sind ...«

»Und speziell?« drängte er.

»Äh – nun, so wie die Leute, die ich gestern bei dem Empfang gesehen habe. Und die Wissenschaftler heute morgen. Und selbst Colonel Wal ... – die Leute, die mich hierher geschickt haben. Alle reden auf mich ein. Aber bis jetzt will mir niemand zuhören.«

»Ich höre zu, Jim.«

»Sie sind Psychiater. Sie müssen zuhören. Das ist Ihr Job.«

»Haben Sie jemals darüber nachgedacht, was für eine Art Mensch Psychiater wird, Jim?«

»Nein.«

»Ich will es Ihnen sagen. Jemand, der sich genügend für andere Leute interessiert, um ihnen zuhören zu *wollen.*«

»Nun ... aber das ist nicht dasselbe. Ich möchte mit den Leuten reden, die meine Fragen bezüglich der Chtorraner beantworten können. Ich möchte ihnen sagen, was ich gesehen habe. Ich möchte sie fragen, was es bedeutet hat – aber mir scheint, daß *keiner* zuhören will. Oder, wenn sie mir zuhören, dann wollen sie mir nicht glauben. Und ich bin ganz *sicher*, daß da ein vierter Chtorraner aus dem Nest gekommen ist!«

»Das ist schwer zu beweisen, nicht wahr?«

»Ja«, brummte ich, »das ist es.«

»Warum setzen Sie sich denn nicht wieder?«

»Wie?« Erst jetzt bemerkte ich, daß ich stand. Mir war gar nicht aufgefallen, daß ich aufgestanden war. »Tut mir leid. Wenn ich zornig werde, dann laufe ich immer auf und ab.«

»Sie brauchen sich nicht zu entschuldigen. Wie kommen Sie denn sonst mit Ihrem Zorn zurecht?«

»Nun, es geht schon, denke ich.«

»Ich habe Sie nicht gefragt, wie gut Sie Ihrer Ansicht nach damit zurechtkommen. Ich habe Sie ganz speziell gefragt, was Sie *tun*, um damit klar zu kommen.«

Ich zuckte die Achseln. »Ich werde wild.«

»Sagen Sie es den Leuten, wenn Sie zornig werden?«

»Ja. Manchmal.«

Dr. Davidson wartete. Geduldig.

»Nun, meistens.«

»Wirklich?«

»Nein. Eigentlich fast nie. Ich meine, manchmal gehe ich hoch, aber meistens nicht. Ich meine ...«

»Was meinen Sie?«

»Nun – äh, ich mag es den Leuten eigentlich nicht gerne sagen, daß ich auf sie sauer bin.«

»Warum nicht?«

»Weil die Leute das nicht hören wollen. Die sind dann bloß ebenfalls sauer, weil man auf sie sauer ist. Wenn ich also auf jemanden sauer bin, dann – dann versuche ich mich dadurch nicht beeinträchtigen zu lassen, damit ich vernünftig mit den anderen umgehen kann.«

»Aha. Wäre es dann wohl fair, wenn man sagt, daß Sie Ihren Zorn unterdrücken?«

»Ja, ich denke schon.«

Diesmal dauerte die Pause länger. »Also tragen Sie immer noch eine ganze Menge mit sich herum, wie?«

»Ich weiß nicht.« Und dann blickte ich auf. »Was denken Sie?«

»Ich denke noch nicht«, sagte Dr. Davidson. »Ich suche noch nach einem Muster.«

»Oh«, sagte ich.

»Lassen Sie mich eine Frage stellen, Jim. Auf wen sind Sie zornig?«

»Ich weiß nicht. Leute reden mit mir, sagen mir, was ich tun soll – nein, sie sagen mir, wer ich bin, und ich weiß, daß das nicht stimmt. Sie reden mit mir, aber sie wollen nicht zuhören. Mein Vater – jedesmal wenn er sagte: ›Ich will mit dir reden‹, dann hat er in Wirklichkeit gemeint: ›Ich werde jetzt reden, und du wirst zuhören.‹ Niemand will das hören, was ich zu sagen habe.«

»Erzählen Sie mir mehr über Ihren Vater«, sagte Dr. Davidson.

Ich wippte in dem Sessel ein paarmal vor und zurück. Schließlich sagte ich: »Nun, sehen Sie, es ist nicht so, daß mein Vater und ich nicht miteinander reden konnten. Das konnten wir schon, wir haben es nur nicht getan. Wenigstens nicht sehr oft. Oh, manchmal hat er es versucht – und einmal habe ich es versucht. Aber die meiste Zeit waren wir beide zu sehr mit unseren eigenen Problemen beschäftigt, um auf den anderen einzugehen.«

Ich dachte nach. »Wissen Sie, mein Vater war berühmt. Er war einer der besten Illusionisten im Land. Nicht der populärste, aber einer von denen, die das höchste Ansehen genossen, weil seine Simulationen intelligent waren. Als ich ein kleiner Junge war, sagten viele Leute zu mir, ich könnte von Glück reden – selbst meine eigenen Freunde sagten das –, weil ich all seine Programme vor allen anderen spielen konnte. Sie konnten nicht verstehen, daß seine Arbeit für mich etwas Selbstverständliches war, und ich konnte ihre Ehrfurcht nicht verstehen.«

»Was haben Sie denn bezüglich seiner Arbeit empfunden?«

Darauf gab ich nicht gleich Antwort. Ich hätte Dr. Davidson am liebsten unterbrochen und ihm ein Kompliment gemacht – er stellte die richtigen Fragen. Er war sehr klug. Aber dann begriff ich, daß ich vom Thema abkam. Und begriff auch, warum. Ich wollte auf die letzte Frage nicht antworten.

Dr. Davison war sehr geduldig. Die Armlehnen meines Stuhles waren warm. Ich ließ sie los und rieb meine Hände aneinander. Schließlich gab ich es zu. Ich sagte: »Äh ... ich nehme an, daß mir das damals nicht klar war, aber ich denke – nein, ich *weiß,* daß ich die Arbeit meines Vaters nicht mochte. Nicht die Spiele selbst, aber daß er so in ihnen aufging. Ich war eifersüchtig, denke ich. Er hatte plötzlich eine Idee – etwa *Inferno* oder *Starship* oder *Brainstorm* –, und dann wurde er zum Zombie. Er verschwand dann manchmal wochenlang in seinem Büro. Diese geschlossene Tür war wie eine Bedrohung. Nicht stören – Zuwiderhandlungen werden mit sofortigem und schmerzvollem Tod bestraft. Oder vielleicht mit noch etwas Schlimmerem. Wenn er schrieb, dann war das, als würde man mit einem Gespenst leben. Man hörte Geräusche, man wußte, daß da jemand mit einem im Haus war, aber man sah ihn nie persönlich. Und wenn man es zufällig doch tat, dann war das so, als würde man in einem Zimmer einem Fremden begegnen. Er murmelte dann zwar irgend etwas, aber seinen Millionen-Lichtjahre-Blick verlor er dabei nicht.

Ich weiß nicht, wie Mom gelernt hat, damit zu leben, aber sie hat es geschafft. Irgendwie. Dad stand dann immer vor sieben auf, machte sich sein Frühstück selbst und verschwand für den Rest des Tages – kam nur gelegentlich aus seinem Büro, um sich etwas aus dem Kühlschrank zu holen. Mom hielt immer irgendwelches Essen für ihn bereit, er brauchte sich also bloß den Teller und eine Gabel zu schnappen, und konnte wieder in sein Arbeitszimmer verschwinden. Gewöhnlich sahen wir ihn dann erst nach Mitternacht wieder. Und so ging das manchmal wochenlang.

Aber wir wußten immer, wenn bei ihm Halbzeit war – dann nahm er sich drei Tage frei, um seine Batterie wieder aufzuladen. Diese Pause machte er nicht für uns, die war für ihn selbst. Er führte uns dann zum Abendessen aus oder ins Theater oder wir fuhren auf zwei Tage in irgendeinen Park, aber er war immer sehr angespannt. Maggie und ich wußten nicht, wie wir in seiner Gegenwart reagieren sollten, weil wir so viele Tage hintereinander auf Zehenspitzen an seinem Zimmer vorbeigegangen waren. Und jetzt war er plötzlich kein Ungeheuer mehr, er wollte unser Freund sein – aber wir wußten nicht, wie wir es anpacken sollten, zu ihm freundlich zu sein. Er hatte uns nie eine Chance gegeben, das zu lernen.

Lange Zeit war ich auf seinen Computer eifersüchtig, aber dann lernte ich, ohne einen echten Vater zu überleben, und dann hatte es plötzlich keine Bedeutung mehr. Ziemlich bald hatte ich dann nur noch Schwierigkeiten, wenn er versuchte, das Ganze nachher auszugleichen. Wir fühlten uns alle so unwohl dabei, und es war immer eine Erleichterung, wenn er schließlich die Arme reckte und sagte: ›Nun, ich schätze, ich sollte mich wieder an die Arbeit machen. Schließlich muß ja jemand dafür sorgen, daß Geld ins Haus kommt.‹

Mom hatte natürlich ihre eigene Arbeit – aber sie konnte ihr Terminal abschalten und es einfach stehen lassen, ohne sich umzusehen. Dad konnte das nie – wenn er ein Problem zu lösen hatte, dann nagte er daran herum wie ein kleiner Hund, dem man einen zu großen Knochen hingeworfen hat. Später, als ich dann alt genug war, konnte ich die Eleganz von Dads Arbeit erkennen. Seine Programme ließen sich nicht nur gut spielen, sondern waren auch so wunderschön strukturiert, daß alleine schon das Lesen eine Freude war. Aber so sehr ich auch die Produkte seiner Mühe respektierte, so sehr verärgerte es mich auch, daß so viel von seiner emotionalen Energie in seine Kreationen einging, daß nur so wenig für mich übrig blieb. Für die Familie.

Wenn Dad am Ende dann mit einem Programm fertig war, dann war er *völlig* ausgepumpt. Dann kam er der Maschine ... ich weiß nicht – mir kam es wie Monate vor – nicht mehr nahe. Er spielte nicht einmal die Spiele anderer Autoren. Dann war es immer schön, weil er sich Mühe gab, wieder ein echtes menschliches Wesen zu sein – ein echter Vater. Aber unterdessen hatten wir gelernt, die Zeichen zu lesen – daß er es in Wirklichkeit nicht schaffte. Jedesmal, wenn er seinem Ziel nahekam, kam er ihm zu nahe und zog sich wieder zurück. Er hatte dann plötzlich – *bequemerweise* – wieder eine andere Idee, und dann verschwand er wieder.

Also hatten Maggie und ich – nun, ich weiß nicht, wie es bei Maggie war, aber mir *schien,* daß sie genauso empfand – diese Lücke in unserem Leben, und wir mußten entweder woanders nach etwas suchen, um sie zu füllen, oder lernen, damit zu leben. Und das habe ich größtenteils getan – mit der Lücke gelebt –, weil ich nicht wußte, daß eine Familie eigentlich anders sein sollte. Maggie – nun, die hat ihre eigene Lösung gefunden. Wir standen einander nicht so nahe.

Aber das war alles vor den Seuchen. Als wir dann in die Berghütte zogen, veränderte sich etwas in Dad – nicht, daß es besser wurde, nur anders. Zuerst bemerkte ich es nicht, weil ich nicht genügend Erfahrung mit ihm hatte, um es zu wissen. Und als ich es schließlich bemerkte, wußte ich nicht, was ich damit anfangen sollte. Ich nehme an, es hat mir Angst gemacht. So, als wüßte ich überhaupt nicht, wer er war.

Er und ich machten mehrmals die Woche eine Runde zu all unseren Sicherheitssensoren – niemand hätte sich der Hütte auf mehr als eine Meile nähern können, ohne daß wir es wußten, nicht einmal ein Reh. Es sind nie Leute nahe gekommen, aber auf die Weise hatten wir immer frisches Fleisch. Ich lernte, wie man ein Stück Wild abhäutet und es aufhängt. Zuerst blieben Dad und ich jeder für sich, aber nach einer Weile begann er, mit mir zu reden. So als ob ich ein richtiger Mensch wäre. So, als ob er nur abgewartet hätte, bis ich herangewachsen war.

Mich hat das verwirrt. Ich meine – verdammt, wie kann man erwarten, daß jemand plötzlich ein *richtiger* Sohn ist, wenn man zwanzig Jahre damit verbracht hat, ihn zu ignorieren?

Und dennoch, obwohl ich wegen seiner verdammten Anmaßung wütend war, wollte ich schließlich doch, daß er mein Vater sein sollte. Also hörte ich eine Weile auf, ihn zu hassen, und begann zu entdecken, was für ein interessanter Mensch er in Wirklichkeit war. Einiges von dem, was er getan hatte, als er in meinem Alter war, habe ich nie gewußt. Wissen Sie, einmal ist er sogar Neil Armstrong begegnet!

Ich denke, das war die Zeit, in der Dad und ich einander schließlich kennenlernten. Und ich weiß, das klingt jetzt seltsam, aber jene Tage auf der Berghütte waren vermutlich die schönste Zeit meines Lebens. Es war wie Urlaub von der Wirklichkeit, und eine kurze Zeit waren wir eine echte Familie. Es war nett. Eine Weile ...«

Nach einer Weile drängte Dr. Davidson: »Weiter, Jim.«

»Wie?«

»Was geschah dann?«

Ich zuckte die Achseln. »Wir kamen zu früh aus den Bergen zurück und wurden von der letzten Seuche erfaßt. Und die Jungs starben. Und – äh, Dad hat sich das nie verziehen. Meine Schwester hat es ihm nie verziehen. Und meine Mutter – nun, sie hat nie aufgehört, ihn zu bedauern, weil sie wußte, wie er sich selbst das Leben zu einer Hölle machte, mit der er leben mußte. Ich nehme an, er konnte das nicht vertragen.«

»Jim ...«

»Ja?«

»Sie haben nicht gesagt, was Sie empfunden haben.«

»Ich habe gesagt, daß ich ihn geliebt habe.«

»Und daß Sie zu früh aus den Bergen zurückgekehrt sind – was haben Sie dabei empfunden?«

»Äh ... Das war ein Fehler, aber ein ehrlicher. Ich meine, jeder hätte ... ich meine, es war nicht seine Schuld.«

»Jim«, sagte Dr. Davidson sehr ruhig. »Sie sind nicht ehrlich zu mir.«

Ich riß die Hände von den Armstützen.

»Ja«, gab er zu. »In den Stuhl sind Sensoren eingebaut – aber das ist nicht, woran ich merke, daß Sie lügen. Ich höre die Anspannung in Ihrer Stimme.«

Plötzlich war ich zornig. Ich sprang auf.

»Wie waren Ihre Gefühle damals, Jim?«

»Das geht Sie nichts an. Ich bin es leid, daß die Leute mir sagen, wer ich bin und wer ich sein soll. Ich bin es leid, daß Leute mich anlügen. Alle lügen. Obama hat gelogen. Duke hat gelogen. Und ich wette, Sie lügen jetzt auch. Ich bin es leid! Ich mag nicht mehr benutzt und manipuliert werden. Das ist nicht fair! Es war auch nicht fair, als mein Vater es getan hat!« Die Worte sprudelten jetzt aus mir heraus. Ich wußte, was ich sagte, aber ich konnte mich nicht zurückhalten; ich wußte nicht einmal, ob ich alles das meinte, was ich sagte. »Er hat mir auch nicht zugehört! Ich wollte länger in den Bergen bleiben! Wir waren dort glücklich!« Die Worte blieben mir in der Kehle stecken, und ich fing zu husten an.

Nach einer höflichen Pause sagte Dr. Davidson: »Auf dem Tisch ist Wasser.«

Ich ging zum Tisch hinüber und goß mir Wasser ins Glas. Ich trank, füllte das Glas noch einmal und leerte es wieder zur Hälfte. Meine Kehle fühlte sich immer noch trocken an. Ich nahm das Glas mit zum Stuhl und setzte mich wieder. Ich versuchte, auf der Vorderkante sitzen zu bleiben, aber dafür war der Stuhl nicht gebaut; ich mußte mich zurücklehnen.

»Sie sagten, Sie seien in den Bergen glücklich gewesen«, erinnerte mich Dr. Davidson.

»Ja«, gab ich zu und war froh, es endlich ausgesprochen zu haben. »Das war ich. Ich stand nicht mehr im Wettbewerb mit dem Computer. Wir waren nur damit beschäftigt zu leben. Zu überleben. Ich meine, es war nicht leicht. Wir mußten uns selbst unser Holz hacken und hatten eine Menge Arbeit mit diesen Solarpaneelen, aber wir waren mit dem, was wir taten, beschäftigt, es war wichtig für uns – und wir waren aufeinander angewiesen. Wir redeten miteinander über das, was wir tun mußten. Wir teilten unsere Erlebnisse. Wir *kooperierten*. Oh, es gab auch Streit, oft sogar – ganz besonders am Anfang –, aber wir waren endlich eine Familie. Und es war einfach nicht fair, dem ein Ende zu machen. Wir hätten länger dort oben bleiben können. Wir hätten warten sollen. Ich wollte nicht zurück. Ich wollte, daß wir dort oben blieben.«

»Also ging es gar nicht um die Jungs?« fragte Dr. Davidson.

»Nein«, gab ich zu. »Mir nicht. Es war ... ich hatte Angst, ich würde ihn wieder verlieren.«

»Also waren Sie auf Ihren Vater zornig?«

»Ja, ich denke schon. Das war ich.«

»Haben Sie ihm das gesagt?«

»Nein, das habe ich nicht. Ich meine, es hätte keinen Sinn gehabt. Als er sich einmal entschlossen hatte, war das damit abgetan. Oh, ich habe es versucht – ich habe es ihm gesagt. Ich sagte, wir sollten noch nicht hinuntergehen, aber er sagte, wir müßten. Ich wollte nicht, aber man konnte nicht mit ihm streiten, also habe ich es auch nicht getan. Ich dachte mir einfach, er würde sich durchsetzen, also fing ich wieder an, Mauern zu errichten. Wissen Sie, eine Weile hatte ich diese Mauern abgebaut, aber jetzt machte er Pläne zurückzukehren, und ich mußte mich wieder schützen und –« Ich hielt inne, um einen Schluck Wasser zu trinken.

»Hat er es bemerkt? Hat er eine Veränderung in Ihrem Verhalten gesehen?«

»Ich kann mir nicht vorstellen, daß es ihm entgangen ist. Ich war eine Weile richtig widerwärtig.«

»Ich verstehe.«

Eine Weile herrschte Schweigen. Während ich mir einiges klarmachte. Es war nicht nur Maggies Zorn. Oder Moms Mitleid. Es war auch ich. Meine Verärgerung. War es das, was er mir an jenem letzten Tag auf dem Bahnhof hatte sagen wollen? Hatte auch ich ihn weggetrieben?

»Woran denken Sie jetzt?«

»An nichts«, sagte ich. »Ich frage mich nur, auf wen ich zornig sein sollte. Auf meinen Vater? Oder auf mich? Er war da, als ich ihn brauchte. Aber ich war nicht da, als er mich brauchte. Ich habe ihn aufgegeben, weil ... weil ...« Mein Gesicht begann heiß zu werden. Es war schwer, das zuzugeben. Ich spürte, wie etwas mir die Kehle zuschnürte. »Ich dachte, er würde mich wieder ausschließen, und wollte ihn zuerst ausschließen – um ihm zu zeigen, wie man sich dabei fühlt, um ihm zu zeigen, daß er nicht so mit mir umspringen durfte! Ich meine, alle anderen tun es, aber nicht mein Dad! Das war nicht fair!« Dann fing ich zu husten an, und mein Blick wurde undeutlich. Ich rieb mir mit den Händen über die Augen und bemerkte, daß ich zu weinen anfing – und dann zerbrach in mir etwas und ich heulte wie ein kleines Kind.

Dr. Davidson wartete ungeduldig. Schließlich sagte er: »Alles in Ordnung bei Ihnen?«

»Nein«, sagte ich. Aber das stimmte nicht. Ich war *erleichtert,* daß ich es schließlich ausgesprochen hatte. Es war, als hätte ich einen mächtigen Druck gelöst, von dessen Existenz ich nicht einmal gewußt hatte, bis die Worte ihm Gestalt verliehen hatten. »Ja«, sagte ich. »Hier ist alles in Ordnung. Ich – nun, ich fühle mich ein wenig besser. Mir war nicht klar gewesen, daß ich mit solcher ... solcher Schuld gelebt hatte.«

»Nicht nur Schuld, Jim. Auch Zorn. Sie haben Ihren Zorn so lange mit sich herumgetragen, Jim, daß eine Gewohnheit daraus geworden ist. Das ist ein Teil von Ihnen. Meine Aufgabe ist es, Ihnen dabei zu helfen, diesen Zorn aufzugeben. Wenn es das ist, was Sie wollen.«

Ich dachte darüber nach. »Ich weiß nicht. Manchmal denke ich, daß mein Zorn alles ist, was mich in Gang hält.«

»Vielleicht liegt das daran, daß Sie bis jetzt noch nichts ähnlich Intensives empfunden haben. Waren Sie je verliebt?«

Ich schüttelte den Kopf.

»Vielleicht sollten Sie darüber nachdenken – überlegen Sie, was Ihrer Meinung nach jemand empfindet, der liebt. Wir könnten das nächste Mal darüber sprechen.«

»Das nächste Mal?«

»Wenn Sie es wollen. Sie können mich jederzeit sprechen, wenn Sie das wollen. Dazu bin ich da.«

»Oh. Ich dachte, das wäre nur ein einmaliges Gespräch.«

»Das braucht es nicht zu sein.«

»Oh«, sagte ich. Und dann: »Danke.«

NEUNUNDZWANZIG

Das Abendessen bestand aus einem dicken Steak (medium rare), echtem Kartoffelpüree, grünen Erbsen (mit zerlaufener Butter), frischem Salat (Roquefort-Dressing) und einer Schokoladenmilch. Alles Lieblingsspeisen von mir. Selbst eine Militärkantine konnte an einem Medium Steak nicht viel kaputt machen. Obwohl sie sich redlich Mühe gaben.

Ich dachte an Ted. Ich fragte mich, wo er wohl stecken würde. Oder in wem.

Ich hatte nie mit ihm Schritt halten können. Und ich wußte auch warum.

Paul Jastrow hatte einmal zu mir gesagt – ich weiß nicht mehr, worum es ging, aber an seine Beleidigung erinnerte ich mich wohl: »Hey, MacCarthy – es gibt menschliche Wesen und es gibt Enten. Du bist eine Ente. Hör auf, so zu tun, als wärst du ein menschliches Wesen. Das glaubt dir niemand.« Einige der Leute um ihn herum lachten, so daß Paul künftig jedesmal, wenn er die Lacher auf seiner Seite haben wollte, sich zu mir herumdrehte und zu quaken anfing. Anschließend wandte er sich wieder seinen Freunden zu und erklärte: »Man muß mit denen in ihrer eigenen Sprache sprechen, wenn man will, daß sie einen verstehen.«

Ich konnte nie begreifen, weshalb er gerade mich für diese besondere Ehre ausgewählt hatte – erst viel später, als ich sah, wie ein Conferencier im Fernsehen genau dasselbe mit einem arglosen Menschen aus dem Zuhörersaal machte. Das war gar nichts Persönliches. Er benutzte den armen Kerl nur. Und da fiel bei mir der Groschen. Paul hatte diesen Komiker imitiert, und vielleicht hatte er es nicht einmal persönlich gemeint; es war eine billige Methode, Beifall zu bekommen. Aber damals hatte mir niemand den Witz erklärt. Also konnte ich auch nicht darüber lachen. Und obwohl ich jetzt im Rückblick begriff, linderte es den Schmerz dennoch nicht. Ich spürte ihn immer noch, konnte immer noch das Gelächter hören.

Ich glaube, am meisten hat es weh getan, weil ich Angst hatte, es könnte wahr sein.

Ich sah mein halb gegessenes Steak an. Ich wünschte, ich hätte jemanden, der die Mahlzeit mit mir teilte. Es macht keinen Spaß, alleine zu essen.

Ich stand auf. Ich hatte keinen Hunger mehr. Ich verschwendete nicht gern Essen, aber ...

... und dann mußte ich mich zusammenreißen, sonst hätte ich laut gelacht. Es gab in Afrika keine verhungernden Kinder mehr. In Indien auch nicht und auch nicht in Pakistan oder sonstwo! Niemand verhungerte mehr. Wenn die Seuchen etwas Gutes bewirkt hatten, dann, daß sie mit dem Hunger in der Welt Schluß gemacht hatten. Es war gleichgültig, ob ich dieses Steak nun liegen ließ oder nicht. Jetzt gab es für jeden genug Steak. Es war ein unheimliches Gefühl ...

Trotzdem empfand ich Schuldgefühle, weil ich nicht aufaß. Es ist schwer, alte Angewohnheiten abzulegen. Wenn man sich dazu erzieht, auf eine bestimmte Art und Weise zu denken, dann denkt man immer so, selbst wenn sich die Voraussetzungen geändert haben, die Denkweise also nicht mehr stimmt.

Dachte ich wie eine Ente? War es das? Fuhr ich fort, entenhafte Dinge zu tun, weil ich nichts anderes wußte? War das für meine Umgebung so offenkundig?

Vielleicht sollte ich eine Weile aufhören, ich zu sein, und anfangen, jemand anderer zu sein, jemand, dem es nicht so schwer fiel.

Ich hatte keinen Hunger mehr. Ich stand auf, trug mein Tablett an das Ausgabefenster und verließ die Kantine.

Ich fragte mich, ob ich vielleicht einen komischen Gang hatte. Ich meine, ich war klein und unten rum ein wenig pummelig. Sah ich wie eine Ente aus? Vielleicht konnte ich lernen, anders zu gehen – wenn ich mich etwas streckte und mein Gewicht in den Oberkörper verlegte. »*Oh!* Tut mir leid.« Ich war so mit Gehen beschäftigt gewesen, daß ich nicht aufgepaßt hatte, und auf die Weise war ich mit einer jungen Frau zusammengestoßen. Quack. Alte Reflexe sterben nicht, sie laufen einfach ab. »Tut mir wirklich – oh!«

Es war Marcie. Das magere Mädchen mit den großen, dunklen Augen. Aus dem Bus. Mit dem aufgeblasenen Colonel.

»Hallo!« Ich grabschte nach Worten. »Äh, was machen Sie hier?«

»Ich hole Futter für meinen Hund – die geben mir die Küchenabfälle.« Sie zeigte mir die Tüte, die sie trug. Ich hielt ihr die Türe auf. Sie ging durch, sagte aber nicht danke. Ich folgte ihr.

Draußen blieb sie stehen. »Verfolgen Sie mich?«

Ich schüttelte den Kopf. »Nein.«

»Nun, dann gehen Sie weg.«

»Sie sind sehr unfreundlich, wissen Sie das?«

Sie starrte mich ausdruckslos an.

»Sie geben den Leuten nicht einmal eine Chance.«

Sie blinzelte. »Tut mir leid. Sollte ich Sie kennen?«

»Äh – wir waren zusammen im Bus, erinnern Sie sich? Gestern abend?«

Sie schüttelte den Kopf. »Ich erinnere mich an gar nichts, was gestern abend geschehen ist. Waren Sie einer von den Jungs, mit denen ich gebumst habe?«

»Wie? Nein ... Ich meine ... *was?*«

»Er rührt mich überhaupt nicht an. Ich weiß, die Leute meinen das, aber er hat mich noch kein einziges Mal angefaßt. Aber er sieht gerne zu, wenn ich es mit den jungen Männern treibe, die er auswählt. Und dann mag er – nun, Sie wissen schon.«

»Warum bleiben Sie bei ihm?«

Sie zuckte die Achseln. »Ich weiß nicht. Ich wüßte nicht, wo ich sonst hingehen sollte.« Und dann fügte sie hinzu: »Es tut mir wirklich leid. Ich erinnere mich überhaupt nicht an Sie. Letzte Nacht war ich total high. Er hatte etwas Atlanta Blue. Ich glaube nicht, daß ich es mit jemandem getrieben habe, aber da bin ich nicht immer sicher. Waren Sie dort?«

»Ich sagte Ihnen doch, daß wir zusammen im Bus waren. Erinnern Sie sich? Den Bus in die Stadt?«

»O ja. Tut mir leid. Manchmal kann ich mich an überhaupt nichts erinnern. Wenn Sie es sagen.« Dann wandte sie sich von mir ab, beugte sich nieder und öffnete ihre Tüte, daß man eine Menge Fleischabfälle und Knochen sehen konnte. »Das wird ihm Spaß machen. Rangle!« rief sie. »Komm schon, Junge. Komm, Rangle, hol dir's, sonst kriegts ein anderer Hund!« Sie drehte sich wieder um. »Ich mach das nicht gerne mit dem Staub, aber – nun, manchmal hilft es. Sie wissen schon. Manchmal werde ich ... einsam. Wissen Sie?«

»Ja, ich weiß schon.«

»Komisch, nicht wahr? Es gibt immer noch eine Menge Leute, wenn man weiß, wo man hingehen muß, aber das sind alles Fremde. Ich kenne niemanden mehr.«

»Ich weiß, was Sie meinen. Und alle scheinen immer so *aufgedreht*. Es ist wie – Sie wissen schon, die Brown'sche Bewegung läuft heuzutage schneller ab ...«

Ihr Gesicht war ausdruckslos. Sie hatte keine Ahnung, wovon ich redete.

»Das ist, weil es jetzt weniger Leute gibt«, sagte ich. »Wir müssen uns alle schneller bewegen, um den Unterschied auszugleichen.«

Sie starrte mich an. Hatte ich gerade etwas Dummes gesagt? Oder hatte sie mich nicht verstanden? »Ich war früher einmal schlau«, sagte sie. »So wie Sie. Nur daß es dann nichts mehr nützte, wenn man schlau war. Also hörte ich auf damit.« Sie blickte traurig. »Da hilft der Staub. Mit Staub kann man richtig schnell blöd werden.« Sie hielt inne, als hätte sie sich selbst dabei ertappt, wie sie etwas gesagt hatte, was sie eigentlich nicht sollte. Ihre Stimme wurde wieder lauter. »Hey, Rangle! Komm schon! Wo bist du denn?« Ihre Stimme klang jetzt ungeduldig. Sie wandte sich wieder mir zu. »Er wird Ihnen gefallen. Er ist wirklich ein sehr freundlicher Hund – ich weiß nur nicht, wo er jetzt ist.«

»Oh, nun ... vielleicht ist er irgendwo im Verkehr aufgehalten worden, oder so etwas.«

Sie reagierte nicht auf den Witz, sondern starrte mich wieder aus ihren großen Augen an. »Meinen Sie?«

»Stehen Sie immer noch unter Staub?« fragte ich.

»O nein, ich hab seit gestern nichts mehr geschnüffelt. Ich mag es nicht. Warum fragen Sie?« Ehe ich Antwort geben konnte, packte sie mich am Arm. »Bin ich komisch? Tut mir leid. Das werde ich manchmal. Das passiert. Aber mir sagt ja nie einer, ob ich komisch bin oder nicht. Das macht mir manchmal Angst – daß ich nämlich so komisch werden könnte, daß es mir keiner mehr sagt. Einmal haben alle anderen gestaubt, und ich mußte trocken bleiben – ich hatte gerade meine Periode und ich wollte nicht riskieren, daß ich zu bluten anfing – und ich habe mich wirklich gelangweilt. Die haben alle nicht kapiert, warum ich nicht so gekichert habe wie sie.«

»Ja«, sagte ich. »Sie sind komisch.«

Sie sah mich an. Ihre Augen waren sehr groß und sehr

dunkel. In dem Augenblick sah sie fast wie ein kleines Mädchen aus. Und dann sagte sie: »Danke. Danke, daß Sie mir das gesagt haben.« Sie blinzelte, und ich sah, wie ihr die Tränen in die Augen traten. »Ich weiß überhaupt nichts mehr, nur noch das, was andere Leute mir sagen. Also danke schön, daß Sie mir die Wahrheit sagen. – Hassen Sie mich?«

Ich schüttelte den Kopf.

»Tue ich Ihnen leid?«

»Nein, das tun Sie nicht.« Ich dachte einen Augenblick an meinen Vater. »Nein, mir tut niemand mehr leid. Das bringt die Leute nur um.«

Sie fuhr fort, mich anzusehen, sagte aber eine Weile nichts. So standen wir in der Dämmerung, während am Himmel langsam die Sterne herauskamen. Im Westen war die Silhouette der Berge von einem schwachen orangeroten Schein gesäumt. Eine warme Brise wehte, die nach Honig und Fichten roch.

Das Schweigen dehnte sich, bis es unangenehm wurde. Ich begann zu fragen, ob ich mich vielleicht dafür entschuldigen sollte, daß ich ehrlich zu ihr gewesen war. Schließlich sagte sie: »Ich wünschte, ich wüßte, wo dieser verdammte Hund hingelaufen ist. Das paßt gar nicht zu ihm, daß er sich sein Abendessen entgehen läßt! Rangle!« Sie wirkte verärgert, und dann sagte sie, als wäre es ihr peinlich, daß sie ärgerlich gewesen war: »Ich weiß nicht, warum ich mich so aufrege – er ist gar nicht mein *richtiger* Hund. Ich meine, er ist mir zugelaufen. Ich habe ihn sozusagen adoptiert.« Und dann gab sie zu: »Aber außer ihm kenne ich niemanden, der – nun, ihm macht es nichts aus, daß ich komisch bin. Rangle ist es gleichgültig. Verstehen Sie?«

»Ja. In dieser Zeit brauchen wir alle jemanden.« Ich lächelte ihr zu. »Weil wir alles sind, was uns noch geblieben ist.«

Sie gab nicht gleich Antwort. Sie starrte das Papier mit den Fleischresten an. Über uns flammte jetzt die Straßenbeleuchtung auf und erfüllte das Zwielicht mit einem warmen Schein. Als Marcie schließlich sprach, klang ihre Stimme sehr weich: »Wissen Sie, früher hab ich einmal gewußt, was im Leben wichtig ist und was nicht. Schön zu sein war wichtig. Ich hatte mir die Nase richten lassen – mein ganzes Gesicht –, weil ich schön sein wollte. Sie könnten sich den Höcker auf der Nase auch richten lassen ...«

»Das war ein Motorradunfall«, sagte ich.

»... nur, daß Sie innen drinnen immer noch Sie wären, nicht wahr? Nun, so ist es mir auch ergangen. Ich hatte mir mein Gesicht richten lassen – nur daß ich nachher immer noch ich war. Ich glaube, das ist es auch, was mit der Welt passiert ist. Wir sind alle immer noch die, die wir letztes Jahr waren – nur außen haben wir uns verändert, und das wissen wir noch nicht. Wir wissen nicht mehr, wer wir sein sollen. Ich bin nervös und habe Angst – die ganze Zeit«, sagte sie. »Ich meine, was ist, wenn ich herausfinde, wer ich bin, und dann kommt plötzlich jemand und sagt mir nein, das bin ich gar nicht? Verstehen Sie, was ich meine?«

Ich sagte: »Enten. Wir wollen uns wie Schwäne fühlen, und die sagen uns die ganze Zeit, daß wir Enten sind – und nicht einmal sehr gute Enten.«

»Ja«, sagte sie, »das ist gut. Sie verstehen mich. Manchmal frage ich mich, ob es auf der ganzen Welt noch jemanden gibt, der das fühlt, was ich fühle – und manchmal finde ich jemanden, der es fühlt; aber es ist immer wieder eine Überraschung, wenn ich herausfinde, daß ich nicht ganz alleine bin.«

Sie schauderte, und ich legte den Arm um sie. »Ich weiß.«

Sie sagte gereizt: »Ich wünschte, ich wüßte, wo Rangle ist. Wahrscheinlich taucht er morgen wieder auf und grinst und wedelt mit dem Schweif. Er ist wirklich ein Witzbold, aber ich mag es nicht, wenn ich mich um ihn sorgen muß. Sie haben ihn doch gesehen, oder? Er ist nicht richtig braun und nicht richtig weiß, fast rosa – richtig zottig, mit großen Pfoten, wie Hausschuhe aus Hasenfell. Große, braune Augen und eine schwarze Nase.«

Ja, ich hatte ihn gesehen.

In einem kreisförmigen Saal.

Gestern nacht. Mit Jillanna.

Er war – der Nachtisch gewesen.

Ich spürte, wie mein Magen sich verkrampfte. Scheiße. Wie sollte ich das jetzt anpacken?

Marcie sah mich an. »Sagten Sie etwas?«

»Äh – Marcie, ich – äh, ich weiß nicht, wie ich Ihnen das sagen soll, aber ...« ›*Sag einfach die Wahrheit*‹, sagte die Stimme in meinem Kopf. »Äh, Rangle ist tot. Er ist – äh – von einem Wagen überfahren worden. Das ist gestern nacht passiert. Ich habe es gesehen. Er war sofort tot. Ich wußte nicht, daß es Rangle war, bis Sie ihn beschrieben haben.«

Sie schüttelte den Kopf. »O nein – das kann nicht sein! Sind Sie sicher, Jim?« Sie suchte mein Gesicht ab, als könnte sie dort ein Zeichen finden, daß ich mich irrte.

Ich schluckte. Meine Kehle schmerzte. Ich erinnerte mich an etwas, das ich aus der verglasten Nische gehört hatte, daß dieser Hund sich eine Weile vor der Kantine herumgetrieben hätte. »Marcie«, sagte ich. »Ich bin sicher. Er war etwa so groß, stimmt's?«

Sie nickte langsam. Dann schluckte sie, als brauchte sie Luft, und dann legte sie die Hände über das Gesicht und ließ sie dort. Es war, als würde sie in diesem Augenblick in tausend schreiende Stücke zerspringen, und als könnte nur der Druck ihrer Hände all die Stücke daran hindern, nach allen Seiten davonzufliegen.

Und dann richtete sie sich plötzlich auf und ihre Gesicht war wie eine Maske. Als sie sprach, war ihre Stimme ausdruckslos und tot. »Schon gut.« Sie zuckte die Achseln. »Es war ja nur ein Hund.« Und sie war wieder ein Zombie.

Ich starrte sie an, als sie sich vorbeugte und die Tüte mit den Fleischabfällen an sich nahm, die Rangle nie fressen würde. Sie faltete die Tüte zusammen, ging zu einer Mülltonne und warf sie hinein. »Jetzt kann ich aufhören, mir Sorgen zu machen.«

»Marcie, es ist gut, wenn man sich um jemanden sorgt. Wir alle brauchen jemanden, um den wir uns sorgen können.«

»Ich nicht«, sagte sie und dann hüllte sie sich in ihren Mantel, als wollte sie sich vor der Kälte schützen. Aber es war eine warme Nacht, und in Wirklichkeit war es nicht die Kälte, die sie von sich fernhalten wollte. Sie schob sich an mir vorbei und schickte sich an wegzugehen.

»Marcie!« Sie ging weiter, und ich fühlte mich machtlos, sie aufzuhalten. Es machte mich zornig – dieses Gefühl der Hilflosigkeit. Es war dasselbe Gefühl wie damals, als mein Vater das letztemal von mir wegging. »Nein, verdammt! Ich bin es leid, daß die Leute vor mir weglaufen!« Etwas flackerte, wie eine Bildfolge im Kino, und dann rannte ich ihr nach und packte sie am Arm. Ich riß sie herum, so daß sie mich ansehen mußte. »Hören Sie auf damit!« herrschte ich sie an. »Das ist wirklich dumm. Ich hab das schon bei anderen Leuten gesehen. Sie fangen an, sich vor dem Leben zurückzuziehen, Weil es schmerzt. Sie tun das Schritt für Schritt, aber dann wird es zur Gewohnheit, und man tut es automatisch – man flieht vor allem. Natürlich tut es weh! Es tut so weh, weil man so besorgt ist! Und das beweist, wie sehr man lebt!«

»Lassen Sie mich los! Ich brauche keine Predigt.«

»Da haben Sie recht! Die brauchen Sie auch nicht! Sie brauchen ein Jahr in einer Gummizelle!«

Sie entriß sich meinem Griff, und ihre Augen funkelten wild. »Sagen Sie das nicht!« kreischte sie. Ihre Hände waren wie Klauen.

»Warum? Weil es vielleicht die Wahrheit sein könnte? Sie sagten, Sie hätten Angst, komisch zu sein, Angst, Sie könnten eine von diesen Damen mit der Meise unter dem Pony sein und niemand würde Ihnen das sagen. Nun, ich sage es Ihnen. Wenn Sie jetzt vor mir weglaufen, ist das der erste Schritt zur Meise.«

Sie sah mich an, als hätte ich sie geschlagen, und blinzelte im Schein der Straßenbeleuchtung. Ihr Ausdruck schien sich aufzulösen, während sie langsam begriff, was ich gesagt hatte. Ich konnte fast mit ansehen, wie meine Worte in sie eindrangen, Schicht für Schicht. »Das habe ich schon einmal mitgemacht«, sagte sie. »Dorthin will ich nicht zurück.«

»Dann lassen Sie es. Sie brauchen auch nicht. Sie bleiben bloß deswegen verrückt, weil sie dauernd wegrennen. Glauben Sie, Sie seien die einzige, die verrückt ist? Wir übrigen sind genauso plemplem! Sie brauchen sich doch bloß umzusehen. Der einzige Unterschied ist, daß wir uns davon nicht aufhalten lassen.« Und dann fügte ich hinzu: »Nicht zu sehr.«

»Aber es tut weh!«

»Na und? Lassen Sie es doch weh tun! Auf die Weise bringen Sie es wenigstens hinter sich! Was Sie jetzt tun, bringt doch ganz sicher nichts, oder?«

Sie nickte und schluckte, und dann füllten sich ihre Augen wieder mit Tränen, und sie krallte sich an meinem Hemd fest und packte mich und fing zu heulen an. Ich zog sie an mich und hielt sie fest, als könnte ich sie vor dem Schmerz schützen – nur daß es nicht mehr ein Schmerz war, der von draußen kam, es war ein Schmerz, der in ihrem Inneren aufwallte, und durch ihre Augen, ihre Nase und ihren Mund nach außen drängte. »Das ist nicht fair! Nicht fair! Warum müssen so viele sterben?! Ich will meinen Hund! O Rangle, Rangle! Ich will meinen Rangle zurück!« Sie schluchzte und schrie in mein Jackett hinein. Dann japste sie nach Luft und fing wieder zu schluchzen an, und die Tränen strömten ihr jetzt über die Wangen. »Das ist nicht fair! Alles, was ich je geliebt habe – ich will nie mehr etwas lieben! Ich bin es müde, immer wieder alles zu verlieren! Es tut so weh! Ich will, daß das ein Ende hat! Ich will meinen Hund!«

Ich dachte über die Männer nach, die Rangle eingefangen haben, und darüber, was ich gerne mit ihnen machen würde. Marcie hatte recht – es war nicht fair. Sie hatten den Hund getötet, und ich mußte jetzt all das Leid miterleben! Warum mußte denn ich, ausgerechnet ich, hinter ihnen saubermachen?! Immer wieder?! Ich konnte spüren, wie meine Fäuste sich hinter Marcies Rücken ballten. Ihre Schultern bäumten sich auf. Sie fing zu husten an, und ich lockerte meine Fäuste und klopfte ihr leicht auf den Rücken. »Schon gut, Baby«, sagte ich. »Es ist schon gut. Laß es raus, es ist gut zu weinen. Das zeigt, daß du ihn gemocht hast. Schrei es einfach heraus, so ist's gut ...« Ich plapperte einfach weiter und versuchte, sie zu beruhigen und sie langsam in die Welt der Wirklichkeit zurückzuführen. Es war erstaunlich, wieviel ihr dieser Hund bedeutet haben mußte. Sie weinte einfach weiter – oder weinte sie in diesem Augenblick um mehr als nur den Hund? Ich hielt sie an mich gedrückt und ließ sie weinen. Zwei Soldaten gingen an uns vorbei, ohne stehen zu bleiben. Sie fanden uns selbstverständlich. Solche Szenen waren heutzutage nicht ungewöhnlich.

Marcie schniefte und blickte zu mir auf. »Jim?«

»Ja?«

»Jetzt bin ich wieder in Ordnung. Sie können mich loslassen.«

»Oh, tut mir leid.«

»Nein. Das soll es nicht. Danke.«

»Kommen Sie, ich geh mit Ihnen zu Ihrem Zimmer.«

»Okay.«

Wir gingen schweigend durch die Nacht. Sie hatte ein kleines Apartment in dem zweiten Gebäude hinter der Kaserne. Karg, aber häßlich.

Drinnen legte sie die Arme um mich und hielt mich an sich gedrückt. »Danke«, sagte sie. Ich legte die Arme um sie, und so blieben wir eine Weile stehen.

»Jim«, sagte sie leise, »würdest du mich lieben?«

Ich konnte das Parfüm in ihrem Haar riechen, es machte mich ganz benommen. Ich sagte nichts, sondern nickte nur, und dann legte ich mein Gesicht an das ihre. Ihre Augen waren geweitet; sie sah wie ein verängstigtes kleines Mädchen aus, voll Angst, ich könnte ja sagen.

Ich sagte »Ja«, und ihre Augen schlossen sich sanft. Sie legte den Kopf an meine Brust, und ich konnte spüren, wie ihr Körper anfing, sich zu entspannen.

Ich strich ihr mit der Hand übers Haar. Sie war ... so winzig, so blaß, so dünn. So zerbrechlich. So warm.

Es gab tausend Dinge zu sagen.

Doch ich sagte keines davon.

Nach einer Weile bewegten wir uns auf das Bett zu.

»Soll ich das Licht ausschalten?« sagte ich.

»Ich würde es lieber anlassen.«

»Oh. Nun ... okay.«

DREISSIG

Ich schwebte in dem Land Nachher und trieb auf das Land des Einnickens zu – bis ich plötzlich mit einem Ruck aufwachte und in kalten Schweiß gebadet in die Höhe fuhr. »Heilige Büffelscheiße!«

Neben mir rollte sich Marcie erschreckt herum: »Hä? Was ist denn?«

»Ich muß gehen – ich muß zurück ins Hotel! Wie spät ist es? Du lieber Gott – beinahe Mitternacht! Die hängen mich ganz bestimmt!«

»Jim, ist alles in Ordnung?«

»Nein!« Ich war bereits dabei, meine Hosen hochzuziehen. »Wo sind meine Schuhe?«

»Geh jetzt nicht ...«

»Ich muß!« Und dann sah ich den Blick in ihrem Gesicht – jenen verletzten, ausgenützten Ausdruck – und setzte mich neben sie und zog sie in meine Arme. »Marcie, es tut mir leid. Ich wünschte, ich könnte hier bei dir bleiben, aber das geht nicht. Ich – ich stehe unter Befehl. Ich weiß, das sieht so aus, als würde ich jetzt weglaufen, aber das ist es nicht. Bitte, glaube mir.«

»Ich glaube dir«, sagte sie, aber ich konnte spüren, wie sie in meinen Armen starr wurde. Sie rieb sich die Augen. »Ich bin nicht böse. Ich bin es gewöhnt.«

Ich drehte ihr Gesicht zu mir herum und küßte sie. »Ich bin nicht so, Marcie.«

»Ja, ich weiß schon. Niemand ist mehr so – nur daß immer noch alle vor allen anderen weglaufen.«

Ich fing an, nach meinem Hemd zu suchen. »Ich laufe nicht weg. Wenn du wüßtest ...«

»Mhm. Du hast einen geheimen Auftrag. Wie alle anderen.« Sie warf sich ins Bett zurück und rollte sich in die Dekken, zog sich ein Kissen über den Kopf. »Geh einfach weg, Jim – leise! Okay?«

Ich setzte mich neben sie aufs Bett und schlüpfte in meine Schuhe. »Hör zu, ich komme wieder. In Ordnung? Wenn es nicht zu spät ist. Das möchte ich.«

»Spar dir die Mühe«, nuschelte sie unter dem Kissen heraus.

»Marcie, bitte sei nicht böse auf mich. Ich wünschte, ich könnte dir mehr sagen, aber das geht nicht.« Ich beugte mich vor, um sie zu küssen, aber sie ließ sich das Kissen nicht vom Kopf wegziehen. »Schön, wie du willst.«

Ich fuhr zum Hotel zurück und kam mir dabei wie etwas vor, das unter einem Stein herausgekrochen war und nicht wußte, warum. Verdammt – je mehr ich mir Mühe gab, ehrenhaft zu sein, desto schlimmer fühlte ich mich. Warum brachte ich es einfach nicht fertig, ein Scheißer wie Ted zu sein, bei dem alle sich überschlugen?

Die einzige Antwort, die mir darauf einfiel, war, daß ich mich einfach nicht darauf verstand, ein Scheißer zu sein. Ich war dazu verdammt, durchs Leben zu gehen und immer zu versichern, für alles eine Erklärung zu finden. Immer zu versuchen zu verstehen.

Ich schaltete ärgerlich das Terminal im Wagen ein und wählte Kanal fünfzehn. Es war ein Mitschnitt einer der Sitzungen bei der Konferenz, aber das Zuhören machte mich nur noch zorniger. Warum sendeten die diesen Bockmist überhaupt? Wenn diese Leute dumm sein wollten, dann war das ihre Sache – aber wieviele unschuldige Leute würden gefährdet werden, falls sie das glaubten, was sie hier hörten? Ich zitterte fast vor Zorn, als ich schließlich in die unterirdische Hotelgarage fuhr.

Ich kreiste in den Betoneingeweiden des Gebäudes. Da war eine Auffahrt mit der Markierung SERVICE und in die bog ich ein. Der Robotwächter tastete meine Karte ab, sah mein Gesicht an und gab mich ohne Frage frei. Der Lift überprüfte ebenfalls meine Identität, ehe er mich ins dreizehnte Stockwerk beförderte.

Als die Lifttüren sich öffneten, erwarteten mich keine bewaffneten Wachen. Ich atmete aus und merkte erst jetzt, daß ich während der ganzen Liftfahrt den Atem angehalten hatte.

Ich ging zu dem Zimmer, das sie mir zugewiesen hatten,

und identifizierte mich am Terminal. »Erbitte Anweisungen.«

Der Bildschirm wurde hell und blitzte dann: »Bitte warten Sie bis auf weiteres an diesem Ort.«

Was sollte denn das?

Ich saß vor dem Terminal und wartete, starrte den Schirm an. Wie lange?

Waren Wallachstein und die anderen bereits zusammengekommen und hatten über mein Schicksal entschieden? Während ich nicht anwesend war und nicht für mich sprechen konnte?

Ich ging in die Küche und holte mir etwas Tomatensaft und setzte mich dann wieder vor die Tastatur. Immer noch nichts. Ich dachte an Marcie. Ich konnte immer noch die Honigwärme ihres Haars riechen. Das erzeugte ein warmes Gefühl – bis mir die Bitterkeit meines abrupten Weggehens wieder einfiel. Ich fragte mich, ob sie mir verzeihen würde.

Nun, vielleicht konnte ich während des Wartens etwas tun. Ich löschte den Schirm und verlangte den Bibliotheksservice. Der Bildschirm blitzte: »Bedaure. Dieses Terminal ist gesperrt.«

Wie?

Ich versuchte es noch einmal. Dieselbe Antwort.

Ich zog meine Karte aus dem Leseschlitz und ging zur Türe. Sie ließ sich nicht öffnen. »Code ungültig.«

Ich kehrte um, stand mitten im Zimmer und sah mich nach einem anderen Ausweg um. Der Balkon?

Ich öffnete die Schiebetüre und trat hinaus, lehnte mich über das Geländer, um zu sehen, wie weit oben ich mich befand. Zu hoch. Dreizehn Stockwerke. Nicht der Sturz war das Gefährliche, sondern das abrupte Ende ganz unten.

Wenn ich über das Geländer zum nächsten Balkon kletterte? Nicht möglich. Die Balkons waren aus Sicherheitsgründen voneinander isoliert. Eine weitere Dienstleistung des sicherheitsbewußten Marriott Hotels.

Ich blickte noch einmal hinunter und ging dann ins Zimmer zurück und machte Inventur. Zwei Laken, übergroß. Zwei Decken, übergroß. Nicht genug. Selbst mit den Vorhängen würden mir wahrscheinlich vier Stockwerke fehlen.

Ich setzte mich wieder vor das Terminal und begann, meinen Tomatensaft zu trinken. Er war bitter. Meine Speicheldrüsen taten weh. Hatte ich eine andere Wahl?

Mir fiel nichts ein.

Warum wollte ich überhaupt entkommen?

Weil sie mich eingeschlossen hatten.

Und warum hatten sie mich eingeschlossen?

Weil sie Angst hatten, ich könnte irgendwann zu fliehen versuchen.

Und was war daraus zu entnehmen? Daß sie eine Entscheidung getroffen hatten? Daß sie etwas für mich geplant hatten, das mir vielleicht nicht passen würde?

Und ich war in aller Eile von Marcies Bett hergekommen? Kein Wunder, daß so viele Leute mich für verrückt hielten.

Ich leerte mein Glas in ein paar schnellen Schlucken, sank dann in den Stuhl zurück und starrte den unerbittlichen Bildschirm des Terminals an.

Er war völlig abgetrennt. Ehe er wieder reagieren würde, würde ihn jemand mit Prioritätscode freigeben müssen.

Ich dachte an Marcie und mein Versprechen, sie anzurufen. Nicht einmal das würde ich tun können.

Ich dachte an Wallachstein und seine kaum verschleierten Drohungen. War ich bei der psychiatrischen Untersuchung durchgefallen?

Wenn sie sich nun dafür entschieden, mich verschwinden zu lassen? Hatte ich nicht Anspruch auf einen fairen Prozeß – oder hatte ich den bereits gehabt? Wie würden sie es tun? Würde es eine Warnung geben? Und wie stellten sie es an, Leute verschwinden zu lassen?

Ich bemerkte, daß ich schwitzte. Ich konnte nicht still sitzen. Ich stand auf und suchte erneut das Zimmer ab, den Balkon die Türe …

Die Tür summte.

Ich wollte schon rufen »Wer ist da?« und lies es dann bleiben. Was, wenn es ein Erschießungskommando war? Würden sie es hier im Zimmer tun. Oder würden sie mich dazu woanders hinbringen?

Ich stand da und überlegte, ob ich um Hilfe rufen oder versuchen sollte, mich zu verstecken.

Ehe ich mich entscheiden konnte, glitt die Türe auf. »Darf ich hereinkommen?«

»Hm? Wer –?« Und dann erkannte ich ihn. Fromkin. Der Mann, der Erdbeeren und Lachs aß und dabei von globalen Hungerkatastrophen sprach. Das aufgeblasene Arschloch.

»Ich habe gesagt: ›Darf ich hereinkommen?‹ Ich störe doch nicht, oder?«

»Äh, nein – ich – äh, wie haben Sie die Türe aufbekommen?«

Er hielt mir eine Karte mit einem roten Streifen hin.

»Oh«, sagte ich.

Ich machte Platz, er trat ein, und die Türe schob sich zusammen. Ich sah sie an, wollte nachprüfen, ob sie sich jetzt auch mir öffnen würde, widerstand dann aber der Versuchung. Ich folgte ihm in das Zimmer und wir setzten uns. Er ließ sich mit einer gewissen Eleganz in den Sessel sinken. Wie alt er wohl sein mochte?

Er studierte mich einen Moment lang mit scharfen, dunklen Augen und sagte dann: »Ich bin hier, weil ein *gemeinsamer Freund* mir empfohlen hat, mit Ihnen zu sprechen. Verstehen Sie?«

»Keine Namen, hm?«

»Das ist richtig.« Und dann wiederholte er: »Verstehen Sie?«

Wallachstein hatte dieselbe Frage einige Male gestellt. Ein Satz kam mir in den Sinn: *Das Verständnis des Beschuldigten*. Das war eine wichtige juristische Betrachtungsweise. Es hatte einmal eine Entscheidung des Obersten Gerichtshofes gegeben, die sich damit befaßte. Ich fragte mich, ob dies hier auch Teil meines Verfahrens war?

»Ist das hier offiziell?« fragte ich.

Er blickte verstimmt. »Wenn Sie meine Frage nicht beantworten, muß ich gehen. Verstehen Sie?«

»Ja«, sagte ich schnell. »Ich verstehe. Und jetzt beantworten Sie meine Frage. Ist das ein offizieller Besuch oder was?«

»Wenn Sie es so sehen wollen, ja. Unser *gemeinsamer Freund* dachte, wir sollten ein wenig miteinander plaudern. Es ist zu Ihrem Nutzen.«

»Ist es das? Wirklich?«

Fromkin blickte verstimmt, ignorierte aber ansonsten die Frage und sagte: »Falls Sie sich wundern, ja. Ich habe Sie heute morgen gesehen – ja, und dann erinnere ich mich auch an gestern abend. Für jemanden, der erst gestern in die Stadt gekommen ist, lassen Sie die Leute schon sehr deutlich wissen, daß Sie hier sind.« Ich muß darauf wohl etwas verlegen geblickt haben, denn er fügte hinzu: »Ich will fair sein; ganz allein Ihre Schuld ist es nicht. Diese Stadt ist heutzutage auch nicht viel mehr als ein Dorf. Der zweitwichtigste Sport, den man hinter den Türen betreibt, ist hier Klatsch über den wichtigsten Sport – und wer welche Position spielt. Sie und Ihr Freund sind da einfach hineingeraten, das ist alles.«

»Wir sind keine wirklichen Freunde. – Und … in was hineingeraten?«

Fromkin kratzte sich am Kopf. »Äh, lassen Sie es mich so erklären. Es gibt da eine bestimmte Gruppe von Leuten, die, wenn man den Gerüchten glauben darf, sehr wichtig ist. Obwohl niemand weiß, wer der Gruppe angehört oder wer was tut oder selbst was die Gruppe angeblich tut, so vermuten doch alle, daß jeder, der irgend etwas weiß, zu der Gruppe gehören muß. Und zufälligerweise treffen diese Vermutungen meistens sehr genau zu. Wenn also eine jener mutmaßlich wichtigen Personen plötzlich von ihren – äh, persönlichen Angelegenheiten abgerufen wird, um eine *sehr wichtige Lieferung* hereinzubringen, nun, dann führt das natürlich ganz automatisch zu ziemlichem Interesse für diese Lieferung.«

Ich brauchte einen Augenblick, um das in verständliche Begriffe zu übersetzen, und dann noch einmal einen Augenblick, bis es ganz zu mir durchgedrungen war. Richtig. Es war schlimmer, als ich dachte. Ich sagte: »Ted und ich sind nicht in dem Sinn Freunde, wie Sie es meinen. Und ich weiß auch nicht, wie wichtig unsere Lieferung war – uns hat man gesagt, das sei sie keineswegs.«

»Das weiß ich nicht.« Fromkin spreizte die Hände in einer Geste der Unschuld. »Das ist es auch nicht, worüber ich sprechen möchte. Macht es Ihnen etwas aus, wenn ich das aufzeichne?« Er hob seinen Recorder, ich schüttelte den Kopf, und er schaltete ihn ein. »Haben Sie Mitschnitte von den Konferenzen gesehen?«

»Nur ganz wenig. Als ich heute abend hierher zurückfuhr, habe ich ein Stück davon gesehen.«

»Was haben Sie gesehen?«

»Eine Menge Unsinn. Wie man mit den Würmern umgehen soll. Allem Anschein nach gibt es da eine Gruppe, die friedlichen Kontakt herstellen will.«

»Glauben Sie, daß das möglich ist?«

»Nein.«

»Warum nicht?«

Ich blinzelte. »Äh, Sie wissen nicht sehr viel über die Chtorraner, oder?«

»Das hat damit nichts zu tun. Ich habe Sie nach *Ihrer* Meinung gefragt.«

»Ich habe noch nie einen Chtorraner gesehen, der plaudern wollte. Wir hatten nie eine andere Wahl, als sie zu töten.«

»Wieviele Chtorraner haben Sie gesehen?«

»Lebend oder auf Bildern?«

»Insgesamt.«

»Äh, nun – ich habe die Fotos von Show Low gesehen ...«

Fromkin nickte wissend. »Weiter.«

»... und ich habe das Nest gesehen, das ich heute morgen erwähnte. Das mit dem vierten Chtorraner. Den ich verbrannt habe.«

Er wartete. »Ist das alles?«

»Äh – nein, da war noch einer. Der hier im Wissenschafts-Center.«

Seine Augen verengten sich. »Erzählen Sie«, sagte er langsam.

Ich schüttelte den Kopf. »Ich war nur ... dort.«

Er sah mir in die Augen und sagte: »Ich weiß über diese Sitzungen Bescheid, junger Mann. Ist das, was Sie gesehen haben, eine davon?«

Ich nickte. »Da waren ein paar Hunde. Die haben sie an den Chtorraner verfüttert. Lebend. Wissen Sie davon?«

Fromkin sagte: »Es heißt, daß Chtorraner kein totes Fleisch essen; sie müssen ihre Beute lebendig essen.«

»Das stimmt. Zumindest soweit es mir bekannt ist.«

»Mm hm. Und das sind alle Chtorraner, die Sie gesehen haben?«

»Ja.«

»Sind Sie ein Experte für das Thema Chtorraner?«

»Nein, natürlich nicht. Aber ich hatte mehr Erfahrung mit ihnen als die meisten anderen Leute – zumindest die, die noch leben und darüber reden können. Einige von diesen Arschlöchern heute nachmittag redeten davon, man müsse sich mit den Chtorranern anfreunden. Und das ist genausowenig möglich, wie ein Steak sich nicht mit einem Hund anfreunden kann – höchstens von innen.«

»Könnte es nicht sein, daß Ihre Erfahrung mit Chtorranern beschränkt ist, und daß das, die Art und Weise, wie Sie sie wahrgenommen haben, etwas abgefärbt hat ...?«

»Sie meinen, vielleicht gibt es friedliche, und ich weiß nichts davon?«

Er nickte.

Ich wog die Möglichkeit ab. »Nun, ja – vielleicht gibt es wirklich friedliche. Ich habe noch nie von welchen gehört. Und ich glaube, sonst auch niemand – sonst hätten wir es wohl inzwischen erfahren. Jemand hätte dann heute nachmittag etwas gesagt. Jemand würde darüber Bescheid wissen, oder nicht?«

Fromkin gab keine Antwort.

»Was soll das überhaupt alles?« fragte ich.

Er schüttelte den Kopf. »Nur zur Information. Rohmaterial. Sie wissen schon. Man kann die Wahrheit nur dann sehen, wenn man sie von verschiedenen Standpunkten aus gleichzeitig betrachtet.«

Ich schüttelte den Kopf. »Sie sammeln keine Informationen. Sie suchen nach etwas ganz Bestimmtem.«

»Sie sind zu argwöhnisch. Ich bin Zivilist, junger Mann. Können wir fortfahren?«

»Kommt noch mehr?«

»Nur ein wenig. Heute nachmittag haben Sie sich vor eine ganze Anzahl Menschen hingestellt und gesagt, Sie hätten einen Menschen verbrennen müssen, weil er von einem Wurm angegriffen wurde.«

»Ja, das habe ich.« Etwas in mir bestand darauf, daß ich so

etwas wie Barrikaden gegen die Fragen dieses Mannes aufbaute, aber etwas anderes in mir bestand darauf, die Wahrheit zu sagen, gleichgültig, wer es hörte. Die einzige Möglichkeit, die Chtorraner zu besiegen, bestand darin, daß alle die Wahrheit sprachen. Und so fügte ich hinzu: »Das war das Barmherzigste, was ich tun konnte.«

»Barmherzig?« Er hob die Brauen. »Woher wissen Sie das?«

»Wie bitte?«

Sein Gesichtsausdruck hatte sich verhärtet. »Waren Sie je auf der falschen Seite eines Flammenwerfers?«

»Nein, das war ich nicht.«

»Woher bekommen Sie dann Ihre Informationen?«

»Das ist es, was Shorty mir gesagt hat.«

»Wer ist Shorty?«

»Der Mann, den ich verbrennen mußte, *Sir.*« Den Titel setzte ich bewußt hinzu.

Fromkin schwieg einen Augenblick lang, so als untersuchte er das Gehörte daraufhin, ob es vielleicht vermint war. Schließlich sagte er: »Jemand, der es *weiß,* hat mir gesagt, daß Tod durch Feuer das Schrecklichste ist, was man sich vorstellen kann. Wenn man von Napalm getroffen wird, dann kann man spüren, wie das Fleisch sich in Flammen verwandelt.«

»Sir«, sagte ich steif, »bei allem Respekt: Wenn einen die Feuerwelle aus einem Flammenwerfer trifft, dann ist keine Zeit mehr, Hitze oder Schmerz zu empfinden. Das ist ein plötzliches Absteigen in die Bewußtlosigkeit.«

Fromkin blickte skeptisch.

»Ich war dort, Sir. Ich hab gesehen, wie schnell es passiert ist. Da war keine Zeit für Schmerz.«

Er studierte das Gehörte ein paar Augenblicke lang. »Und wie ist es mit Schuldgefühl?« fragte er schließlich. »War dafür Zeit da?«

»Hm?«

»Fühlen Sie sich wegen dem, was Sie getan haben, schuldig?«

»Schuldig? Ich habe getan, was ich tun mußte! Was man mir befohlen hatte! Ich habe es nie in Frage gestellt! Zum Teufel, *ja,* ich fühle mich schuldig! Und ich schäme mich und ich komme mir beschissen vor und tausend andere Dinge, für die es keinen Namen gibt!« Und dann war es, als platzte etwas auf. »Was soll das alles überhaupt? Urteilen Sie auch über mich? Hören Sie, ich hab schon genug Schwierigkeiten, meinen eigenen Maßstäben zu entsprechen – verlangen Sie bloß nicht, daß ich auch noch den Ihren entspreche! Ich bin sicher, daß Ihre Antworten besser sind als die meinen. Schließlich ist Ihre Integrität noch nicht von den brutalen Tatsachen der Praxis besudelt! Ich bin der Typ, der abdrücken mußte! Wenn es eine bessere Antwort gibt, glauben Sie dann nicht, daß ich die auch kennen möchte? Glauben Sie nicht, daß ich als erster das Recht darauf habe? Kommen Sie doch mit mir in die Berge und zeigen Sie's mir! Ich wäre ja froh, wenn ich feststellen könnte, daß Sie recht haben. Aber wenn es Ihnen nichts ausmacht, ich behalte so lange meinen Brenner – schußbereit und geladen –, nur für den Fall, daß Sie unrecht haben sollten!«

Er wartete geduldig, bis ich fertig war. Und auch dann gab er noch nicht gleich Antwort. Er stand auf, ging in die Küche und holte sich eine Flasche Wasser aus dem Kühlschrank. Er nahm ein Glas, füllte es mit Eis, kam ins Wohnzimmer zurück und goß langsam das Wasser über die Eiswürfel. Er ließ sich in seinen Sessel sinken, trank einen Schluck und studierte mich über den Glasrand hinweg. Als er dann sprach, war seine Stimme ruhig und leise. »Sind Sie fertig?«

»Ja. Für den Augenblick.«

»Gut. Ich möchte Ihnen jetzt einige Fragen stellen. Ich möchte, daß Sie über ein paar Dinge nachdenken. Allright?«

Ich nickte. Dann verschränkte ich die Arme über der Brust.

»Danke. Und jetzt sagen Sie mir dies: Welchen Unterschied macht es? Vielleicht ist es barmherzig, einen Mann zu verbrennen, vielleicht ist es das nicht. Vielleicht spürt er wirklich nichts – und vielleicht ist es die schierste Form des Schmerzes, ein Augenblick der ausgesuchten Hölle. Welchen Unterschied macht es, Jim, ob ein Mann zerdrückt im Maul eines Chtorraners stirbt, oder von Napalm verbrannt wird? Er ist trotzdem tot. Welchen Unterschied macht es?«

»Wollen Sie, daß ich darauf antworte?«

»Ja, nur zu«, sagte Fromkin. »Probieren Sie's.«

»Es macht keinen Unterschied – nicht so, wie Sie die Frage stellen.«

»Falsch«, sagte er. »Für den, der abdrücken muß, macht es einen riesigen Unterschied.«

Ich sah ihn an. »Tut mir leid. Das sehe ich nicht so.«

»Gut. Dann versuchen Sie es einmal so. Was ist wichtiger – Chtorraner zu töten oder Leben zu retten?«

»Ich weiß nicht.«

»So? Wen muß ich fragen, um darauf eine Antwort zu bekommen?«

Hm? Whitlaw pflegte dieselbe Frage zu stellen. Wenn ich nicht wußte, was ich dachte, wer wußte es dann? Und so sagte ich: »Leben zu retten.«

»Gut. Was müssen wir also tun, um Leben zu retten?«

Ich grinste. »Chtorraner töten.«

»Gut. Und was passiert, wenn ein menschliches Wesen dazwischen kommt? Nein, lassen Sie mich das anders formulieren. Was wäre passiert, wenn Sie versucht hätten – wie hieß er, Shorty? – zu retten?«

»Dann hätten wir beiden den Löffel weggelegt.«

Fromkin nickte. »Gut. Was ist also wichtiger: Chtorraner töten oder Leben retten?«

»In diesem Fall: Chtorraner töten.«

»Mhm. Hat es also etwas zu sagen, welche Rechtfertigung Sie gebrauchen?«

»Wie?«

»Hat es etwas zu sagen, ob Sie glauben, daß ein Mann schmerzlos unter der Flamme stirbt oder nicht?«

»Nun, nein, wahrscheinlich nicht.«

Er nickte. »Und wie empfinden Sie jetzt darüber?«

Ich schüttelte den Kopf. »Ich weiß nicht.« Ich kam mir innerlich völlig zerrissen vor. Ich machte den Mund auf, um zu sprechen, schloß ihn dann aber wieder.

Wieder sah er mich mit gehobener Braue an.

»Ich weiß nicht«, wiederholte ich.

»Also gut«, sagte er. »Lassen Sie mich so fragen: Würden Sie es wieder tun?«

»Ja.« Ich sagte es, ohne zu zögern.

»Sind Sie da sicher?«

»Ja.«

»Danke. Und wie würden Sie sich dabei fühlen?«

Ich erwiderte seinen Blick ohne Scham. »Beschissen. Etwa genauso wie ich mich jetzt fühle. Aber ich würde es trotzdem tun. Mir ist gleichgültig, wie die Vorschrift lautet.« Und dann fügte ich hinzu: »Das Wichtige ist, Chtorraner zu töten.«

»Darin sind Sie jetzt richtig hartnäckig, wie?«

»Ja, ich denke schon.«

Er atmetete tief und schaltete dann seinen Recorder ab. »Okay, ich bin fertig.«

»Habe ich bestanden?«

»Bitte?«

»Ihren Test – das war doch kein Interview. Das war eine Prüfung. Habe ich bestanden?«

Er blickte von seinem Recorder auf und sah mir gerade in die Augen. »Wenn das eine Prüfung gewesen wäre, dann wären Sie wegen dem, was Sie gerade gesagt haben, wahrscheinlich durchgefallen.«

»Nun ja.« Ich hatte immer noch die Arme über der Brust verschränkt. »Wenn mein Verhalten zu wünschen übrig läßt, dann gilt das auch für die Art und Weise, wie man mich behandelt. Wir sind also quitt.«

Er stand auf und ich ebenfalls. »Beantworten Sie mir eine Frage. Gibt es friedliche Chtorraner?«

Er sah mich ausdruckslos an. »Ich weiß nicht. Was glauben Sie?«

Ich gab keine Antwort, sondern folgte ihm einfach zur Türe. Er schob seine Karte in den Schlitz, und die Türe glitt für ihn auf. Ich versuchte, ihm nach draußen zu folgen, aber im Korridor warteten zwei bewaffnete Posten.

»Tut mir leid«, sagte Fromkin. Zum erstenmal wirkte er verlegen.

»Mir auch«, sagte ich und trat zurück. Die Türe schloß sich vor mir wieder.

EINUNDDREISSIG

Ich stand da und starrte die gottverdammte Türe eine halbe Minute lang an, ohne ein Wort zu sagen.

Dann legte ich beide Hände gegen die Türfüllung und drückte. Das Metall war kalt.

Ich legte den Kopf an die Türe, und meine Hände ballten sich zu Fäusten.

»Scheiße!«

Und dann sagte ich noch eine ganze Menge anderer Wörter.

Ich fluchte, so lange ich konnte, ohne mich zu wiederholen, und ging dann ins Spanische über und machte weiter.

Und als ich schließlich nicht mehr weiterkonnte, fühlte ich mich auch nicht besser als am Anfang.

Ich fühlte mich ausgenutzt. Verraten. Und dumm.

Ich begann wieder, in dem Apartment auf und ab zu gehen. Jedesmal, wenn ich an dem Terminal vorbeikam, trat ich dagegen. Dieser nutzlose Schrott. Ich konnte ihn nicht einmal dazu gebrauchen, um mir Essen aufs Zimmer zu bestellen.

Ich wanderte in die Küche und öffnete den Kühlschrank; er war überraschend gut ausgestattet, aber ich hatte keinen Hunger. Ich war zornig. Ich fing an, Schubladen aufzuziehen. Jemand hatte mit Bedacht alle Messer entfernt.

Und Fluchen half jetzt auch nichts mehr. Dabei trocknete mir nur die Kehle aus. Und ich kam mir albern vor. In dem Augenblick, in dem man mit Fluchen aufhört, beginnt man zu begreifen, wie dumm es doch aussieht.

Dabei wollte ich nichts anderes, als es denen zeigen.

Ich ging in das Wohnzimmer der Suite zurück und versetzte dem Terminal einen weiteren Tritt. Einen ziemlich kräftigen – fast wäre es dabei umgefallen, aber ich konnte es noch rechtzeitig auffangen. Und dann ertappte ich mich, wie ich mich fragte, warum ich das eigentlich tat. Das verdammte

Ding wollte nicht mit mir kommunizieren, und ich war ihm schließlich auch keinen Gefallen schuldig.

Ich stieß es von seinem Sockel auf den Boden.

Es traf mit einem dumpfen Knall auf.

Ich hob es auf und schüttelte es. Es klang nicht so, als ob etwas zerbrochen wäre.

»Ich weiß ...« Ich trug es zum Balkon hinaus und warf es hinunter.

Es hüpfte und kratzte an der etwas schrägen Gebäudewand nach unten und zersplitterte mit einem schrecklich befriedigenden Krachen auf dem Betonboden in der Tiefe.

Ich warf den Ständer nach.

Und dann einen Sessel.

Und eine Lampe.

Und einen kleinen Tisch.

Der Fernsehschirm war mit der Wand verschraubt. Ich schlug mit dem zweiten Stuhl danach – ich mußte dreimal hinschlagen, bis er zerbrach – und warf den Stuhl dann hinter dem anderen her.

Was noch?

Den Mikrowellenherd.

Den Nachttisch aus dem Schlafzimmer.

Drei weitere Stühle.

Zwei weitere Lampen.

Den Tisch aus der Eßnische.

Einen Fußschemel.

Sämtliche Kleiderbügel aus dem Schrank.

Die meisten Handtücher und Laken.

Eine Matratze und einen Sprungfederrahmen. Die zwei letztgenannten waren besonders schwierig zu bewegen.

Während ich mit dem Sprungfedergestell beschäftigt war, bemerkte ich, daß sich drunten eine Menschenmenge angesammelt hatte – in sicherer Distanz natürlich. Sie spendeten jedem neuen Akt der Vernichtung Beifall. Und der Beifall wurde immer lauter.

Als dann das Bettgestell in die Tiefe segelte, kam es zu einer Ovation.

Ich fragte mich, womit ich das wohl würde übertreffen können. Ich begann, die Küche auszuleeren.

Sämtliche Teller – es klang herrlich, wie sie unten auf der Straße zerklirrten – und alle Töpfe und Pfannen.

Den Inhalt des Kühlschranks – und der Regale.

Fast das gesamte Wasser in Flaschen. Ich öffnete mir eine und nahm einen Schluck. Dann stand ich auf dem Balkon, holte Atem und fragte, warum wohl niemand heraufgekommen war, um diesem Regen des Schreckens Einhalt zu gebieten. Ich leerte die Flasche, und dann segelte auch sie in die Nacht hinaus, um irgendwo in der Tiefe unter mir zu zersplittern.

Ich blickte in das Apartment zurück. Was noch? Was war mir entgangen?

Die Bar!

Ich beschloß, mit dem Bier anzufangen. In einer Kühlbox unter der Theke war ein fast volles Faß. Es klapperte und dröhnte bis fast nach unten und explodierte beim Aufprall in einer schaumigen Fontäne. Schreie von den Leuten, die davon bespritzt wurden, drangen zu mir herauf. Dann folgte die Kühlbox dem Faß. Scheiße! War denn sonst gar nichts mehr eingebaut? Was für lausige Arbeit war das auch?

Ich hielt in einer ausholenden Bewegung inne, eine schon halb hinausgeschleuderte Flasche Scotch, in der Hand.

Nein. Einige Dinge sind heilig.

Wie sagte Onkel Moe immer? Man soll nie eine Flasche töten, ohne sie zuerst zu grüßen. Richtig.

Ich nahm einen Schluck und schleuderte sie in den Tod.

Von dem Scotch waren drei Flaschen da. Ich grüßte jede einzelne davon. Dann ermordete ich den Bourbon. Ich begann zu erkennen, daß ich kleinere Schlucke nehmen mußte. Die Bar war recht gut eingerichtet.

Jetzt ging ich auf den Rum los, den hellen und dann den dunklen.

Vernichtete den Wodka.

Exekutierte den Gin.

Vergewaltigte den *Vin rosé*.

Jetzt kamen weniger Schreie von drunten herauf. Offenbar hatte ich den größten Teil meiner Zuhörerschaft verloren, seit ich aufgehört hatte, mit größeren Sachen zu werfen. Nun, meinetwegen: Für den Ungebildeten mag ein Spektakel eindrucksvoll sein, aber der wirkliche Künstler strebt nach Eleganz.

Ich taumelte zurück und machte mit den Likören und den Branntweinen weiter. Den Sherry hob ich mir für zuletzt auf – schließlich war es ein Getränk, das man nach dem Abendessen zu sich zu nehmen pflegt.

Auf einem Glasregal stand eine Auswahl verschiedener Gläser. Sie folgten den Flaschen. Und dann das Regal.

Ich stöberte in dem Raum herum und suchte nach Dingen, die mir bisher entgangen waren. Da war nicht viel. Ich fragte mich, ob ich wohl den Teppich aufrollen konnte.

Nein, das konnte ich nicht – das Stehen bereitete mir zu große Schwierigkeiten.

Außerdem mußte ich zuerst pinkeln. Ich stolperte ins Badezimmer und übergab mich. Dann pinkelte ich.

»Wie wär's mit einer Dusche?« stieß ich hervor. »Okay«, pflichtete ich mir bei und drehte das Wasser auf. Ich fand ein Handtuch, das ich vergessen hatte hinunterzuwerfen, und Seife. Und eine Schachtel mit Alka-Seltzer im Medizinschränkchen. Nein – zum Nüchternwerden war ich noch nicht bereit. Ich legte sie beiseite.

Die Dusche hatte eine einmalige Akustik. Die Resonanz war perfekt für Gesang geeignet. Mehr Ermutigung brauchte ich nicht. *»Als junger Mann in Venusport betrieb ich dort den schönsten Sport ...«* Ich sang das ganze Libretto von *Eine Doppeldosis Liebe* und dann *A Bisexual Built for Two,* ehe mir die Seife ausging.

Das war das schöne an Hotels – das heiße Wasser geht einem da nie aus.

Aber singen kann man ohne Seife nicht. Man fühlt sich dabei einfach nicht richtig.

Ich drehte das Wasser ab, fand das vergessene Handtuch und begann mein Haar zu trocknen. Immer noch singend und mich frottierend ging ich ins Wohnzimmer ...

Wallachstein, Lizard und die zwei anderen standen dort und warteten auf mich.

»Äh ...«, sagte ich. »Hallo.« Und schlang mir das Handtuch um die Hüfte. »Darf ich Ihnen, äh – einen Platz anbieten?« Nur Lizard lächelte, drehte dann aber den Kopf zur Seite, um es zu verbergen. Die anderen blickten nur sehr finster.

»Danke«, sagte Colonel Wallachstein. »Ich glaube, wir stehen lieber.«

»Nun«, sagte ich, »nett von Ihnen, daß Sie so einfach reinplatzen. Wenn Sie vorher angerufen hätten, hätte ich ein wenig Ordnung gemacht.«

Falls Wallachstein zornig war, so wußte er das gut zu verbergen. Seine Stimme blieb ruhig und ausdruckslos. Seine dunklen Augen waren nicht zu lesen. Er wies auf das leere Zimmer. Ich hatte es so gut wie ausgeräumt. »Gibt es dafür eine Erklärung?«

Ich veränderte meine Haltung, in der Hoffnung, so selbstbewußter zu wirken. »Ja, ich habe mich gelangweilt.«

»Wie bitte?«

»Jemand hat mich eingeschlossen. Das Terminal abgeschaltet. Ich hatte nichts anderes zu tun. Ich begann, mit den psychoakustischen Eigenschaften fallender Gegenstände zu experimentieren, und versuchte herauszufinden, welche Haushaltsgegenstände am befriedigendsten krachen.«

»Aha ... und was haben Sie herausgefunden?«

»Keramische Lampen sind sehr nett. Ebenso Bierfässer. Und fast jede mit Flüssigkeit gefüllte Flasche. Stühle und Matratzen sind eindrucksvoll aber langweilig.«

Wallachstein nickte nachdenklich. »Ich werde mir das für die Zukunft merken. Falls ich je in eine Situation gerate, wo ich das brauche.« Er sah mich neugierig an. »Wollen Sie noch etwas hinzufügen?«

»Ja, ich denke schon«, sagte ich. Ich fing ganz langsam an. »Zum einen würde ich gerne wissen, weshalb man mich hier eingesperrt hat! Sie haben mich gebeten, mit Ihnen zu kooperieren. Garantieren Sie das auf die Weise? Oder läuft da noch etwas, wovon ich nichts weiß? Haben Sie und Ihr nicht existierender Ausschuß bereits über mein Schicksal entschieden? Existiere ich noch? Ich nehme an, in der Angelegenheit interessiert Sie meine Meinung nicht? Und weil ich schon gerade dabei bin, würde ich gerne wissen, was eigentlich aus fairen Prozessen geworden ist? Ich weiß nicht einmal, was man mir vorwirft! Ich glaube, ich will einen Anwalt haben, ehe wir fortfahren.« Ich verschränkte die Arme über der Brust – und mußte nach meinem Handtuch greifen, um zu verhindern, daß es herunterfiel. Ich nahm meine Pose wieder ein, aber die Wirkung war dahin.

Wallachstein ließ sich einen Augenblick Zeit, ehe er antwortete. Er sah sich im Zimmer um, als suchte er einen Platz zum Hinsetzen, und sah dann wieder mich an. »Ja – ich nehme an, dafür müssen wir uns bei Ihnen entschuldigen. Es war ein Fehler.«

»War es das?« fragte ich. »Wie kommt es eigentlich, daß alles immer ein Fehler ist? Macht denn hier niemand mehr etwas absichtlich?«

»So wie mit den Möbeln?« meinte er.

»Ja, wie mit den Möbeln! Das war absichtlich.« Ich schob mein Kinn vor in der Hoffnung, daß das aggressiv wirkte. »Wollen Sie, daß ich dafür bezahle? Ich habe fünfzigtausend Caseys.«

Er schüttelte den Kopf und hob die Hand. »Sparen Sie sich die Mühe. Dieser Raum existiert nicht. Ebensowenig das Mobiliar. Und ich auch nicht. Und vielleicht – Sie auch nicht. Wenn Sie jetzt den Mund halten und mir einen Augenblick zuhören würden ...«

Das nahm mir den Wind aus den Segeln. Ich hielt den Mund.

»Die Tatsache, daß man Sie gegen Ihren Willen festgehalten hat, ist bedauerlich. Ich übernehme dafür die volle Verantwortung. Ich habe eine Anweisung erteilt, und die ist falsch interpretiert worden. Ich bitte um Entschuldigung. Ich kann Ihre Reaktion verstehen – und sie nachempfinden. Tatsächlich ist das ein sehr gutes Zeichen. Es deutet daraufhin, daß Sie einen Wesenszug haben, der nicht nur unabhängig, sondern gelegentlich geradezu antisozial ist. Für unsere Zwecke sind das wertvolle Wesenszüge.« Er rieb sich nachdenklich das Kinn und fuhr fort: »Was nun Ihre anderen Fragen betrifft: Es hat keine Anhörung stattgefunden. Sie standen nie vor Gericht. Man hat Sie nie unter Anklage gestellt. Verstehen Sie?«

»Äh ...« Da war diese Frage wieder. »Ja, Sir. Ich verstehe.«

»Gut. Die Aufzeichnungen sind nicht vernichtet worden.

Die Akten enthalten keinerlei Hinweise darauf, daß Sie die Sicherheitsvorschriften gebrochen haben. Ferner habe ich eine Kopie Ihrer Befehle, die Sie gestern morgen *schriftlich* erhalten haben, zu den Akten gegeben, Befehle, die Sie anwiesen, die Information über den vierten Chtorraner den Mitgliedern dieser Konferenz in jeder geeigneten Form zur Kenntnis zu bringen. Verstehen Sie?«

»Äh, ja, Sir.«

»Gut. Und jetzt ziehen Sie sich an. Es gibt noch etwas anderes zu besprechen, und ich würde vorziehen, das in etwas formellerer Weise zu tun.«

»Ja, Sir.« Ich zog mich in das Badezimmer zurück, nahm einige Alka-Seltzer und schlüpfte in meine Kleider. Während ich mir mit der Bürste über das Haar fuhr, konnte ich erhobene Stimmen hören. Eine davon war die von Lizard.

Sie sagte: »... immer noch anderer Meinung. Das ist nicht fair.«

»Das ist im Leben nun einmal so, Major! Wir sind alle ersetzbar.« Ich erkannte die Stimme nicht? Der Dunkelhäutige?

»Das ist aber nicht der entscheidende Punkt! Es geht um diese Operation! Das ist schmutzig!«

»Es ist notwendig. Die Umstände zwingen dazu. Die Entscheidung ist bereits getroffen ...«

Und dann war plötzlich Stille – so als hätte jemand erkannt, wie laut sie alle geworden waren, und als hätte dieser Jemand sie zum Schweigen gebracht. Ich sah mich mit gerunzelter Stirn im Spiegel an. Was, zum Teufel, ging jetzt wieder vor? In was für ein Fuchsloch fiel ich denn diesesmal?

Ich spritzte mir Wasser ins Gesicht, rieb mich dann mit dem Handtuch trocken, zählte bis zehn und kehrte ins Zimmer zurück.

Nur Wallachstein war noch übrig. Die anderen waren gegangen. Lizard. Die japanische Dame. Der Dunkelhäutige.

Wallachstein sagte: »Ich hab die anderen gebeten, jetzt zu gehen. Es fing an, ein wenig laut zu werden.«

»Etwas, das ich nicht hören sollte?«

»Vielleicht. Ich habe Ihnen einen Job anzubieten. Ziemlich gefährlich. Aber ich glaube, Sie sind dafür qualifiziert.«

»Warum?« fragte ich.

»Weil Sie einer der wenigen hier Anwesenden sind, der über eine wissenschaftliche Ausbildung und über Erfahrung mit den Chtorranern verfügt.«

»Was ist das für ein Job?«

»Ich möchte Sie in die Abteilung für Chtorraner-Kontrolle versetzen.«

»Ich dachte, dort wäre ich bereits.«

Er schüttelte den Kopf. »Es handelt sich nicht um einen Dauereinsatz. Wir versuchen auf die Weise nur, die Linien zu halten und uns zusammenzureimen, womit wir es wirklich zu tun haben. Wir bauen etwas auf, das ein wenig *verantwortlicher* ist. Sie werden in etwa dasselbe tun, was Sie in Alpha Bravo getan haben – Sie werden Nester ausfindig machen und zerstören. Der einzige Unterschied ist, daß wir das Team dazu benutzen werden, um Methoden zu entwickeln, Chtorraner lebend einzufangen, wenn wir das können. Das einzige lebende Exemplar, das wir bis zur Stunde besitzen, ist möglicherweise atypisch. Wie ich höre, haben Sie es gesehen.«

Ich nickte.

»Nun, was meinen Sie dazu, McCarthy?«

Ich zuckte die Achseln. »Es ist nicht gerade das, was ich vorhatte. Ich möchte hier mit dem Wissenschaftszentrum zusammenarbeiten. Ich möchte das zu Ende bringen, was ich angefangen habe.«

Wallachstein tat meinen Einwand mit einem Achselzucken ab. »Sparen Sie sich die Mühe. Soll doch einer von Mollys Knopfdrückern damit spielen. Wir finden diese Dinge jedesmal, wenn wir eine Hütte finden. Der einzige Grund, daß wir sie immer noch sammeln, ist, daß wir Dr. Partridges Abteilung so mit Arbeit eindecken wollen, daß sie nicht anderswo in Schwierigkeiten gerät. Bis jetzt wirkt das. Wir haben einen Mann in ihrer Abteilung untergebracht, der uns informieren soll, wenn sich etwas Interessantes ergibt. Ich glaube, Sie haben ihn kennengelernt. Übrigens, das war saubere Arbeit, wie Sie sich zusammengereimt haben, daß die Chtorraner unter einer roten Sonne leben.«

»Danke. Aber die Arbeit ist noch nicht abgeschlossen.«

Er schüttelte den Kopf. »Das ist unwichtig. Diese Proben sind unwichtig.«

»Warum hat man uns dann mit hoher Priorität hierhergeflogen?«

»Das müssen Sie schon selbst herausfinden. Was haben Sie denn geliefert?«

»Tausendfüßler. Pflanzen. Proben ...«

»Wertlos. Das haben wir alles schon.«

»... chtorranische Eier!«

»Mhm. Vielleicht. Das werden wir wissen, wenn sie ausschlüpfen.« Wallachstein war sichtlich nicht beeindruckt. »Was noch? Was haben Sie gebracht, das fünfzigtausend Caseys wert ist?«

»Oh!« Die Kassette. »Die Aufzeichnung.«

Wallachstein nickte. »Das andere Zeug war nur Tarnung. Offen gestanden, ich wünschte, Sie hätten es dort gelassen.«

»Ja? Warum?«

»Sehen Sie sich doch um. Sehen Sie diese Stadt? Sieht so aus, als hätte sie überlebt, stimmt's? Falsch. Sie ist zu groß. Nicht zu unterhalten. Wir haben nicht genügend Leute. Nur eine Frage der Zeit, bis hier alles zusammenbricht.«

»Ich dachte, die Regierung wollte die Leute in die Städte zurückbringen.«

»Das will sie auch. Aber militärisch betrachtet ist das keine so gute Idee. Was, wenn es wieder zu einer Seuche kommt? Dann verlieren wir noch einmal alles. Das dürfen wir nicht riskieren. Wir sind mehr denn je überzeugt, daß Dezentralisierung das Gebot der Stunde ist, besonders, was unsere Labors angeht. Ich möchte, daß jede Einheit im Lande die Chtorraner unabhängig studiert. Bis Ende nächsten Monats steht das Netz, dann sind Sie jederzeit mit allen, die daran arbeiten, in Verbindung. Das könnte ich Ihnen anbieten. Sie werden mit einigen unserer besten Leute in Verbindung stehen.«

»Ich verstehe das nicht«, sagte ich. »Heute nachmittag war ich Ihnen noch lästig. Peinlich, unangenehm. Was hat sich geändert?«

»Wir haben uns einfach überlegt, wie man aus einer Verbindlichkeit einen Aktivposten machen kann, sonst gar nichts.« Er lächelte sanft. »Sie sind nicht dumm, McCarthy. Nicht, wenn Sie sich hinter ein Terminal setzen. Aber manchmal sehen Sie wirklich nicht, was Sie vor sich haben. Ich hätte gedacht, Sie hätten es inzwischen kapiert.«

»Nun, das habe ich nicht.«

»Es ist ganz einfach. Sie sind ganz besonders wertvoll. Sie wissen etwas, das sonst niemand weiß. Sie wissen, daß es manchmal vier Chtorraner in einem Nest gibt.«

»Aber niemand glaubt mir.«

»Ich schon«, sagte er. »Und eine Menge anderer Leute auch. Einige sehr wichtige Leute.«

»Hm?«

»Diese Spule. Sie haben einen Helm getragen, erinnern Sie sich?«

Ich brauchte eine Sekunde, um zu begreifen, wovon er redete. »Aber – Obama hat doch gesagt, daß bei der Aufzeichnung etwas schief gegangen ist.«

»Sie hat Sie nur geschützt. Sie wußte nicht, ob es wichtig war. Alleine konnte sie die Auswirkungen nicht bewerten. Also hat sie es über einen Sonderkanal weitergegeben. Sie haben die Spule mitgebracht.«

»Sie haben sie gesehen?«

Er nickte. »Wir alle. Und den Befund. Dabei kann einem richtig Angst werden.«

Einen Augenblick lang hatte ich Atemschwierigkeiten.

»Alles in Ordnung bei Ihnen?«

»Nein«, sagte ich. Ich sah ihn an. Ich konnte spüren, wie mein Herz schneller schlug. »Ich muß das wissen. Was ist auf dem Band zu sehen? Habe ich ... Mist gebaut? Ich meine – hätte ich Shorty retten können?«

Und er sagte leise: »Ja.«

Mir war, als wäre eine Mauer der Schuld über mir zusammengebrochen. Ich sank auf den Boden, auf die Knie. Der Schmerz, den ich empfand, war so überwältigend, daß ich keine Träne herausbrachte. Ich stützte die Hände auf den Teppich, um nicht umzufallen. Ich hatte das Gefühl, ich stürzte. Mein Kopf brannte, und ich war in ihm gefangen. Ich wollte mich übergeben. Mein Magen bäumte sich auf. Ich wollte sterben ...

Als ich wieder zu mir kam, lag mein Kopf auf Wallachsteins Schoß, und ich weinte. Er betupfte mein Gesicht vorsichtig mit einem kühlen, feuchten Tuch. Als er sah, daß meine Augen geöffnet waren, legte er das Tuch weg und strich mir sanft über das Haar. »Wie fühlen Sie sich, Junge?«

»Beschissen.« Die Tränen rannen mir immer noch über die Wangen.

»Gut. So sollte es auch sein.« Er strich mir über das Haar. Ich hatte nichts dagegen, so liegen zu bleiben und ihn gewähren zu lassen. Mir kam es gar nicht seltsam vor. »Ich möchte nach Hause«, sagte ich. »Ich möchte, daß das erledigt ist! Ich will es nicht so haben!« Wieder weinte ich. »Ich möchte, daß meine Mammi mir sagt, daß alles wieder in Ordnung kommt!«

»Ja«, sagte Wallachstein. »Das möchte ich auch.«

Und dann fing ich zu lachen an. Es tat so weh, weiter zu weinen. Ich konnte nur noch lachen.

Und weinen.

Und dann wieder lachen.

Wallachstein strich mir wieder mit dem Tuch übers Gesicht. »Wie fühlen Sie sich jetzt?«

»Besser. Danke.« Ich begriff, wie seltsam diese Szene wirken mußte, und fühlte mich unsicher. Ich versuchte aufzustehen. Er stieß mich zurück, so daß mein Kopf wieder auf seinem Schoß lag. »Bleiben Sie. Ich möchte mit Ihnen reden.«

»Ja, Sir.« Ich blieb.

»Wir wissen jetzt seit sechs oder acht Wochen, daß mit den Chtorranern irgend etwas geschieht. Seitdem verlieren wir Teams und hatten keine Ahnung, weshalb – nur, daß sie ausgezogen waren, um ein Nest zu zerstören, und nicht wieder zurückkamen.

Es gab einige Vermutungen, aber keine Beweise. Also schickten wir Teams mit Kameras und Radios aus. Zwei davon haben wir verloren und wissen immer noch nicht mehr. Ihr Team ist das erste, das zurückgekehrt ist. Ihre Aufzeichnung ist der Beweis, den wir brauchten. Wir haben inzwischen zwei weitere Hütten mit vier Chtorranern gefunden. Beide sind neutralisiert worden. Wir sind bereits dabei, unsere Vorgehensweise zu ändern. Wir haben schon eine Menge Leben gerettet.«

»Ich wünschte, jemand hätte mich früher davon informiert.«

Wallachstein tupfte mir wieder mit dem Tuch die Stirn ab. »Ich denke, Sie sollten jetzt besser über all das nachdenken, was Sie seit ihrer Ankunft getan haben, und sich selbst die Antwort geben. Wir waren nicht sicher, was für Typen Sie und Ihr Freund waren. Was Ihren Freund angeht, sind wir immer noch nicht sicher, aber er hält sich beschäftigt und ist uns auf die Weise nicht im Wege; ich nehme an, dafür zumindest sollte ich dankbar sein. Am Ende werde ich etwas für ihn finden, etwas, wo er nicht zu sehr in Schwierigkeiten gerät.«

Ich ließ das alles einsinken. Nicht daß es einen Unterschied gemacht hätte. »Trotzdem habe ich Shorty nicht gerettet.«

»Das ist richtig. Er ist immer noch tot.« Und dann fügte Wallachstein hinzu: »Und wird es auch vermutlich bleiben.«

Ich richtete mich auf und sah ihn an. »Das ist ziemlich abgebrüht formuliert.«

»Ja, so sieht es wohl aus. Jim, macht es immer noch einen Unterschied, ob Sie ihn hätten retten können oder nicht?«

»Nein, ich denke nicht.«

»Gut. Sehr gut«, sagte er. »Fromkin hat in bezug auf Sie recht gehabt.«

»Fromkin?«

»Worum glauben Sie denn, daß es in dem Interview gegangen ist? Ich wollte wissen, was Sie bezüglich des Tötens von Chtorranern empfinden, und ob ich Ihnen gegenüber offen sein konnte.«

»Was hat er gesagt?«

»Er sagte, ich sollte Ihnen die ganze Wahrheit sagen und sonst nichts. Er hat auch gesagt, daß Sie recht schwierig sein würden.«

»Bin ich das?«

»Mhm.« Er grinste. »Also, wollen Sie den Job?«

»Ich weiß nicht. Ich werde doch trotzdem an der vordersten Front sein, oder?«

»Eine Beförderung gehört auch dazu.«

»Wie hoch?«

»Lieutenant.«

»Sie machen Wit...«

»Das würde ich mir auch wünschen. Aber nur Offiziere können eine Freigabe bekommen. Wenn wir also dem Team ein weiteres Mitglied zufügen wollen, müssen wir es zum Offizier machen.«

»Kann ich nicht ›beigeordnetes Zivilpersonal‹ bleiben?«

Er schüttelte den Kopf. »Nichtmilitärisches Personal wird keinen Zugang zum Kontrollbereich haben. Welche Wahl haben Sie also?«

»Lassen Sie mir etwas Zeit zum Nachdenken?«

»Ich brauche Ihre Antwort noch heute abend. Deshalb hat es auch so lange gedauert, bis wir zu Ihnen zurückkamen. Wir hatten einige Entscheidungen zu treffen. Ein paar davon wurden von den Ereignissen dieses Nachmittags ausgelöst. Und Sie sind auch ein Teil dieser Entscheidungen. Ich mußte ein paar Leuten ziemlich unter Druck setzen, um Sie an Bord zu bringen. So, und jetzt können Sie es annehmen oder bleiben lassen.«

»Was ist, wenn ich es bleiben lasse? Was passiert dann?«

»Ich weiß nicht. Es wird uns schon etwas einfallen, was wir mit Ihnen machen. Aber ich verspreche Ihnen, daß es Ihnen nicht gefallen wird.«

»Also habe ich doch in Wirklichkeit keine Wahl, oder?«

Er blickte verärgert und Nachsicht heischend, beides gleichzeitig. »Junge, ich habe nicht die Zeit, hier Spielchen zu treiben. Wir befinden uns im Krieg. Wollen Sie jetzt mitmachen oder nicht?«

Ich sah ihm ins Gesicht. »Ja – es ist nur so, daß ich keine offenen Antworten gewöhnt bin. Sie werden also begreifen, daß ich ein wenig skeptisch bin.«

Darauf gab er keine Antwort. »Sie nehmen den Job also an?« fragte er statt dessen.

»Würden Sie mich auch zum Oberleutnant machen?«

Er blinzelte. Dann lachte er. »Werden Sie bloß nicht üppig. Also gut, Oberleutnant. Captain kommt aber nicht in Frage.«

ZWEIUNDDREISSIG

Am Ende hatte ich einen Karabiner in der Hand und das Gefühl, alles das schon einmal erlebt zu haben. Der Karabiner war eine AM-280 mit einstellbarem Laservisier. Die Leistung lag im oberen UV-Bereich, und ich mußte einen EV-Helm* mit netzhautfokussierten Okularen tragen, um den Strahl sehen zu können. Die Waffe spuckte Hochgeschwindigkeitssalven von achtzehn-Gran-Nadeln aus, bis zu dreitausend pro Sekunde. Man richtete den Laserstrahl auf sein Ziel und drückte ab. Die Nadelsalven konnten Löcher in eine Stahltüre reißen. Es hieß, daß man mit einer 280er einen Mann in zwei Hälften schneiden konnte. Ich hatte keine Lust, es auf den Versuch ankommen zu lassen.

Ich sah mir den Karabiner an. Ich hatte dabei ein säuerliches Gefühl im Magen. Duke und Obama hatte ich vertraut, und dann hatte ich am Ende einen Brenner in der Hand gehabt, und Shorty auf der falschen Seite. Das Erlebnis hatte in mir ein schlechtes Gefühl in bezug auf Waffen hinterlassen. Die technische Leistung konnte ich durchaus bewundern, aber der Einsatz bereitete mir Unbehagen.

Der Leutnant schob zwei Kästen über die Theke. »Unterschreiben Sie hier, daß Sie die Knarre und die Munition erhalten haben.«

Ich hob die Hand. »Augenblick. Wer wird mich denn einweisen?«

»Keine Ahnung.«

»Dann unterschreibe ich nicht.«

»Ganz wie Sie wollen.« Er zuckte die Achseln und wandte sich ab.

»Augenblick mal. Ist das Telefon hier sicher?«

»Das dürfen Sie nicht benutzen.«

»Schieben Sie es mir herüber. Das ist dienstlich.«

Er hätte, glaube ich, lieber etwas gesagt, überlegte es sich

---

* EV = Abkürzung für Elektronenvolt

dann aber und schob mir den Apparat rüber. Ich führte meine Karte ein und drückte die Nummer, die Wallachstein mir genannt hatte.

Im Hörer piepte es, während die Anlage auf Code schaltete, und dann kam Wallachstein an die Leitung. »Joe's Delikatessengeschäft. Joe ist nicht da.«

»Onkel Ira?«

»Am Apparat.«

»Ich hab ein Problem.«

»Was für eins denn?«

»Ich nehme diese Waffe nicht.«

»Warum nicht?«

»Niemand scheint zu wissen, wer dafür verantwortlich ist, daß ich eingewiesen werde.«

»Machen Sie sich darüber keine Sorgen ...«

»Ich mach mir aber welche.«

»... Sie werden Sie nicht benutzen müssen. Die ist nur Fassade.«

»Tut mir leid, Sir, aber das reicht nicht.«

»Hören Sie, Junge, ich hab keinen frei, der Sie vor heute nachmittag an dieser Knarre einweisen kann. Ich möchte ja nichts anderes, als daß Sie wie ein Soldat aussehen. Ich werde dafür sorgen, daß Sie vor Ende der Woche gründlich eingewiesen werden.«

Ich wollte schon protestieren, sagte aber dann nur: »Kann ich das schriftlich haben, Sir?«

Am anderen Ende der Leitung herrschte kurzes Schweigen. Dann sagte er langsam: »Was ist denn los, Junge?«

»Gar nichts, Sir. Es ist einfach so, wie ich es Ihnen gestern abend gesagt habe. Ich glaube niemandem mehr.«

Er seufzte. Fast konnte ich seinen Gesichtsausdruck sehen. Ich fragte mich, ob ich vielleicht zu weit gegangen wäre. Dann sagte er: »Ich mache einen Aktenvermerk. Sie können heute nachmittag in Ihrer Personalakte nachsehen.«

»Danke.«

»Geht in Ordnung.« Er legte auf.

Ich legte ebenfalls auf und wandte mich zu dem Leutnant um. »Haben Sie eine Bedienungsanweisung für das Ding hier?«

Er blickte sauer. »Ja. Irgendwo. Moment mal.« Er verschwand nach hinten und kam kurz darauf mit einem dünnen Heft zurück, das er auf den Tresen warf. »Noch etwas?«

»Nein, danke.« Ich legte das Heft mit den zwei Schachteln Munition in den Kasten und klappte ihn zu. Dann unterschrieb ich die Quittung und nahm mir den Helm.

Als ich mich zum Gehen wandte, sagte der Leutnant: »Wissen Sie was? Ich glaube genausowenig, daß Sie ein Leutnant sind, wie ich irgendeine von den anderen Geschichten glaube, die ich über Sie gehört habe.«

Ich sah ihm voll in die Augen. »Das ist mir wirklich egal. Was Sie glauben, ist Ihre Angelegenheit.«

Ich ging hinaus, warf Karabiner und Helm in den Kofferraum meines Wagens und schloß ihn ab. Statt zu meiner Kaserne zurückzufahren, holte ich mir den Stützpunktplan aus dem Handschuhkasten und suchte dort den Schießplatz. Dort war er, am äußersten nördlichen Ende des Lagers. Ich brauchte zehn Minuten, weil ich einen Umweg machen mußte.

Als ich ankam, war niemand da. Gut. Ich wollte ohnehin alleine sein. Ich packte den Karabiner aus und nahm ihn auf den Schoß, während ich die Bedienungsanleitung las. Ich legte die beiden Sicherungshebel um und übte Laden und Entladen. Ein leeres Magazin würde automatisch ausgestoßen werden. Ein volles war ebenso leicht einzusetzen, wie man eine Kassette in einen Recorder einschiebt. Gut.

So, und wie funktionierte jetzt das Laservisier?

Nach dem, was in der Bedienungsanleitung stand, schaltete der Laser willkürlich jede zehntausendstel Sekunde auf einen anderen Spektralbereich um, jeweils außerhalb des sichtbaren Bereiches. Der Laser gab seine Mikrosekundenstöße in willkürlichen Intervallen ab. Weder die Frequenz des Strahls, noch ihre Dauer hatte irgendeine Regelmäßigkeit an sich. Nur ein EV-Helm, der durch Kabel mit dem Karabiner verbunden war, war imstande, die Myriaden von verschwindend kleinen Stößen kohärenten Lichts zu verfolgen. Der Träger würde den Laser als gleichmäßigen Strahl wahrnehmen. Niemand anderer – ob mit oder ohne UV-Brille – konnte irgend etwas sehen, höchstens gelegentlich einen

Blitz unterhalb der Wahrnehmungsgrenze. Der Gedanke dahinter war natürlich, daß feindliche Scharfschützen daran gehindert werden sollten, sich auf das menschliche Ende des Strahls einzuschießen. Ohne höchst komplizierte Einrichtungen war eine Ortung völlig ausgeschlossen.

Als nächstes probierte ich den Helm auf.

Es war, als blickte man in die Hölle. Ich starrte in eine glühende, ätherisch aussehende Welt, die in allen Schattierungen von Rot und Grau gefärbt war. Die Helmsensoren tasteten das Spektrum von Ultraviolett bis unterhalb von Infrarot ab, dann wurde das Bild digitalisiert und mit neuen Farbwerten versehen, und das so synthetisierte Bild wurde direkt auf die Netzhaut projiziert. Raffiniert. Aber es tat den Augen weh. Es würde einiger Gewöhnung bedürfen.

Ich stellte das Farbspektrum neu ein und reduzierte die Bildhelligkeit. Jetzt hatte ich eine mehrfarbige Szene vor mir, aber das galt nicht für einzelne Gegenstände. Jedes Gebäude, jeder Baum, jeder Wagen oder was sonst auch immer, war nur in einer dominanten Farbe zu erkennen – rosa oder grün oder blau. Der Horizont und die entferntere Landschaft erschienen als Schichten von Purpur und Grau, während näherliegende Gegenstände in durchscheinenden, fast leuchtenden Pastellfarben hervortraten. Sie schienen gleichsam vor dem Hintergrund zu schweben. Schatten gab es keine.

Irgendwie war das Ganze gespenstisch und eindringlich. Die Welt war gleichzeitig vertraut und surreal. Ich konnte Gegenstände identifizieren, sie im Detail besser sehen als mit dem bloßen Auge, gleichzeitig aber hatte alles in dieser geisterhaften Zwielichtlandschaft eine schimmernde Aura um sich.

Ich blickte auf meine Hände; sie waren bleich, fast grün schattiert. Tatsächlich sah mein ganzer Körper grün aus. Ob wohl alle Menschen so aussehen würden?

Ich stieg aus dem Wagen, drehte mich langsam um und untersuchte die mich umgebende Welt, als hätte ich sie noch nie zuvor gesehen. Und in diesem Sinne hatte ich das auch nicht. Schließlich ging ich mit einem ganz ausgeprägten Gefühl des Bedauerns zum Wagen zurück, um den Karabiner zu holen.

Ich verband das Lenkkabel des Helms mit dem Kolben der Waffe und schaltete den Laser ein.

Nichts.

Kein Strahl.

Ich schaltete ihn ab und nahm den Helm ab. Dann schaltete ich den Laser auf Standardeinsatz und knipste ihn an. Ein grellroter Strahl stach quer über den Schießplatz.

Großartig. Der Laser funktionierte.

Ich schaltete wieder auf Codeeinsatz und setzte den Helm wieder auf.

Nichts.

Ich nahm den Helm ab und überprüfte jede Batterie und jede Verbindung zweimal. Sie schienen in Ordnung zu sein. Dann überprüfte ich die Verbindung zum Karabiner zweimal. Ebenfalls korrekt. Hm. Ich setzte den Helm wieder auf, wartete, bis das Bild sich verfestigte und schaltete den Strahl wieder ein. Wenn das Ganze funktionierte, konnte man es jedenfalls mit diesem Helm nicht beweisen.

Ich schaltete alles ab und nahm mir die Bedienungsanleitung noch einmal vor. Es dauerte nur ein paar Augenblicke, bis ich den entsprechenden Abschnitt gefunden hatte. Dort stand in großen, schwarzen Lettern: »WICHTIG: VERGEWISSERN SIE SICH, DASS DIE CODETASTEN IN IHREM HELM IDENTISCH MIT DEN CODETASTEN AN DER WAFFE EINGESTELLT SIND.«

Ich brauchte ein paar Minuten, bis ich den Abschnitt fand, der sich mit den Codetasten befaßte – am Helm und dem Karabiner waren übereinstimmende Tastaturen angebracht. Der Laser sandte bei jedem Schuß einen kontrollierten Impuls an den Helm. Sowohl der Karabiner als auch der Helm besaßen Zufallsgeneratoren, aber wenn sie nicht vom selben Startpunkt aus anfingen – der Einstellung der Codetasten –, dann paßte der Helm natürlich nicht zum Laser, der sich ja jede zehntausendstel Sekunde neu einstimmte.

Man konnte die Waffe auch ohne Laservisier benutzen, aber nicht annähernd mit der gleichen Genauigkeit.

Ich stellte die Codes an Helm und Karabiner ein und setzte mir den Helm wieder auf. Wieder stand ich im Zentrum einer surrealen Welt, einer Landschaft aus Grau, bevölkert von pastellfarben blühenden Bäumen und Gebäuden. Aber als ich diesmal den Laser einschaltete, erschien der Strahl als leuchtende Stange, die alle Farben gleichzeitig in sich zu vereinen schien. Rosa, grün, weiß, blau, gelb, rot – der Strahl flackerte schneller durch das ganze Spektrum hindurch als das Auge einzelne Farbtöne identifizieren konnte. Ich sah nur das Nachleuchten, als die einzelnen Bilder ineinander verschwammen, und dabei nahm ich Farben wahr, wie ich sie noch nie zuvor gesehen hatte. Farben, die intensiv und grandios waren. Der Strahl schnitt wie ein Rasiermesser durch die zerfressene Landschaft. Ich schrieb meinen Namen in die Luft und konnte das Nachbild als schimmernden Fleck erkennen. Waren das meine Augen oder die Sensoren oder irgend etwas im Digitalisierungsprozeß? Doch wie auch immer, es war auf gespenstische Art schön.

Man konnte leicht süchtig werden und sich diese gespenstische Art der Wahrnehmung für immer wünschen. Es war sehr faszinierend.

Schließlich hörte ich auf. Länger durfte ich es nicht hinausschieben. Ich schob einen Ladestreifen in die Waffe und schaltete die beiden Sicherungen aus. Dann berührte ich einen der Heuschober auf der anderen Seite des Platzes mit dem Strahl und drückte ab. Etwas trat nach meinem Arm, und der Heuschober explodierte.

Ich legte die beiden Sicherungshebel wieder um und schob die Brille hoch.

Ja, der Heuschober war explodiert.

Die AM 280 war angeblich rückstoßfrei, aber das stimmte nicht. Keine Waffe ist völlig rückstoßfrei. Bei Repetierwaffen muß man besonders vorsichtig sein, weil sie auf einen ›zugehen‹. Das war es, was mir hier widerfahren war. Statt ein Loch in den Heuschober zu bohren, hatte ich ihn in vertikaler Richtung zerschnitten.

Ich zog die Schutzbrille wieder herunter, entsicherte die Waffe und jagte den nächsten Heuschober in die Höhe. Ich mußte es noch dreimal versuchen, bis ich die Waffe genügend gut unter Kontrolle hatte, um einfach nur Löcher in sie hineinzubohren. Der Trick bestand darin, sich auf das Ende des Strahls zu konzentrieren und mit der Waffe nachzuhalten. Ich zerschnitt die zwei letzten Heuschober, um zu sehen, ob man die Waffe auch als Axt benutzen konnte. Man konnte. Gut.

Vielleicht würde ich sogar einen Chtorraner damit in zwei Stücke schneiden können.

Nur daß ich nicht wußte, ob ich mich auf die Chance freute oder nicht.

Ich ging zum Wagen zurück, legte den Karabiner ins Futteral und schloß es in den Kofferraum ein, den Helm auch. Als ich zur Kaserne zurückfuhr, empfand ich ein eigenartiges Glücksgefühl. So, als ob ich mir selbst etwas bewiesen hätte, nur daß ich nicht sicher war, was es eigentlich war.

DREIUNDDREISSIG

Als ich mein Zimmer betrat, lag eine Schachtel auf meinem Bett. Sie enthielt eine Uniform mit den entsprechenden Rangabzeichen. Nur eine. Eigentlich hätten es zwei sein müssen. Typisch für die Effizienz der Army – die Hälfte wird immer rechtzeitig fertig. Ich nahm sie heraus und sah sie mir an. Irgend etwas erzeugte in mir ein unbestimmt unruhiges Gefühl – und das waren nicht nur die Nachwirkungen der vielen Drinks in der letzten Nacht. Das meiste davon hatte ich wieder herausgewürgt, ehe der Alkohol in meinen Blutkreislauf eingehen konnte, und die Alka-Seltzer hatten den Rest neutralisiert. Nein, es war etwas anderes, aber ich konnte den Finger nicht darauflegen. Ich wußte nur, daß ich mir irgendwie nicht korrekt vorkommen würde, wenn ich diese Uniform trug. Es war zu ... zu einfach gewesen.

Immer noch grübelnd, hängte ich sie in den Kleiderschrank.

Ich war unter der Dusche, als Ted hereingetaumelt kam. Er

zog sich nicht einmal aus, er trat einfach neben mich in die Duschkabine und hielt den Kopf unter den Wasserstrahl.

»Guten Morgen«, sagte ich.

»Oh«, sagte er. »Ist es Morgen?«

»Eine Weile noch jedenfalls.« Ich zog ihn aus dem Wasserstrahl, damit ich mich abspülen konnte. Er sackte gegen die Wand.

»Was für ein Tag ist heute?« fragte er.

»Sonntag.«

»Welches Jahr.«

»Immer noch dasselbe.« Ich trat aus der Duschkabine und schnappte mir ein Handtuch. Ich hatte im Augenblick keine besondere Lust, mit Ted zu reden.

Ich war zur Hälfte angekleidet, als er hinter mir aus der Kabine planschte. »Hey, Jim ...«, fing er an.

»Ja?«

»Tut mir leid, daß ich gestern nicht hier war. Und gestern abend. Oder heute früh. Ich hab einfach ein wenig den Überblick verloren, das ist alles.«

»Oh?«

Er mußte meine Kühle gespürt haben. »Schau mal, du mußt das verstehen – ich habe das für uns getan, versucht, ein paar Verbindungen herzustellen. Und das habe ich! Gestern hab ich an überhaupt keiner von den Sitzungen teilgenommen.«

»Oh?« Dann mußte ihm die Szene im Konferenzsaal entgangen sein. Ich fragte nicht.

»Nein. Ich war mich umsehen.«

»Ganz sicher warst du das.«

»Hör mal, es hat sich rentiert! Man hat mir eine Stelle im Telepathiekorps angeboten. Ich laß mich Mittwoch operieren. Die verpassen mir eins von diesen neuen Mehrbereichsimplantaten.«

»Oh, ist ja großartig.«

»Ist es auch, Jim!« Er packte mich an den Schultern. »Vor den Seuchen wäre man nur durch höhere Gewalt – oder mindestens durch Kongreßbeschluß – zu dem Verein gekommen. Jetzt sind die so verzweifelt, daß sie bereit sind, auf die psychologischen Voraussetzungen zu verzichten.«

»Das merkt man.«

»Nein, du weißt schon, was ich meine.«

Ja, das wußte ich. »Was hast du denn sonst noch für uns getan?«

»Tut mir leid, Jim. Ich hab auch für dich gesprochen, aber du warst nicht qualifiziert. Ich hab einen Schein in Elektroniksprache. Und dann kann ich reisen.«

Ich schob ihn von mir und ging zum Kleiderschrank.

»Aber hör zu, das ist noch nicht alles. Erinnerst du dich an diesen Chtorraner, von dem wir gehört haben? Den lebenden, den die eingefangen haben?«

»Ja ...?«

»Nun, ich hab ihn gestern abend gesehen. Stark!«

»Oh!«

»Ja – ich hab dieses Mädchen kennengelernt, von dem du gesprochen hast, Jillanna! Du hast recht gehabt. Unglaublich ist die. Deshalb war ich gestern nacht nicht hier. Ich hab die Nacht mit ihr verbracht. Sie arbeitet beim Projekt und hat mich mit reingebracht, damit ich ihn sehen konnte. Wirklich außergewöhnlich. Es war gerade Fütterungszeit und ...«

»Ted! *Hör auf!*«

»Wie?«

»Ich will nichts davon hören, ist das klar?«

Er sah mich verwirrt an. »Wirklich nicht?«

»Wirklich nicht.«

Jetzt kniff er die Augen zusammen. »Fehlt dir was?«

»Bei mir ist alles in Ordnung.«

»Bist du ärgerlich, weil ich dich nicht mitgenommen habe?«

»Nein, bin ich nicht.«

»Das wäre nämlich nicht gegangen, Jimbo. Tut mir leid, aber das war nur eine Einladung für Einen. Wenn du weißt, was ich meine.«

Ich drehte mich um und fing an, mich anzuziehen.

Er sagte: »Hey, du kriegst schon noch deine Chance. Die werden ihn heute nachmittag auf der Konferenz zeigen! Im Augenblick sind sie dabei, ihn mit einem Lkw ins Hotel zu schaffen.«

Ich ignorierte ihn und öffnete die Schranktüre.

»Hey!« sagte Ted. »Ist ja prima! Die haben bereits meine

Uniform geliefert! Klasse!« Ich trat einen Schritt zurück, und er zog sie vom Bügel. »Wie sehe ich aus? Lieutenant Theodore Andrew Nathaniel Jackson?«

»Äh ...« Ich sagte es nicht. Ich klappte den Mund zu und ging ins Badezimmer zurück, um mir eine Haarbürste zu holen.

»Oh, komm schon, Jim – sei kein Spielverderber! Gratulier mir!«

»Gratuliere.«

»Nein, so als ob du es ehrlich meinst!« jammerte er.

»Tut mir leid, das kann ich nicht. Ich werde heute nacht nicht besser schlafen, weil ich weiß, daß du jetzt mithilfst, Amerika zu verteidigen.«

»Nun, dann ist das dein Problem.«

»Schlag die Tür beim Hinausgehen nicht zu«, sagte ich.

Das tat er nicht.

»Scheiße«, sagte ich.

VIERUNDDREISSIG

»Ist das Ding geladen?«

Ich blickte auf. Der Mann, der gesprochen hatte, war wieder einer von diesen komisch wirkenden Offizieren, wie sie mir seit dem Verlassen des Choppers schon zu Dutzenden über den Weg gelaufen waren.

»Ja, Sir.«

»Auf wessen Befehl?«

»Special Forces.«

Er schüttelte den Kopf. »Tut mir leid, Soldat. Nicht hier. Das hier läuft über reguläre Army.« Irgendwie klang es bei ihm so, als meinte er ›richtige Army‹.

Ich warf einen Blick auf seine Streifen. »Major«, sagte ich,

»man hat mir den Befehl erteilt, hier zu stehen und dabei diesen Helm zu tragen und diesen Karabiner. Das hat man von mir verlangt, weil in dem Käfig unter diesem Vorhang ein großer purpurfarbener, menschenfressender Wurm ist. Theoretisch erwartet man von mir, daß ich die Bestie aufhalte, wenn sie sich irgendwie freimachen sollte.«

Der Major legte mir den Arm über die Schulter und führte mich an den Bühnenrand. Der Vorhang war noch unten. »Junge ...« setzte er zu sprechen an.

»Nennen Sie mich nicht ›Junge‹. Ich bin Offizier.«

»Lieutenant«, sagte er steif, »seien Sie kein Arschloch. Ich will, daß Sie diese Bühne verlassen – und der andere Wichser dort hinten auch.« Er deutete auf den zweiten Soldaten an der anderen Seite der Bühne. Ich hatte noch keine zwei Worte mit ihm gewechselt. Alles, was ich von ihm wußte, war, daß er Scott hieß und daß er stotterte.

»Tut mir leid, Sir. Das geht nicht.«

»Hören Sie, Sie Dummkopf. Diese Konferenz ist eine völlig zivile Veranstaltung. Das Militär ist hier nur für Hilfsdienste eingeschaltet und soll sich möglichst wenig sehen lassen. Ich erteile Ihnen den *Befehl,* diese Bühne zu verlassen.«

»Ja, Sir. Würden Sie mir das bitte schriftlich geben, Sir?«

Er zögerte. Dann sagte er: »Hören Sie zu – die Glaswände dieses Käfigs sind mit verstärkten Siliziummonofasern durchsetzt. Glauben Sie ernsthaft, daß dieses Geschöpf diese Wände durchbrechen kann?«

»Es spielt keine Rolle, ob ich das für wahrscheinlich halte oder nicht. Würden Sie mir Ihren Befehl bitte schriftlich erteilen?«

»Unter wessen Befehl stehen Sie?« herrschte er mich mit gefurchter Stirn an.

Ich hätte ihn dafür küssen können. »Onkel Ira«, sagte ich.

»Verstehe ...« Er sagte das ganz langsam. Fast konnte ich sehen, wie sich die Räder in seinem Kopf drehten. »Der Befehl stammt dann wohl von ihm?«

»Ja, Sir.«

»Nun« – er mußte etwas sagen – »dann sichern Sie Ihre Waffe. Ich will hier keine Pannen haben.«

»Ja, Sir.«

»In Ordnung. Danke. Gehen Sie wieder an Ihren Posten.«

Ich stellte mich wieder neben den Käfig. Sobald der Major die Bühne verlassen hatte, legte ich die Sicherungshebel wieder um.

Ein paar Minuten später kam Dr. Zhymph. Sie warf einen Blick auf mich und dann einen auf den anderen Leutnant auf der anderen Seite und runzelte die Stirn. Sie verschwand einen Augenblick lang in der Seitenbühne, und als sie wieder zurückkam, strebte sie geradewegs auf mich zu.

»Lieutenant?«

Ich klappte meine Brille hoch. »Ma'am?«

Offensichtlich erkannte sie mich von gestern nicht wieder. Nicht mit dem Helm. War vielleicht ganz gut. Sie sagte: »Würde es Ihnen etwas ausmachen, wenn Sie sich auf die Seitenbühne stellten, wo man Sie aus dem Zuhörerraum nicht sehen kann?«

»Ich dachte, Sie hätten gesagt, diese Biester seien gefährlich.«

»Das habe ich, und das sind sie. Aber ich möchte, daß man Sie nicht sieht. Bitte?«

Ich dachte darüber nach. »Aber sicher. Kein Problem.« Ich trat zur Seite. Sie ging weg und redete mit Scott auf der anderen Seite, worauf der das gleiche tat.

Dr. Zhymph winkte einem Assistenten zu; es war Jerry Larson aus dem Büro von Molly Partridge. Ich fragte mich, was er hier wohl tun mochte. Er gab jemand anderem hinter der Bühne ein Zeichen, worauf die Bühnenbeleuchtung schwächer und rötlicher wurde. Nach einigen weiteren Tests mit ein paar komplizierten Lichtsensoren war Dr. Zhymph schließlich zufrieden. Sie nickte Larson zu, worauf er und ein weiterer Helfer anfingen, den Glaskäfig mit dem Chtorraner freizulegen.

Ohne nachzudenken, klappte ich mir die Brille über die Augen und schaltete den Laserstrahl ein. Das rote Licht der Bühne wurde grau. Der Strahl war eine gespenstische Stange aus flackernden, lumineszierenden Farben.

Als erstes entfernten sie die Abdeckung von der anderen Seite, also sah ich den Chtorraner nicht – nur die Reaktionen derer, die ihn sehen konnten. Ihre Gesichter zeigten ein perliges Grün, ihr Ausdruck war wie eingefroren. Sie sahen wie Zombies aus. Ich fragte mich, wie der Rest des Auditoriums reagieren würde, wenn der Hauptvorhang hochging. Und dann wurde die letzte Plane auf meiner Seite vom Glas genommen, und ich konnte den Chtorraner ebenfalls sehen. Es war ein silbern glänzender Wurm. Im verfälschten Licht der UV-Beleuchtung war seine Farbe *schön.* Er *glühte.*

Fast instinktiv hob ich meine Waffe. Der Strahl spielte über das weiche Fell des Chtorraners. Sofort – als könnte er den Strahl irgendwie *fühlen* – drehte er sich herum und sah mich an. Seine großen, lidlosen Augen hefteten sich mit leidenschaftslosem Interesse an mir fest. Derselbe Blick, mit dem er die Hunde bedacht hatte.

War dies das letzte, was Shorty gesehen hatte?

Ich senkte den Strahl. Ich wußte nicht, ob die Bestie ihn fühlen konnte oder nicht, aber ich wollte sie jedenfalls nicht reizen. Der Chtorraner fuhr fort, mich zu studieren. Er entfaltete seine Arme und preßte sie gegen das Glas. Dann schob er sich nach vorne und preßte sein Gesicht – wenn man es ein Gesicht nennen konnte – gegen die kalte Fläche. Schmeckte er etwas?

Dann glitt er sogar noch weiter nach vorne, hob ein Drittel seiner gesamten Masse empor, lehnte sich an das Glas. Der Rahmen ächzte unheilverheißend.

»Keine Sorge, das hält schon«, sagte jemand hinter mir. Ich drehte mich nicht nach der Stimme um. Ich hob nur den Strahl wieder an und hielt ihn auf den Bauch des Chtorraners, bis er wieder herunterrutschte.

»*Trilll ...*«, sagte er.

Jetzt ging Dr. Zhymph auf den Käfig zu, wobei sie den Chtorraner ignorierte, und beugte sich vor, um den Vorderteil der Plattform zu inspizieren, auf dem der Käfig stand. Sie blickte besorgt, hob die Matte an, die den Sockel bedeckte, und sah sich die Stützen an. Dann rief sie Larson zu sich, und sie sahen beide genauer hin. »Ich dachte, ich hätte hier etwas knarren hören«, sagte sie. »Scheint Ihnen das korrekt?«

Er nickte. »Das ist schon in Ordnung.« Er sah auf die Uhr. »Sie sollten jetzt besser anfangen.«

»Gut.« Jetzt stand sie auf. »Bitte alle vom Käfig zurücktreten.« Dann hob sie ihre Stimme und wiederholte den Befehl. »Wenn Sie keine rote Plakette tragen, haben Sie hier keinen Zutritt.« Sie kam auf meine Seite der Bühne herüber und spähte durch den Vorhang hinaus. Dann nickte sie befriedigt.

»Sie zählen wohl, wieviele Zuhörer Sie haben«, fragte ich.

»Eh?« Sie blickte zu mir, als hätte es sie überrascht, daß ich sprechen konnte. »Ich sehe mir nur die Sitzanordnung an.« Sie nahm ihr Notizbrett, das sie vorher abgelegt hatte, gab Larson auf der gegenüberliegenden Seite der Bühne ein Zeichen und trat vor den Vorhang.

Wahrscheinlich hatten die ein Spotlight auf sie gerichtet, denn ich konnte den hellen Punkt in den Tuchfalten erkennen. Ihr Schatten war eine Silhouette in der Mitte. Sie schaltete ihr Mikrofon ein und begann zu sprechen. Wir konnten sie hinter der Bühne deutlich hören.

»Ich glaube, ich kann mir heute nachmittag eine ausführliche Vorstellung ersparen, obwohl es sich hier um einen außerordentlichen Tagesordnungspunkt handelt. Aber nach der, äh, hitzigen Diskussion von gestern bezüglich der Gefährlichkeit der Gastropeden hielten wir es für das Beste, unser einziges lebendes Exemplar zu zeigen, und Ihnen das Urteil selbst zu überlassen.«

Der Chtorraner sah wieder mich an. Ich wünschte mir, er würde sich herumdrehen und sich gefälligst den Mann auf der anderen Seite ansehen. Schließlich war der viel besser genährt als ich.

»Ich möchte Sie jetzt, ehe wir den Vorhang öffnen, davor warnen, irgendwelche Blitzlichtaufnahmen zu machen – und wir möchten Sie auch bitten, daß Sie so leise wie möglich sind. Wir werden die Beleuchtung herunterdrehen und ein Spotlight auf den Gastropeden richten. Wir sind nicht sicher, wie er auf eine so große Zuhörerschaft reagieren wird, also werden wir ihn mit dem Licht blenden. Aus diesem Grund ist es unbedingt erforderlich, daß aus dem Zuhörerraum keine unnötigen Geräusche kommen.«

Der Chtorraner war von Dr. Zhymphs Stimme fasziniert. Seine Augen wanderten hin und her und versuchten, den Herkunftsort der Geräusche auszumachen. Wenn er über externe Ohren verfügte, so konnte ich sie nicht sehen. Ich fragte mich, ob das vielleicht auf eine Atmosphäre von höherer Dichte hinwies. Bei erhöhter Schwerkraft war das durchaus anzunehmen. Geräuschwellen würden intensiver sein – von der Wahrnehmung her also lauter. Die Ohren des Geschöpfs konnten dafür ein gutes Stück kleiner sein. Aber würde sein Gehör auf der Erde besser oder schlechter sein? Oder vielleicht brauchte es überhaupt keine Ohren. Vielleicht konnte es mit dem ganzen Körper hören. Vielleicht konnte es sogar mit dem Körper *sehen*.

»So, das wäre es dann wohl«, sagte Dr. Zhymph, »denken Sie daran, daß Sie sehr ruhig sein müssen. Würde jetzt jemand bitte den Vorhang öffnen?«

Er schob sich auf wie der Eingang zu einem Flugzeughangar. Ein einziger rosafarbener Lichtstrahl strömte direkt herein und wurde in dem Maße breiter, wie der Vorhang sich öffnete. Der Chtorraner drehte sich um und sah den Vorhang an. Ich konnte aus der Dunkelheit draußen Stöhnen hören.

Dr. Zhymph sagte gar nichts. Die Anwesenheit des Chtorraners war Aussage genug. Er entfaltete seine Arme und begann, die Vorderfläche des Käfigs zu erforschen, als versuchte er, dem Licht näherzukommen.

Ich berührte den Kontrastknopf an meinem Helm, und das Lichtbündel des Spotlights verblaßte. Ich drehte den Kopf ein Stückchen weiter, und die hellen Teile des Bildes verblaßten noch weiter, wohingegen die dunkleren wieder anfingen, hell zu werden. Ich konnte jetzt das ganze Auditorium sehen. Die Zuhörerschaft war erregt und ziemlich unruhig. Ich konnte sie aufgeregt miteinander flüstern sehen, konnte sie auf ihren Sitzen herumrutschen sehen.

Der Chtorraner glitt nach vorne und schob das vordere Drittel seines Körpers gegen die Glaswand. Ich hörte plötzliches Stöhnen. Die Bestie mußte es auch gehört haben – sie zögerte, starrte nach vorne, versuchte, das, was hinter dem Licht war, zu erkennen. Diese Position behielt sie bei. Das war das dritte Mal, daß ich einen Chtorraner so aufgerichtet sah. Was bedeutete diese Position in chtorranischer Körpersprache? War es eine Herausforderung? Ein Vorspiel zum Angriff?

Wieder blickte ich in den Zuschauersaal. In den ersten paar Reihen konnte ich Gesichter erkennen. Da war Lizard am äußersten Ende der vordersten Reihe. Den Mann in ihrer Gesellschaft erkannte ich nicht; er erinnerte mich ein wenig an den Colonel, mit dem ich sie am Tag vorher gesehen hatte. Neben ihm saß Fromkin; er trug wieder eines dieser albernen altmodischen Spitzenhemden. Während ich hinsah, kam ein Helfer zu Lizard und beugte sich zu ihrem Ohr, um ihr etwas zuzuflüstern. Sie nickte und stand auf. Der Colonel tat es ihr gleich. Fromkin wartete noch einen Augenblick und folgte ihnen dann zur Seite. Den Ausgang kannte ich. Das war die Tür, durch die Wallachstein mich nach draußen geschoben hatte.

Der Chtorraner glitt an der Glaswand nach unten. Er drehte sich in seinem Käfig um und tastete ihn mit seinen seltsam zarten Händen der Länge und der Breite nach ab. Er sah mich an und dann drehte er sich herum und sah den Posten auf der anderen Seite an. Ob er verstand, weshalb wir hier waren? Wahrscheinlich. Jetzt wanderte der Blick wieder zu mir zurück. Ich hatte Angst davor, ihm ins Auge zu sehen. Er drehte sich herum, um die Zuhörerschaft zu studieren. Er spähte durch das Spotlight hinaus und blinzelte. Immer wieder blinzelte er. Ich konnte das *Spett-fwett* durch das Glas nicht hören. Er blinzelte fortwährend, und ich fragte mich, was er tat. Es sah aus, als schrumpften seine Augen. Jetzt spähte er wieder in den Zuhörersaal. Und diesmal verhielt er sich so, als könnte er sie durch das Spotlight hindurch sehen.

Im Zuhörersaal waren Sitze frei, die meisten Enden der Bankreihen. Ich sah sonst nur wenige, die ich kannte. Da war dieser korpulente Bursche, mit dem Ted gesprochen hatte. Und Jillanna. Bildete ich es mir ein, oder leuchtete ihr Gesicht ein wenig heller als die Gesichter der Leute rings um sie?

Wieder glitt der Chtorraner nach vorne, diesmal etwas bewußter. Er glitt immer weiter, hatte jetzt mehr als die Hälfte seines Körpers gegen die Glaswand gedrückt. Ich hielt meinen Strahl auf seine Seite gerichtet.

Im Zuhörersaal waren ein paar Leute nervös aufgestanden und deuteten. Ein paar schoben sich sogar in die Gänge. Ich fragte mich, ob da wohl schon Panik im Spiel war.

Dr. Zhymphs stumme Präsentation erschreckte die Kongreßteilnehmer mehr als alles andere, was sie hätte tun können. Jetzt bemerkte ich eine Bewegung. Dr. Zhymph griff nach ihrem Notizbrett und entfernte sich von ihrem Rednerpult. Deutete sie auf jemanden auf der anderen Bühnenseite?

Ich hörte das *Kra-a-ack* des Glases, ehe ich wußte, was es zu bedeuten hatte.

Ich drehte mich gerade noch rechtzeitig herum, um den Chtorraner durch einen Regen von Glassplittern nach vorne fallen zu sehen. Sie glitzerten rings um ihn, wie winzige, blitzende Sterne. Und der Chtorraner strömte in einer einzigen glatten Bewegung durch das Glas und floß von der Bühne und in den kreischenden Zuhörersaal. Die vorderste Reihe traf er wie eine Lawine.

Ich jagte ihm meinen Strahl nach – zögerte eine halbe Sekunde lang, als mir klar wurde, daß ich in einen überfüllten Vortragssaal schießen würde –, und dann drückte ich dennoch ab.

Der Chtorraner bäumte sich auf, eine um sich schlagende Frau im Maul. Er ließ sie fallen und wirbelte herum. Ich konnte sehen, daß ein paar weitere Leute unter ihm eingezwängt waren, und feuerte wieder. Wo der Strahl ihn an der Seite berührte, schaufelte ich große Fleischbrocken heraus – aber das verlangsamte ihn nicht im geringsten! Ich konnte nicht erkennen, ob der Strahl des anderen Mannes funktionierte oder nicht – wahrscheinlich nicht. Ich konnte sehen, daß er ebenfalls feuerte – über den silbernen Rücken des Chtorraners zog eine Reihe blutig schwarzer Punkte, aber die Reihe war ausgefranst und unregelmäßig. Er bewirkte auch nicht mehr als ich.

Der Chtorraner wirbelte herum und schwang und stampfte. Er hob sich, fiel, hob sich wieder, seine Augen kreisten hin und her und sein Maul arbeitete wie eine Maschine. Selbst aus dieser Entfernung konnte ich das Blut spritzen sehen. Jetzt bäumte sich die Bestie wieder auf, ein neues Opfer im Maul. Der andere Soldat ließ seinen Karabiner fallen und rannte weg.

Der Zuhörersaal war jetzt ein einziges brüllendes Tollhaus. Die grün beleuchteten Figuren strömten auf die Ausgänge zu. An den Türen türmten sich Menschenberge auf, alles niedertrampelnd und um sich stoßend und schlagend. Der Chtorraner bemerkte sie; seine Augen drehten sich zuerst nach der einen, dann nach der anderen Richtung. Er ließ den Körper fallen, den er im Maul gehalten hatte, und *bewegte sich*. Der Chtorraner sprang über die Reihen weg und landete zwischen den schreienden Menschen, preßte sie gegen den Boden oder drückte sie gegen ihre Sitze. Er *floß* den Mittelgang hinauf. Er pickte die Leute auf und warf sie durch die Luft oder stürzte sich auf sie, wie er das mit den Hunden getan hatte – aber er fraß nicht! Es war schiere Mordlust!

Ich wußte nicht, was ich tat. Ich rannte nach vorne, sprang von der Bühnenkante herunter, verlor dabei fast das Gleichgewicht, fing mich wieder und rannte auf den silbernen Schrecken zu. Ich richtete den blau-weiß-purpurnen Strahl schräg auf ihn und zog den Abzug, zog den Abzug, versuchte, eine Linie quer durch den Körper des Chtorraners zu ziehen, versuchte die Bestie auseinanderzuschneiden. Ringsum lagen Leute. Die meisten reglos. Einige wenige versuchten wegzukriechen. Ich hörte auf, mir den Kopf darüber zu zerbrechen, ob sie in meiner Schußlinie waren oder nicht. Es war nicht wichtig. Ihre einzige Hoffnung lag jetzt darin, daß es mir gelang, die Bestie schnell aufzuhalten.

Ich glitt auf etwas Feuchtem aus und rutschte zur Seite. Ich konnte sehen, wie mein Strahl seitwärts über die Wand tanzte – *O Gott! Das ist es!* Aber der Chtorraner hatte sich noch nicht einmal zu mir herumgedreht. Noch nicht.

Ich rappelte mich wieder hoch. Der Chtorraner war jetzt schrecklich nahe. Er hatte sich herumgedreht und arbeitete sich wieder den Mittelgang hinunter. Ich sah jetzt mit schrecklicher Klarheit ganz genau, wie er tötete. Er hob den vorderen Teil seines Körpers in die Höhe und ließ ihn direkt auf sein Opfer herunterkrachen – diesmal auf ein Mitglied der chinesischen Delegation, einen schlanken, jungen Mann, nein, ein Mädchen! Sie konnte nicht älter als sechzehn sein. Die Bestie preßte das schreiende Mädchen mit dem Maul gegen den Boden, hielt sie dann mit ihren schwarzen, eigenartig doppelgelenkigen Armen fest, während das Mädchen sich loszureißen versuchte; – aber sein Maul war ähnlich dem eines Tausendfüßlers, mit etlichen Reihen nach innen gekrümmter Zähne. Er konnte nicht zu fressen aufhören! Er konnte nicht aufhören, etwas zu kauen, sobald er einmal angefangen hatte – außer er zog den Gegenstand wieder aus dem Maul heraus! Deshalb hielt die Bestie den Körper fest, wenn es sich wieder zurückzog, um sich losreißen zu können.

Und der Effekt war, daß der Körper dabei so gründlich zerrissen wurde, als wenn eine Dreschmaschine ihn auseinandergefetzt hätte. Das Chinesenmädchen schrie und zuckte und war dann plötzlich still. Jetzt bäumte sich der Chtorraner wieder auf und begann sich umzudrehen – und ich konnte sehen, daß menschliche Eingeweide aus seinem Maul hingen. Rings um ihn war der Boden mit Leichen bedeckt – zerfetzt und zerrissen. Sie waren einen schrecklichen Tod gestorben.

Mein Strahl berührte die Bestie an der Schulter. Die Arme waren an einem Höcker an seinem Rücken verankert. Wenn ich die Bestie daran hindern konnte, die Leute gegen den Boden zu drücken, dann würde sie nicht mehr über die Hebelkraft verfügen, um sich loszureißen. Dann würde sie sich mit einem Opfer begnügen müssen! Ich drückte den Abzug durch und grub Fleischbrocken aus dem silbernen Körper des Chtorraners. Aber die scheußlichen Arme bewegten sich weiter! Und jetzt kreiselte das Scheusal zu mir herum!

Ich feuerte weiter! Die Flanke des Chtorraners war eine einzige explodierende Masse Fleisch. Plötzlich brach der Arm zusammen – er fiel nutzlos herunter, hing da und schwankte. Jetzt ruckte und zuckte er unsicher, und schwarzes Blut spritzte aus der Wunde. In dem Höllenbild, das der Helm mir bot, konnte ich den Dampf wie rosafarbenen Dunst von seinem silbernen Körper aufsteigen sehen. Der Rest der Welt war ein Gemisch aus Grau und Grün und Orange im Hintergrund dieses Schreckens.

Ich konnte den anderen Arm nicht sehen, um darauf schießen zu können; der Leib des Chtorraners versperrte mir die Sicht. Ich richtete den Strahl auf seine Augen und drückte ab! Wieder und wieder! Der Karabiner bohrte sich mir in die Schulter, und der Chtorraner kreischte, brüllte. Eines der

Augen des Chtorraners verschwand, und an seiner Stelle konnte man jetzt ein blutiges Loch sehen. Der ganze Fleischberg zerplatzte wie Gallert.

Jetzt bäumte sich der Chtorraner auf, bäumte sich hoch, ließ seinen dunkel gefleckten Bauch sehen – würde er sich auf mich werfen? Und dann schrie er! Ein schrilles Heulen der Wut! *»Chtorrrr! Chtorrrr!«* Ohne zu denken, taumelte ich zurück, und meine Füße glitten auf dem blutigen Teppichboden des Auditoriums aus. Eine Sitzreihe war durch das Gewicht der Bestie aus der Verankerung gerissen worden; hinter der Reihe waren Menschen unter den Sitzen eingezwängt. Das Monstrum bemerkte das. Sein Schrei verstummte, und sein Blick suchte mich und *wußte.* Für einen einzigen erschrekkenden Augenblick lang teilten wir beide – Mensch und Chtorraner – eine Art der Verständigung, die über Worte hinausging! Wie ein Schrei der Wut und der Panik. *Töte!*

Und der Augenblick zerbrach.

Und dann kam er auf mich zu. Er bäumte seinen Leib nach vorne und strömte über die Sitze, floß wie ein Fluß aus Zähnen auf mich zu.

Ich stieß den Strahl in sein anderes Auge und feuerte – versuchte zu feuern. Nichts passierte! Munition zu Ende! Der leere Streifen sprang mir entgegen und klirrte zu Boden. Ich fummelte an einem zweiten Magazin herum und schob es hinein, während ich mich nach rückwärts bewegte. Als ich wieder abdrückte, explodierte das andere Auge der Bestie in einer dampfenden Wolke.

Aber das hielt den Chtorraner nicht auf! Selbst blind konnte er sein Opfer noch fühlen! Ob er meine Angst roch? Ich schrie jetzt eine wortlose Flut von Schmähungen, eine Mauer obszöner Wut, die ich gegen das Scheusal schleuderte! Ich hatte jetzt meinen Schrecken überwunden, befand mich in einem Zustand, wo alles, was ich tat, im Zeitlupentempo ablief, so langsam, daß ich jedes Tröpfchen spritzen sah, die Bewegung eines jeden Muskels, wo ich mich aber dennoch nicht schnell genug bewegen konnte, um dem auf mich Zuströmenden zu entgehen. Jetzt bäumte sich der Chtorraner wieder auf, und diesmal war er nahe genug, um zuzuschlagen. Ich stieß ihm den Strahl ins Maul und zerfetzte ihn zu blutigem Mus. Wieder drückte ich ab und grub eine schreiende, blutige Furche am Vorderende der Bestie nach unten und wieder hinauf. Das silberne Fell war jetzt mit Rot und Schwarz durchzogen.

Der Chtorraner stand aufgetürmt über mir da, schauderte bei jeder Nadelsalve. Sein einer Arm hing nutzlos herunter, der andere griff zu, zuckte wild. Seine Augen waren scharlachroter Pudding, sein Maul zuckende Zähne ...

Und irgendwo in dieser zuckenden Fleischmasse war ein Gehirn, ein Kontrollzentrum – irgend etwas! Wieder drückte ich ab, und der zweite leere Ladestreifen sprang mir entgegen. Ich griff nach dem nächsten Magazin am Gürtel ...

... und dann taumelte der Chtorraner nach vorne, auf mich zu, und ich war weg.

FÜNFUNDDREISSIG

Jemand rief mich.

Nnn. Geh weg.

»Kommen Sie, Jim. Zeit aufzuwachen.«

Nein, laß mich in Ruhe.

Jetzt rüttelte sie an meiner Schulter. »Kommen Sie, Jim.«

»Laß mich in Fried'n ...«

»Kommen Sie, Jim.«

»Was wollen Sie?«

Sie fuhr fort, an mir zu rütteln. »Kommen Sie, Jim.«

Ich wollte ihre Hand wegwischen. Aber ich konnte die Hand nicht bewegen. »Was wollen Sie denn, verdammt?«

»Kommen Sie, Jim.«

Ich konnte den Arm nicht bewegen! »Ich kann den Arm nicht bewegen!«

»Sie hängen an einem Tropf. Wenn Sie versprechen, daß Sie ihn nicht herausziehen, binde ich Ihren Arm los.«

»Ich kann den Arm nicht bewegen!«

»Versprechen Sie, daß Sie den Tropf nicht herausziehen?«

»Binden Sie mich los!«

»Das geht nicht, Jim. Erst müssen Sie es mir versprechen.«

»Ja, ja, ich versprech es!« Die Stimme kannte ich. Wer war sie? »Binden Sie mich los?«

Jemand machte sich an meinem Arm zu schaffen. Und dann war er frei. Ich konnte ihn bewegen. »Warum haben Sie mich geweckt?«

»Weil Sie aufwachen müssen.«

»Nein, muß ich nicht. Lassen Sie mich in Ruhe.«

»Nn, ich muß bei Ihnen bleiben.«

»Nein, ich will wieder tot sein. Der Chtorraner hat mich umgebracht ...«

»Nein, das hat er nicht. Sie haben ihn getötet.«

»Nein. Ich will tot sein. Wie alle anderen auch.«

»Nein, das wollen Sie nicht Jim. Das würde Ted nicht gefallen.«

»Ted ist ein Arschloch. Er ist nicht einmal hier.« Ich fragte mich, wo ›hier‹ sein mochte. Ich fragte mich, mit wem ich redete. Sie hielt meine Hand. »Ich möchte auch tot sein. Alle anderen dürfen tot sein – warum ich nicht?«

»Weil Sie, wenn Sie einmal tot sind, es sich nicht mehr anders überlegen können.«

»Ich will es mir auch gar nicht anders überlegen. Das kann doch nicht so schlecht sein, wenn man tot ist. Niemand, der einmal tot war, hat sich je darüber beklagt, oder? So wie Shorty. Shorty ist tot. Er war mein bester Freund – und ich hab ihn nicht einmal gekannt. Und mein Dad. Und Marcies Hund. Und das kleine Mädchen. O Gott.« Jetzt fing ich zu weinen an. »Wir haben ein kleines Mädchen erschossen! Ich war dort, ich hab es gesehen! Und Dr. Obama – sie hat zu mir gesagt, das sei in Ordnung! Aber das war es nicht! Das ist alles Bockmist! Sie ist trotzdem tot! Wir haben nicht einmal versucht, sie zu retten! Und ich habe keine Chtorraner gesehen! Alle anderen haben gesagt, daß Chtorraner da waren, ich hab keine gesehen!« Ich wischte mir über das Gesicht, wischte mir die feuchte Nase. »Ich habe nicht an die Chtorraner geglaubt. Ich habe nie Bilder gesehen. Wie sollte ich es dann wissen?« Die Worte quollen in meiner Kehle herauf, purzelten eines nach dem anderen hinaus. »Ich habe gesehen, wie der Chtorraner Shorty getötet hat. Ich habe ihn verbrannt. Und ich habe gesehen, wie sie Hunde an den Chtorraner verfütterten. Marcies Hund. Ich hab gesehen, wie sie den Chtorraner auf die Bühne brachten. Dr. Zhymph hat das Glas überprüft – o Gott – ich hab es brechen sehen. Der Chtorraner ist einfach in den Zuhörersaal hinausgeflossen. Ich hab die Leute rennen sehen – ich hab es gesehen ...« Ich erstickte jetzt an meinem eigenen Schluchzen. Sie hielt meine Hand ganz fest.

Ich wischte mir wieder über das Gesicht, aber diesmal hatte sie ein Papiertaschentuch für mich. Ich nahm es und betupfte mir Nase und Augen. Warum weinte ich eigentlich, fragte ich mich. Warum sagte ich alles das? »Gehen Sie nicht weg!« sagte ich plötzlich.

»Ich bin ja hier.«

»Bleiben Sie bei mir.«

»Schon gut, ich bin ja da.«

»Wer sind Sie?«

»Dinnie.«

»Dinnie? Ich kenne keine Dinnie.« Oder doch? Warum klang der Name so vertraut? »Was fehlt mir denn?«

Sie tätschelte meine Hand. »Gar nichts fehlt Ihnen, was nicht besser werden wird. Sind Sie jetzt mit Weinen fertig?«

Ich dachte nach. »Ja, ich denke schon.«

»Werden Sie die Augen öffnen?«

»Nein.«

»Okay. Dann lassen Sie's.«

Ich schlug die Augen auf. Grün. Die Decke war grün. Der Raum war klein und schwach beleuchtet. Ein Krankenhaus? Ich blinzelte verwirrt. »Wo bin ich?«

»Reagan Memorial.«

Ich drehte den Kopf herum, um sie anzusehen. Sie sah gar nicht so seltsam aus, wie ich sie in Erinnerung hatte. Sie hielt immer noch meine Hand. »Hallo«, sagte ich.

»Hallo«, sagte sie. »Fühlen Sie sich jetzt besser?«

Ich nickte. »Warum haben Sie mich geweckt?«

»Vorschrift. Jeder, dem man Pentothal gespritzt hat, muß

geweckt werden, wenn er aus der Chirurgie kommt, damit wir auch sicher sind, daß er mit dem Atmen zurechtkommt.«

»Oh«, sagte ich. Ich war mit Decken bedeckt. Ich konnte überhaupt nichts fühlen. »Was ist passiert?«

Sie sah unglücklich aus. »Der Chtorraner hat dreiundzwanzig Menschen getötet. Vierzehn weitere sind bei der Panik ums Leben gekommen. Vierunddreißig sind verletzt, fünf davon in kritischem Zustand. Zwei davon werden vermutlich nicht überleben.« Sie warf mir einen prüfenden Blick zu. »Für den Fall, daß Sie sich jetzt den Kopf zerbrechen: Sie werden es schaffen.«

Ich wollte schon fragen: »Wer ...« Aber meine Stimme wurde brüchig, und ich konnte den Satz nicht zu Ende sprechen.

»›Wer‹ was?«

»Wer ist getötet worden?«

»Die haben noch keine Namen freigegeben.«

»Oh. Dann wissen Sie es nicht.«

Ich konnte ihren Gesichtsausdruck nicht ergründen. Sie sah seltsam zufrieden aus. »Nun, so viel kann ich Ihnen sagen: Einige der Delegationen aus der Vierten Welt werden neu besetzt werden müssen. Wir haben zwei ganze Flügel und die Leichenhalle mit ihnen gefüllt. Sie saßen alle in den ersten fünf Reihen. Und der Wurm hat sich über sie geworfen.«

Mir kam etwas in den Sinn, aber ich sprach es nicht aus. Statt dessen fragte ich: »Wie ist er herausgekommen?«

»Die hatten das falsche Glas in den Käfig eingebaut. Sie dachten, es hätte Stärke hundert, aber es war nur zehn. Es wird eine Untersuchung geben. Aber anscheinend ist da irgendeine Panne in der Beschaffung passiert. Niemand wußte etwas.«

Ich versuchte, mich aufzusetzen, schaffte es aber nicht. Ich war festgebunden.

»Äh, nicht«, sagte Dinnie und legte mir sachte die Hand auf die Brust. »Sie haben fünf gebrochene Rippen, und Ihre Lunge ist punktiert. Sie können von Glück reden, daß Sie kein größeres Blutgefäß getroffen haben. Sie sind eine Viertelstunde unter dem Chtorraner gelegen, ehe wir Sie herausholen konnten, und wenigstens dreizehn dieser fünfzehn Minuten hat man sie künstlich beatmet.«

»Wer?«

»Ich. Und Sie können von Glück reden, weil ich mich darauf nämlich recht gut verstehe. Ein Glück, daß Sie einen Schritt zurückgetreten sind, ehe er auf Sie gefallen ist, sonst hätte ich mit der Maske nicht herangekonnt – und auch nicht an Ihren Brustkasten. Die haben sieben Mann gebraucht, um den Chtorraner herunterzurollen. Die wollten mit dem Flammenwerfer auf ihn losgehen, aber ich bin nicht weggegangen. Sie können mir ja später danken. Besonders glücklich waren die nicht. Wer ist eigentlich auf Sie sauer? Ich hab noch nie so viele zornige Männer mit Flammenwerfern gesehen, aber ich gebe meine Patienten nicht auf. Übrigens, ich glaube, eine dieser gebrochenen Rippen verdanken Sie mir. Fragen Sie nicht. Ich konnte nicht sanft mit Ihnen umgehen. Oh, und dann haben Sie noch eine gebrochene Kniescheibe. Sie waren fünf Stunden auf dem OP-Tisch.« Sie zögerte und fügte dann lautlos hinzu. »Absichtlich.«

»Wie?«

Sie beugte sich über mich, um mein Kissen zu glätten, und dabei kam ihr Mund ganz dicht an mein Ohr. »Jemand wollte nicht, daß ich Sie rette«, flüsterte sie.

»Was?«

»Entschuldigung«, sagte sie laut. »Da, lassen Sie mich das noch einmal glätten.«

Und wieder flüsterte sie. »Und die wollten, daß Sie auf dem OP-Tisch sterben. Aber Sie stehen hier unter ärztlichem Schutz, und niemand wird zu Ihnen vorgelassen, ohne daß eine Schwester zugegen ist. Ich.«

»Äh ...« Ich machte den Mund zu.

Sie lehnte sich wieder zurück und sagte: »Übrigens vielleicht sind Sie ein Held. Einige Türen in dem Vortragssaal waren verstopft. Keine Ahnung, wieviele Leute diese Bestie getötet hätte, wenn Sie sie nicht aufgehalten hätten, ehe der Rest der Kavallerie eintraf.«

»Oh.« Ich erinnerte mich daran, wie der Chtorraner sich herumgedreht hatte und auf mich zugeschossen war. Und plötzlich war mir übel.

Dinnie sah meinen erschreckten Gesichtsausdruck und war fast sofort mit einer Schüssel zur Stelle. Mein Magen bäumte sich auf, und meine Kehle verkrampfte sich – und jetzt gruben sich plötzlich eiskalte, eiserne Klauen in meine Brust –

»Hier!« Sie schob mir ein Kissen in die Arme, so daß es meinen Leib und die Brust schützte. »Halten Sie sich da fest.«

Nichts kam hoch. Ich würgte noch einmal und dann wieder. Jedesmal bohrte sich der Schmerz tiefer in mich hinein.

»Machen Sie sich wegen der Schnitte keine Sorgen, die sind gut verklebt. Ich hab das selbst gemacht. Sie brechen schon nicht auseinander.«

Aber das Gefühl war vorüber. Der Schmerz hatte das Bedürfnis, mich zu übergeben, verdrängt.

Ich sah Dinnie an. Sie grinste zurück. Und in dem Augenblick war sie mir wieder unsympathisch. Weil sie sich soviel Vertrautheit anmaßte. Und dann empfand ich Schuldgefühle, dafür, daß sie mir unsympathisch war, wo ich ihr doch so viel verdankte. Und dann war sie mir unsympathisch, weil sie Schuldgefühle in mir erzeugte.

»Wie fühlen Sie sich jetzt?«

Ich nahm Inventur auf. »Beschissen.«

»Richtig. So sehen Sie auch aus.« Sie stand auf, ging zur Tür und pfiff. »Hey, Fido ...«

Eine ROVER-Einheit rollte heran bis ans Bett. Sie zupfte eine Handvoll Sensoren aus dem Korb oben – sie sahen wie Spielmarken aus – und fing an, sie an verschiedenen Punkten meiner Brust, meiner Stirn, dem Hals und den Armen festzukleben. »Drei fürs EKG, drei fürs EEG, zwei für Druck und Puls, zwei für den Pathologen, eins für die Buchhaltung und eins, damit es Glück bringt«, sagte sie, als bete sie eine Litanei herunter.

»Buchhaltung?«

»Sicher. Damit überprüfen wir Ihre Kreditwürdigkeit, während Sie daliegen, damit wir wissen, wieviel wir verlangen müssen.«

Sie wandte sich dem ROVER zu und studierte den Bildschirm.

»Nun, schlechte Nachrichten für Ihre Feinde. Sie werden

leben. Aber ein guter Rat. Wenn Sie das nächstemal mit einem Chtorraner Liebe machen, sollten Sie der Mann sein. Obenauf ist es viel sicherer.«

Dann zupfte sie mir die Sensoren ab und warf sie in den Korb zurück. »Ich lasse Sie jetzt allein. Können Sie einschlafen oder brauchen Sie ein Mittel?«

Ich schüttelte den Kopf.

»Prima. Ich komm dann mit dem Frühstück wieder.«

Und dann war ich wieder alleine. Mit meinen Gedanken. Es gab vieles, worüber ich nachdenken mußte. Aber ich schlief ein, ehe ich alles auseinandersortieren konnte.

SECHSUNDDREISSIG

Ich war wieder in Whitlaws Klassenzimmer.

Ein Gefühl der Panik hatte mich erfaßt. Ich hatte mich nicht auf die Prüfung vorbereitet – ich wußte nicht einmal, daß eine stattfinden sollte. Und dabei war dies das Schlußexamen.

Ich sah mich um. Alles Leute, die ich nicht kannte, aber als ich sie mir dann genauer ansah, verdichteten sich ihre Gesichter: Shorty, Duke, Ted, Lizard, Marcie, Colonel Wallachstein, die japanische Dame, der dunkelhäutige Bursche, Dr. Fromkin, Paul Jastrow, Maggie, Tim, Mark – und Dad; und dann noch eine Menge anderer Leute, die ich nicht erkannte. Ein bißchen zu viele.

Whitlaw stand vorne und gab Geräusche von sich. Sie gaben keinen Sinn ab. Ich stand auf und sagte ihm das. Er sah mich an. Alle sahen sie mich an. Jetzt stand ich vor der Klasse, und Whitlaw saß auf meinem Platz. Ein kleines Mädchen in einem braunen Kleid saß in der vordersten Reihe. Neben ihr, er schob sich gerade an sie heran, ein gigantischer, orangefarbener Chtorraner. Seine Augen drehten sich mir zu, und es sah so aus, als wollte er es sich bequem machen, um mir zuzuhören.

»Kommen Sie schon, Jim!« schrie Whitlaw. »Wir warten!«

Ich war zornig. Ich wußte nicht, warum. »Also gut«, sagte ich. »Hören Sie, ich weiß, daß ich alles falsch mache, und daß ich ein Arschloch bin. Soviel liegt auf der Hand. Sehen Sie, in allem, was ich getan habe, bin ich immer davon ausgegangen, daß Sie alle das *nicht* sind. Ich meine, hier bin ich und höre mir an, wie Sie alle Geräusche von sich geben, als wüßten Sie, was Sie tun. Ich habe Ihnen geglaubt! Was für ein Arschloch ich doch bin! Die Wahrheit ist, daß Sie alle auch nicht wissen, was Sie tun – genausowenig wie ich –, und deshalb sage ich Ihnen jetzt, daß meine Erfahrung genauso stichhaltig oder genauso wenig stichhaltig ist wie die Ihre. Aber was auch immer, es ist meine Erfahrung, und ich bin derjenige, der dafür die Verantwortung tragen wird.«

Sie applaudierten. Whitlaw hob die Hand. Ich zeigte auf ihn. Er stand auf. »Wird auch Zeit«, sagte er. Er setzte sich.

»Sie sind der Schlimmste, Whitlaw!« sagte ich. »Sie verstehen sich so gut darauf, anderen Leuten Ihren Bockmist in die Köpfe zu gießen, daß er noch Jahre später oben schwimmt. Ich meine, Sie haben uns doch all diese großartigen Glaubensregeln eingepaukt, wie wir unser Leben leben sollen, und als wir dann versuchten, uns danach zu verhalten, hat es nicht funktioniert. Alles, was Sie uns beigebracht haben, hat doch nur zu unpassendem Verhalten geführt.«

Darauf Whitlaw: »Sie wissen ganz genau, daß es nicht so ist. Ich habe Ihnen nie Glaubenssätze geliefert. Was ich Ihnen vermittelt habe, war die Fähigkeit, unabhängig von einem Glaubenssystem zu sein, damit Sie mit den Fakten, so wie sie auf Sie zukommen, umgehen konnten.«

»So? Haben Sie das? Wie kommt es dann, daß Sie jedesmal, wenn ich das versuche, plötzlich auftauchen und mir wieder einen Vortrag halten?«

Darauf Whitlaw: »Wenn Sie mich in Ihren Kopf hineingelassen und sich von mir Vorträge haben halten lassen, dann ist das Ihre Schuld. Das bin nicht ich, das sind Sie. Sie sind derjenige, der diese Vorträge laufen läßt. Ich bin tot, Jim. Ich bin schon seit über einem Jahr tot. Das wissen Sie. Hören Sie also auf, mich um Rat zu fragen. Sie leben in einer Welt, von der ich nichts weiß. Hören Sie auf, mich um Rat zu fragen, dann sind Sie viel besser dran. Oder bitten Sie mich um Rat, wenn Sie wirklich Rat haben wollen. Und wenn er Ihnen dann nicht paßt, dann ignorieren Sie ihn einfach. Kapieren Sie doch endlich, Sie Arschloch: Ratschläge sind nicht dasselbe wie Befehle, Ratschläge sind nur eine weitere Option, die man in Betracht ziehen kann. Sie dienen nur dazu, um Ihre Perspektive in bezug auf die Sache, die Sie gerade betrachten, etwas auszuweiten. So müssen Sie Ratschläge nutzen. Aber geben Sie nicht mir die Schuld, wenn Sie nicht wissen, wie man zuhört.«

»Müssen Sie denn *immer* recht haben?« fragte ich. »Manchmal kann einem das schrecklich lästig werden.«

Whitlaw zuckte die Achseln. »Tut mir leid, Junge. Aber Sie haben mich ja immer wieder neu erschaffen.«

Er hatte recht. Wieder. Das würde er immer haben. Weil ich ihn immer wieder so heraufbeschwören würde.

Andere Meldungen lagen keine vor. »Dann wäre das also klar? Von nun an bin ich derjenige, der bestimmt, wie mein Leben verläuft? Richtig.«

Ich sah das kleine Mädchen in dem braunen Kleid an. Sie hatte kein Gesicht. Und dann hatte sie doch eines. Es war Marcies Gesicht ... und Jillannas Gesicht ... und Lizards Gesicht ...

Ich wandte mich an den Chtorraner. »An Sie habe ich ein paar Fragen«, sagte ich.

Er nickte mit den Augen und sah mir dann wieder ins Gesicht.

»Wer sind Sie?« fragte ich.

Der Chtorraner sprach mit einer Stimme, die wie ein Flüstern klang. »Ich weiß es nicht«, sagte er. »Noch nicht.«

»Was sind Sie? Sind Sie intelligent? Oder was? Sind Sie die Invasoren? Oder die Voraustruppen.«

Wieder sagte der Chtorraner: »Ich weiß nicht.«

»Wie war das mit der Kuppel? Warum war da ein vierter Chtorraner drin?«

Der Chtorraner schwenkte seine Augen von einer Seite zur anderen. Das war das chtorranische Äquivalent eines Kopfschüttelns. »Ich weiß nicht«, sagte er, und seine Stimme war lauter. Wie der Wind.

»Wie sind Sie hierhergekommen? Wo sind Ihre Raumschiffe?«

»Ich weiß nicht!« sagte er. Und jetzt brüllte er.

»Wie können wir mit Ihnen sprechen?«

»ICH WEISS NICHT!« Und er bäumte sich vor mir auf, als wollte er angreifen.

»ICH HABE HIER DAS SAGEN!« brüllte ich zurück. »UND ICH WILL HIER ANTWORTEN HÖREN!«

»ICH WEISS NICHT!!« kreischte der Chtorraner – und explodierte in tausend flammende Stücke, zerstörte sich, zerstörte mich, zerstörte das kleine Mädchen, das neben ihm saß, zerstörte das Klassenzimmer, Whitlaw, Shorty, all die Leute, alles – versenkte alles in Dunkelheit.

SIEBENUNDDREISSIG

Ted saß auf dem Stuhl und sah mich an. Sein Kopf war bandagiert.

»Hat er dich auch erwischt?« fragte ich.

»Wer soll mich erwischt haben?«

»Der Chtorraner. Dein Kopf ist bandagiert – hat der Chtorraner dich auch erwischt?«

Er grinste. »Jim, heute ist Mittwoch. Ich hatte heute morgen meine Operation. Vorher wollten die mich nicht zu dir lassen.«

»Welche Operation?« Und dann erinnerte ich mich und war plötzlich ganz wach. »Mittwoch?« Ich wollte mich aufsetzen, stellte fest, daß ich das nicht konnte und fiel ins Bett zurück. »Mittwoch? Wirklich?«

»Mhm.«

»Bin ich drei Tage lang bewußtlos gewesen?«

»Auch nicht mehr als sonst«, sagte Ted. »Weißt du, bei dir ist das manchmal schwer festzustellen.« Als er dann meinen Gesichtsausdruck sah, fügte er hinzu: »Du schwebst die ganze Zeit. Außerdem hatten die dich unter Drogen gesetzt wie die meisten anderen auch. Die mußten so viele Verletzte behandeln, daß sie alle einfach in ihre Betten steckten, sie dort an die Apparaturen hängten und sie liegen ließen. Du bist einer der ersten, der aufwacht. Ich mußte an ein paar Fädchen ziehen, um das zu schaffen. Ich wollte dich sehen, um mich zu verabschieden.«

»Verabschieden?«

Er griff sich an den Kopfverband. »Siehst du's? Ich hatte meine Operation. Die haben mir das Implantat verpaßt. Ich bin jetzt im Telepathiekorps. Meine Versetzung wurde in dem Moment amtlich, als das Implantat eingesetzt war.«

»Funktioniert es? Kannst du empfangen?«

Ted schüttelte den Kopf. »Noch nicht. Noch eine ganze Weile nicht. Zuerst muß ich eine zweiwöchige Ausbildung absolvieren, um zu lernen, wie ich mich selbst intensiver wahrnehme. Aber ich sende bereits. Die zeichnen alles auf, stimmen meine Verbindungen ab und registrieren meine Selbstwahrnehmung, damit ich nicht die Verbindung mit dem verliere, der ich wirklich bin. Recht kompliziert, all das Zeug übrigens. Die Ausbildung soll die Wahrnehmungsfähigkeit wiederherstellen. Weißt du, daß wir den größten Teil unseres Lebens damit verbringen, bewußtlos zu sein, Jim? Ehe du Telepath sein kannst, mußt du aufwachen – das ist, wie wenn einem ein Eimer mit Eiswasser ins Gesicht geschüttet wird. Aber es ist unglaublich!«

»Dann kann ich sehen«, sagte ich vorsichtig. Seine Augen leuchteten. Sein Gesicht glänzte. Er sah wie ein Mann aus, von dem eine Vision Besitz ergriffen hat.

Und dann lachte er – über sich. »Ich weiß – es klingt *verrückt.* Ein Telepath zu sein, ist ein großes Abenteuer; man muß sich ganz dem Netz hingeben. Aber es eröffnet einem eine völlig neue Welt!«

»Hast du schon irgend etwas empfangen?«

»Nur ein klein wenig. Nur so viel, daß die feststellen konnten, daß die Verbindungen stimmten. Jim, ich weiß, daß das dumm klingt, aber ich habe wirklich *wunderbare* Dinge getan! Ich hab Vanilleeiscreme gekostet! Das heißt, jemand anderer hat sie gekostet, aber ich habe es mit ihm empfunden! Und eine Rothaarige habe ich geküßt. Und eine Blume gerochen. Und ein Kätzchen berührt. Und einen Eiswürfel! Hast du je wirklich gefühlt, was *kalt* ist?«

Ich schüttelte den Kopf. Die Veränderung, die Ted mitgemacht hatte, verblüffte mich. Was hatten die mit ihm gemacht? »Äh, warum? Welchen Zweck hatte das?«

»Um zu sehen, ob ich Dinge *erleben* konnte«, erklärte er. Er sagte das mit leiser Stimme. »Du weißt schon – Druck, Hitze, Kälte, Geschmack, Geruch, Sehen – all das. Sobald einmal sichergestellt ist, daß die Eingangsverbindung richtig funktioniert, prüfen wir die Sendeverbindungen. Nur muß ich vorher meine natürliche Fähigkeit ausbilden, das Leben zu erleben. Damit ich keine unechten Botschaften aussende – zum Beispiel, wenn ich mich einmal nicht wohl fühle und das meine Wahrnehmungen verfälschen würde. Also muß ich das aufgeben. Herrgott, das ist einmalig! Ich genieße das!« Er hielt inne und sah mich an. »Und was gibt's bei dir Neues, Jim?«

Ich konnte einfach nicht anders, ich mußte kichern.

»Nun, ich habe einen Chtorraner getötet. Wieder einen.«

»Ja. Davon habe ich gehört. Ich habe die Bänder gesehen. Das war auf allen Kanälen. Du kannst dir ja nicht vorstellen, was zur Zeit läuft! Ich habe noch nie ein solches Durcheinander, solchen Aufruhr erlebt.«

»Wirklich?«

»Einmalig! Das ist der verrückteste politische Zirkus seit damals, als man den Vizepräsidenten mit dem Generalbundesanwalt im Bett gefunden hat. Alle rennen herum und schreien, der Himmel würde einstürzen, und es sollte gefälligst einer etwas dagegen unternehmen! Die Afrikaner führen sich am verrücktesten auf. Die haben einige ihrer lautesten Mäuler verloren.«

»*Wau*«, sagte ich. »Wen denn?«

»Nun, Dr. T!Kung und Dr. T! Kai – und Dr. Kwong, das ist der, mit dem du die Auseinandersetzung hattest.«

Ich erinnerte mich. »Das ist höhere Gerechtigkeit. Wen

sonst noch? Ich habe Lizard unter den Zuhörern gesehen. Ist sie verletzt?«

»Wer?«

»Major Tirelli. Die Hubschrauberpilotin.«

»Ach die. Nein, die hab ich bei der Beerdigung gesehen. Die hatten einen Massengottesdienst für die Opfer. Die Überreste sind feuerbestattet worden, für den Fall, daß der Chtorraner mit seinem Biß irgendwelche Bakterien übertragen hat.«

»Oh. Gut.«

Eine Weile sagte keiner von uns beiden etwas. Wir sahen einander nur an. Sein Gesicht leuchtete. Er sah wie ein sehr schüchterner Schuljunge aus, aufgeregt und eifrig. Auf mich wirkte er wie ein völlig anderer Mensch. In dem Augenblick ertappte ich mich dabei, daß ich ihn tatsächlich *mochte.*

»Also«, sagte er. »Wie fühlst du dich?«

»Prächtig, denke ich. Etwas benommen.« Ich lächelte. »Und du?«

»Ganz gut. Ein wenig verängstigt.«

Ich studierte seine Gesichtszüge. Er wich meinem Blick nicht aus. Dann sagte ich: »Weißt du, wir hatten eigentlich seit wir hierher gekommen sind nicht viel Zeit, miteinander zu reden.«

Er nickte.

»Das ist vielleicht das letztemal, daß ich mit dir reden kann.«

»Ja, kann schon sein.«

»Ja«, sagte ich. »Ich wollte dir sagen, wie sauer ich auf dich war. Daß ich dachte, du verhältst dich wie ein richtiges Arschloch.«

»Komisch. Ich dachte das gleiche über dich.«

»Ja. Aber ich denke –, du sollst wissen, daß ich – äh, ich finde dich ganz in Ordnung. Wirklich.«

Er sah mich verlegen an. »Ich dich auch.« Und dann tat er etwas, das überhaupt nicht zu ihm paßte. Er kam zum Bett herüber, setzte sich darauf, beugte sich über mich und drückte mich leicht an sich. Er sah mir in die Augen, beugte sich vor und küßte mich ganz leicht auf die Lippen. Und strich mir mit der Hand über die Wange.

»Wenn ich dich nie wieder sehe«, sagte er, »und die Möglichkeit besteht durchaus, wenn ich dich nie wieder sehe, dann sollst du das wissen. Ich mag dich wirklich gerne. Die meiste Zeit bist du ja ein Arschloch, aber ich mag dich trotzdem.« Er küßte mich wieder, diesmal sträubte ich mich nicht dagegen. Ich hatte Tränen in den Augen und wußte nicht, warum.

ACHTUNDDREISSIG

Als ich diesmal erwachte, war es heller Tag.

Und der sehr ehrenwerte Dr. Daniel Joseph Fromkin saß in einem Stuhl und studierte mich.

Ich hob den Kopf und sah ihn an. Er nickte. Ich sah mich im Zimmer um. Die Jalousien waren heruntergelassen, und die Nachmittagssonne fiel durch die schmalen Schlitze herein. Staubpartikel tanzten im Licht.

»Was für ein Tag ist heute?«

»Donnerstag«, sagte er. Er trug einen goldkupferfarbenen Anzug – er wirkte fast, aber nicht ganz wie eine Uniform. Wo hatte ich so etwas schon einmal – oh, jetzt begriff ich. Er war ein Modie.

»Das wußte ich nicht«, sagte ich.

Er sah, daß ich sein Jackett musterte. Er nickte und fragte: »Wie fühlen Sie sich?«

Ich sah ihn an. Ich fühlte überhaupt nichts. »Leer«, sagte ich. Ich fragte mich, ob ich immer noch unter dem Einfluß der Droge stand. Oder ihren Nachwirkungen.

»Sonst noch etwas?« fragte Fromkin.

»Nackt. Als ob man mich ausgezogen und zur Schau gestellt hätte. Ich habe Erinnerungen, von denen ich nicht sicher bin, ob sie echt sind oder ob ich sie nur geträumt habe.«

»Mhm«, machte er. »Noch etwas?«

»Zornig. Glaube ich.«

»Gut. Noch etwas?«

»Nein, ich glaube nicht.«

»Großartig. – Ich bin hier, um Sie zu befragen. Geht das jetzt?« Er sah mich erwartungsvoll an.

»Nein.«

»Schön.« Er stand auf, um zu gehen.

»Warten Sie.«

»Ja?«

»Ich will reden. Ich habe selbst ein paar Fragen.«

Er sah mich unter hochgeschobenen Augenbrauen an. »Oh?«

»Werden Sie sie beantworten?«

»Ich bin autorisiert, Ihre Fragen zu beantworten.«

»Ehrlich?«

Er nickte langsam. »Wenn ich kann?«

»Was bedeutet das?«

»Das bedeutet, daß ich Ihnen die Wahrheit sagen werde, soweit ich sie kenne. Einverstanden?«

»Das muß reichen.«

Er blickte ungeduldig. »Was wollen Sie wissen?«

»Also gut. Warum sollte ich getötet werden?«

Fromkin setzte sich wieder und sah mich an. »Sollten Sie das?«

»Das wissen Sie ganz genau! Dieser Chtorraner hätte mich erwischen sollen. Deshalb hat man mich dort eingeteilt – damit ich der erste sein sollte, wenn das Glas brach. Ich hätte keine funktionierende Waffe haben sollen? Nur daß ich mir die Bedienungsanleitung genommen und mich auf dem Schießplatz mit der Knarre vertraut gemacht habe. Es hat also nicht funktioniert, wie?«

Fromkin blickte unglücklich – nicht so, als empfände er Schmerz, nur traurig. Er sagte: »Ja. Das war die Erwartung.«

»Sie haben die Frage nicht beantwortet.«

»Das kommt noch. Fragen Sie weiter.«

»Gut. Warum sollte der Chtorraner ausbrechen? Ich habe gesehen, wie Dr. Zhymph den Käfig mit einem Helfer überprüft hat. Die haben nicht nachgesehen, ob er sicher war. Die haben nachgesehen, weil sie sicher sein wollten, daß er im richtigen Augenblick zerbrach. Sobald der Chtorraner sein Gewicht dagegen legte. Stimmt das?«

»Ist es das, was Sie gesehen haben?« fragte Fromkin.

Ich nickte. »Diese Leute hätten alle sterben sollen, nicht wahr?«

Fromkin blickte einen Augenblick zur Decke. Ob er sich seine Antwort zurechtlegte? Jetzt sah er wieder mich an. »Ja, ich fürchte schon.«

»Warum?«

»Sie kennen die Antwort bereits, Jim.«

»Nein, ich kenne sie nicht.«

»Dann überlegen Sie noch einmal. Warum glauben *Sie?*«

»Im Nachhinein liegt das ja wohl auf der Hand. Die meisten dieser Leute teilten die Ansicht der Vereinigten Staaten bezüglich der chtorranischen Bedrohung nicht, also haben Sie sie eingeladen, damit sie einmal aus eigener Anschauung miterleben konnten, wie einer *frißt.* Das ist die garantierte Schockbehandlung. Das funktioniert immer. Bei mir hat es auch funktioniert, und ich hatte nur die Show-Low-Bilder gesehen. Diese Leute haben sogar einen speziellen Live-Auftritt zu sehen bekommen. Das Ganze war so vorbereitet, daß niemand von unseren Leuten getötet oder verletzt wurde, nur diejenigen, die gegen uns standen.« Ich studierte sein Gesicht. Seine Augen waren umschattet. »So ist es doch, oder nicht?«

»Im großen und ganzen schon«, sagte Fromkin. »Nur den Zusammenhang sehen Sie nicht richtig.«

»Den *Zusammenhang* oder die *Rechtfertigung?*«

Fromkin ging nicht darauf ein. »Sie haben ja selbst gesehen, wie sich der Kongreß entwickelte. Können Sie mir eine *bessere* Alternative liefern?«

»Haben Sie es einmal mit Aufklärung versucht?«

»Wissen Sie, wie lange es dauert, einem Politiker etwas zu lehren? *Drei Wahlperioden!* Diese Zeit haben wir nicht! Wir müssen *heute* klarmachen, worauf es ankommt.«

Ich muß wohl die Stirn gerunzelt haben, denn er sagte: »Sie haben ja diese Delegierten gehört. Die haben alles, was sie sahen und hörten, durch den Filter gejagt, daß die Vereinigten Staaten die Bedrohung durch die Chtorraner als Ausrede benutzten, um den Rest der Welt aufs Neue auszubeuten.«

»Nun, stimmt das denn nicht?«

Fromkin zuckte die Achseln. »Offen gestanden, es ist ohne Belang. Der Krieg gegen die Chtorr wird zwischen fünfzig und dreihundert Jahre dauern, wenn wir ihn gewinnen. Das ist unsere Prognose für den *günstigsten* Fall.«

»Und? Was ist der schlimmste Fall?«

»Wir können alle binnen zehn Jahre tot sein.« Er sagte das völlig leidenschaftslos, aber die Worte kamen wie Kugeln heraus. »Die Situation verlangt außergewöhnliche Fähigkeiten, ein Krisenmanagement. Sie verlangt eine Art gemeinsamen Handelns, wie sie dieser Planet noch *nie* gesehen hat. Wir brauchen eine Kontrollkörperschaft, die frei von der üblichen Trägheit funktionieren kann, wie sie gewöhnlich bei verantwortlichen Regierungen auftritt.«

»Sie fordern eine Diktatur?«

»Kaum. Ich fordere Militärdienst für jeden Mann, jede Frau, jedes Kind, jeden Roboter, jeden Hund und jeden Computer auf diesem Planeten. Das ist alles.« Er gestattete sich ein schiefes Lächeln. »Das kann man kaum als Diktatur bezeichnen, oder?«

Ich gab keine Antwort. Er stand auf, ging zum Fenster und sah hinaus. »Die Ironie der ganzen Situation«, sagte er dann, »liegt darin, daß die einzigen überlebenden Institutionen, die über die Ressourcen verfügen, um die Situation zu bewältigen, genau diejenigen sind, die am wenigsten fähig sind, jene Ressourcen einzusetzen – die großen technologieschen Nationen der Welt. Die Konferenz wird von Leuten aus der Vierten Welt beherrscht, die immer noch in einem prächtorranischen Bewußtsein leben. Sie wissen schon: ›Die haben ihres, und ich werde jetzt meines bekommen.‹ Und sie werden nicht zulassen, daß wir irgendein anderes Spiel spielen, so lange sie sich selbst noch nicht als gleichberechtigte Partner sehen. Dabei sind sie das tatsächlich schon. Die Chtorraner finden sie genauso schmackhaft – denen ist es gleichgültig!«

Fromkin drehte sich zu mir herum. Er kam zum Stuhl zurück, setzte sich aber nicht. »Jim, jeder Tag, der vergeht, ohne daß wir ein Programm für gemeinsamen Widerstand gegenüber der chtorranischen Invasion haben, schiebt den möglichen Sieg zwei Wochen weiter hinaus. Wir nähern uns rapide dem Punkt, wo diese Möglichkeit nicht mehr erreichbar ist. Wir haben keine Zeit. Diese Leute haben den Standpunkt eingenommen, daß die Vereinigten Staaten ihr Feind sind, ein Feind, der jedes Mittel einsetzen würde, um sie auszubeuten. Sie wagen es nicht, diese Haltung aufzugeben, weil sie damit den Anschein erwecken würden, als gäben sie zu, unrecht gehabt zu haben. Und das ist das Schlimmste auf der ganzen Welt für einen Menschen – unrecht zu haben. Wissen Sie, daß viele Leute lieber sterben würden, als unrecht zu haben?«

Ich sah wieder, wie der Chtorraner sich von der Bühne wälzte. Ich hörte die Schreckensschreie. Ich roch das Blut. Diese Leute waren gestorben, weil sie unrecht hatten? Ich sah Fromkin ins Gesicht. Sein Ausdruck war eindringlich, seine Augen schmerzten.

Ich wußte, daß es nicht stimmte, wußte es in dem Augenblick, in dem ich es aussprach, aber ich mußte es sagen: »Also haben jene unrecht – und Sie recht?«

Fromkin schüttelte den Kopf. »Wir haben das getan, was wir tun mußten, Jim. Und die einzige Erklärung dafür ist so unbefriedigend, daß ich es nicht einmal versuchen will.«

Ich dachte darüber nach. »Versuchen Sie es trotzdem«, sagte ich.

Er sah so aus, als wäre er darüber unglücklich. »Also gut. Aber es wird Ihnen nicht gefallen. Das hier ist ein völlig anderes Spiel – eines mit ganz anderen Regeln, wovon eine der wichtigsten lautet: ›Alle bisherige Spiele gelten nicht mehr.‹ Und jeder, der das alte Spiel mitten im neuen zu spielen versucht, steht im Wege. Verstehen Sie das? Also setzen wir all diejenigen, die für uns problematisch sind, in die vorderste Reihe. Gefallen hat uns das nicht, aber es war *notwendig*.«

»Sie haben recht. Es gefällt mir auch nicht.«

Er nickte. »Das habe ich Ihnen ja prophezeit.« Dann fuhr er fort: »Aber Jim – jeder einzelne der Überlebenden hat jetzt den Krieg aus nächster Nähe *erlebt*. Jetzt geht es nicht länger nur um eine politische Position. Das ist eine blutige Narbe auf der Seele. Die Leute, die aus jenem Saal lebend entkommen sind, wissen jetzt, wer ihr Feind ist. Was sie gesehen hatten – woran sie teilhatten –, war eine sehr notwendige Schockbehandlung für die Gemeinschaft der Regierungen der Welt.«

Er setzte sich wieder, lehnte sich vor und legte die Hand auf meinen Arm. »Wir wollten das nicht tun, Jim. Tatsächlich hatten wir noch letzte Woche beschlossen, es nicht zu tun. Wir hofften, die Fakten würden alleine ausreichen, um die Delegierten zu überzeugen. Wir hatten unrecht. Die Fakten reichten nicht. Das haben Sie demonstriert, als Sie sich vor die ganze Konfernez gestellt haben. Sie haben uns demonstriert, wie völlig verhärtet die Position der Vierten Welt war.«

»Oh, sicher – stimmt«, sagte ich. »Geben Sie ruhig mir die Schuld dafür!«

Fromkin beugte sich vor und sagte eindringlich: »Jim, halten Sie den Mund und hören Sie zu. Hören Sie auf, hier Ihre Dummheit zur Schau zu stellen. Wissen Sie, was Sie uns gegeben haben? Den Hebel, mit dem man eine umfangreiche Neuordnung der politischen Absichten bewirken kann. Die Bandaufzeichnungen der Konfernez sind für die Öffentlichkeit freigegeben worden. Die ganze Welt hat gesehen, wie dieser Chtorraner einen Saal voll ihrer höchsten Führer angegriffen hat. Die ganze Welt hat gesehen, wie Sie diesen Chtorraner zum Stillstand brachten. Wissen Sie, daß Sie ein Held sind?«

»Ach, Scheiße.«

Fromkin nickte. »Ganz Ihrer Meinung. Sie sind ganz und gar nicht derjenige, den wir ausgewählt hätten. Aber Sie sind es nun einmal, und Sie haben wir, also müssen wir das Beste aus Ihnen machen. Hören Sie, die Öffentlichkeit ist jetzt beunruhigt – das *brauchen* wir. Wir hatten es vorher nicht. Es macht einen großen Unterschied. Wir sehen, wie einige sehr wichtige Leute sich plötzlich bereit erklären, all ihre Ressourcen zur Verfügung zu stellen, die notwendig sind, um der chtorranischen Invasion Widerstand zu leisten.«

Ich lehnte mich im Bett zurück und verschränkte die Arme über der Brust. »Also gewinnen die Vereinigten Staaten am Ende doch, stimmt's?«

Fromkin schüttelte den Kopf. »Das ist ja gerade der Witz, Junge. Vielleicht gibt es gar keine Vereinigten Staaten mehr, wenn dieser Krieg vorüber ist – wenn wir gewinnen. Das, was für die Menschheit nötig ist, um die Chtorraner zu besiegen, ist von so überwältigender Wichtigkeit, daß das Überleben jeder Nation als Nation jetzt zur Belanglosigkeit wird. Jeder einzelne von uns, der in diesem Krieg Verantwortung trägt, weiß, daß das Überleben von irgend etwas von sekundärer Wichtigkeit ist, wenn man dagegen das Überleben der Spezies in die Waagschale wirft. Ende der Erklärung.«

Er lehnte sich wieder in seinem Stuhl zurück. Ich sagte nichts. Es gab nichts, was ich hätte sagen können. Und dann dachte ich an etwas. »Ich kann verstehen, daß das *Ihre* Position ist. Aber welches Recht hatten Sie, mich hineinzuziehen? Denken Sie daran, ich hätte dort auch getötet werden, nicht ein Held sein sollen.«

Fromkin blickte keineswegs verlegen, sondern meinte: »Das stimmt. Und Sie sollten auch nicht gerettet werden. Diese Schwester, Dinnie – sie kann einem manchmal richtig auf den Nerv gehen –, hat Ihnen das Leben gerettet. Sie hat zwei von unseren Marines kampfunfähig gemacht, als die versuchten, sie wegzuziehen.«

»Die wollten mich töten?«

»Äh, das nicht gerade. Es schien nur, äh, politisch richtig, die Hilfe für Sie nicht zu überstürzen. Aber das hat ihr niemand gesagt. Als sie versuchten, sie wegzuziehen, hat sie sie kampfunfähig gemacht. Einem hat sie die Kniescheibe zerschlagen, dem anderen das Schlüsselbein. Sie ist die ganze Zeit bei Ihnen geblieben und wollte niemanden an Sie heranlassen, sofern sie den Betreffenden nicht persönlich kannte.«

»Und was war im Operationssaal?«

Fromkin blickte erschreckt. »Darüber wissen Sie auch Bescheid?«

Ich nickte.

»Ein hoher Offizier hatte den Vorschlag gemacht, daß man Ihre Behandlung ... etwas aufschiebt. Sie forderte ihn auf, den Operationssaal zu verlassen. Er weigerte sich. Sie ließ ihm die Wahl, ob er freiwillig gehen würde oder ob sie nachhelfen müsse. Sie garantierte ihm, daß es ihm keinen Spaß bereiten würde. Sie hatte recht. Es machte ihm keinen Spaß. Im Augenblick befindet sie sich im Arrest ...«

»Hm?«

»Schutzhaft. Bis einiges geklärt ist. Ich verspreche Ihnen, es wird ihr nichts passieren. Aber Sie und ich müssen zuerst dieses Gespräch führen.«

Etwas kam mir in den Sinn. »Warum Sie und ich? Wo ist Onkel Ira? Sollte nicht er das Gespräch mit mir führen?«

Fromkin zögerte. »Es tut mir leid. Colonel Wallachstein ist tot. Er konnte den Saal nicht rechtzeitig verlassen.« Jetzt stand Schmerz in seinem Gesicht geschrieben.

»Nein!« schrie ich. »Das kann ich nicht glauben!« Mir war, als hätte mir jemand einen Ziegelstein an den Kopf geworfen ...

»Er hat drei Leute vor sich hinausgeschoben«, sagte Fromkin. »Einer davon war ich. Dann ist er umgekehrt, um noch jemanden zu holen. Ich habe an der Türe auf ihn gewartet. Er ist nicht wieder herausgekommen.«

»Ich – ich weiß nicht, was ich sagen soll. Ich habe ihn kaum gekannt. Ich weiß nicht, ob ich ihn gemocht habe – aber respektiert habe ich ihn.«

Fromkin wischte das weg. »Er hat Sie respektiert, weil Sie diesen vierten Chtorraner getötet haben. Das hat er mir gesagt. Er hat sogar am Sonntag morgen Ihren Prämienscheck bewilligt. Unmittelbar vor der Sitzung.«

»Prämienscheck?«

»Wissen Sie das nicht? Es gibt eine Million Caseys Prämie für jeden Chtorraner, den einer tötet. Zehn Millionen, wenn Sie einen lebend fangen. Sie sind jetzt Millionär. Doppelter sogar. Ich werde Ihre zweite Prämie bewilligen. Ich übernehme bestimmte Pflichten in der *Agentur*. Deshalb führen wir beide dieses Gespräch.«

»Oh. Sind Sie jetzt mein Vorgesetzter?«

»Nun, wir wollen sagen, Ihr Verbindungsmann.«

»Mit wem?«

»Die Namen brauchen Sie nicht zu wissen. Zu den Leuten jedenfalls, die mit Onkel Ira zusammengearbeitet haben.«

»Dieselben Leute, die entschieden, daß ich getötet werden sollte?«

Fromkin atmete tief durch; man merkte ihm an, daß er verärgert war. Dann faltete er die Hände im Schoß und sammelte sich. Er sah mir in die Augen und sagte: »Dazu muß ich Ihnen etwas erklären. Ja, Sie hätten sterben sollen. Die Leute, für die Sie arbeiten, haben diese Entscheidung getroffen.«

»Nette Leute«, sagte ich.

»Sie würden überrascht sein.«

»Tut mir leid, aber mir klingen sie nicht wie die Art von Leuten, für die ich gerne arbeiten möchte. Mag sein, daß ich ein Arschloch bin, aber dumm bin ich nicht.«

»Das bleibt abzuwarten.« Und Fromkin fuhr ruhig fort: »Bis Sonntag nachmittag waren Sie, soweit das zu erkennen war, eine Belastung. Niemand rechnete damit, daß Sie diesen Chtorraner erledigen würden. Ich gebe zu, daß ich *immer noch* überrascht bin – aber als Sie das taten, hörten Sie auf, eine Last zu sein, und fingen an, ein Held zu sein. Jetzt sind Sie für uns wichtig, junger Mann. Die Bilder vom Sonntag demonstrieren, daß ein Mensch einen Chtorraner erledigen *kann.* Das muß die Welt erfahren. Sie sind ein sehr nützliches Werkzeug geworden. Wir wollen Sie benutzen – wenn Sie bereit sind, sich benutzen zu lassen. Die vorherige Entscheidung ist jetzt umgestoßen. Dafür können Sie Dinnie dankbar sein. Sie hat Ihnen genügend Zeit verschafft, daß wir zu dieser Erkenntnis gelangen konnten. Hm«, fügte er dann hinzu. »Vielleicht müssen wir sie rekrutieren.«

Ich wußte nicht, ob ich mich erleichtert oder ärgerlich fühlen sollte. »Ist das alles, was ich bin?« fragte ich. »Ein Werkzeug? Sie können denen sagen, daß ich dankbar bin. Hoffentlich kann ich mich eines Tages revanchieren.«

Fromkin bemerkte meinen Sarkasmus und nickte verstimmt. »Richtig. Sie würden es vorziehen, recht zu haben. Sie würden es vorziehen, Ihre Selbstgerechtigkeit auch auszuüben.«

»Ich bin *zornig!*« schrie ich. »Schließlich reden wir hier von meinem *Leben!* Das bedeutet Ihnen vielleicht nicht viel, aber mir würde es den ganzen Tag verderben, von einem Chtorraner gefressen zu werden.«

»Sie haben jedes Recht darauf, zornig zu sein«, sagte Fromkin ruhig. »Tatsächlich würde ich mir sogar Sorgen um

Sie machen, wenn Sie das nicht wären. Aber was Sie begreifen müssen, ist, daß das völlig ohne Belang ist. Der Zorn ist *Ihre* Angelegenheit. Mir bedeutet er nichts. Also sehen Sie zu, daß Sie damit klar kommen, damit Sie Ihre Arbeit fortsetzen können.«

»Ich bin nicht sicher, daß ich diese Arbeit will.«

»Wollen Sie Chtorraner töten?«

»Ja! Ich will Chtorraner töten!«

»Gut! Wir wollen auch, daß Sie Chtorraner töten!«

»Aber ich möchte den Leuten vertrauen, die hinter mir stehen!«

»Jim, hören Sie auf, es persönlich zu nehmen! Jeder einzelne von uns – *wir alle* – sind ersetzbar, wenn es den Rest von uns dem Ziel näherbringt, dieser Heimsuchung ein Ende zu machen. Im Augenblick liegt unser Problem im Widerstand jedes einzelnen, der nicht erkennt, daß das chtorranische Problem das wichtigste von allen ist – ganz besonders diejenigen, denen die Verantwortung anvertraut ist, in dieser Angelegenheit zu entscheiden. Die stehen uns im Weg. Wenn sie im Wege stehen, müssen sie aus dem Wege geschafft werden. Also sorgen Sie dafür, daß Sie uns nicht im Wege stehen. Und wenn Sie es tun, dann nehmen Sie es nicht persönlich.«

»Ich finde, das macht es ja *noch* schrecklicher«, sagte ich. »Die Gleichgültigkeit, mit der Sie hier über Menschenleben entscheiden.«

Fromkin war in keiner Weise beeindruckt. »Oh, ich verstehe – Ihre Ideale sind wichtiger, als daß wir den Krieg gewinnen. Das ist schlimm. Wissen Sie, als was ein Chtorraner einen Idealisten bezeichnet? Als Mittagessen.«

Ich sah auf seine Uniform. »Ist das eine *aufgeklärte* Haltung?«

»Ja«, sagte er. *»Das ist es.«* Weiter ging er nicht auf meine Frage ein.

»Sie haben meine Frage immer noch nicht beantwortet«, sagte ich.

»Tut mir leid. Welche?«

»Welche Rechtfertigung hatten Sie dafür, meinen Tod zu wollen?«

Fromkin zuckte die Achseln. »Damals schien uns das eine gute Idee.«

»Wie bitte?«

»Sie sahen so aus, als wären Sie eine Last, das ist alles. Ich sagte Ihnen doch, nehmen Sie es nicht persönlich.«

»Ist das alles?«

»Mhm.« Er nickte.

»Sie meinen, man hat das einfach ganz ruhig entschieden – einfach *so?*«

»Ja.«

Ich konnte es einfach nicht glauben. »Sie wollen sagen, daß Sie – und Colonel Wallachstein und Major Tirelli – einfach ruhig an einem Tisch saßen und meinen Tod beschlossen haben?«

Er wartete, bis ich mich beruhigt hatte. Es dauerte ziemlich lange. Dann sagte er: »Ja – *genauso* geschah es. Ruhig und ohne irgendwelche Gefühle.« Er erwiderte meinen wütenden Blick mit ausdrucksloser Miene. »Auf dieselbe Weise wie wir ruhig und ohne Gefühl beschlossen, den Chtorraner auf einen Saal voll Kollegen loszulassen. Auf dieselbe Weise, wie Duke ruhig und ohne Gefühle entschied, das kleine Mädchen in dem braunen Kleid zu töten. Ja, davon weiß ich auch.« Und dann fügte er hinzu. »Und auf die gleiche Weise wie Sie ruhig und ohne Gefühle entschieden, Shorty und diesen vierten Chtorraner zu töten. Es gibt da keinen Unterschied, Jim. Wir haben nur etwas von der Hysterie weggelassen. Aber davon abgesehen, gibt es wirklich keinen Unterschied zwischen dem, was wir getan haben, und dem, was Sie getan haben.

Die Verantwortung haben Sie akzeptiert, als Sie damals diesen Flammenwerfer akzeptiert haben. In Wahrheit ist das, was wir getan haben und was Ihnen nicht gefällt, genau das, was *Sie* getan haben, und Ihnen nicht gefällt. Stimmt das?«

Ich mußte es zugeben.

Ich nickte. Widerstrebend.

»Stimmt. Also sollten Sie den Leuten Ihrer Umgebung eine Chance geben. Hier ist es keineswegs leichter. Wir brauchen bloß kein Drama draus zu machen. Also können Sie mir Ihre gottverdammte Selbstgerechtigkeit ersparen! Wenn ich will, daß man mich fertigmacht, dann kann ich das viel besser als Sie! Tatsächlich habe ich es bereits getan. Ich kenne die Argumente – wahrscheinlich besser als Sie! Glauben Sie nicht, daß ich selbst schon ein paarmal um diesen Busch herumgelaufen bin?«

»Ich verstehe Sie«, sagte ich. »Es ist nur – die Art und Weise, wie man mich behandelt hat, paßt mir einfach nicht.«

»Das ist auch verständlich«, sagte Fromkin. »Tatsächlich schuldet Ihnen die Agentur ein paar Dutzend Entschuldigungen – wir schulden Ihnen mehr als wir je gutmachen können. Aber glauben Sie, daß das einen großen Unterschied macht? Würde es nicht die Zeit kosten, die wir für unmittelbarere Probleme brauchen?«

Ich drängte den Zorn, der sich in mir aufbaute, lang genug zurück, um seine Frage zu erwägen. Nein, es würde keinen großen Unterschied machen. Ich sah ihn wieder an. »Nein, das würde es nicht.«

»Richtig. Was wir getan haben, war nicht richtig. Das wissen Sie. Wir wissen es auch. Wir hielten es für notwendig – und tatsächlich haben wir ja auch nie damit gerechnet, dieses Gespräch zu führen. Aber jetzt haben wir es, und es ist meine Verantwortung, wieder Ordnung zu schaffen. Betrachten Sie es also als Anerkennung Ihres Beitrags, daß ich mir die Zeit nehme. Passen Sie also auf. Ich habe Arbeit für Sie.«

»Hm?« Ich richtete mich im Bett auf. »So geht das also? Auf diese Weise danken Sie einem?«

»Stimmt. Auf die Weise danken wir. Wir geben Ihnen Arbeit.«

»Die meisten Leute sagen wenigstens ›Gut gemacht, Junge‹.«

»Oh«, sagte Fromkin. »Sie wollen, daß ich Ihnen auf die Schultern klopfe und Ihnen irgendwas ins Ohr puste, ist es das?«

»Nun, das nicht, aber ...«

»Aber ja. Hören Sie, ich hab nicht die Zeit, Ihnen zu sagen, wie wunderbar Sie sind, weil Sie es ohnehin nicht glauben würden. Wenn man Sie daran erinnern muß, dann zweifeln Sie ja selbst daran, oder? Also werde ich Ihnen den kurzen Weg zur Herrlichkeit zeigen, damit Sie sich darüber nie wieder den Kopf zu zerbrechen brauchen. Fertig? Was tun Sie denn so Wichtiges für Ihren Planeten? Das ist der Maßstab, an dem Sie Ihren Wert messen sollten. Kapiert?«

Ich nickte.

»Gut. Und jetzt haben wir Arbeit für Sie. Die Agentur will Sie einsetzen. Sagt Ihnen das etwas?«

»Äh, ja, das tut es«, sagte ich. Ich hob die Hand, damit er mir Zeit ließ. Ich brauchte einen Augenblick, um mir das durch den Kopf gehen zu lassen. Ich wollte es klar aussprechen: »Hören Sie, ich glaube, einer von uns muß ein Narr sein – und ich weiß, daß *Sie* es nicht sind. Und ich bin nicht sicher, daß *ich* es sein möchte.«

»Wie bitte?« Fromkin sah mich verwirrt an.

»Woher weiß ich denn, daß Sie nicht irgendwann einmal wieder zu dem Schluß kommen, daß ich ... äh, wie sagen Sie, *ersetzbar* bin?«

»Das wissen Sie nicht.«

»Es gibt also keine Garantie, was?«

»Richtig. Es gibt keine Garantie. Wollen Sie den Job haben?«

»Nein.« Ich brauchte nicht einmal darüber nachzudenken.

»In Ordnung.« Er stand auf, um zu gehen.

»Augenblick!«

»Haben Sie es sich anders überlegt?«

»Nein! Aber ...«

»Dann gibt es nichts mehr zu reden.« Er ging auf die Türe zu.

»Werden Sie denn nicht versuchen ...«

»Was? Sie zu überzeugen?« Er wirkte echt verwirrt. »Warum sollte ich? Sie sind doch jetzt ein großer Junge. Zumindest haben Sie uns das die letzten drei Tage immer wieder gesagt. Sie können sich frei entscheiden. Sie brauchen sich nichts verkaufen zu lassen. Und ich habe auch nichts anzubieten.«

»Werden Sie mir nicht wenigstens sagen, worin der Auftrag besteht?«

»Nein. Nicht, so lange ich nicht weiß, wozu Sie sich verpflichten.

»Verpflichten?«

Er blickte verstimmt. »Ja, worauf wir bei Ihnen zählen können.«

»Daß ich Chtorraner töten will, darauf können Sie bei mir zählen.«

»Gut«, sagte er und ging zu seinem Stuhl zurück. »Und jetzt hören Sie auf, ein Arschloch zu sein. Wir stehen auf derselben Seite. Ich will das gleiche wie Sie. Tote Chtorraner. Ich will Sie einsetzen. Wollen Sie nicht arbeiten? Oder wollen Sie in der Politik herumfummeln – wie unsere Freunde aus der Vierten Welt?«

Ich funkelte ihn an. Mir gefiel das ganz und gar nicht. Trotzdem sagte ich: »Ich will arbeiten.«

»Gut. Aber dann wollen wir eines klarstellen: Die Zeit für Spielchen ist um. Und dazu gehört auch diese verdammte Selbstgerechtigkeit. Ich sage Ihnen jetzt die Wahrheit, und Sie können sich darauf verlassen, daß ich das weiterhin tun werde.« Seine Augen funkelten. Sein Gesichtsausdruck war eindringlich, aber ohne Scham. Ich kam mir vor ihm nackt vor. Wieder.

»Das ist sehr schwierig«, sagte ich.

Er nickte.

»Ich weiß nicht, ob ich Ihnen glauben kann.«

»Dann glauben Sie mir nicht«, sagte Fromkin. »Das ist ohne Belang. Die Wahrheit ist die Wahrheit, ob Sie es nun glauben oder nicht. Die Frage ist, was Sie tun wollen?«

»Nun«, begann ich. Ich spürte, wie ich lächelte. »Rache wäre albern ...«

»Sie kommt auch nicht in Frage.« Er erwiderte mein Lächeln.

»... also kann ich ebenso gut nützlich sein.«

»Gute Idee«, pflichtete Fromkin mir bei. Er lehnte sich in seinen Stuhl zurück. »Wissen Sie, Sie haben es vielleicht vergessen, aber Sie sind jetzt Offizier. Sie haben uns reingelegt. Niemand hat damit gerechnet, daß Sie lange genug leben würden, um Ihre Stelle auch auszufüllen. Aber Sie leben noch, also mußten wir jetzt auch einen entsprechenden Job für Sie schaffen.«

»Ich habe einen.«

»Hm?«

»Ich habe bereits einen Job«, wiederholte ich. »Ich beschäftige mich mit chtorranischer Ökologie. Es gibt zu viele Leute, die Vermutungen anstellen, ohne über genügend Information zu verfügen. Und da draußen gibt es nicht genügend Leute, die sie tatsächlich sammeln. Ich hatte einmal einen Ausbilder, der sagte, wenn man ihm die Wahl zwischen einem Dutzend Genies für sein Labor oder zwei Idioten für Außendienstarbeit lassen würde, würde er die Idioten nehmen. Er sagte, es sei wichtiger, die Fakten genau zu beobachten, als imstande zu sein, sie zu interpretieren, weil man sie nämlich, wenn man genügend davon richtig beobachtete, gar nicht mehr interpretieren müßte – sie würden sich dann selbst erklären.«

»Klingt logisch. Weiter.«

»Richtig. Nun, Sie haben fast niemanden draußen. Dieser Krieg gegen die Chtorr existiert noch gar nicht, weil Sie – weil *wir* keine Kenntnisse über sie besitzen!« Ich tippte mir bedeutungsvoll gegen die Brust. »*Das* ist mein Job! Ich bin Abwehragent! Das ist der Platz, wo Sie mich am meisten brauchen, weil wir nicht einmal wissen, gegen wen oder was wir kämpfen.«

Er hob eine Hand, um mich aufzuhalten. »Moment mal! Sie predigen hier dem Chor, junger Freund. Ich hab es schon kapiert.« Er grinste breit. Das war der freudigste Ausdruck, den ich je an ihm gesehen hatte. »Wissen Sie, das ist komisch. *Genau das* war der Job, den wir für Sie ausgesucht hatten.«

»Wirklich?«

»Wirklich.« Er nickte, als er das sagte. »Ich gehe also von der Annahme aus, daß wir auf derselben Seite stehen?«

Ich sah ihn an. »Ich schätze schon.«

»Ich weiß. Fühlt sich bloß nicht so an, wie?«

»Nein, gelegentlich nicht. Noch nicht.«

»Also will ich Ihnen dies sagen. Seine Freunde oder Feinde kann man sich nie aussuchen. Sie werden einem immer aufgezwungen. Die einzige Wahl, die man hat, ist, in welche Kategorie man sie tut.« Er grinste. »Wollen Sie mein Freund sein?« Er streckte mir die Hand hin.

»Ja.« Ich griff danach.

»Danke«, sagte er und sah mir in die Augen. Sein Blick war

eindringlich. »Wir brauchen Sie.« Er hielt meine Hand einen langen Augenblick lang fest, und ich konnte spüren, wie seine Dankbarkeit zu mir herüberfloß, wie Energie. Ich erkannte, daß ich nicht wieder loslassen wollte.

Und dann lächelte er mir zu, ein warmer Ausdruck, wie ein Sonnenaufgang an einem kalten, grauen Strand. »Sie werden es gut machen. Major Tirelli kommt später vorbei, damit Sie anfangen können. Haben Sie jetzt noch Fragen an mich?«

Ich schüttelte den Kopf. Und dann sagte ich: »Nur eine noch – aber die ist ohne Bedeutung. Funktioniert die Modie-Ausbildung wirklich?«

Er grinste. »Ja. Das tut sie. Sie hat funktioniert. Es tut mir leid, daß sie heutzutage eine so niedrige Priorität hat.« Dann wurde sein Ausdruck wehmütig. »Irgendwann einmal, wenn wir mehr Zeit haben, würde ich Ihnen gerne mehr davon erzählen.«

»Das wäre schön«, sagte ich.

Jetzt lächelte er stolz. »Das freut mich.« Er stand auf, um zu gehen. »Oh, eines noch.« Er blickte auf das Tablett mit meinem Essen. »Trinken Sie den Orangensaft nicht.«

»Wie?«

»Ich sagte, Sie sollen Ihren Orangensaft nicht trinken.«

Ich sah ihn an. »Habe ich jetzt wieder eine Prüfung bestanden?«

»Richtig.« Wieder grinste er. »Keine Sorge, das ist die letzte.«

»Wirklich?« fragte ich.

»Jedenfalls hoffe ich das. Sie nicht?« Er lachte, als er hinausging.

Ich sah auf das Tablett mit meinem Essen. Ein Glas Orangensaft stand darauf. Ich goß den Saft in die Topfpflanze.

NEUNUNDDREISSIG

Die Morgensonne war sehr hell, und ich fühlte mich großartig. Mein Knie tat kaum mehr weh. Die Ärzte hatten meine Kniescheibe gegen eine andere ausgetauscht, die in einem Bottich gewachsen war, und die sie zugefeilt hatten, damit sie zu meinen Knochen paßte; sie hatten mir gesagt, ich sollte eine Woche lang möglichst wenig gehen – und um sicherzustellen, daß ich der Anweisung auch nachkam, verpaßten sie mir einen so eng anliegenden Verband, daß ich das Knie nicht abbiegen konnte. Aber hinken konnte ich – mit Krücken oder einem Stock –, und so verließ ich das Krankenhaus, so schnell ich konnte.

Ich fand Ted an der Busstation.

Er saß still da und wartete. Er wirkte *gedämpft,* was mich überraschte. Ich wußte auch nicht, was ich erwarten sollte. Silberne Antennen, die aus seinem Schädel herausstachen? Aber nein – er saß einfach nur geduldig in einer Ecke, und sein Gesichtsausdruck wirkte gelöst und irgendwie abwesend.

Ich humpelte zu ihm hinüber, aber er sah mich nicht – nicht einmal, als ich vor ihm stand. »Ted?« fragte ich.

Er blinzelte zweimal.

»Ted?« Ich fuchtelte mit der Hand vor seinem Gesicht herum. Er sah mich nicht. Sein Ausdruck blieb unverändert. Nicht nur gelöst – geistesabwesend. Leer. Niemand zu Hause.

»Ted? Ich bin's, Jim.«

Er war ein Zombie.

Ich setzte mich neben ihn und schüttelte sein Bein. Er wischte meine Hand weg. Ich rüttelte an seiner Schulter und schrie ihm ins Ohr: »Ted!«

Plötzlich blinzelte er, und dann wirkten seine Gesichtszüge plötzlich konfus. Er sah wie ein Schläfer aus, der plötzlich an einem fremden Ort aufgewacht war. Er drehte langsam den

Kopf herum und sah mich an. Jetzt kam endlich das Erkennen. »Jim ...?«

»Ted, bei dir alles in Ordnung? Ich mußte dreimal klopfen.«

»Ja«, sagte er leise. »Bei mir ist alles in Ordnung. Ich war nur ... eingestöpselt.«

»Oh. Nun, äh, tut mir leid, wenn ich dich gestört habe. Aber ich bin gerade aus dem Krankenhaus gekommen, und das war die einzige Chance für mich, Lebewohl zu sagen, ehe du wegfährst.«

»Oh«, sagte er. Seine Stimme war ausdruckslos, irgendwie fern. »Nun, vielen Dank.«

Er fing schon wieder an, gefühllos zu werden, aber ich packte ihn am Arm. »Ted, bist du wirklich in Ordnung?«

Er sah mich an, und in seinen Augen flackerte so etwas wie Verstimmung. »Ja, Jim, ich bin schon *in Ordnung.* Aber da kommt eine Sendung von Kapstadt herein, um die ich mich wieder kümmern möchte.«

»Kapiert«, sagte ich. »Aber ich möchte, daß du dir einen Augenblick für mich Zeit nimmst. Okay?«

Er blinzelte. Ich kannte den Ausdruck. Gelangweilte Geduld. »Was ist denn, Jim?«

»Nun, ich dachte ... ich dachte nur ... daß wir uns vielleicht einiges zu sagen hätten.«

Seine Stimme schien jetzt wieder aus weiter Ferne zu kommen. »Ich habe deinen Chtorraner wiedergesehen. Wir hatten einen Sender in der vordersten Reihe. Er ist gestorben. Ich habe seinen Tod erlebt.«

»Oh«, sagte ich. »Äh – das muß für dich sehr hart gewesen sein.«

»Das war nicht der erste Tod, den ich erlebt habe. Ich habe eine Menge Bänder abgespielt.« Plötzlich sah er sehr alt aus.

Ich legte ihm die Hand auf den Arm. »Ted, ist es schwer?«

Er sah mich an, gab aber keine Antwort. Lauschte er wieder einer anderen Stimme?

»Ted?« sagte ich, »wie ist es denn?«

Er blinzelte, und einen Augenblick lang war er wieder der alte Ted, der mich aus seinem Körper heraus ansah. Und diesen kurzen Augenblick lang glaubte ich, nackten Schrecken zu sehen. »Jim«, sagte er eindringlich. »Es ist wunderbar! Und ... schrecklich! Es ist das intensivste und zugleich belebendste Gefühl, das ein Mensch haben kann. Ich bin tausend verschiedene Menschen gewesen. Ich kann es nicht erklären. Es ist alles immer noch so verwirrend. Ich werde mit Erlebnissen bombardiert, Jim! Dauernd. Und ich weiß nicht, welche davon die meinen sind – falls überhaupt welche! Ich weiß nicht einmal, ob ich das bin, der hier sitzt und mit dir spricht. Du könntest mit *jedem* Telesender sprechen, der eingeschaltet ist. Ich hab Fernzugang zum Erleben eines jeden anderen und kann, wenn nötig, sogar die Kontrolle übernehmen. Und die können meinen Körper ebenfalls benutzen!«

Ich machte den Mund auf, um etwas zu sagen, aber seine Hand griff verzweifelt nach meinem Arm.

»Nein – hör mir zu. Ich bin jetzt ausgeschaltet aus der Gruppe, aber nur einen Augenblick lang. Die Trainees müssen die schmutzigsten Jobs übernehmen – so ist das immer. Ich habe täglich sechzehn Stunden Bereitschaftsdienst. Gestern war ich ...« Er hielt inne, als versuchte er, die Worte zu bilden und hätte Schwierigkeiten dabei. Seine Augen wirkten gerötet. »Gestern hat man mich ... geritten. Jemand aus der russischen Delegation. Ich weiß nicht, ob es eine Frau oder ein Homosexueller war – ich weiß nicht, aber wer auch immer es war, er oder sie hat meinen Körper dazu benutzt, um mit einem anderen Mann Liebe zu machen. Und alles, was ich tun konnte, war, es über mich ergehen zu lassen. Ich hatte keine Kontrolle über mich selbst.«

»Hast du Beschwerde eingereicht?«

»Jim, du verstehst nicht! Es war *wunderbar!* Es war vollkommen, irgendwie vollkommen! Wer auch immer es war, er hat mir Gelegenheit gegeben, etwas ganz anderes zu erleben. Darum geht es hier – die Ausweitung, die daher kommt, daß man mit der Gesamtheit menschlichen Erlebens konfrontiert ist!«

»Ted, kannst du nicht heraus?«

»Heraus?« Ted sah mich ungläubig an. »Heraus? Jim, verstehst du nicht? Ich will nicht raus. Selbst während ich es haßte, habe ich es geliebt – gut und schlecht. Das Telepathiekorps ist eine Chance, die Erlebnisse einer Million anderer menschlicher Lebewesen mit ihnen zu teilen. Wie sonst könnte man je eine Million anderer Leben leben?« Seine Augen fieberten jetzt. »Jim, ich habe die Bänder abgespielt! Ich weiß, wie man sich fühlt, wenn man stirbt – auf hundert verschiedene Arten. Ich bin in Flugzeugabstürzen umgekommen, ich bin ertrunken, ich bin von Gebäuden gefallen, ich bin verbrannt, und ich bin von einem Chtorraner gefressen worden! Ich hatte auf mehr unterschiedliche Art Angst, als ich es je für möglich gehalten habe, ich bin auf ebenso viele unterschiedliche Arten ermuntert worden! Ich bin auf Berge gestiegen und in den Weltraum geflogen. Ich habe im freien Fall gelebt und auf dem Grund des Meeres als Kiemenmann. Ich habe so viel getan, Jim – es ist, als machte man mit dem Universum Liebe! Und Liebe habe ich auch gemacht, auf tausend unterschiedliche Arten! Das ist alles auf den Bändern. Ich bin ein nacktes Kind in Mikronesien gewesen, und eine fünfzehnjährige Kurtisane irgendwo in Osaka. Ich war ein alter Mann, der in Marokko an Krebs starb und – Jim, ich weiß, wie es ist, wenn man eine Frau ist, ein Mädchen! Kannst du begreifen, wie es ist, dein eigenes Geschlecht hinter sich zu lassen, wie ein Fisch die Luft zu entdecken – zu entdecken, wie man fliegt! Ich habe als Mädchen Liebe gemacht! Und ich habe das Kind getragen, das daraus erwuchs, und es geboren! Ich habe es gesäugt und großgezogen! Und ich bin mit ihm gestorben, als die Seuche kam! Jim, ich habe in den letzten paar Tagen mehr vom Leben erlebt, als ich in all den Jahren vorher je gekannt hatte. Und ich bin erschreckt und erregt, weil alles so schnell kommt, daß ich es nicht in mich aufnehmen kann. Jim –« Er umklammerte meinen Arm so heftig, daß es weh tat. »Jim, ich bin dabei zu *verschwinden!* Ich – Ted! Meine Identität löst sich unter dem Angriff von tausend anderen Leben auf! Ich kann spüren, wie es geschieht! Und ich weiß, wie es sich fühlen wird, wenn ich aufhöre, als *Ich* zu existieren, weil auch dieses Erleben aufgezeichnet ist! Und, Jim, ich wünsche es mir ebensosehr, wie ich davor Angst habe. Es ist eine Art Tod, und gleichzeitig ist es eine Art *Orgasmus!* Das ist unglaublich! Jim, mein Leben ist vorbei! Jetzt bin ich Teil von etwas anderem, Größerem und – Jim, das will ich dir sagen, so lange noch Zeit ist …«

Und dann löste sich sein Griff um meinem Arm plötzlich. Sein Gesicht entspannte sich, und er wirkte wieder losgelöst, abwesend.

»Ted?«

»Tut mir leid, jetzt werd ich abgerufen, Jim. Ich muß gehen.«

Er schickte sich an aufzustehen, aber ich zog ihn wieder herunter. »Warte – du wolltest gerade etwas sagen?«

»Perdóneme?« Eine fremde Stimme kam aus seinem Mund.

»Äh, nichts.« Ich ließ erschreckt los.

Teds Körper nickte. *»Bueno.«* Er stand auf und ging weg. Das letzte, was ich von Ted sah, war, wie sein Körper einen Helibus bestieg. Der Chopper klapperte in die Höhe und verschwand nach Osten.

Ich fragte mich, wo Ted jetzt wohl eingeschaltet war. Aber ich wußte, daß es nicht wichtig war. Das Halbleben selbst einer starken Identität betrug weniger als neun Monate. Wahrscheinlich würde ich Ted nie wiedersehen. Seinen Körper vielleicht, aber das Ding, das ihn belebte – wo würde das sein? Was würde es erleben? Oder wen? Und in wenigen Monaten würde es nicht einmal mehr eine Persönlichkeit sein. Ted hatte gewußt, worauf er sich einließ, als er die Entscheidung getroffen hatte, sich das Implantat einsetzen zu lassen. Er hatte gewußt, was es bedeutete. Zumindest war es das, was ich glauben wollte.

Ich drehte mich um und humpelte zu dem Jeep zurück, den ich angefordert hatte. Plötzlich war mir nicht mehr so großartig zumute. Ich hatte eine Menge nachzudenken. Ich stemmte mich auf den Sitz und sagte: »Wissenschaftsabteilung, bitte.«

Der Jeep antwortete: »Bestätigt« und erwachte pfeifend zum Leben. Er wartete, bis das Summen gleichmäßig wurde und fuhr dann rückwärts aus der Parklücke. Als er anfing, vorwärts zu fahren, verkündete er: »Ankommende Botschaft.« Ich sagte: »Ich übernehme.«

Marcies Stimme: »Jim, ich möchte, daß du aufhörst, mich anzurufen. Und hinterlasse auch bitte keine Nachrichten für mich, daß ich zurückrufen soll. Ich habe dir nichts zu sagen. Und du hast nichts zu sagen, das ich hören möchte. Ich will dich nicht sehen und ich will nicht mit dir sprechen. Ich hoffe, ich drücke mich klar aus. Ich möchte, daß du mich in Frieden läßt, denn wenn du das nicht tust, dann werde ich eine Postbeschwerde einreichen, das verspreche ich dir.«

Die Nachricht endete abrupt, und der Jeep rollte die Straße hinunter. Ich dachte an Marcie und versuchte, mir zurechtzureimen, was in ihr vorging. Ich erinnerte mich an etwas, das Dinnie gesagt hatte. »Heutzutage sind wir alle verrückt. *Wir alle.* Wir waren auch schon vor den Seuchen verrückt, aber jetzt sind wir es *wirklich.*« Oder war das nur eine bequeme Rechtfertigung? Ich wußte es nicht.

Dinnie hatte gesagt: »Es ist so, daß keiner von uns seine eigene Verrücktheit sehen kann, weil sie der Filter ist, durch den wir sehen. Wir können nur das sehen, was wir auf die Leute rings um uns projizieren, und dann geben wir ihnen dafür die Schuld.« Sie hatte gelächelt und gesagt: »Wissen Sie, wie man feststellen kann, ob man verrückt ist? Sie brauchen bloß zu schauen, ob die Leute rings um Sie es sind.«

Ich schaute – und *alle* rings um mich waren verrückt.

Das war der Witz. Du weißt, daß du Hilfe brauchst, wenn die Leute um dich verrückt sind.

Zum Teufel mit ihr. Ich hatte keine Zeit mehr, verrückt zu sein.

Der Jeep sagte: »Kommt keine Antwort?«

Ich sagte: »Nein. Und halte das fest. Alle weiteren Nachrichten derselben Herkunft ablehnen.«

»Bestätigt.«

Ich fühlte mich immer noch lausig.

VIERZIG

Der Jeep kam schwankend vor der Wissenschaftsabteilung zum Stillstand, und ich kletterte vorsichtig heraus. Hier waren keine Wachen aufgestellt. Es waren keine mehr notwendig. Seit der Reorganisierung öffneten sich einem die Türen einfach nicht, wenn man nicht ein rote Karte oder eine noch höhere hatte. Ich hatte eine goldene.

Als ich die vierte Sicherheitstür passiert hatte, zeigte ich auf zwei Adjutanten, die dort herumlungerten, und sagte: »Sie sind provisorisch angefordert. Ich habe da ein paar Sachen, die verladen werden müssen.«

Sie schlossen sich mir murrend an. »Ich will nichts hören«, sagte ich.

Wir gingen unmittelbar zu der Abteilung für extraterrestrische Musterexemplare. Eine Frau in einem Labormantel blickte auf, als ich den Raum betrat.

»Wo ist Dr. Partridge?« fragte ich.

»Sie arbeitet hier nicht mehr. Sie ist in die Administration versetzt worden.«

»Und was ist mit Larson?«

»Wer?«

»Jerry Larson?«

»Nie gehört.« Sie legte ihr Notizbrett weg und sah mich an. »Kann ich etwas für Sie tun?«

»Ich bin McCarthy«, sagte ich.

»Und?«

»Ich habe ein paar Musterexemplare angefordert.« Ich deutete auf die Wand mit den Käfigen. »Drei Millipeden und einen Brutkasten mit Eiern. Eigentlich sollten die für mich bereitstehen.«

Sie schüttelte den Kopf. »Die Anweisung ist nicht durchgekommen.«

»Fein«, sagte ich. »Dann gebe ich Sie Ihnen jetzt.« Ich zog meine Kopie aus der Tasche.

Sie blinzelte. Dann verhärtete sich ihr Gesicht. »Unter wessen Autorität sind Sie hier tätig, *Lieutenant?*«

»Special Forces Agency«, herrschte ich sie an. Mein Bein tat weh. Das viele Stehen hatte mich müde gemacht. Ich tippte auf die Karte, die an meiner Brusttasche befestigt war. »*Dies hier* ist meine Autorität. Ich kann anfordern, was ich will. Wenn ich Lust habe, kann ich Sie nach Nome in Alaska versetzen lassen. Und jetzt will ich diese drei Biester und diese Schachtel mit Eiern.« Ich deutete auf meine zwei Helfer. »Da vorne steht ein Jeep. Laden Sie sie auf den Rücksitz.«

»Augenblick«, sagte sie und griff nach einem Telefon. »Ich will eine Bestätigung.«

Ich humpelte auf sie zu und sützte mich dabei schwer auf meinen Stock. »Erstens«, sagte ich, »habe ich diese Proben gesammelt. Zweitens habe ich einen Chtorraner getötet, um sie hierherzuschaffen. Und drittens: Ich habe bis jetzt in diesem Labor überhaupt noch keine Untersuchung gesehen, also war, soweit es mich angeht, die Mühe umsonst, sie hierherzubringen. Viertens«, – ich faltete jetzt die Papiere auseinander, die mir Major Tirelli am Morgen gegeben habe –, »habe ich hier jede Bestätigung, die Sie brauchen. Fünftens, wenn Sie mir jetzt nicht aus dem Weg gehen, dann kriegen Sie diesen Stock auf eine höchst unbequeme Stelle. Und wenn Sie mir nicht glauben, daß ich das kann, dann sollen Sie wissen, daß ich der Typ bin, der den Denver-Chtorraner kalt gemacht hat.«

Sie las die Papiere und reichte sie mir dann wortlos zurück. Dann schniefte sie. »Nein, das haben Sie nicht.«

»Wie bitte?«

»Sie haben ihn nicht getötet.«

»Sagen Sie das noch mal?«

Sie hob eine Augenbraue. »Haben alle Leutnants schlechte Ohren? Ich sagte ›Sie haben ihn nicht getötet‹.«

Ich wandte mich meinen zwei Helfern zu. »Laden Sie den Kram in den Jeep. Ich komme gleich.«

»Halt!« bellte sie. »Wenn Sie diese Käfige berühren, lasse ich Sie erschießen.« Die zwei Uniformierten erstarrten in ihrer Bewegung. Sie tippte mir gegen die Brust. »Wir beide wollen doch vorher einige Dinge klarstellen.«

Ich sah die Frau in dem Labormantel an. Sie trug kein Namensschild. Sie hatte grüne Augen. »Wie heißen Sie?« fragte ich.

»Lucrezia Borgia.«

»Irgendeine Rangbezeichnung davor?«

»Einfach Doktor.«

»In Ordnung. Nun, Dr. Borgia, wie wär's mit ein paar Erklärungen?«

Sie deutete auf eine Doppeltüre am Ende des Raums. »Zwei Zimmer weiter unten«, sagte sie.

Ich humpelte durch die Doppeltüren. Sie kam hinter mir her. Jetzt befand ich mich in einem breiten Korridor, an dessen Ende wieder zwei Doppeltüren waren. Ich schob sie auf und ...

... da war der Chtorraner, fast bewegungslos, inmitten eines großen Saals. Der Saal war hell erleuchtet. Die Flanken des Chtorraners bewegten sich regelmäßig, als bereite ihm das Atmen Mühe. Einige Männer waren damit beschäftigt, Sonden an seinen Seiten zu befestigen. Rings um das Wesen waren Leitern und Gerüste angebracht.

»Ich ... äh ...«

»... habe ihn nicht kaltgemacht«, führte sie den Satz für mich zu Ende.

»Aber ich – schon gut. Was machen die da?«

»Die studieren ihn. Das ist das erstemal, daß wir Gelegenheit hatten, nahe genug an einen lebenden Chtorraner heranzukommen, um an ihm herumzustochern und zu sehen, wie er funktioniert. Sie haben ihn schwer verletzt. Er kann nicht sehen, nicht hören, und sich nicht bewegen. Zumindest glauben wir nicht, daß er sehen oder hören kann. Daß er sich nicht bewegen kann, wissen wir sicher. Fressen kann er ganz sicher auch nicht. Sie haben ihm das Maul ziemlich zugerichtet. Wir pumpen Flüssigkeiten in ihn hinein.«

Ich fragte nicht, was für Flüssigkeiten. »Kann man näher an ihn heran?«

»Sie sind ja der Fachmann.« Das klang beißend.

Die Bestie war von Männern und Frauen umgeben. Ich humpelte auf sie zu. Nur zwei oder drei blickten zu mir auf. Dr. Borgia hielt stumm mit mir Schritt. Dann nahm sie meinen Stock und betastete damit das Maul der Bestie. »Da, schauen Sie«, sagte sie. »Sehen Sie es?«

Ich schaute. Ich sah in eine verkrustete Masse Fleisch. »Was gibt es denn zu sehen?«

»Sehen Sie diese Reihe Höcker? Neue Zähne. Und wenn Sie auf eine Leiter steigen könnten, würde ich Ihnen die Armstummel zeigen. Und seine Augen. Wenn wir darunter könnten, würde ich Ihnen seine Füße zeigen. Das Ding regeneriert sich.«

Ich sah sie an. »Wie lange?« fragte ich.

Sie zuckte die Achseln. »Drei Monate. Sechs. Das wissen wir nicht genau. Einige von den Brocken, die wir ihm abgesäbelt haben, sehen so aus, als wollten sie auch zu einem kompletten Wurm wachsen. Wie Seesterne. Oder Hologramme. Jedes Stück hat die gesamte Information, die notwendig ist, um das Original wiederherzustellen. Sie wissen doch, was das bedeutet, oder?«

»Ja. Die sind fast nicht totzukriegen. Wir *müssen* sie verbrennen.«

Sie nickte. »Für den Rest der Welt haben Sie dieses Ding getötet. Die haben Sie sogar dafür bezahlt. Aber die Wahrheit ist, daß Sie es nur aufgehalten haben. Also kommen Sie nie wieder in mein Labor und plustern sich auf und tun so, als wären Sie ein Fachmann! Haben Sie das kapiert?«

Ich gab keine Antwort. Ich sah die ganze Zeit den Chtorraner an. Jetzt ging ich einen Schritt auf ihn zu, streckte die Hand aus und berührte seine Haut. Das Wesen war warm. Sein Pelz war seidig. Seltsam lebendig. Es fühlte sich elektrisch an! Meine Hand prickelte, als ich über den Pelz strich.

»Statische Elektrizität?« fragte ich.

»Nein«, sagte sie.

Ich trat einen weiteren Schritt nach vorne, lehnte mich fast gegen die warme Flanke des Chtorraners, drückte mein Gesicht fast dagegen. Einige Strähnen seines Fells strichen mir weich über die Wange. Sie fühlten sich wie Federn an. Ich atmete tief. Das Wesen roch wie warme Pfefferminze. Es wirkte seltsam einladend. Wie ein großer, freundlicher Fellteppich, in den man sich einhüllen möchte. Ich fuhr fort, über das Fell zu streichen.

»Das ist nicht Pelz«, sagte sie.

Ich fuhr fort, es zu streicheln. »Nicht? Was dann?«

»Das sind Nervenenden«, sagte sie. »Jede einzelne Faser ist ein lebender Nerv – entsprechend geschützt natürlich – und jeder einzelne hat seine ganz spezielle sensorische Funktion. Einige können Hitze und Kälte wahrnehmen. Andere Licht und Dunkelheit oder Druck. Einige können riechen. Die meisten – nun, während Sie damit beschäftigt sind, ihn zu streicheln, kostet der, wie Sie schmecken.«

Ich hörte auf, es zu streicheln.

Ich zog die Hand zurück. Ich sah sie an. Sie nickte bejahend. Ich sah mir den chtorranischen Pelz noch einmal an. Jede einzelne Faser war von anderer Farbe. Einige waren dick und schwarz, andere fein und silbrig. Die meisten waren in verschiedenen Schattierungen von Rot gehalten – ein ganzes Spektrum von Rot, von tiefem Purpur bis zum leuchtenden Gold und mit all den entsprechenden Stationen dazwischen: violett, rosa, purpur, orange, scharlachrot, lachsfarben und sogar ein paar Flecken von hellem Gelb. Die Wirkung war atemberaubend.

Wieder strich ich mit der Hand über das Fell und schob es vorsichtig auseinander. Darunter war die Haut des Chtorraner dunkel und purpurfarben, fast schwarz. Sie war heiß. Ich mußte an die Haut am weichen Unterleib eines Hundes denken.

Jetzt bemerkte ich, daß der Chtorraner zitterte. Jedesmal, wenn ich ihn berührte, nahm die Intensität seines Schauderns zu.

»Sie machen ihn nervös«, sagte Lucrezia.

Nervös? Ein Chtorraner? Ohne nachzudenken, schlug ich klatschend gegen die Flanke des Wesens. Es zuckte zusammen, als würde der Schlag Schmerz bereiten.

»Nicht«, sagte sie. »Sehen Sie ...«

Ein Schaudern der Reaktion wogte am Körper des Chtorraners hinauf und hinunter. Auf einer Plattform unmittelbar über dem Rücken des Chtorraners standen zwei Techniker. Sie versuchten, ein paar Sonden anzubringen. Jetzt mußten sie abwarten, bis der Chtorraner zu zittern aufhörte. Einer der Techniker funkelte mich böse an. Als das Fleisch des Wesens zu vibrieren aufhörte, machte er sich wieder an die Arbeit.

»Tut mir leid«, sagte ich.

»Er ist unglaublich empfindlich. Er kann alles hören, das hier vor sich geht. Er reagierte auf den Ton Ihrer Stimme. Sehen Sie? Jetzt zitterte er. Er weiß, daß Sie ihm feindlich gesinnt sind. Und er hat Angst vor Ihnen. Er hat wahrscheinlich mehr Angst vor Ihnen als Sie vor ihm.«

Ich sah den Chtorraner mit neuen Augen an. Er hatte Angst vor mir!

»Vergessen Sie nicht, er ist erst ein Baby.«

Ich brauchte einen Augenblick, um zu begreifen, was das alles zu bedeuten hatte – nicht nur hier, für das Labor, sondern auch für draußen, dort draußen, wo die wilden waren. Wenn dies ein Baby war – wenn all jene *dort draußen* Babies waren – *wo waren dann die Erwachsenen?* Der vierte Chtorraner ...?

»Einen Augenblick – dies kann kein Baby sein!«

»Wieso?«

»Er ist zu groß – ich habe Eier gebracht! Ein Baby-Chtorraner sollte nur ...« Ich spreizte die Hände, als sollte ich ein kleines Hündchen halten. »... nun, etwa so groß ...«

»Haben Sie je einen gesehen?«

»Äh ...«

»Was ist der kleinste Chtorraner, den Sie *jemals* gesehen haben?«

Ich deutete. »Der da.«

»Richtig. Haben Sie je von Schwermetallakkumulation gehört?«

»Was ist das?«

»Damit kann man das Alter eines Lebewesens messen. Der Körper gibt schwere Metalle wie Blei oder Quecksilber nicht wieder ab. Sie sammeln sich in den Zellen. Ganz gleich, wie sauber auch das Leben ist, das Sie führen, es ist unvermeidlich, daß Sie Spuren davon aus der Atmosphäre aufnehmen. Wir haben dieses Wesen hier gründlich getestet. Seine Zellen sind bemerkenswert erdähnlich. Wußten Sie das? Es hätte sich fast auf diesem Planeten entwickeln können. Vielleicht wird es das eines Tages. Aber wichtig ist folgendes: Es hat nicht genügend Spurenelemente in seinem System, um mehr als drei Jahre alt zu sein. Und ich würde schätzen, daß es sogar wesentlich weniger sind. Vielleicht achtzehn Monate.« Sie hob die Hand, um meinem Einwand zuvorzukommen. »Glauben Sie mir – wir haben das getestet. Wir haben bewußt Spurenmetalle in sein System eingeführt, um zu sehen, ob es vielleicht irgendeine Möglichkeit besitzt, sie wieder abzugeben. Und die hat es auch tatsächlich – unsere Altersschätzung beruht auf eben dieser Gleichung. Das ist keine Anomalie, junger Freund. All unser stützendes Beweismaterial bestätigt diese Hypothese. Achtzehn Monate. Allerhöchstens zwei Jahre. Die Wachstumsgeschwindigkeit ist unglaublich.«

Ich schüttelte den Kopf. »Aber was ist mit meinen Eiern?«

»Oh, richtig. Ihre Eier. Ihre *chtorranischen* Eier. Kommen Sie mit.« Ich folgte ihr in das Labor, das wir gerade verlassen hatten. Sie führte mich an die Reihe von Käfigen. »Hier sind Ihre Eier«, meinte sie und deutete hin. »Sehen Sie all die Chtorranerbabies?«

Ich trat dicht an den Käfig und spähte hinein.

Drinnen waren zwei kleine Tausendfüßler. Sie waren glatt und sahen irgendwie naß aus. Sie waren emsig damit beschäftigt, ein paar Stücke Holz zu zerkauen. Ein drittes Tausendfüßlerbaby war in diesem Augenblick daran, ein Loch in seine Eierschale zu kauen. Plötzlich hielt es inne und sah mich an. Ich fühlte einen kalten Hauch.

»Das einzige Interessante an diesen Babies«, sagte sie, »ist die Farbe ihrer Bäuche. Sehen Sie? Hellrot.«

»Was bedeutet das?«

Sie zuckte die Achseln. »Daß sie aus Rhode Island kommen. Ich weiß nicht. Wahrscheinlich hat es überhaupt nichts zu bedeuten. Wir haben an den Bäuchen dieser Geschöpfe alle möglichen Farbbänder entdeckt.«

»Wann sind sie ausgeschlüpft?« wollte ich wissen.

»Heute am frühen Morgen. Nett, finden Sie nicht?«

»Ich verstehe das nicht«, sagte ich. »Warum sollten die Chtorraner in ihrer Kuppel Tausendfüßlereier aufbewahren?«

»Warum bewahren Sie denn Hühnereier im Kühlschrank

auf?« fragte Dr. Borgia. »Was Sie gefunden haben, ist die allgegenwärtige chtorranische Version des Huhns. Das ist alles. Diese Dinger fressen das Zeug, das zu weit unten in der Nahrungskette ist, als daß die Würmer sich damit abgeben könnten. Sie sind einfach bequeme kleine Mechanismen, um Nahrung zu sammeln und aufzubewahren, bis die Würmer hungrig sind.«

»Jetzt bin ich völlig konfus. Diese Eier sahen zu groß aus, als daß ein Tausendfüßler sie hätte legen können.«

»Wissen Sie, wie groß Tausendfüßler werden?«

Ich schüttelte den Kopf.

»Dann sehen Sie einmal da hinunter.«

»Jesus!« stieß ich hervor. Das Ding im Käfig war so dick wie eine große Python. Es war über einen Meter lang. »Wow!« sagte ich. »Das habe ich nicht gewußt!«

»Jetzt wissen Sie es.« Sie sah mich an, und ihre grünen Augen blitzten selbstgefällig. *»Noch* Fragen?«

Ich trat einen Schritt zurück und drehte mich zu ihr herum. Dann sagte ich: »Ich bitte um Entschuldigung. Das war albern von mir. Verzeihen Sie mir.«

»Wir sind es gewöhnt, mit unangenehmen Geschöpfen zu tun zu haben.« Sie lächelte unschuldig. »Sie waren gar kein Problem.«

»Autsch. Das hab ich verdient. Hören Sie, es ist offenkundig, daß Sie wissen, was Sie hier tun. Und die Erfahrung habe ich im Zentrum sonst nirgends gemacht. Bis heute morgen wußte ich nicht einmal, daß es diese Abteilung hier gibt.«

»Das wußte sonst auch niemand, bis wir Junior dort drüben unter unsere Fittiche genommen haben.« Sie deutete mit dem Daumen in Richtung auf den anderen Saal.

»Es tut mir wirklich leid«, sagte ich.

Sie drehte sich um und sah mich voll an. »Das habe ich mitgekriegt. Und jetzt hören Sie zu, und zwar gut. Mir ist völlig egal, wie leid es Ihnen tut. Wirklich. Das ist vorbei. Und jetzt sollten Sie etwas daraus lernen.«

»Äh, ja.«

»Sie sind jetzt Offizier. Also will ich Ihnen die schlechten Nachrichten geben. Jeder Schwachkopf, der diese Streifen an Ihrem Arm sieht, möchte, daß Sie Erfolg haben, wissen Sie das? Er möchte gerne wissen, daß er zu Ihnen *volles* Vertrauen haben kann, wenn sein Leben auf dem Spiel steht. Das ist doch das Gefühl, das Sie in bezug auf Ihre Vorgesetzten haben wollen, oder nicht? Nun, und so wollen Ihre Männer in bezug auf Sie empfinden. Wenn Sie sich blöd benehmen, dann ist das alles im Eimer. Nicht nur für Sie, sondern auch für jeden anderen, der dieselben Streifen trägt. Also sehen Sie zu, daß Sie mitkriegen, was hier läuft. Diese Streifen sind kein Privileg! Sie sind eine Verantwortung.«

Mir war ein wenig übel.

Wahrscheinlich merkte sie das. Sie nahm mich am Ellbogen und drehte mich zur Wand herum. Ihre Stimme war jetzt ganz leise. »Hören Sie zu, ich weiß, daß das weh tut. Und darum will ich Ihnen sagen, was Sie wissen müssen: Kritik ist eine Anerkennung Ihrer Fähigkeit, Resultate zu liefern. Ich würde Ihnen das nicht sagen, wenn ich nicht glauben würde, daß Sie damit klarkommen. Ich weiß, wer Sie sind. Ich weiß, wie Sie diese Streifen bekommen haben. Das ist gut; Sie verdienen sie. Ich habe eine Menge Gutes über Sie gehört. Ob Sie es glauben oder nicht: Ich will nicht, daß Sie Mist bauen. Haben Sie das kapiert?«

»Äh, ja, ich hab's kapiert.«

»Gibt es irgend etwas, das Sie mir sagen wollen?«

»Äh ... danke – glaube ich.« Und dann fügte ich hinzu: »Ich werd's dann schon merken, wenn es aufhört zu bluten. Äh, mir ist das schrecklich peinlich.«

»Hören Sie, alle frischgebackenen Offiziere machen denselben Fehler. Sie haben Glück, daß Sie ihn hier gemacht haben und nicht irgendwo, wo es ernst ist. Sie glauben alle, daß einen die Streifen irgendwie verändern. Das tun sie nicht. Also lassen Sie sich nicht von ihnen stören. Sie sind nicht Ihr Rang – Sie sind nur ein Mensch, dem man dieses Maß an Verantwortung anvertraut hat. Also will ich Ihnen das Geheimnis verraten. Ihre Aufgabe ist es nicht, Menschen Befehle zu geben – Sie müssen sie *inspirieren*. Wenn Sie immer daran denken, werden Sie sehr erfolgreich sein.«

»Danke«, sagte ich wieder. An der Art, wie sie redete, war etwas ... »Sind Sie mit Fromkin verwandt?«

Sie grinste. »Ich bin mit ihm zusammen ausgebildet worden. Vor neun Jahren.« Sie streckte mir die Hand hin. »Mein Name ist Fletcher. Sie können mich Fletch nennen.«

Ich schüttelte ihr vorsichtig die Hand. Mein Handgelenk tat immer noch weh.

»Wenn Sie die Käfer immer noch wollen, können Sie sie mitnehmen«, sagte sie.

Ich warf einen Blick in den Käfig. Das dritte Tausendfüßlerbaby war endlich aus seiner Eierschale gekrochen. Es versuchte jetzt, an der Glaswand in die Höhe zu kriechen. Sein Bauch war leuchtend rot. Jetzt hielt es inne und starrte mich an. Seine Augen waren groß und schwarz und gingen einem auf die Nerven. Ich zuckte die Achseln. »Jetzt weiß ich nicht mehr. Ich wollte sie nur zurückhaben, weil ich dachte, niemand hier würde sich um sie *kümmern*. Jetzt sehe ich, daß das nicht so ist. Wenn Sie mehr zuwege bringen ...«

Fletcher grinste wieder. »Ja, das können wir.«

Ich traf eine Entscheidung. »Nun, dann – behalten Sie sie hier. Ich möchte nur wissen, was es über sie zu wissen gibt.«

»Ich werde Ihren Namen in den Computer eingeben«, sagte sie. »Sie können die Aufzeichnungen jederzeit abrufen. Unsere Aufgabe hier ist es, Informationen zu verteilen, nicht zu verbergen.« Dann blitzte es in ihren Augen, und sie fügte hinzu: »Besuchszeit ist täglich von Mittag bis fünf. Nächstesmal bringen Sie Blumen.«

»Wird gemacht«, sagte ich. Ich senkte die Augen und wich den ihren aus. Aus irgendeinem Grund war sie mir plötzlich zu schön, um sie weiter anzusehen. Ich tat so, als sähe ich auf die Uhr. Ich war wieder verlegen, diesmal aus einem völlig anderen Grund. »Nun –«, sagte ich, »– ich glaube, ich sollte jetzt gehen. Ich muß ein Flugzeug erwischen. Nochmals vielen Dank. *Für alles.*«

Ich drehte mich etwas ungeschickt zur Türe. Sie versperrte mir den Weg. »Eines noch. Das war recht gut geschossen. Ich war dort. Mein Kompliment.« Und dann reckte sie sich hoch und küßte mich warm auf die Lippen.

Ich konnte spüren, wie ich rot wurde, und das dauerte, bis ich im Jeep saß.

EINUNDVIERZIG

Wir standen auf einer Anhöhe und blickten auf ein schattiges Tal, fast eine Schlucht. Unten hatte sich ein glitzernder Strom zwischen den zwei Abhängen eingefressen und verlief im Zickzack von Norden nach Süden und bildete an der Mündung der Schlucht einen weiten, seichten Tümpel. Die Wasseroberfläche reflektierte den Himmel; sie sah aus wie blaues Glas. Am anderen Ende des Tümpels ergoß sich das Wasser sanft über den Rand eines niedrigen Damms aus Erde und Holz.

Ein langgezogener Landsockel grenzte an den kleinen See. In der Nähe des Damms stand eine Kuppel; man konnte sie vor der schwarzen Erde des dahinterliegenden Hügels kaum erkennen. Ich studierte sie lange durch meinen Feldstecher. Die Kuppel schien mir dunkler als üblich. Es sah aus, als hätte man sie mit Schlamm beschmiert. Keine schlechte Tarnung, aber nicht gut genug, um die Computer zu täuschen. Die Satellitenmeldungen wurden vierundzwanzig Stunden am Tag bewacht, bearbeitet und analysiert, um irgendwelche verräterischen Veränderungen im Terrain ausfindig zu machen. Der auffällige runde Buckel der Wurmhütte, der Damm, die Rodung der Bäume – jedes dieser Indizien alleine hätte schon eine Untersuchung auslösen können, alle zusammen hatten sie dazu geführt, daß dieses Tal bevorzugt wurde. Wir hatten drei Wochen gebraucht, um hierher zu kommen.

Ich reichte Duke das Glas hinüber. Er spähte hindurch und grunzte.

»Die werden schlauer«, sagte ich.

Er nickte. »Ja. Die da ist praktisch unzugänglich. Es gibt keine Möglichkeit, unbemerkt heranzukommen.«

Larry studierte die Schlucht stromaufwärts. »Mit dem Floß geht es auch nicht«, sagte er.

Duke nickte. »Habe ich auch nicht gedacht.« Er wandte sich Larry zu. »Ruf das Blimp. Wir lassen das Team abspringen.« Larry nickte und schaltete sein Radio ein. Duke sah zu mir herüber. »Was denkst du?«

Ich sagte: »Das bürdet die ganze Last dem ersten Mann auf. Er muß die Position halten, bis die anderen sicher gelandet sind.« Ich schloß die Augen eine Sekunde lang und versuchte, mir auszumalen, wie es sein würde. »Ich werde es machen«, sagte ich.

»Das brauchst du nicht«, sagte Duke.

»Doch.«

»Also gut«, sagte Duke. »Schön. Hast du irgendwelche Probleme mit dem Plan?«

»Nein«, sagte ich. Und dann zuckte ich die Achseln und grinste. »Er paßt mir überhaupt nicht, aber ich habe keine Probleme damit.«

Duke musterte mich aufmerksam. »Was soll das heißen?«

»Ich kann Blimps nicht leiden. Ich habe das Gefühl, die Würmer könnten uns kommen hören. Oder den Schatten sehen.«

»Noch etwas?«

»Ja. Ich kann Höhe nicht leiden.«

»Ist das alles?«

»Ja.«

Duke sah Larry an. »Und?«

»Alles klar.«

»Ich kapier das bei dir nicht – was ist denn los?«

Larry schüttelte den Kopf.

»Drückt dich immer noch Louis' Tod?«

Larry schüttelte den Kopf. Louis war zwei Wochen, nachdem er in den Finger gebissen worden war, gestorben. Eines Nachmittags hatte er Schüttelfrost bekommen, und dann war er zusammengebrochen. Am Abend lag er schon im Koma und am folgenden Morgen war er tot. Die Autopsie zeigte, daß fast jedes einzelne rote Blutkörperchen in seinem Körper explodiert war – von innen heraus. Der Killer war ein Virus, der sich wie Malaria verhielt. Es gab inzwischen vierunddreißig Viren oder Bakterien, die man als Teil der chtorranischen Heimsuchung identifiziert hatte. Louis hatte Glück gehabt. Sein Tod war schnell und relativ schmerzlos gewesen.

Duke sagte: »Larry, suchst du Rache?«

Larry gab keine Antwort.

»Wenn das nämlich der Fall ist, bleibst du zurück. Das würde stören.«

»Ich schaff das schon!«

Duke sah Larry an. »Wenn du Scheiß baust, dann ramme ich dir einen Pfahl durchs Herz. Das versprech ich dir.«

Larry grinste. »Geht klar, Boß.«

»All right.« Jetzt schloß Duke mich wieder ein. »Gehen wir. Sorgt dafür, daß eure Teams bereit sind. Wir machen die letzte Einsatzbesprechung, ehe wir losziehen.« Duke sah mich an. »Jim, wir beide gehen den Angriffsplan mit dem Piloten durch. Mit dem Schatten hast du recht – wir müssen dafür sorgen, daß er nicht auf die Kuppel fällt – und mit dem Motorengeräusch auch. Wir wollen also sehen, was der Wind macht. Wenn er schwach genug ist, *schweben* wir über das Tal.«

Wir arbeiteten uns wieder den Abhang hinunter. Unseren Jeep hatten wir eine Viertelmeile entfernt abgestellt, an einem kleinen Bergweg. Wir brauchten eine weitere halbe Stunde bis zu dem Landeplatz, wo das Blimp wartete. Unsere drei Angriffsteams waren gerade mit der Überprüfung ihrer Geräte beschäftigt, als wir anhielten. Larry sprang heraus, ehe der Jeep ausgerollt war. »Nur drei Brenner«, rief er. »Die Feuergefahr ist einfach zu groß. Wir verwenden die Bazookas.«

Duke stieß mich an. »Sprechen wir mit Ginny.«

Ich folgte ihm ins Kommandozelt, wo eine 3-D-Karte des Tals auf dem Lagetisch dargestellt war. Er nickte den Wachoffizieren beiläufig zu und warf sein Bündel zur Seite. »All right, gehen wir an die Arbeit.« Er trat an den Tisch und nahm sich einen Lichtgriffel. Er zeichnete einen roten Zielkreis in die große Lichtung neben der Kuppel. »Dort will ich das Team absetzen.«

Captain McDonald trat auf der gegenüberliegenden Seite an den Tisch und runzelte die Stirn. Ihr weißes Haar war zu einem praktischen militärischen Knoten zusammengewunden. Sie trug ein enganliegendes Jackett, Hosen, eine Seitenwaffe und einen strengen Gesichtsausdruck. »Ich hab fünfzehn Knoten Windgeschwindigkeit aus dem Südosten. Das wird haarig«, meinte sie.

Duke schraubte an der Vergrößerung. Das Bild schrumpfte zusammen, als würde es vor uns wegsinken. Die Tischplatte zeigte jetzt ein paar Quadratmeilen der umliegenden Berge. »Das ist mir klar. Und wir brauchen dreißig Sekunden über dem Landeplatz.« Er deutete auf den jetzt kleiner gewordenen roten Zielkreis. »Schaffen wir es mit abgeschalteten Motoren?«

Ginny schloß die Augen und überlegte kurz. Dann meinte sie: »Nicht einfach ...« Sie tippte etwas in die Tastatur und sah auf den Anzeigeschirm. »Da wird es um Bruchteile von Sekunden gehen. Ihre Männer werden ihre Anweisungen aus der Kiste kriegen müssen.«

Sie hielt inne und sah uns an. »Ich kann nicht versprechen, daß ich es mit abgeschalteten Maschinen schaffe. Was ich versprechen *kann,* sind fünfundvierzig Sekunden über dem Zielpunkt – und ich werde die Motoren so lange wie möglich abgeschaltet lassen.«

Duke blickte nicht sonderlich glücklich. »Das kann schief gehen.« Er wandte sich zu mir um. »Jim, ich möchte nicht, daß jemand ins Wasser fällt. Und ich möchte auch nicht, daß jemand zu nahe bei der Kuppel landet. Können wir zu deinem Team Vertrauen haben?«

»Wir landen genau im Ziel.«

»Kann ich mich darauf verlassen?«

»Ich bin derjenige, der das größte Risiko eingeht.« Ich suchte seinen Blick. »Auf mich kannst du dich verlassen.«

»Allright.« Duke wandte sich wieder der Darstellung zu. Er drehte das Bild auf maximale Vergrößerung und zentrierte es auf die Kuppel. »Wie sieht das für dich aus?«

Ich warf einen kurzen Blick auf den Maßstabsanzeiger am Tischrand. »Zu groß. Wie alt ist dieses Bild?«

Ginny sah auf den Monitor auf ihrer Tischseite. »Achtzehn Stunden. Das war gestern nachmittag.«

»Danke.« Ich nahm mir den Lichtgriffel. »Hier – da müssen wir nachsehen. Am Kuppelrand. Seht, ob ihr Wurmbeerenpflanzen entdeckt. Jedesmal, wenn wir Anzeichen von Bodenbearbeitung finden, finden wir auch einen vierten Chtorraner. Davon ist bis jetzt noch nichts zu sehen. Und auch keine Totemstange vorne – das wäre ebenfalls ein Hinweis. Aber …«, ich schüttelte den Kopf, »… diese Kuppel ist zu groß. Ich will eine Extrawache hinten.«

Duke sah mich scharf an. »Grund?«

»Ich habe keinen. Bloß das Gefühl, daß irgend etwas hier nicht stimmt. Vielleicht ist es die Lage der Kuppel, vielleicht auch die Schlammtarnung. Aber ich habe das Gefühl, daß hier Intelligenz dahintersteckt.«

Duke nickte. Er studierte das Terrain erneut. »Ich nehme dir das ab. Ginny?«

Captain MacDonald nickte ebenfalls. Sie betätigte ein paar Tasten, und jetzt tauchten auf der Karte Windlinien auf. Sie studierte den Monitorschirm einen Augenblick lang und sagte dann: »Da haben Sie Ihren Kurs. Die rote Linie. Wenn der Wind hält, haben Sie fünfzig Sekunden über der Zielzone. Ich werde vom Südosten her über das Tal kommen.« Sie deutete mit dem Lichtgriffel. »So, und jetzt sehen Sie: Wir kommen auf einer sehr schmalen Spur herein. Ich habe auf einer Seite Berge und auf der anderen Wasser. Der Schatten wird nordwestlich von uns sein. Ebenso die Kuppel. Ich kann nicht versprechen, daß der Schatten die Kuppel nicht streift, nicht ohne das Risiko, Männer ins Wasser fallen zu lassen, es sei denn, Sie wollen bis etwas später am Tage warten.«

Duke schüttelte den Kopf.

»Also gut. Ich werde mein Bestes tun, aber Ihr erster Mann wird bereits am Tau hinuntermüssen, ehe wir die Kuppel hinter uns haben. Und er wird verdammt knapp über dem Boden aufkommen …«

Duke sah mich an. Ich schüttelte den Kopf. »Kein Problem.«

»… andernfalls fällt der letzte ins Wasser.«

»Die hatten ihr Bad diesen Monat schon«, sagte ich. »Machen Sie sich keine Sorgen.«

»Hat noch einer etwas zu sagen?« fragte Duke. »Nein? Gut. Dann gehen wir. Laden wir jetzt.« Als wir das Zelt verließen, schlug er mir auf die Schulter. »Wie fühlst du dich?«

Ich grinste. »Wessen gute Idee war das Ganze denn?«

Er grinste zurück. »Stimmt.«

Mein Team sollte als erstes springen, und das hieß, daß wir als letzte an Bord gingen. Während wir unter der Seitenwand des riesigen himmelblauen Blimp warteten, schilderte ich den Männern kurz ihren Einsatz. Ein Routinejob mit einem etwas knapp bemessenen Sprung. Irgendwelche Fragen? Keine. Gut. Irgendwelche Probleme oder Überlegungen? Larry hatte das bereits vorbereitet. Schön.

Ich ging still von einem zum anderen und sah mir ihre Waffen und ihre Gesichter an.

»Wie sieht's denn aus, Cap'n?« Das war Gottlieb. Er hatte Apfelbäckchen, lockiges Blondhaar und ein ewig eifriges Lächeln. Im Augenblick wirkte er besorgt. Das war deutlich zu erkennen, weil sein Lächeln etwas unsicher war.

»'n Stück Kuchen.«

»Ich hab gehört, das Tal sei schrecklich eng.«

»Mhm. Ist es. Das macht es ja gerade interessant. Langsam entwickeln sich diese Einsätze ja zum reinsten Truthahnschießen. Wir wollen doch nicht, daß einer einschläft.« Ich sah in sein Gesicht. Da war immer noch zu viel Spannung. Ich fragte mich, ob ich ihn ablösen sollte. Ich legte ihm die Hände auf die Schultern, beugte mich vor und flüsterte ihm ins Ohr: »Hör zu, du Arschloch – ich verspreche dir, du wirst es prima machen. Weißt du, woher ich das weiß? Wenn du es nämlich nicht machst, dann reiß ich dir die Arme ab.«

Er wußte, daß ich es ernst meinte. Er grinste. »Yes, Sir!«

Jetzt würde er in Ordnung sein. Er hatte mehr Angst vor mir als vor den Würmern. Die Würmer hatten da keine Chance.

»Zwei Minuten!« rief Larry.

Ich drehte mich um und sah mich Amy Burrell gegenüber. Achtzehn Jahre alt, schmal gebaut, große Augen, dunkles Haar. In ihren Stiefeln zitternd. Sie trug die Helmkamera und eine AM-280. »Sir?«

Ich wußte, was sie sagen würde. Ich gab ihr keine Chance, es zu tun. »Ah, Burrell – gut. Sobald du unten bist, hältst du dich in meiner Nähe. Ich arbeite mich zur Hinterseite der Kuppel vor. Halte dich fünfzig Fuß hinter mir, dann ist alles in Ordnung. Laß deine Kamera laufen, und wenn etwas aus der Kuppel herauskommt, dann sieh es an. Wir brauchen die Bilder. He – jetzt gehts weiter. Los!«

Ich drehte sie herum und schob. Dann gab ich ihr einen Klaps hinten drauf. Von jetzt ab würde sie keine Zeit mehr haben, Angst zu haben.

Das Blimp startete. Captain MacDonald verstand ihr Handwerk. Sie drehte sofort in den Wind und nahm Kurs nach Süden. Sie wollte Manövrierraum, ehe sie auf das Ziel zusteuerte.

Die Motoren dröhnten mit leiser Kraft. Wir konnten ihr Pfeifen an den Hinterbacken und im Kreuz spüren. Unter uns fiel der Boden weg wie ein zerdrücktes braunes Tuch. Der Wind pfiff kalt an uns vorbei. Ich leckte mir die Lippen und fragte mich, ob sie wohl aufspringen würden.

Wir saßen auf zwei Plattformen, die zu beiden Seiten der Gondel angebracht waren. Jeder von uns hatte sein eigenes Tau. Auf Signal würden alle Taue gleichzeitig abgeworfen werden. Und dann würde abgezählt werden, und jeder von uns würde springen, wenn seine Nummer aufgerufen wurde. Ich zupfte prüfend an meinem Tauende. Alles in Ordnung. Dann wurde mir klar, daß ich die Reißleine an meiner Brust berührte, und ich zog die Hand weg.

Jetzt drehte Captain MacDonald das Blimp und nahm Kurs auf die Zielzone. Ich beobachtete, wie unser Schatten über die Baumwipfel zog. Als sie die Motoren abschaltete, umgab uns gespenstisches Schweigen. Burrell sah mich nervös an. Das Fehlen jeglichen Geräuschs war betäubend.

Ich wollte gerade mein Mikrofon einschalten, um irgend etwas zu sagen, um den Augenblick auszufüllen, als ganz plötzlich, Musik aus meinem Kopfhörer klang. Williamsons *Angry Red Symphony.* Die perfekte Wahl! Ginny war mehr als nur Pilotin – sie war eine Künstlerin. Ich hielt den Mund und hörte zu.

Dann tauchte bereits das Ziel vor uns auf. Ich erkannte die Böschung oben, die wie die Rückenpartie eines Drachens aussah. Und da waren der Bergweg und die Stelle, wo wir den Jeep geparkt hatten. Und jetzt waren auch schon die Schlucht und das Tal darunter zu erkennen. Der Schatten des Blimp glitt den Abhang hinab – *und bog plötzlich zur Seite.* Flogen wir das Ziel seitlich an? Hatte der Wind umgeschlagen? Plötzlich waren die Maschinen wieder zu hören – *verdammt!*

Jetzt unterbrach der Computer die Musik: »Team Eins: zum Absprung bereithalten.«

Da war die Kuppel. Und der Schatten bewegte sich unangenehm schnell auf sie zu!

»Fünf Sekunden!« sagte der Computer. Etwas klickte, und sämtliche Taue fielen hinunter, schlängelten sich wie gelbe Spaghetti zum Boden. »Drei Sekunden!« Ich stand auf. Der Schatten zog über die Kuppel. *Verdammt!* »Zwo!« Ich löste den Sicherungshaken. Und »Alpha, Springen!« Ich zog die Knie an und ließ mich nach vorne ins Nichts fallen. Die Rolle kreischte und pfiff, als sie das Tau hinunterraste. »Absprung Beta!« Über mir konnte ich ein weiteres Kreischen hören und dann noch eines und noch eines.

Der Boden raste mir entgegen. Die Taue unter uns knatterten und wanden sich wie lebende Drähte. Und zwei der größten Chtorraner, die ich je gesehen hatte, strömten purpurfarben aus der Hütte – *»Chtorrrrr! Chtorrrrr!«*

»Scheiße!«

Ich riß eine Granate vom Gürtel, zog die Nadel heraus und zielte. Aber dafür war keine Zeit, ich fiel zu schnell. Ich ließ die Granate fallen ...

Sie fiel zu kurz. Die Feuerblüte entfaltete sich vor dem ersten angreifenden Wurm, lenkte ihn ab, verlangsamte ihn aber nicht. Das Brüllen der Explosion schlug wie ein Hammerschlag nach oben. Ich schnappte mir die nächste Granate, wußte, daß es bereits zu spät war – und dann wurde der Wurm von zwei weiteren plötzlichen Explosionen getroffen, eine dicht hinter der anderen. Der Schock warf mich einen Augenblick lang nach oben. Jemand über mir mußte Granaten abgeworfen haben – hoffentlich hatten sie nicht noch mehr geworfen.

Der Chtorraner wand sich auf dem Boden. Eine der Explosionen hatte ihn in zwei Stücke gerissen. Der zweite Chtorraner war jetzt fast unmittelbar unter mir, und der dritte und größte kam gerade aus der Kuppel. Ich entsicherte meinen Flammenwerfer und richtete ihn gerade nach unten. Hoffentlich hatte Shorty recht gehabt. Der zweite Chtorraner hatte sich aufgebäumt und griff nach mir, und ich fiel geradewegs in sein gähnendes Maul – ich konnte in seine Kehle sehen. Jetzt drückte ich ab. Die Luft unter mir explodierte. Ich konnte den Chtorraner nicht mehr sehen. Der brennende Boden raste mir entgegen. Ich wußte nicht einmal, ob noch Seil für meine Rolle da war. Ich richtete den Brenner zur Seite und feuerte wieder, und der Rückstoß fegte mich von dem brennenden Wurm weg. Ich ließ den Abzug los und prallte hart auf den Boden auf. Ich fiel auf den Hintern – *»Uff!«* – und der Atem wurde mir aus den Lungen getrieben.

Der dritte Wurm kam jetzt geradewegs auf mich zugerast. *»Chtorrrr! Chtorrrrrrr!«* Ich hatte nicht einmal Zeit, mich aufzurichten. Ich zielte einfach mit dem Brenner auf ihn und feuerte –

Als ich den Abzug schließlich losließ, war von dem Wurm nichts mehr übrig, nur eine sich schlängelnde, dunkle Masse aus sich windendem, brennendem, gummiartigem Fleisch. Es roch schrecklich.

Und dann war Duke da. Er stand über mir und streckte mir die Hand hin, an der ich mich in die Höhe zog. Er sah sich nach den drei brennenden Würmern um. »Vielleicht erinnerst du dich freundlicherweise, daß du hier Gast bist, und läßt uns anderen auch noch etwas übrig?« Und dann war er wieder weg und wies sein Team an auszuschwärmen.

Ich sah mir die drei Würmer selbst an. »Babies, häh?« und schüttelte den Kopf. Ich wußte nicht, ob mir danach war, Mama kennenzulernen.

Larrys Team arbeitete sich bereits auf die andere, abgelegene Seite der Kuppel zu. Mein Team war dabei, Position zu beziehen, aber etwas unsicher; einige von ihnen starrten mich und die immer noch brennenden Kadaver an. Sie blickten benommen. Ich knipste mein Mikrofon an. »Verdammt! Bewegt euch! Habt ihr noch nie einen Mann Würmer verbrennen sehen?« Ich ging auf die Hinterseite der Hütte zu. »Burrell! Vielleicht bewegst du deinen Arsch!« Ich fragte mich, wie sich wohl der meine nach dieser harten Landung morgen anfühlen würde. Aber dafür war jetzt keine Zeit. Ich schlug auf die Gurtschlösser an meiner Brust, warf mein Geschirr weg und eilte weiter.

Ich baute mich unmittelbar vor der Hinterwand der Kuppel auf, wenn auch in gehörigem Abstand, und überprüfte die Ladung meiner Tanks. Halbvoll. Gut. Mehr als genug.

Ich sah mich um. Amy Burrell, weiß wie ein Bettlaken, war fünfzig Fuß entfernt. Sie hielt ihren Karabiner umkrampft, aber sie war bereit. Ich sah wieder auf die Wand. Nichts. Dann sah ich mich nach dem Rest meines Teams um. Sie waren ebenfalls bereit.

Mein Mikro war noch eingeschaltet. Ich wählte einen anderen Kanal und sagte leise: »Apple.«

»Baker«, sagte Larry.

»Charlie«, sagte Duke. »Positionen halten.«

Ich blickte auf die Hinterwand der Kuppel. Sie war völlig glatt, ohne irgendwelche auffälligen Markierungen.

»Allright«, bellte ich. »Bring mir eine Gefriermaschine. *Aber fix.*«

Die Gefriermaschine war eine große Plastikkiste voll Styroporkugeln. Und unter den Kugeln befanden sich zwei Tanks mit flüssigem Stickstoff und eine Sprühdüse. Man hatte sie abgeworfen, als alle anderen sicher gelandet waren. Wir hatten zwei davon.

Wenn wir die Chtorraner nicht durch unsere Ankunft geweckt hätten, hätten wir statt der Brenner den flüssigen Stickstoff eingesetzt. Gottlieb und Galindo rollten einen der Apparate heran. Riley und Jein waren damit beschäftigt, den anderen auszuladen. Sie drückten den Auslöser, und die Kiste klappte auf.

»Ich nehme das Ding. Michael, du gibst mir mit dem Brenner Feuerschutz.« Gottlieb grinste, als ich ihm den Flammenwerfer reichte. Er liebte die Aufregung.

Die Sprühdüse der Gefriermaschine war leichter als der Brenner, und ich trug keine Tanks. Es war Galindos Aufgabe, sie zu bewegen – wenn wir uns bewegen mußten. Ich trug ein Paar Isolierhandschuhe, die so dick waren, daß man sie in einem Boxkampf hätte benutzen können. Ich klappte das Visier meines Helms wieder zu und war bereit.

Die Hinterwand der Kuppel blieb unverändert.

Dukes Stimme flüsterte in meinen Kopfhörern. »Alles klar, McCarthy?«

»Alles klar. Aber nachher wird mir der Arsch weh tun.«

»Hast du gut gemacht.«

»Ich weiß«, sagte ich. Und dann fügte ich hinzu: »Danke.«

Eine Weile herrschte Schweigen, und so fragte ich: »Was ist mit dem Blimp passiert?«

»Ich weiß nicht. Hatte keine Zeit zu fragen. Wir sind über den Rand gekommen, und da schlug der Wind um. Aber Ginny hat es prima gemacht. Niemand ist ins Wasser gefallen.«

»Wenn wir zurückkommen, kauf ich ihr Blumen.«

»Tu das. Oder besser, kauf ihr eine Flasche.« Einen Augenblick lang war er still, dann fragte er: »Jim, wie lang willst du warten?«

»Mindestens eine halbe Stunde. Erinnerst du dich, was mit dem Team in Idaho passiert ist?«

»Richtig«, sagte Duke. »In dem Bericht war eine Menge, worüber man sich den Kopf zerbrechen konnte.«

»Du meinst den Tunnel, den sie gefunden haben?«

»Ja. Wenn die Würmer ihr Nestverhalten ändern ...« Er sprach den Satz nicht zu Ende; das brauchte er nicht. Der Job war ohnehin schon schwierig genug.

Ich studierte wieder die Wand. Von einem verborgenen Ausgang war nichts zu sehen.

»Willst du den Robo hineinschicken?« fragte Larry. Das Blimp hatte auch einen etwa ein Meter hohen mechanischen Geher abgeworfen – eine etwas fortgeschrittene Version von Shlep, der Mobe, nur daß er nicht so gut aussah wie Shlep und auch nicht ihre Persönlichkeit hatte.

»Nein«, sagte Duke.

Larry hatte ein paar Einwände, ließ es dann aber bleiben. Duke gab keine Antwort. Ich konnte keinen von beiden sehen. Da war nur ich und die Wand.

»Jim?«

»Ja, Duke?«

»Willst du Positionen tauschen?«

»Nee, ich fühl mich hier wohl.«

»Wirklich?«

»Wirklich.«

»Allright.«

Die Wand blieb unverändert. Etwas sehr Kleines, Lautes summte um mich herum. Eine Fliege? Sie war zu schnell, als daß man sie hätte sehen können. Ich fegte sie mit der behandschuhten Hand weg.

»Burrell? Zeitvergleich.«

»Zwölf Minuten, dreißig Sekunden.«

»Danke.«

Ich spürte, wie ich schwitzte. Ich begann, mich in dem isolierten Kampfanzug klebrig zu fühlen. Ich wünschte, der vierte verdammte Wurm würde aufhören zu warten und herauskommen. »Komm schon, Wurm, ich hab ein nettes kaltes Bad für dich! Genau das Richtige für einen heißen Sommernachmittag!«

Aber da war Schweigen.

Etwas tutete.

Ich ertappte mich dabei, wie ich schläfrig wurde. Ich rüttelte mich wach; ich stampfte mit den Füßen, hüpfte ein paar Augenblicke von einem Bein aufs andere.

Ich tippte den Abzug an, ganz leicht, und ließ eine kalte Wolke eisigen Dampfs heraus. Das kühlte die Sommerluft ab und tat in den Augen weh. Wassertröpfchen kristallisierten und fielen zu Boden. Das würde mich eine Weile wachhalten.

Wir hatten jetzt einen Monat lang Würmer eingefroren. Das war immer noch eine neue Technik. Mir gefiel sie nicht. Es war gefährlicher. Und man brauchte immer noch jemanden mit einem Flammenwerfer, der einem für alle Fälle Feuerschutz gab.

Aber Denver hatte die Vorstellung, daß man, wenn es einem gelang, einen Chtorraner einzufrieren, ihn innerlich vermessen konnte; also hatten wir angefangen, sie einzufrieren und sie in das Foto-Isotomographielabor in San José zu schicken. Ich hatte mir das einmal angesehen. Es war sehr eindrucksvoll.

Man nimmt einen gefrorenen Chtorraner, legt ihn in einen großen Rahmen und richtet eine Kamera auf ein Ende. Dann fängt man an, dünne Scheiben davon abzusäbeln, und nimmt nach jedem Schnitt ein Querschnittbild auf. Das macht man mit dem ganzen Wurm. Und dann gibt man die Bilder dem Computer.

Der Computer liefert einem eine dreidimensionale Karte der inneren Strukturen des chtorranischen Körpers. Mit einem kleinen Steuerknüppel und einem Schirm kann man sich dann im Inneren der Karte bewegen und einzelne Organe und ihre Beziehung zueinander studieren. Wir kannten noch nicht einmal die Hälfte von dem, was wir da betrachteten, aber wenigstens hatten wir jetzt etwas zu betrachten.

Der Prozeß war inzwischen mit Erfolg an vier Gastropeden unterschiedlicher Größe durchgeführt worden. Wir wußten nicht, warum das so war, aber sie schienen vier verschiedenen Spezies anzugehören. Denver würde fortfahren, Würmer einzufrieren, zu vermessen, bis die Diskrepanzen erklärt waren.

»Duke«, sagte ich.

»Ja?«

»Warum glaubst du, daß der vierte Wurm immer so lange wartet, bis er angreift?«

»Keine Ahnung.«

»Hm. Nun, trotzdem vielen Dank.«

»Macht überhaupt nichts, Junge. Wie sollst du je etwas lernen, wenn du keine Fragen stellst?«

Die Wand vor mir begann eine Beule zu bekommen.

Ich studierte sie beiläufig. Seltsam. Ich hatte noch nie gesehen, wie eine Wand so etwas tat.

Sie beulte sich noch etwas mehr aus. Ja, die Kuppel verformte sich ganz eindeutig. Ich hob die Düse und richtete sie auf den Mittelpunkt der Beule.

»Duke, ich glaube, jetzt kommt etwas. Burrell, paß jetzt gut auf. Ich zeig dir, wie man das macht.«

Die Kuppel begann, unheildrohend zu knacken, und dann war plötzlich ein Sprung zu sehen, der von unten nach oben und von links nach rechts ging, und dann brach ein Stück nach außen heraus.

»CHTORRRRRRR! CHTORRRRRRRRR!!« Dieser Wurm war der größte von allen! Gab es denn überhaupt keine Grenzen für ihr Wachstum? Oder war *dies* die erwachsene Form?

Er kam auf mich zugeglitten wie ein Güterzug. Ich drückte ab und schrie und gab eine Wolke eisigen Dampfs und einen tödlichen Strahl eiskalten flüssigen Stickstoffs ab. Er hüllte den Chtorraner ein. Einen Augenblick lang war er von den Wolken und der Gischt verborgen und dann stürzte er hindurch, und sein Fell war mit weißen Eiszapfen bedeckt.

»Nicht schießen!« schrie ich, aber er kam immer noch auf mich zu! Und dann bäumte der Chtorraner sich in einem einzigen erschreckenden Augenblick auf und auf und auf! Der Wurm war drei Tonnen riesig! Er türmte sich über mir auf, knisternd eingehüllt in blitzendes Eis und silbern brennenden Dampf! Und in jenem Augenblick tödlich kalter Konfrontation war ich fest überzeugt, daß es dies endlich war: Diese brillante Bestie aus der Hölle würde über mir zusammenbrechen! Diese letzte gefrorene Wut würde ihre letzte Rache sein! Und dann hielt statt dessen der Schwung seiner nach oben gerichteten Bewegung an, und er begann, langsam zur Seite abzukippen, weiter und immer weiter, bis er schließlich taumelte und knisternd und krachend wie ein Berg aus zusammenbrechendem, zersplitterndem Eis zu Boden fiel. Ich konnte die Kälte wie ein Messer in meinem Gehirn über meinen Augen riechen. Ein unerträglicher Schmerz! Der Chtorraner war wie ein umgestürzter Schornstein. Er lag zersplittert auf dem Boden. Sein Pelz kristallisierte in der Sonne. Das Eis hing in Platten und Zapfen an seinem Pelz. Etwas im Inneren der Bestie explodierte weich mit einem gedämpften *Wumm* – und als Antwort darauf brach einer seiner Arme leise ab, glitt herunter und klirrte zu Boden.

Wie viele noch?

Ich wandte mich von dem glänzenden Kadaver ab und blickte zu den Bergen hinüber, die im Norden und Westen dem Horizont entgegenkletterten. Wie viele noch würden dort draußen sein? Dies war der zwanzigste, den ich getötet hatte. Aber ich fühlte mich nicht glücklich – nur enttäuscht. Diese Arbeit nahm zuviel Zeit in Anspruch!

Der Lärm der Chopper riß mich in die Gegenwart zurück. Die erste Maschine senkte sich bereits über den Abhang. Sie würden den Rest meines Wissenschaftsteams und unsere Geräte bringen.

Der Sicherheitstrupp folgte gerade dem Robo ins Innere der Hütte. Erst wenn sie jeden Raum und Tunnel durchsucht hatten, würden Menschen die Kuppel betreten dürfen. Mir sollte es recht sein. Ich hatte genügend Wurmhütten gesehen. Langsam fingen sie an, alle gleich auszusehen.

Einen kurzen Augenblick lang empfand ich Müdigkeit. Die Freude und Erleichterung, die ich sonst in diesem Augenblick kannte, wollte sich nicht einstellen. Nicht einmal befriedigt war ich.

»Jim?« Das war Duke, eine stets gegenwärtige Stimme in meinen Ohren, mitten in meinem Kopf.

»Alles in Ordnung«, antwortete ich.

»Gut. Sieh dir den Pferch an, ja?«

»Geht klar.« Ich sicherte die Gefriermaschine und ging um die Kuppel herum. Wie mir zumute war, war nicht wichtig. Das war belanglos; ich hatte immer noch einen Auftrag zu erfüllen. Ich blickte zu dem Pferch auf und erinnerte mich an ein kleines Mädchen in einem zerfetzten braunen Kleid …

… und plötzlich ging das Gefühl vorbei. Und ich wußte, weshalb ich hier war. Weil es keinen anderen Ort gab, an dem ich lieber gewesen wäre. Es gab außer *dem* nichts für mich zu tun! Es war perfekt. Der Auftrag würde erfüllt werden, und plötzlich war es ein herrlicher Tag! Ich strebte auf den Landeplatz zu, um den Rest meines Teams abzuholen.

Nur ein Gedanke blieb zurück:

Es muß einen besseren Weg geben!